U0219691

普通高等教育茶学专业教材

中国轻工业"十三五"规划教材

中国轻工业优秀教材奖

茶学综合实验

李远华 主编

中国轻工业出版社

图书在版编目（CIP）数据

茶学综合实验/李远华主编．—北京：中国轻工业
出版社，2024.1
普通高等教育"十三五"规划教材　普通高等教育茶学专业教材
ISBN 978-7-5184-1958-6

Ⅰ.①茶…　Ⅱ.①李…　Ⅲ.①茶叶—实验—高等学校
—教材　Ⅳ.①TS272.5-33

中国版本图书馆 CIP 数据核字（2018）第 094947 号

责任编辑：贾　磊　　责任终审：张乃柬　　封面设计：锋尚设计
版式设计：砚祥志远　　责任校对：吴大朋　　责任监印：张　可

出版发行：中国轻工业出版社（北京鲁谷东街 5 号，邮编：100040）
印　　刷：河北鑫兆源印刷有限公司
经　　销：各地新华书店
版　　次：2024 年 1 月第 1 版第 5 次印刷
开　　本：787×1092　1/16　印张：26
字　　数：580 千字
书　　号：ISBN 978-7-5184-1958-6　定价：60.00 元
邮购电话：010-85119873
发行电话：010-85119832　010-85119912
网　　址：http://www.chlip.com.cn
Email：club@chlip.com.cn
版权所有　侵权必究
如发现图书残缺请与我社邮购联系调换
240115J1C105ZBW

本书编写人员

主　编

　　李远华（武夷学院）

副主编

　　郑新强（浙江大学）

　　余　志（华中农业大学）

参　编（按姓氏笔画排序）

　　张　伟（信阳师范学院）

　　林宏政（福建农林大学）

　　郑淑琳（武夷学院）

　　袁连玉（西南大学）

　　桂燕玲（浙江树人大学）

　　晏嫦妤（华南农业大学）

　　黄　彤（宜宾学院）

　　梁丽云（河南农业大学）

　　谢煜慧（西南大学）

前 言

茶是我国古老农业文明的重要组成部分，唐代陆羽所著《茶经》记载："茶之为饮，发乎神农氏，闻于鲁周公。"新中国成立以后，国盛茶兴，我国茶产业发展很快。随着茶叶科技的进步，特别是在茶文化的推动下，人们对饮茶有益于健康的认识加深，茶已深入我国民众的生活之中，中国茶正在对世界文明进步与人类发展发挥着越来越大的作用。

茶学学科水平的提高可为茶产业提升提供原始创新动力，茶学学科的主要任务是人才培养与科学研究。茶学学科内容广泛，涉及六大茶类和再加工茶、深加工茶，涵盖自然科学、文化和经济，如茶树种植与病虫害防治、茶叶加工制作、茶叶质量评审，茶叶中什么内含物质在起作用、起什么作用，如何运用现代设备与科学新技术进行改造与提高，茶叶产品的进一步延伸与拓宽，茶文化与茶业经济等。

茶学是应用型学科。要学好茶学专业，不仅需要专业理论知识，而且需要实验实践，通过实验操作、实践教学方能巩固与提高书本的理论知识，使学到的理论与实验实践相互印证、相互融合，更好地理解与掌握茶叶基本原理与主要技术特点，增强分析和解决专业问题的能力。

目前出版的综合类茶学实验图书比较少见，特别是与时俱进的茶学专业综合实验教材更是难觅，本教材从选题策划阶段就担负着促进学科发展的重要使命。

本教材内容共分11章，知识点包括引言、实验原理或内容说明、实验目的、材料与设备、方法与步骤、结果与讨论、注意事项、参考文献等。具体内容包括：第一章茶树栽培实验，第二章茶树育种实验，第三章茶树病虫害实验，第四章茶叶加工实验，第五章茶叶深加工与综合利用实验，第六章茶叶审评实验，第七章茶叶生物化学实验，第八章茶叶生物技术实验，第九章茶叶机械实验，第十章茶文化实验，第十一章茶业经济实验。

本教材的编写人员均为全国各高校的茶学专业教师，均具有研究生学历，并从事茶学教育和科学研究工作多年，是我国茶叶行业的骨干力量。参加编写人员包括武夷学院李远华、华南农业大学晏嫦好、浙江大学郑新强、河南农业大学梁丽云、华中农业大学余志、信阳师范学院张伟、宜宾学院黄彤、武夷学院郑淑琳、西南大学袁连玉、福建农林大学林宏政、西南大学谢煜慧、浙江树人大学桂燕玲。全书由李远华担任主编并统稿。

本教材不仅适用于高等院校茶学类专业学生，也可供茶叶科研人员参考，还可供茶农、茶叶商人、茶叶管理者、茶叶消费者根据需要扩展专业知识。

虽然编者对本教材的编写工作尽了最大努力，但因编者知识有限、学科发展迅速，错漏在所难免，恳请专家同仁指正，以便我们修订时加以完善。

李远华
于武夷山
2018 年元月

目 录

第八章　茶叶生物技术实验

第一章 茶树栽培实验

实 验 一 茶树叶片形态观察

一、引言

茶树叶片不仅是茶树进行光合作用的主要器官，同时也是主要利用器官，因此对叶片形态结构的了解极为重要。

二、内容说明

1. 叶片的基本特征

茶树的叶片与其他植物叶片相比有以下特征：一是叶缘有锯齿而叶基部无锯齿，嫩叶锯齿上有透明的腺细胞，并随叶片老化而脱落，残留下棕褐色疤痕；二是叶脉呈网状，叶面主脉两侧稍有内凹，叶背主脉呈现凸起，由主脉分出的侧脉约伸展至叶缘2/3处向上弯曲呈弧形，与上一对侧脉相联合；三是叶背密生茸毛；四是叶尖略有凹陷；五是不完全叶，有叶柄、叶片，无托叶。

2. 叶片的形态观察

包括数值型性状和描述型性状，叶片的形态根据《茶树种质资源描述规范和数据标准》，相关调查所述如下。

（1）叶片大小 茶树叶片按叶面积大小分为特大叶型（叶面积＞50cm²）、大叶型（28cm²＜叶面积≤50cm²）、中叶型（14cm²＜叶面积≤28cm²）、小叶型（叶面积≤14cm²）。

叶面积计算公式为：

$$叶面积 = 叶长 \times 叶宽 \times 0.7 \qquad\qquad (1-1)$$

（2）叶形 茶树叶形按照叶形指数来确定（叶形指数＝叶长/叶宽），一般可分为圆形（叶形指数≤2.0）、椭圆形（2.0＜叶形指数≤2.5）、长椭圆形（2.5＜叶形指数≤3.0）和披针形（叶形指数＞3.0）。

（3）叶脉对数 叶脉有主脉和侧脉之分。主脉自叶基部伸至叶尖，侧脉自主脉发出，向叶缘伸展，约伸至叶缘2/3处向上弯曲与上方侧脉相接。侧脉对数是分类上的主要依据之一。

（4）叶尖　叶尖分渐尖、急尖、钝尖、圆尖等。

（5）叶缘　分平展、波浪、背转、内折等。

（6）叶面　分平滑、粗糙、光泽、暗晦、隆起等。

（7）叶质　分硬、脆、柔软等。

（8）叶基　指叶基部至最后一对锯齿处，分狭长、椭圆、圆形。

（9）叶色　有深绿、绿、浅绿、黄绿、紫绿等。

（10）锯齿　茶叶的锯齿变异很大，不同品种茶叶其形状、大小、排列均不同，是辨别茶叶品种的特征之一。记载时以大小、疏密、深浅描述，并可在叶片中部测量10个锯齿的宽度作比较。

三、实验目的

通过本实验观察茶树叶片的外部形态，学习有关叶片形态特征描述记载的方法，掌握鉴别茶树叶片的方法，比较不同茶树品种叶片形态的差异，并根据特征进行分类。

四、材料与设备

1. 材料

不同茶树品种的定型叶实物。

2. 设备

直尺、手持放大镜。

五、方法与步骤

1. 叶片基本特征的观察

取一片定型叶，根据叶片的基本特征进行仔细观察后绘图，并注明各部分名称。

2. 叶长和叶宽的测量

选择两个茶树品种，每个品种随机取10片定型叶进行测量，采用直尺测定实验对象的叶长、叶宽，并计算叶面积判断叶型，通过叶形指数判断叶形，将结果填入记载表1－1。

3. 描述型性状观察

通过目测的方法，观察所选取的20片叶的叶脉对数、叶尖、叶缘、叶质、叶色、锯齿等特征，并根据"二、内容说明"的相关描述将观察结果填入记载表1－1。根据调查结果，比较两个茶树品种叶片的形态特征差异。

表1－1　　　　　　　　不同品种叶片植物学特征记载

品种\项目	品种1						品种2					
	1	2	3	……	10	平均	1	2	3	……	10	平均
叶长/cm												
叶宽/cm												
叶面积/cm²												

项目＼品种	品种1						品种2					
	1	2	3	……	10	平均	1	2	3	……	10	平均
叶型												
叶脉对数												
叶形指数												
叶形												
叶色												
叶缘												
叶尖形状												
叶基形状												
叶面												
叶质												
锯齿												

六、结果与讨论

（1）叶的可塑性很大，同一种茶树在不同的生长环境下，叶片的大小会有所改变，环境和肥水条件好的，叶片大而肥，反之，小而瘦薄。茶树叶片在成熟中一般要经历由小变大的过程，即内折（刚离开芽体时）、反卷（叶边缘向背卷曲）、展平（叶边缘平而直）、定型四个阶段，并且位于树体边缘、中央、上部、下部的叶片大小不同，同株茶树同一枝条上的叶片也会因为着生位置（叶序）不同而面积大小不同。因此，实验过程中叶片选取的部位和代表性对实验结果有较大影响。

（2）茶树叶面积的测量方法有求积法、方格法、称量法、公式法等，以公式法简单易行，应用最多。但因茶树品种间叶形差异较大，公式法中的系数值对计算结果有一定的影响，常以0.7为茶树叶片面积的计算系数，不同叶形指数的茶树要准确计算叶面积时，应先对调研对象的系数选用进行校正。另外，随着图像处理技术以及植物叶片成像仪等技术的应用，能够快速获取植物叶片图，并通过图像处理技术测量叶片的面积、长度、宽度、周长等指标，其数据更为准确。

七、注意事项

（1）必须选择有代表性的定型、成熟并且没有病虫害的健康真叶进行观察测量。

（2）多点取样，多次重复测量，求取平均值为最终结论。

实验 ② 茶树花果形态观察

一、引言

花果是茶树重要的生殖器官，也是茶树分类学上的重要标志，因此对茶树花果性状的了解极为重要。

二、内容说明

1. 花的构造

茶花为两性花，由花柄、花萼、花冠、雄蕊和雌蕊五个部分组成。

（1）花柄　花柄短，呈绿色，不同品种长短不一，一般为几毫米。

（2）花萼　位于花的最外层，有 5~7 片，呈覆瓦状叠合，绿色或绿褐色，近圆形，长约 2~5mm，基部广阔肥厚，光滑带革质，少数有毛。花受精后，萼片闭合包裹子房越冬，一直到果实成熟也不脱落，称"萼片宿存"。

（3）花冠　呈白色、乳白色，少数粉红色，由 5~9 片组成，也有多至 20 余片的，花冠上部分离而基部联合，与雄蕊外轮合生在一起。花冠大小测量：以近尽开时，量其自然花冠的最大直径。

（4）雄蕊　数目很多，一般在 200~300 枝，由花丝和花药组成，3~5 个花丝结合成一组，花丝白色或粉红色，排列成数圈，花药由两个花粉囊构成，内含无数花粉粒。

（5）雌蕊　由子房、花柱和柱头组成。花柱顶部为柱头，自花粉 1/2 或 1/3 处分裂，因品种而异，有 2~6 裂，花柱基部膨大部分为子房，分 3~5 室，每室 4 个胚珠，子房上大都生茸毛，极少数无茸毛。

花柱长：自花柱基部至柱头的长度。

分裂长：自分裂处量至柱头。

雌雄蕊长度比值（♀♂高差）：测量柱头的自然高度与外轮高层花药垂直高度之间的高位差值，等高者记为"0"，♀低于♂者，记为"－"，♀高于♂者，记为"＋"。

2. 茶果的形态

（1）茶果　未成熟茶果，果皮为绿色，成熟时为棕绿色或是绿褐色。茶果形状多样，与果内种子粒数有关，有球形（1 粒）、肾形（2 粒）、三角形（3 粒）、方形（4 粒）、梅花形（5 粒）。

（2）种子　为棕褐色或黑褐色，有近球形、半球形和肾形，由种皮和种胚组成。种皮分内外种皮。种胚由胚根、胚轴、胚芽和子叶四部分组成，子叶两片，胚芽于子叶基部与子叶柄相连。

三、实验目的

了解茶树花果的外部形态及构造，并比较不同品种之间的差异，深刻认识茶树花果在茶树分类学上的重要性。

四、材料与设备

1. 材料

不同品种的花、果实。

2. 设备

直尺、徒手切片工具、放大镜。

五、方法与步骤

（1）每组 2 人，选择 2 个品种，每个品种采正常开放花朵 10 朵。认真观察茶树花的形态结构，根据观察结果，画一朵完整的茶树花并注明主要部位。

（2）描述花冠颜色、外形、花萼颜色等，将观察结果填入表 1 - 2 中。

（3）测量花冠大小、花柄长短、花萼、花瓣、雄蕊数量、花柱长度、柱头分裂数、分裂长、雌雄蕊长度比值等，将观察测量结果填入表 1 - 2 中。

（4）选取 2 个品种，每个品种采正常茶果 10 个，观察其形状、颜色，然后拨开果皮观察每果的种子数、种子的形状、颜色、并测量种子大小等，将结果填入表 1 - 2 中。

（5）比较不同茶树品种花果形态的差异，并将分析结果写入实验报告。

表 1 - 2　　　　　　　　　　　不同茶树品种花果形状调查

品种		品种 1						品种 2					
项目＼编号		1	2	3	……	10	平均值	1	2	3	……	10	平均值
花冠大小/cm													
花色													
花瓣片数													
花梗长度/cm													
萼片	片数												
	颜色												
	有无茸毛												
雌蕊	花柱长/cm												
	分裂数/个												
	分裂长/cm												
雄蕊数/个													
子房有无茸毛													
♀♂高差													
茶果形状													
茶果颜色													
种子形状													
种子颜色													
每果种子数													
种子大小/cm													

六、结果与讨论

（1）茶树花果的性状主要受遗传因素控制，在种内或变种内较为稳定，但在长期演化过程中仍能发生各种变化，造成花果结构的多样性，因此茶树花果形态是茶树品种选育、鉴定、分类以及茶树起源研究的重要依据，如茶树雌蕊柱头的分裂数目、分裂深浅以及子房上有无茸毛等都是茶树分类的重要依据。

（2）由于不同品种茶树开花结果习性存在差异，并且同一品种在不同地区的开花结果时期也存在差异，因此本实验的开展需要根据各地品种、气候等因素选择在开花盛期进行，茶树花的观察以及果实成熟期进行茶果观察。在我国大部分茶区茶树开花盛期在 10 月中下旬至 12 月中下旬，茶果成熟期为霜降前后。

七、注意事项

（1）样品采集时需注意选择正常开放的花朵以及正常成熟的茶果。
（2）多点取样，多次重复测量，求取平均值为最终结果。

实 验 三 茶树根部观察

一、引言

根系是茶树吸收水分和营养素的重要器官，根系生长的好坏不仅与茶树的生长有直接关系，并且会影响茶叶产量和品质，而且研究茶树根系的特征及生育特性，也是指导茶树栽培的重要依据之一。

二、实验原理

茶树的根系，据其功能不同，一般分为输导根（直径在 1mm 以上）和吸收根（直径在 1mm 以下）。吸收根呈乳白色，表面密生根毛，是吸收水分和营养素的主要部分，因此根系生育好坏一般均以吸收根在一定体积土壤内的干重或一定土壤剖面露出的吸收根数目分布情况来表示。

三、实验目的

通过本实验，要求掌握茶树根部观察的基本方法，并判断茶树根系生育的好坏，采取适宜的茶树栽培措施。

四、材料与设备

1. 材料
成年茶树生长的茶园一块。
2. 设备
锄头、铁锹、钢卷尺、纱布、吸水纸、天平、铁筒、方格纸、喷雾器等。

五、方法与步骤

1. 根系分布观察

在一块茶园中，选择代表性地段 3~5 点，于树冠外围与半径垂直划一直线，沿此线挖沟，沟长以树幅大小为度，沟宽 50cm，深 50cm，靠树冠的沟墙用铲子铲平，然后在此剖面上划出 10cm 的方格，依次查出格中截断的根，标记于相应的方格纸部位上，按根的粗细不同，标出不同的"点号"，如此即成根系断面图，图边标记出不同层次土壤的分界处，以示不同性质土层中根系分布状况。根系类别，小于 1mm 的以"○"为标记，大于 1mm 的以"⊙"为标记。或在沟挖好后，用喷雾器冲洗根系，使根系和土壤脱离，然后进行观察绘图。

2. 根系质量分布观察

取壮年茶树各一丛，在离茶丛中心 30cm 处自中心向左（或向右）划出 0~15cm、15~30cm 边界线，然后按深度分别为 0~15cm 和 15~30cm 取土，置于筛上，拣出根系洗净，分出吸收根和输导根，称其质量填入表 1-3 中。

表 1-3　　　　　　　　　　　　茶树根系质量分布调查

垂直分布　　＼　　水平分布		0~15cm	15~30cm
0~15cm	吸收根		
	疏导根		
15~30cm	吸收根		
	疏导根		

3. 根系生育动态观察（随机取土法）

在离茶丛 20~30cm（依据树龄而定）划一土带，土带长、宽、深各为 30cm，定期在此土带内取土，然后洗净土壤，计算吸收根与输导根的数量，分别称其质量或烘干至质量恒定，以比较各期的生长量。

六、结果与讨论

（1）通过挖掘法观察茶树根系的方法具有简单易行的特点，目前仍是茶树根系观察的主要方法，但此方法对茶树根系的损伤较大。据统计，有 30% 的根系在清洗的过程中脱落，这样降低了实际测量的精度和可靠性，且取样不好容易造成误差。

（2）根系生育的动态观察方法很多，如通过玻璃箱或壕沟挖掘做成根窖进行观察，或用放射性同位素测定，或用随机取土法进行观察。因为随机取土法简单易行，可以定期了解根系生育状况，从吸收根在单位体积内相对增多或减少的情况了解根系在量上的动态，因而应用范围较广，缺点是根系在土壤中分布不均匀，取样不好时误差较大。随着光学和微电子技术的发展，根系观测研究进入一个崭新的阶段，电荷耦合器件（Charge coupled device，CCD）技术的不断成熟，并配合计算机使得微根系、微根管观测技术实现数字化，运用计算机软件控制观测使根系的观测方法实现了自动化。目前在以不损伤植物根系、不干扰根系生长的条件下，快速、准确测量根系生长及分布状况为目标开发出众多根系观测仪器，如根系生长检测系统、微根管观测系统、根系图像分析仪等，部分技术已在茶树根系观察研究领域得到了应用，但应用较少。

七、注意事项

（1）在进行茶树根系分布及质量观察时，注意选择茶园中有代表性的地段进行取样，并采用多点取样法取样。

（2）随机取土法进行根系动态观察过程中，每次取土后要将土带填满，以保证根系后期生长。

实 验 四　茶树分枝习性观察

一、引言

茶树的分枝情况直接影响茶树的树冠结构，了解茶树枝条的特性和分枝规律，目的在于通过人为的修剪、采摘等措施来改变枝条间的关系，构建高产优质的树冠结构。

二、内容说明

1. 茶树分枝形成及其特点

（1）单轴分枝　顶芽生长势强，主干向上生长，侧枝生长比主干细小、缓慢。幼年期茶树及徒长枝属这种分枝方式。

（2）合轴分枝　主干顶端的生长点一般生长缓慢，甚至停止生长，而侧芽则生育旺盛，形成了不断分枝的密集形式。

（3）鸡爪枝分枝　这是合轴分枝的一种特殊形式。茶树经长期采摘，顶端分枝细小，细节很多，节间很短，形似鸡爪。

2. 自然生长状态下不同年龄的茶树分枝形式

不同年龄的茶树具有不同的分枝层次。一般自然生长的茶树每年积累一层，到8年左右基本固定。茶树枝条的粗细、长短、数目随年龄而增长，颜色变化为"青→红→棕色→灰褐"，随年龄增长皮孔增大而形似裂纹。

3. 茶树品种与分枝

茶树品种与分枝关系密切，一般乔木型茶树有明显的主干，分枝部位较高；而灌木型茶树则无明显的主干，分枝部位较低。不同品种的分枝角度、节间长短、枝条色泽等都有相当的差异。

三、实验目的

通过本实验，要求了解茶树树冠形成的基本情况，为修剪、采摘提供依据。

四、材料与设备

1. 材料

不同品种的茶树，自然生长和栽培型的茶树各一块。

2. 设备

钢卷尺、测微尺、量角器等。

五、方法与步骤

1. 茶树不同分枝形式及其特点观察

（1）单轴分枝　取自然生长幼年茶树或由根颈部抽出的徒长枝。观察明显的主干，短小的侧枝，主茎顶端继续不断向上生长的特点。

（2）合轴分枝　取成年期茶树枝条，观察主干顶端下面的腋芽代替顶芽继续生长，侧枝较好发育，树冠呈现开张状态。

2. 自然生长状态下不同年龄茶树的分枝形式的观察

观察自然生长状态下不同年龄茶树的分枝层次、每层次枝条的粗细、长短和数目的变化。

3. 采剪对分枝的影响

取已修剪茶树与未修剪茶树各一株，观察采剪后茶树在分枝方式、粗度、长度及角度等方面的差异，并观察比较强壮生产枝与节结枝（鸡爪枝）的形态特征。

4. 不同品种类型分枝特性观察

取乔木型、灌木型和小乔木型茶树品种各一个，比较各品种的分枝部位、数目、角度及分枝习性的差异，并将结果填入表 1－4 中。

表 1－4　　　　　　　　　　茶树分枝习性观察记载

品种	树高/cm	树幅/cm	分枝高度/cm	各级分枝情况								
				1			2			3		
				数目/个	直径/mm	角度	数目/个	直径/mm	角度	数目/个	直径/mm	角度

六、结果与讨论

茶树可采芽叶数量和芽叶重量是构成茶叶产量的主要因子。叶面积状况、芽叶和枝条的质量、分枝数目、分枝角度、采摘面的大小直接影响茶叶的产量。不同年龄阶段、不同茶树品种的分枝习性都有较大差异。幼年期茶树的可塑性大，是培养树冠采摘面的重要时期。因此应根据幼年期茶树的分枝方式，制定严格的修剪规程，确保理想树冠的形成。成年期茶树的树冠结构指标变化较小，主要是延缓树冠结构衰老。进入衰老期的茶树，其生产枝密度、新梢密度等明显下降，需要通过修剪对树冠进行合理改造。根据观察不同年龄阶段、不同类型茶树分枝特性的差异，提出科学的剪采措施，是茶树栽培过程中一项非常重要的工作。

七、注意事项

由于修剪会改变茶树的分枝特性，因此在对乔木型、灌木型和小乔木型茶树品种进行分枝习性观察的时候建议选取自然生长状态下的茶树。

实 验 五 茶树树冠性状与茶园产量测定

一、引言

茶树树冠是同化作物的场所，也是鲜叶原料——嫩梢生长的场所。树冠结构的各性状都直接或间接地影响着茶叶产量。茶树树冠结构合理与否，直接关系到构成产量因子——多、重、早、快、长能否得到充分发挥。通过茶树的行株距、高幅度、覆盖度、叶层厚度、叶面积指数等指标可以估测茶园产量和分析茶园的产量潜力。

二、内容说明

1. 行株距

行株距即行距和株距。行距为两行间对称茶树的距离；株距即同一行中相邻两丛茶树之间的距离。量取时，重复三次，求取其平均值。

2. 高幅度

高幅度指茶树上的高度和幅度，即树冠面的开度。量取时以多数枝条的顶点测之。

3. 覆盖度

覆盖度指树冠覆盖面积与茶园面积的百分比（计算时以树幅与行距比值的百分数表示）。

4. 叶面积指数

叶面积指数指茶树总面积与茶树所占土地面积之比。计算时以单丛茶树叶面积与该丛行距×株距的土地面积的比值。

（1）单叶面积求算方法

①方格法：用叶面积测量板（九宫格板）计算。

②系数法：由于茶树叶面积指数为 0.7，叶面积计算。

③采用叶面积仪进行测定。

（2）单丛茶树叶面积计算

①将茶丛上的叶片全部摘下，立即称量，再从中随机称取 10g 叶片，用叶面积系数法或方格法测出其叶面积，以此 10g 叶的面积与整丛茶树按质量比求出其整丛树叶的叶面积。

②选取整丛茶树上有代表性的枝条 3～4 个，测得其叶片数目和单叶面积，求得其

平均叶面积，然后测得整丛茶树上的叶片数目，则可求得整丛茶树叶面积。

5. 叶层厚度

叶层厚度指茶树冠层大多数叶子分布间的距离。

6. 透光率

透光率指树冠面光照强度和叶层下光照强度比值的百分数，表示光照透过叶层的比率。

7. 采面小桩数

采面小桩数指以大小为 33cm×33cm 方框内 10cm 厚度内的小桩数（1 芽 2 叶）。

三、实验目的

本实验要求掌握树冠性状调查项目与方法，并完成对不同类型树冠的调查。分析其特点与产量潜力，找出其存在问题，运用所学知识提出综合改造措施。

四、材料与设备

1. 材料

不同树龄、不同生长势、不同种植方式的茶园若干块。

2. 设备

卷尺、直尺、量角器、游标卡尺、方框尺、九宫格或叶面积仪、粗天平、照度计。

五、方法与步骤

实验时每组 6 人，分别选取有产量记载的壮龄茶园一块，按五点法取样，分别进行下列项目调查。

（1）每点取一丛有代表性的茶树，量出行株距、高幅度、叶层厚度，然后取整丛茶树的 1/4，测出其叶片数目，并选取其中有代表性的 3~4 个枝条，求出其平均叶面积，则可计算出叶面积系数。同时用数字照度计测出冠面光照强度和冠面下 15cm 处的光照强度。

（2）对样点选取的整丛茶树调查每株采面小桩数及百芽重（1 芽 2 叶），并计算其平均值，将结果填入表 1−5。

表 1−5　　　　　　　　　　　　　茶树生长势调查记载

调查地点	品种	树龄	行株距/cm	高幅度/cm		覆盖度/%	透光率/%	叶层厚度/cm	叶面积指数	采面小桩数/个	百芽重/g
				树高	树幅						

（3）根据茶树覆盖度、采面小桩数、百芽重估算单位面积产量。

六、结果与讨论

（1）茶树树冠高低与茶叶生产管理有十分密切的关系，但实践证明，茶叶产量的高低并不决定于茶树的高度。茶树按一定的行株距进行种植，当达到某一高度之后（80cm左右），茶树树冠覆盖整个生长空间，形成较好的覆盖度（85%）左右，此时两茶行树冠保留20cm左右宽度的行间距，不仅有利于采摘、修剪、施肥等生产管理作业，也使下层枝叶有一定的光照度，提高光能利用率。树冠过高，导致茶树行间枝条交错，通风透光条件恶化，影响叶片对光能的利用，增加非经济产量的物质消耗；树冠过低，则茶树分枝密度不能有效地占据整个生产空间，树冠覆盖度低，采摘面小，产量下降。

（2）叶片是光合作用的场所，高产茶树树冠应有一定的叶层，特别是接近采摘面叶片的数量和质量，直接影响茶叶的产量。高产茶园实践证明，一般中小叶种高产树冠面保持15cm左右的叶层、大叶种保持20cm左右的叶层，叶面积指数以维持在4左右为合适。

七、注意事项

（1）选择调查的对象必须具有代表性。

（2）使用照度计测量透光率时，动作要迅速，照度计的探头必须放平。

实 验 六　茶籽质量检验

一、引言

茶籽是获得高产优质的内在条件，是新茶园建设的重要特征。虽然目前大力推广无性系茶树良种，但茶籽播种以其成本低、适应能力强、基因呈现多样性等优点而受到青睐。茶籽品质的优劣对于发芽率、幼苗出土和生长关系很大，因此在应用时必须对其品质进行检验。

二、内容说明

茶籽的品质主要包括纯洁率、茶籽大小、含水量、发芽率等指标，其标准如下。

（1）茶籽纯洁率大于98%。

（2）茶籽大小直径不小于12mm。

（3）茶籽千粒重不低于1000g。

（4）茶籽含水量在22%～38%。

（5）茶籽发芽率不低于75%。

三、实验目的

通过本实验，应掌握茶籽品质检验的标准与方法。

四、材料与设备

1. 材料

不同品种茶籽数千克。

2. 设备

天平、解剖刀、铜夹、测量盘、米尺或游标卡尺、铝盒、烧杯、恒温箱、0.1% ~ 0.2%靛蓝洋红、发芽盘。

五、方法与步骤

每2人为一组，随机取2个品种茶籽各500g，分别检验外形以及内质的各个项目，并将结果填入表1–6。

1. 外形检验

（1）纯洁率的测定　拣出茶籽中的夹杂物，包括泥沙、石子、果皮、茶梗以及空壳、霉烂茶籽粒。按式1–2计算其纯洁率：

$$纯洁率（\%）=\frac{纯洁茶籽质量}{供试茶籽质量}\times100 \tag{1–2}$$

（2）茶籽千粒重和大小的测定　在供试茶籽内随机取100粒，重复一次，将结果乘以10得平均千粒重，将称好千粒重的茶籽密集排于测量盘上，计算100粒茶籽的长度，求茶籽的平均直径，也可用游标卡尺测量每粒茶籽的直径，再求平均直径。

2. 内质检验

（1）茶籽合格率测定　将外形检验后的茶籽取50粒，用铜夹轧开外壳，观察或嗅其种仁，凡种仁干瘪、起皱纹、不饱满、呈淡黄色、有臭味的均挑出淘汰，计算其合格率。

$$合格率（\%）=\frac{样品数-淘汰数}{样品数}\times100 \tag{1–3}$$

（2）茶籽含水量测定　取干燥铝盒称其质量，再取茶籽30粒，剥去外壳置于铝盒中，再称其质量，用解剖刀在铝盒中将种仁切成薄片，在105℃烘箱中烘干，至质量恒定为止。

（3）茶籽活力测定　取茶籽20粒，以铜夹除去外壳，浸入水中吸胀种皮之后，用镊子小心剥去内壳种皮，放入已配好的0.1%靛蓝洋红中浸3~4h，最后用水冲洗干净，检查种仁（子叶）和胚染色情况，凡胚未染色、子叶未染色或子叶虽轻度染色、胚未染色的为具有生命活力的体现，否则便是没有发芽能力的茶籽。

$$茶籽活力率（\%）=\frac{未染色茶籽数}{供试茶籽数}\times100 \tag{1–4}$$

（4）温砂法测定发芽率　取茶籽50粒，剔除坏茶籽并计数，将剩余的茶籽剥去种壳，在发芽盘底面铺一层吸水纸，再铺上一层细砂，将去壳茶籽埋入，喷水使细砂湿润，即置于25~30℃调温箱内，每天加水通气2~3次，大约经7d即可开始发芽，计算其发芽率。

$$茶籽发芽率（\%）=\frac{发芽粒数}{样品总粒数}\times100 \tag{1–5}$$

将各结果填入表1–6。

表 1-6 　　　　　　　　　　茶籽质量检验记载

品种	纯洁率/%	茶籽千粒重/g	茶籽直径/mm	合格率/%	含水量/%	活力率/%	发芽率/%

六、结果与讨论

（1）茶籽在茶树上经过 1 年左右的时间才能成熟。若过早采收，茶籽没有成熟，含水量高，营养物质少，采下的种子容易干缩或霉变而丧失活力，即使能发芽，其茶苗生长不健壮。采收太迟，果皮开裂，茶籽大多数落在地面，易受到暴晒和霜冻等不良环境的影响，影响茶籽活力，也易引起霉变，因此适时进行茶籽的采收，是保证茶籽质量的前提。

（2）茶籽质量是提高茶苗质量的关键，因此通过茶籽播种育苗前，一定要加强对茶籽质量的检验。

（3）从外地或国外调进种籽时，必须经过病虫害检疫，取得检疫证明后方可调入，如已发现有某些检疫病虫绝不可调入，外调的种籽也要经检疫手续方可调出。

七、注意事项

茶籽检验时要进行三次重复，取平均值，尽量减少误差。

实 验 七 　 茶园土壤物理因子观测

一、引言

土壤物理因子是指土层厚度、土壤质地、体积质量、孔隙度、土壤水分等因素，他们直接和间接影响茶树根系生存的基本条件，进而对茶树生育、产量、品质会有较大影响。因此对土壤各项物理因子的观测，能及时了解茶树根系的生存环境，从而选用适合的耕作方式。

二、内容说明

1. 土层厚度

土层厚度指茶园土壤自地面至紧土层的厚度。

2. 土壤质地

土壤质地指土壤黏性或砂性的程度。茶园土壤质地一般分黏土、壤土、砂土和砾土四种。速测时可采用指测法（又称湿试法），取小块土壤样品（比算盘珠子略大），用手指捏碎，除去根系及石块等，加入适量水至土壤达到最大可塑状态（即土壤加水充分湿润以挤不出水为宜，手感为似粘手又不粘手），调匀，放在手心用手指来回揉搓，搓成小球、细土条或变成土环。各种质地类别的标准如下。

（1）黏土　湿润时黏面平滑，干燥时坚硬大块，手握土块不易破碎，调水后充分搓揉成细条，并可弯成小土环而不断裂。

（2）壤土　湿润时黏着性不突出，干燥时土块不大，手握时易碎，调水时搓成细土条或弯成土环时易折裂。

（3）砂土　粗糙性明显、湿润时不粘手、干土块不硬、遇水即散开、调水后只能搓成粗土条，弯曲时易断裂。

（4）砾土　有直径大于2mm的砾石，含砾石20%以上为砾土，含砾石5%～20%的黏土、壤土和砂土，可分别冠上"砾质"两字，各种砾土均较粗松。

3. 土壤体积质量

土壤体积质量是指土壤在自然结构状况下，单位体积内土壤的烘干质量，是表示土壤黏结度的一个指标。测定土壤体积质量的方法很多，如环刀法、蜡封法、水银排出法等。常用方法为环刀法，该方法是利用一定容积的钢制环刀，切割自然状态下的土壤，使土壤恰好充满环刀容积，然后称量，并根据土壤自然含水率计算每单位体积的烘干土重，即土壤体积质量。

4. 土壤孔隙度

土壤孔隙度是指单位容积内土壤中空隙的数量及其大小分配，可通过土壤体积质量和相对密度进行计算。

$$土壤空隙度（\%）=\left(1-\frac{体积质量}{相对密度}\right)\times100 \tag{1-6}$$

土壤相对密度一般以2.65计算，也可在没有相对密度或不用相对密度的情况下，直接用体积质量通过经验公式计算土壤孔隙度。

$$土壤孔隙度（\%）=93.947-32.995\times土壤体积质量 \tag{1-7}$$

5. 土壤水分

土壤含水量的测定方法很多，如烘干法、中子法、时域反射仪（TDR）、频域反射仪（FDR）、电阻法、电容法、地感方法、地探雷达等。烘干法是目前国际上土壤水分测定的标准方法。虽然需要采集土样，并且干燥时间较长，但是因为它比较准确，且便于大批测定，故仍为最常用的方法。

烘干法测定土壤水分的原理为：在（105±2）℃条件下，自由水和吸湿水都被烘干，而一般土壤有机质不致分解，化学结合水则要在600～700℃条件下才脱离土粒，根据失去水分的质量，即可计算出土壤水分的含量。

三、实验目的

掌握茶园土壤土层厚度测量、土壤质地判断、土壤水分测定、环刀法测定土壤体积质量的原理和方法，并学会用体积质量数值计算土壤孔隙度的方法，并通过对土壤物理因子的观测，分析土壤物理状况是否有利于茶树生长，以便在实际生产应用中根据土壤的物理因子采取相应的耕作方式改良茶园土壤。

四、材料与设备

1. 材料

不同类型的茶园土壤。

2. 设备

锄头、皮尺、土钻、样品袋、铝盒、滤纸、环刀（100cm³）、环刀托、小铁铲、白瓷盘、试管、标签纸、铅笔、烘箱、天平（感量0.01g）、干燥器等。

五、方法与步骤

1. 土壤剖面挖掘及土层厚度测定

在待测茶园中适合挖掘且具有代表性的地方用锄头或铁铲垂直挖到紧土层，测量土层厚度，将结果记录于表1-7中。

2. 土壤质地测定

采用指测法进行，分别取待测茶园中不同土层中小块土壤样品（比算盘珠子略大），用手指捏碎，除去根系及石块等，加入适量水至土壤达到最大可塑状态（即土壤加水充分湿润以挤不出水为宜，手感为似粘手又不粘手），调匀，放在手心用手指来回揉搓，搓成搓成小球、细土条或变成土环。根据土壤质地标准进行判断，并将结果填入表1-7。

3. 土壤体积质量测定

采用环刀法进行，具体步骤如下。

（1）在室内先称量环刀（连同底盘和顶盖）的质量，环刀容积一般为100cm³。将已称量的环刀带至茶园采样。

（2）在挖掘土壤剖面的位置，按照剖面层次，自下而上分层采样，每层重复三次。采样时，去除环刀两端的盖子，再将环刀（刀口端向下）平稳垂直压入土壤中，切忌左右摆动，直到环刀筒中充满土样为止（即土柱冒出环刀上端），用铁铲挖周围土壤，取出充满土壤的环刀，用锋利的削土刀削去环刀两端多余的土壤，使土面与刃口齐平，并擦净环刀外面的土，此时使环刀内的土壤体积恰为环刀的容积。环刀两端立即加盖，以免水分蒸发，随即称量（精确到0.01g）并记录。

（3）同时在同层采样处，采取土样进行土壤自然含水量的测定或者直接从环刀筒中取出5~10g土样，测定土壤含水量方法见本小节的"4. 土壤水分的测定"。

（4）结果计算 根据式1-8计算土壤体积质量。

$$\rho = \frac{G}{V(1+f)} \qquad (1-8)$$

式中 ρ——土壤体积质量，g/cm³

G——环刀内湿土质量，g

V——环刀容积，cm³

f——样品的含水量，%（质量分数）

此法允许平行绝对误差＜0.03g/cm³，取算术平均值，填入表1-7中。

4. 土壤水分的测定

土壤水分的测定采用烘干法，具体步骤如下。

（1）取一干净铝盒编好号后放入（105±2）℃烘箱中烘2~3h至质量恒定，用感量为0.01g的天平称其质量（m_0）。

（2）称取 5g 左右的土壤样品（m_1），迅速装入铝盒中，盖好盒盖（注意铝盒不可倒置，以免样品散落），每个样品至少测三个重复。

（3）将打开盖子的铝盒（盖子放在铝盒旁侧或盖子平放盒下），放入（105±2）℃恒温烘箱中烘 6～8h；待烘箱温度下降至 50℃时，盖好盖子，置铝盒于干燥器中 30min 左右，冷却至室温，称其质量。

（4）然后开启盒盖，再烘 3h，冷却后称量，直至前后两次所称质量相差不超过 0.005g 时为止（m_2）。

（5）结果计算

$$f = \frac{m_1 - (m_2 - m_0)}{m_2 - m_0} \times 100\% \tag{1-9}$$

表 1-7　　　　　　　　　　茶园土壤物理特性速测记载

土层	土层厚度/cm	土壤质地	土壤体积质量/（g/cm³）	土壤孔隙度/%	土壤含水量/%
0～15cm					
15～30cm					
30～45cm					
45～60cm					

六、结果与讨论

（1）土壤体积质量采用环刀法进行，由于该方法操作简便，结果比较准确，并且能反映田间土壤的实际情况。

（2）烘干法测定土壤含水量的优点是简单、直观，缺点是采样会干扰茶园中土壤水的连续性，取样后在茶园中留下取样孔，并会切断茶树的部分根系。另一缺点是代表性较差，取样的变异系数大。因此，虽然烘干法是目前世界上测定土壤含水量的标准方法，但时域反射仪、频域反射仪、地探雷达等方法在土壤自动连续监测中变现出良好的发展势头，时域反射水分测定仪、土壤水分速测仪等方法已在茶园土壤水分测定中得到应用。

七、注意事项

（1）环刀法测定土壤体积质量时，假如是在生产茶园要尽量避开茶树根系，一是防止环刀插入时损伤根系，二是若有茶树根系进入环刀内将影响测量结果。

（2）在土壤水分测定过程中要避免土壤样品的散落，并且注意将土壤从烘箱中取出时应立即盖上盒盖，以免干土吸收暴露在空气中而吸收空气中的水分，影响测定结果。

实 验 八　茶园土壤酸碱度和有机质含量的测定

一、引言

土壤酸度是茶园土壤重要农化性质之一，它不仅影响土壤的物理性质，也影响到土壤营养素有效性和土壤生物活性等。茶树是喜欢酸性土壤的植物，对土壤酸度有一定要求，一般只能在酸性环境才能生长，而在中性土壤中生长不良，pH 超过 7.5 以上茶树就不能正常生长而逐步死亡。同时土壤 pH 还影响茶树对营养素的吸收，因此对茶园土壤 pH 的测定可以作为新茶园建立过程园地选择的依据之一。可在茶园管理过程中根据土壤 pH 的状况，采取适当的措施改善土壤 pH 条件，使土壤肥力得到更大发挥，提高茶叶产量和品质。

有机质是土壤肥力水平的重要指标，它既是茶树矿质营养和有机营养的源泉，又是土壤中异养型微生物的能源物质，同时也是形成土壤结构的重要因素，直接影响土壤的理化性状，也直接关系到茶树的生长、茶叶的产量和品质。因此，测定茶园土壤有机质含量的多少，在一定程度上可反映土壤的肥沃程度，作为施肥改土、提高土壤肥力的依据。

二、实验原理

1. 土壤 pH 的测定

（1）混合指示剂比色法　混合指示剂随溶液的 pH 而改变颜色。根据混合指示剂与土壤作用后显示的颜色与土壤酸碱度比色卡进行比较，即可迅速确定出土壤的 pH。

（2）电位法　以电位法测定土壤悬液 pH，通用 pH 玻璃电极为指示电极，甘汞电极为参比电极。此二电极插入待测液时构成电池反应，其间产生电位差，因参比电极的电位是固定的，故此电位差之大小取决于待测液的 H^+ 活度或其负对数，即为 pH。因此可用电位计测定电动势，再换算成 pH，一般用酸度计可直接测读出 pH。

2. 土壤有机质含量的测定（重铬酸钾加热法）

在加热的条件下，用过量的重铬酸钾 – 硫酸（$K_2Cr_2O_7 – H_2SO_4$）溶液氧化土壤有机质中的碳，$Cr_2O_7^{2-}$ 等被还原成 Cr^{3+}，剩余的重铬酸钾（$K_2Cr_2O_7$）用硫酸亚铁（$FeSO_4$）标准溶液滴定，用邻菲罗啉作指示剂。根据消耗的重铬酸钾量计算出有机碳量，再乘以常数 1.724，即为土壤有机质的量。其反应式为：

重铬酸钾 – 硫酸溶液与有机质作用：

$$2K_2Cr_2O_7 + 3C + 8H_2SO_4 = 2K_2SO_4 + 2Cr_2(SO_4)_3 + 3CO_2\uparrow + 8H_2O$$

硫酸亚铁滴定剩余重铬酸钾的反应：

$$K_2Cr_2O_7 + 6FeSO_4 + 7H_2SO_4 = K_2SO_4 + Cr_2(SO_4)_3 + 3Fe_2(SO_4)_3 + 7H_2O$$

三、实验目的

学习和掌握茶园土壤 pH 和有机质含量测定的原理和方法，判断茶园土壤的酸碱度和肥沃程度，科学指导施肥。

四、材料与设备

1. 材料

不同肥沃程度的茶园土壤。

2. 试剂

（1）混合指示剂比色法测定 pH　混合指示剂。

（2）电位法测定 pH

①pH = 4.01 标准缓冲溶液：准确称取在 105℃ 干燥过的邻苯二甲酸氢钾（$KHC_8H_4O_4$，分析纯）10.21g，加重蒸馏水溶解，并定容至 1000mL。

②pH = 6.87 标准缓冲溶液：准确称取在 50℃ 烘干过的磷酸二氢钾（KH_2PO_4，分析纯）3.39g 和 3.53g 无水磷酸氢二钠（Na_2HPO_4），加重蒸馏水溶解并定容至 1000mL。

③pH = 9.18 的标准缓冲液：准确称取硼酸钠（$Na_2B_4O_7 \cdot 10H_2O$，分析纯）3.80g，加重蒸馏水溶解并定容至 1000mL。

（3）有机质含量测定（重铬酸钾加热法）

①重铬酸钾标准溶液 c（$1/6K_2Cr_2O_7$）= 0.8000mol/L：称取经 130℃ 烘干的 $K_2Cr_2O_7$（分析纯）39.2245g，加 400mL 水，加热溶解，然后无损地转移至 1000mL 容量瓶中，冷却后用水定容至 1L。

②0.2mol/L 硫酸亚铁标准溶液：准确称取 $FeSO_4 \cdot 7H_2O$（化学纯）56.0g 溶于水中，加 10mL 浓硫酸，搅拌均匀，静置片刻后用滤纸过滤至 1L 容量瓶中，再用水洗涤滤纸并加水定容至 1L。此溶液易被空气氧化而致浓度下降，要现配现用。

③邻菲罗啉指示剂：1.485g 邻菲罗啉（$C_{12}H_8N_2 \cdot H_2O$）与 0.7695g 硫酸亚铁（$FeSO_4 \cdot 7H_2O$），溶于 100mL 蒸馏水，贮存于棕色瓶中。

④硫酸银。

⑤二氧化硅。

⑥硫酸（H_2SO_4，$\rho = 1.84g/cm^3$）。

3. 设备

酸碱比色卡、比色盘、2mm 筛、pH 计、高型烧杯、天平（精确至 0.0001g）、100 目圆筛、消煮管、消煮炉、三角瓶（150mL）、弯颈小漏斗、移液管、滴定装置。

五、方法与步骤

1. 土壤 pH 的测定

（1）混合指示剂比色法　分别取不同深度土层中土块一小块（约黄豆大小），放在比色盘上，加混合指示剂 3~4 滴混匀，观察边缘澄清液颜色，并与标准比色卡比色测定。也可采用土壤酸度计直接插入土壤进行测定。

（2）电位法

①待测液制备：称取通过 2mm 筛的风干土样 10.00g 于 50mL 高型烧杯中，加入 25mL 无二氧化碳的水，用玻璃棒剧烈搅动 1~2min，静置 30min，此时应避免空气中氨或挥发性酸性气体等的影响，然后用 pH 计测定。

②仪器校正：把电极插入 pH6.87 缓冲溶液中，使标准溶液的 pH 与仪器标度上的 pH 一致，然后移出电极，用水冲洗，滤纸吸干后插入另一与土壤浸提液 pH 接近的缓冲溶液中（茶园土壤一般呈酸性），检查仪器读数与标准溶液 pH 一致。最后移出电极，

用水冲洗，滤纸吸干待用。

③测定：把玻璃电极的球泡浸入待测土样的下部悬浊液中，并轻轻摇动，然后将饱和甘汞电极插在上部清液中，待读数稳定后，记录待测液 pH。每个样品测完后，立即用水冲洗电极，并用干滤纸将水吸干再测定下一个样品。在较为精确的测定中，每测定 5~6 个样品，需要将饱和甘汞电极的顶端在饱和氯化钾溶液中浸泡一下，以保持顶端部分被氯化钾溶液所饱和，然后用 pH 标准缓冲溶液重新校正仪器。

两次称样平行测定结果允许偏差为 0.1。

2. 土壤有机质含量的测定

（1）称取 0.1~1g（精确至 0.0001g）过 100 目筛的风干土样，放入 150mL 消煮管内，加粉末状硫酸银 0.1g，用移液管准确加入 0.8000mol/L（$1/6 K_2Cr_2O_7$）标准溶液 5mL，再加入 5mL 浓硫酸，小心摇匀，管口上加弯颈小漏斗，以冷凝水气。

（2）将消煮管放置于消煮炉上加热，设置温度（220~230℃），沸腾状态下煮 5min，取出冷却。

（3）将冷却后的消煮液转移至 150mL 三角瓶，用水洗净消煮管内部及小漏斗，使三角瓶内溶液体积为 60~80mL，滴加 3~5 滴邻菲罗啉指示剂。用硫酸亚铁溶液滴定。溶液变色过程由橙黄—绿—棕红色为止，即为终点。记录滴定硫酸亚铁用量（V）。

（4）同时做 2~3 个空白试验，用 0.5g 二氧化硅粉末代替土样，其他步骤与土壤测定相同，记录硫酸亚铁滴定用量（V_0）。

（5）结果计算

$$\text{O. M}（g/kg）= \frac{c \times 5 \times （V_0 - V）\times M \times 10^{-3} \times 1.08 \times 1.724}{V_0 \times m} \times 1000 \qquad (1-10)$$

式中　O. M——土壤有机质含量，g/kg

　　　c——重铬酸钾（$1/6 K_2Cr_2O_7$）标准溶液浓度，0.8000mol/L

　　　5——重铬酸钾溶液体积，mL

　　　V_0——空白滴定用去硫酸亚铁体积，mL

　　　V——样品滴定用去硫酸亚铁体积，mL

　　　M——1/4 碳原子的摩尔质量，M（1/4C）=3g/mol

　　　10^{-3}——将 mL 换算为 L 的系数

　　　1.08——氧化校正系数（按平均回收率 92.6% 计算）

　　　1.724——将有机碳换算成有机质的系数（按土壤有机质的平均含碳量为 58% 计，100/58 = 1.724）

　　　m——风干土质量，g

　　　1000——换算成每千克含量的系数

六、结果与讨论

（1）混合指示剂比色法是指示剂在不同的酸度范围因其结构的改变而呈现不同的颜色来判断溶液的酸度，但土壤浸出液则很复杂，含有大量其他多种阴离子、阳离子，由于这些离子的干扰会导致指示剂结构变化的不确定性，进而影响测定结果的准确性，因此该方法不适合去精确测定，但可应用于田间快速检测。有条件的实验室田间速测还可采用专用的土壤酸度计直接插入土壤进行快速测定，可以免去采取土壤样品的过程。

（2）电位法测定土壤 pH，精确度较高。但在测定过程中要考虑以下几个影响因素。

①土水比的影响：一般土壤悬液越稀即所加的水分越多，测得的 pH 越高，大部分土壤从脱黏点稀释到土水比 1:10 时，pH 增高 0.3 ~ 0.7。水分量增大时 pH 升高的原因，可能是由于黏粒的浓度降低，致使吸附性氢离子与电极表面接触的机会减少；还可能有电解质的稀释效应，使阳离子更多的溶解在溶液中，而使溶液的 pH 升高。因此，为了能够相互比较，在测定 pH 时候，土水比应该加以固定。国际土壤学会规定的土水比为 1:2.5，我国的例行 pH 测定中，以 1:5 和 1:1 占多数。研究发现酸性土和近中性土标准差随着土水比减小而减小，土水比越小测得数据精密度越高；酸性土 pH 在 1:2.5 和 1:5 标准差相差不大，精密度相似，与土水比 1:1 相比，精密度明显增高。因此，本实验中选用土水比 5:1。

②水质及水 pH 影响：研究表明浸提用水的溶质含量对测定结果影响很大。以水作为浸提液测定土壤 pH，应尽量选用溶质含量少的高纯水，浸提用水偏酸性对酸性土 pH 测定结果影响较大，对碱性和近中性土影响不大。因此，测定酸性土 pH，应对选用的偏酸性的蒸馏水进行 pH 调节处理，具体调节方案有待于进一步研究。

③样品的磨细程度的影响：当某 pH 为 4.7 的土壤通过 2mm 试验筛磨细到 0.1mm 时，pH 增加 1.0 ~ 1.3，可见测定土壤样品 pH 时候，样品应该避免磨得太细。

（3）土壤有机质根据测定原理不同，主要分为两类：一类是燃烧法，主要包括干烧法和灼烧法；另一类是化学氧化法，主要包括湿烧法、重铬酸钾容量法和比色法。燃烧法和化学氧化法，是根据有机碳释放的 CO_2 量或者是氧化有机碳消耗的氧化剂的量来确定有机质含量，是一种碳成分直接测定法。随着对土壤研究的深入和高光谱技术的发展，在研究土壤光谱特征基础上，通过对土壤有机质光谱特点的分析可实现对有机质含量的预测。其相对土壤有机碳直接测定法而言，是一种有机质间接测定法。因此根据测定有机质过程中所检测的原理不同，现今有机质测定方法主要分为 CO_2 检测法、化学氧化法、灼烧法和土壤光谱法。CO_2 测定法，分为干烧法和湿烧法两种，能使有机碳全部分解，可以作为校核其他方法使用。但是由于测定过程繁琐，结果受碳酸盐干扰，并需要特定的仪器，因此不适合实验室使用。灼烧法操作简便，可以对原样直接进行测定，不需要对样品进行任何处理，也不需要加入任何化学试剂，因此测定过程简便，适合大量样品的测定。然而在烧失过程中，样品所减少的重量，不仅包括有机质，还包括样品中的结合水，从而使测定结果偏高。土壤光谱法，虽然操作方便、快速，适合有机质快速估测，然而光谱测定过程中，没有统一的测定标准，并且样品处理方式不同，其结果也会有差异，而且光谱仪价格较高，限制了其使用范围。化学氧化法，不需要特定的仪器，使用氧化剂氧化有机碳后，可以通过容量法和比色法来测定有机质含量。现今实验室用的较多的是化学氧化法中的重铬酸钾容量法，虽然试剂的挥发，易于污染室内空气，并且还原性物质使测定结果往往偏高，但其使用方便，测定简单，目前被实验室广泛使用。

七、注意事项

（1）由于土壤酸度在不同土层中有所差异，因此应分层测定。

（2）电位法测定土壤 pH 的过程中土样要严格按照过 2mm 筛，不能磨得过细，土样溶解选用溶质含量少且无二氧化碳的高纯水进行。

（3）根据样品有机质含量决定称样量。有机质含量大于 50g/kg 的土样称 0.1g，20～40g/kg 的称 0.3g，少于 20g/kg 的可称 0.5g 以上。

（4）消化煮沸时，必须严格控制时间和温度，一定要在液体沸腾时才开始计时。

（5）消煮后溶液以绿色为主，说明重铬酸钾用量不足，应减少样品量重做。一般滴定时消耗硫酸亚铁量不小于空白用量的 1/3，否则，氧化不完全，应弃去重做。

（6）硫酸亚铁标准溶液最好现配现用，并且进行如下标定：吸取重铬酸钾标准溶液 20mL，放入 150mL 三角瓶中，加邻菲罗啉指示剂 2～3 滴，用硫酸亚铁溶液滴定，根据硫酸亚铁溶液的消耗量，计算硫酸亚铁标准溶液浓度 C_2。

$$C_2 = \frac{C_1 \times V_1}{V_2} \tag{1-11}$$

式中　C_2——硫酸亚铁标准溶液的浓度，mol/L

　　　C_1——重铬酸钾标准溶液的浓度，mol/L

　　　V_1——吸取的重铬酸钾标准溶液的体积，mL

　　　V_2——滴定时消耗硫酸亚铁溶液的体积，mL

实验 九　茶园土壤有效氮、速效磷、速效钾含量测定

一、引言

土壤营养素反映茶树生育中的供肥状况，是茶树高产、优质的物质基础。氮、磷、钾元素是茶园土壤中最主要的营养元素，凡是高产优质茶园，土壤中的氮、磷、钾含量均比较高，氮、磷、钾主要营养元素不仅影响茶树生长和产量，而且对茶叶原料品质有密切相关性。因此，及时了解茶园土壤中速效氮、磷、钾的含量，并根据茶树需肥规律，土壤供肥性能及肥料效应，合理施肥，是提高茶叶产量、改善茶叶品质的一项重要措施。

二、实验原理

1. 土壤中硝态氮测定原理（紫外分光光度法）

土壤中硝态氮的测定方法有硝酸试粉法、紫外分光光度法、酚二磺酸比色法等。其中紫外分光光度法的原理是利用土壤浸出液中硝酸根离子在 220nm 波长附近有明显吸收且吸光度大小与硝酸根离子浓度成正比的特性，对硝酸氮含量进行定量测定。利用溶解的有机物在 220nm 和 275nm 波长处均有吸收，而硝酸根离子在 275nm 波长处没

有吸收的特性，测定土壤浸出液在 275nm 处的吸光度，乘以一个校正因子（f 值）以消除有机质吸收 220nm 波长而造成的干扰。

2. 土壤中铵态氮测定原理（KCl 浸提 - 靛酚蓝比色法）

采用 2mol/L KCl 溶液浸提土壤，把吸附在土壤胶体上的 NH_4^+ 及水溶性 NH_4^+ 浸提出来。土壤浸提液中的铵态氮在强碱性介质中与次氯酸盐和苯酚作用，生成水溶性染料靛酚蓝，溶液的颜色很稳定。在含氮 $0.05 \sim 0.5mol/L$ 的范围内，吸光度与铵态氮含量成正比，可用比色法测定。

3. 土壤中速效磷的测定原理（盐酸 - 氟化铵浸提法）

茶树喜酸性土壤，在酸性土壤中，速效磷可用酸性氟化铵提取，形成氟铝化铵和氟铁化铵络合物，少量的钙离子则生成氟化铵沉淀，磷酸根离子则被释放到浸提剂溶液中，其反应成如下：

$$3NH_4 + 3HF + AlPO_4 \longrightarrow H_3PO_4 + (NH_4)_3AlF_6$$
$$3NH_4F + 3HF + FePO_4 \longrightarrow H_3PO_4 + (NH_4)_3FeF_6$$

在一定酸度条件下，正磷酸根与钼酸铵及三价锑离子共同形成磷锑钼杂聚络合物，其组成中 P:Sb:Mo 的原子比约为 1:2:12。这种杂聚络合物在 $10 \sim 60℃$ 时易被抗坏血酸还原成磷钼蓝（$H_8[P(Mo_2O_3)(Mo_2O_7)_3]$），蓝色十分稳定，蓝色的深度与磷的含量成正比关系，在一定浓度范围内服从比尔定律。

4. 土壤中速效钾的测定原理

（1）火焰光度计法　以醋酸铵作浸提剂，铵离子将土壤胶体上的 K^+、Na^+、Mg^{2+} 等代换性阳离子代换下来，浸提液中的钾离子可用火焰光度计直接测定。为了抵消醋酸铵的干扰影响，标准钾溶液也需要用 1mol/L 醋酸铵溶液配制。

（2）$NaNO_3$ 浸提 - 四苯硼钠比浊法　用四苯硼钠比浊法测定速效钾时，NH_4^+ 有干扰，故浸提剂不宜用 NH_4Ac，而用 1mol/L $NaNO_3$ 溶液。浸出液中的 K^+，在微碱性介质中与四苯硼钠（NaTPB）反应，生成溶解度很小的微小颗粒四苯硼钾（KTPB）白色沉淀：

$$K^+ + B(C_6H_5)_4 = KB(C_6H_5)_4 \downarrow$$

根据溶液的浑浊度，可用比浊法测定钾的量。待测液含 K^+ $3 \sim 30mg/kg$ 范围内符合比尔定律。浸出液中如有 NH_4^+ 的存在，也将生成四苯硼铵白色沉淀，干扰钾的测定。消除 NH_4^+ 的干扰可在碱性条件下用甲醛排蔽，因为二者能缩合生成水溶性的、稳定的六亚甲四胺；溶液中如有 Ca^{2+}、Mg^{2+}、Fe^{3+}、Al^{3+} 等金属离子存在，在碱性溶液中会生成碳酸盐或氢氧化物沉淀而干扰测定，可加乙二胺四乙酸（EDTA）掩蔽。

三、实验目的

本实验要求掌握测定茶园土壤有效氮、速效磷、速效钾的主要方法和操作步骤。

四、材料与设备

1. 材料

不同肥力水平的茶园。

2. 试剂

（1）硝态氮测定试剂配制（紫外分光光度法）

①1mol/L 氯化钾溶液：准确称取 74.55g 氯化钾置于烧杯中，加入约 400mL 蒸馏水溶解，溶解后转移到 1000mL 容量瓶中定容，摇匀。

②硝态氮标准储备液，ρ（N）＝1000mg/L：精确称取 7.2182g 经（110±5）℃烘干的硝酸钾置于烧杯中，加入约 50mL 蒸馏水溶解，溶解后转移到 1000mL 容量瓶中定容，摇匀，于 0～4℃冰箱内保存。

③硝态氮标准中间液，ρ（N）＝100mg/L：吸取硝态氮标准储备液 10mL 于 100mL 容量瓶中定容，摇匀。临用时配制。

（2）铵态氮测定试剂配制（KCl 浸提 - 靛酚蓝比色法）

①2mol/L KCl 溶液：称取 149.1g 氯化钾（KCl，化学纯）溶于水中，定容至 1000mL。

②苯酚溶液：称取苯酚（C_6H_5OH，化学纯）10g 和硝基铁氰化钠 [$Na_2Fe(CN)_5$-$NO \cdot 2H_2O$] 100mg 稀释至 1000mL。此试剂不稳定，需贮于棕色瓶中，在 4℃冰箱中保存。

③次氯酸钠碱性溶液：称取氢氧化钠（NaOH，化学纯）10g、磷酸氢二钠（$Na_2HPO_4 \cdot 7H_2O$，化学纯）7.06g、磷酸钠（$Na_3PO_4 \cdot 12H_2O$，化学纯）31.8g 和 52.5g/L 次氯酸钠（NaOCl，化学纯，即含 5% 有效氯的漂白粉溶液）10mL 溶于水中，稀释至 1000mL，贮于棕色瓶中，在 4℃冰箱中保存。

④掩蔽剂：将 400g/L 的酒石酸钾钠（$KNaC_4H_4O_6 \cdot 4H_2O$，化学纯）与 100g/L 的 EDTA 二钠盐溶液等体积混合。每 100mL 混合液中加入 10mol/L 氢氧化钠 0.5mL。

⑤2.5μg/mL 铵态氮（$NH_4^+ - N$）标准溶液：称取干燥的硫酸铵 [$(NH_4)_2SO_4$，分析纯] 0.4717g 溶于水中，洗入容量瓶后定容至 1000mL，制备成含铵态氮（N）100μg/mL 的贮存溶液；使用前将其加水稀释 40 倍，即配制成含铵态氮（N）2.5μg/mL 的标准溶液备用。

（3）土壤中速效磷测定试剂配制（盐酸 - 氟化铵浸提法）

①0.03mol/L 氟化铵 -0.025mol/L 盐酸溶液：称取 1.11g 分析纯氟化铵溶于 800mL 蒸馏水中，加 1mol/L 盐酸 25mL，然后稀释至 1000mL，贮于塑料瓶中。

②硼酸固体（分析纯）。

③磷（P）标准溶液：准确称取经 45℃烘干 4～8h 的分析纯磷酸二氢钾 0.2197g，用少量蒸馏水溶解后，洗入 1000mL 容量瓶中，稀释至刻度并充分摇匀，此溶液为含磷（P）50mg/L 标准液。吸 50mL 此溶液放入 500mL 容量瓶中，稀释至刻度，摇匀，此溶液为含磷（P）5mg/L 的标准液（此液不能长期保存，最好现配现用）。

④2,6 - 二硝基酚指示剂：称 0.2g 2,6 - 二硝基酚溶于 100mL 水中。

⑤1.85mol/L 硫酸钼锑贮存溶液：取蒸馏水 400mL，放入 1000mL 烧杯中，将烧杯浸在冷水内，然后缓缓加入分析纯浓硫酸 153mL，并不断搅拌，冷却至室温。另称取分析纯钼酸铵 10g 溶于 60℃的 200mL 蒸馏水中，冷却。然后将硫酸溶液缓慢倒入钼酸铵溶液中，并不断搅拌至冷却。再加入 100mL 0.5% 酒石酸锑钾溶液，用蒸馏水稀释至

1000mL，摇匀，贮于试剂瓶中（避光保存）。

⑥铝锑抗混合显色剂：100mL 硫酸钼锑贮存液中，加入 1.5g 抗坏血酸。此液宜使用前配制（24h 内有效）。

（4）土壤中速效钾的测定试剂配制（火焰光度计法）

①1mol/L 中性醋酸铵溶液：称取化学纯醋酸铵 77.08g 溶于 900mL 蒸馏水，用醋酸或氢氧化铵调至 pH7.0，稀释至 1000mL。调节 pH 的具体方法：取 50mL、1mol/L 醋酸铵溶液，以 1:1 氢氧化铵或 1:4 醋酸调至 pH7.0（用 pH 计测定），根据 50mL 所用的氢氧化铵或醋酸的体积（mL），算出所配溶液的大概需要量，最后将全部溶液调至 pH7.0。

②钾（K）标准溶液：准确称取经过 105℃烘干（4~6h）的分析纯氯化钾 0.1907g，溶于 1mol/L 中性醋酸铵溶液中，并用醋酸铵定容至 1000mL，此液即 100mg/L 钾（K）标准溶液。

（5）土壤中速效钾的测定试剂配制（NaNO₃ 浸提 – 四苯硼钠比浊法）

①1mol/L NaNO₃ 浸提剂：准确称取 85g 硝酸钠（$NaNO_3$，化学纯）溶于水中，稀释至 1000mL。

②0.05mol/L 硼砂溶液：称取 19.07g 硼砂（$NaB_4O_7 \cdot 10H_2O$）溶于水中，定容至 1000mL。

③甲醛 – EDTA 掩蔽剂：称取 2.50g EDTA 二钠盐（$C_{10}H_{14}N_2Na_2O_8 \cdot 2H_2O$，化学纯）溶于 20mL、0.05mol/L 硼砂溶液中，加入 80mL、3% 的甲醛溶液（HCHO，分析纯），混匀后即成 pH9.2 的掩蔽剂。配好后需用 3% 四苯硼钠作空白检查，应无浑浊生成。

④3% 四苯硼钠溶液：称取 3.00g 四苯硼钠［$NaB(C_6H_5)_4$，化学纯］溶于 100mL 水中，加 10 滴 0.2mol/L NaOH 溶液，放置过夜，用紧密滤纸过滤，清亮滤液贮存于棕色试剂瓶中。此试剂要求严格，每批样品测定的同时，都需用同一四苯硼钠溶液做校准曲线。

⑤钾标准溶液：准确称取经过 105℃烘干（4~6h）的分析纯氯化钾 0.1907g，溶于 1mol/L NaNO₃ 溶液中，并用它定容至 1000mL，此液即 100mg/L 钾（K）标准溶液。

⑥钾标准系列溶液：准确吸取 100mg/L 钾标准溶液 0、1.5、2.5、5、7.5、10、12.5mL，分别放入 50mL 容量瓶中，用 1mol/L NaNO₃ 溶液定容，即为 0、3、5、10、15、20、25mg/L 钾的标准系列溶液。

3. 设备

恒温往复式振荡机、离心机（配有 100mL 聚乙烯离心管）、紫外分光光度计（配有 10mm 比色皿）、50mL 带盖塑料瓶、三角瓶、容量瓶、移液管或移液器、洗耳球、无磷滤纸、紧密滤纸、定性滤纸、分析天平、分光光度计、火焰光度计、振荡机、量筒、漏斗、1mm 和 2mm 孔径筛等。

五、方法与步骤

1. 土壤中硝态氮的测定（紫外分光光度法）

（1）待测液制备　称取约 40g（精确到 0.01g）新鲜土壤样品于 500mL 螺口聚乙烯瓶

中，加入 200mL 氯化钾浸提液，旋紧瓶盖，置于恒温往复式振荡机中，(25 ± 5)℃条件下以 (220 ± 20) r/min 的频率振荡 1h。转移约 60mL 悬浊液于 100mL 聚乙烯离心管中，在 3000r/min 的转速下离心 10min。将约 50mL 上清液转移至 50mL 聚乙烯瓶中，待测。

（2）空白对照　吸取 200mL 氯化钾浸提液于 500mL 螺口聚乙烯瓶中，按照步骤 "（1）待测液制备"相同的试剂和步骤进行制备，每批样品制备 2 个以上空白溶液。

（3）标准曲线　吸取 0.00、0.50、1.00、2.00、3.00、4.00mL 硝态氮标准中间液于 100mL 容量瓶中，用氯化钾浸提液定容，摇匀后得到质量浓度分别为 0.00、0.50、1.00、2.00、3.00、4.00mg/L 的硝态氮标准工作液。用光程长 10mm 石英比色皿于 220nm 和 275nm 波长处，以氯化钾浸提液为参比溶液，在紫外分光光度计上逐个测定硝态氮标准工作液的吸光度，计算出校正吸光度（A）。校正吸光度按式 1 - 12 计算：

$$A = A_{220} - 2.23 \times A_{275} \tag{1 - 12}$$

式中　A——校正吸光度

A_{220}——220nm 波长处的吸光度

A_{275}——275nm 波长处的吸光度

2.23——f 值，是对多种类型土壤进行实验测定得到的经验性校正因素。

将校正吸光度作为纵坐标，对应的硝态氮浓度为横坐标，绘制标准曲线。

（4）测定　用光程为 10mm 石英比色皿，在 220nm 和 275nm 波长处以氯化钾浸提液为参比溶液，在紫外分光光度计上测定吸光度，测定顺序为先测空白溶液，再测样品试液，计算出校正吸光度，从标准曲线上查出土壤浸出液中的硝态氮含量。

（5）结果计算　土壤硝态氮含量以质量分数 ω（NO_3^-）计，数值以毫克每千克（mg/kg）表示，按式 1 - 13 计算：

$$\omega（NO_3^-） = （\rho_N - \rho_0） \times R \tag{1 - 13}$$

式中　ρ_N——从校准曲线上查得土壤样品试液的硝态氮质量浓度，mg/L

ρ_0——从校准曲线上查得空白试液的硝态氮质量浓度，mg/L

R——试样体积（包括浸提液体积与土壤中水分的体积）与烘干土的比例系数，mL/g

按照式 1 - 14 ~ 式 1 - 16 计算：

$$R = R_1 + R_2 \tag{1 - 14}$$

$$R_1 = \frac{V}{m} \times （1 + \frac{\omega_w}{100}） \tag{1 - 15}$$

$$R_2 = \frac{\omega_w}{d_w \times 100} \tag{1 - 16}$$

式中　R_1——浸提液体积与烘干土的比例系数，mL/g

R_2——土壤水分体积与烘干土的比例系数，mL/g

V——浸提液体积，mL

m——称取的新鲜土壤样品质量，g

ω_w——以烘干土计的土壤水分的质量分数，%，测定方法见本章实验七"茶园土壤水分测定"

d_w——实验室所处温度下水的密度，g/cm³，取 1.00g/cm³

测定结果保留两位有效数字。

2. 土壤中铵态氮的测定（KCl 浸提－靛酚蓝比色法）

（1）浸提　称取相当于 20.00g 的新鲜土样（若是风干土，过 2mm 孔径筛）准确到 0.01g，置于 200mL 三角瓶中，加入氯化钾溶液 100mL，塞紧塞子，恒温往复式振荡机上振荡 1h。取出静置，待土壤－氯化钾悬浊液澄清后，吸取一定量上清液进行分析。如果不能在 24h 内进行，用滤纸过滤悬浊液，将滤液贮存在冰箱中备用。

（2）比色　吸取土壤浸出液 2~10mL（含 NH_4^+ － N 2~25μg）放入 50mL 容量瓶中，用氯化钾溶液补充至 10mL，然后加入苯酚溶液 5mL 和次氯酸钠碱性溶液 5mL，摇匀，定容到 50mL。在 20℃ 左右的室温下放置 1h 后，加掩蔽剂 1mL 以溶解可能产生的沉淀物，然后用水定容至刻度。用 10mm 比色杯在 625nm 波长处（或红色滤光片）进行比色，读取吸光度。

（3）标准曲线　分别吸取 0.00、2.00、4.00、6.00、8.00、10.00mL NH_4^+ － N 标准液于 50mL 容量瓶中，各加 10mL 氯化钾溶液，然后加入苯酚溶液 5mL 和次氯酸钠碱性溶液 5mL，摇匀，定容到 50mL，得到质量浓度分别为 0.00、1.00、2.00、3.00、4.00、5.00μg/mL 的铵态氮标准工作液，再进行比色测定。将吸光度作为纵坐标、对应的铵态氮质量浓度为横坐标，绘制标准曲线。

（4）结果计算　土壤中 NH_4^+ － N 含量以 ω（NH_4^+ － N）计，数值以毫克每千克（mg/kg）表示，按式 1 – 17 计算：

$$\omega（NH_4^+ － N）= \rho \times V \times ts/m \qquad (1 - 17)$$

式中　ρ——显色液铵态氮的质量浓度，μg/mL

　　　V——显色液的体积，mL

　　　ts——分取倍数

　　　m——样品质量，g

3. 土壤中速效磷的测定（盐酸－氟化铵浸提法）

（1）浸提　称取通过 1mm 筛孔的风干土 2.00g（精确到 0.01g，视含磷量高低，增减称土量）放入 50mL 的塑料瓶中，加入 0.03mol/L 氟化铵－0.025mol/L 盐酸溶液 20mL，稍摇匀后立即加盖放在振荡机上振荡 30min。

（2）过滤加硼酸　将上述提取液用无磷干滤纸过滤（或用塑料离心管离心 5min 待测），滤液盛于有 0.1g 硼酸的 25mL 容量瓶中，摇匀使其溶解，定容至刻度。

（3）测定　用移液管或移液器吸取上述滤液 5~10mL（视含磷量而定）于 25 容量瓶中，加少量蒸馏水和 1 滴 2,6 － 二硝基酚指示剂，用 4mol/L 氢氧化铵和 4mol/L 盐酸调至微黄色。然后准确加入铝锑抗混合显色剂 5mL，摇匀，加蒸馏水定容至刻度再充分摇匀，静置 5~15min（因温度而异）后，于波长 660nm 处在分光光度计上进行比色测定。同时，做空白测定。

（4）磷标准曲线绘制　分别吸取 5mg/L 标准溶液 0.00、0.50、1.00、1.50、2.00、2.50mL 于 25mL 容量瓶中，加蒸馏水 10mL 左右，按步骤"（3）测定"调节 pH 显色、比色。此标准系列溶液的相应含磷量为 0.00、0.10、0.20、0.30、0.40、0.50mg/L，以吸光度为纵坐标、含磷量为横坐标，绘制标准曲线。

（5）结果计算　土壤中含磷量以 ω_P 计，数值以毫克每千克（mg/kg）表示，按式 1 – 18 计算：

$$\omega_p = \frac{\rho \times V \times ts}{m} \tag{1-18}$$

式中　ρ——从标准曲线上查得磷的质量浓度，mg/L

　　　V——比色体积，mL

　　　ts——分取倍数（滤液总体积/吸取滤液测定的体积）

　　　m——土样质量，g

4. 土壤速效钾的测定（火焰光度法）

（1）浸提－测定　称取通过 1mm 筛孔的风干土 5.00g（精确到 0.01g）于 150mL 三角瓶中，加入 50mL、1mol/L NH$_4$Ac 溶液，用塞塞紧，在往复式振荡机上振荡 30min，用干的定性滤纸过滤，以小三角瓶或小烧杯收集滤液，在火焰光度计上测定，记录检流计读数。

（2）标准曲线　分别吸取 100mg/L K 标准液 0.00、2.00、5.00、10.00、20.00、40.00mL 放入 100mL 容量瓶中，用 1mol/L NH$_4$OAc 定容，即得 0.00、2.00、5.00、10.00、20.00、40.00mg/L K 标准系列溶液，然后在火焰光度计上进行测定，记录检流计读数，绘制标准曲线或计算直线回归方程。

（3）结果计算　土壤中磷含量以计，数值以毫克每千克（mg/kg）表示，按式 1 – 19 计算：

$$\omega_K = \frac{\rho \times V}{m} \tag{1-19}$$

式中　ρ——从标准曲线或回归方程求得的待测液钾质量浓度，mg/L

　　　V——浸提剂体积，mL

　　　m——土样质量，g

如果浸出液中钾的浓度超过测定范围，应用 1mol/L NH$_4$Ac 溶液稀释后测定，其测定结果应乘以稀释倍数。

5. 土壤速效钾的测定（四苯硼钠比浊法）

（1）浸提－测定　称取通过 1mm 筛孔的风干土 5.00g（精确到 0.01g）于 150mL 三角瓶中，加入 25mL 1mol/L NaNO$_3$ 溶液，用塞塞紧，在往复式振荡机上振荡 5min，用干的定性滤纸过滤，以小三角瓶或小烧杯收集滤液。吸取清滤液 8.00mL，放入 25mL 三角瓶中，准确加入 1mL 甲醛－EDTA 掩蔽剂，摇匀，然后用移液管或移液器沿瓶壁加入 1.00mL 3% 四苯硼酸钠溶液，立即摇匀，放置 15~30min，在分光光度计波长 420nm 处用 10mm 比色杯比浊（比浊之前须再摇匀一次）。用空白溶液（8.00mL 浸提剂代替土壤滤出液，其他试剂都相同）调节分光光度计吸光度 A 的零点。

（2）标准曲线　分别吸取质量浓度为 3、5、10、15、20、25mg/mL K 标准系列溶液各 8.00mL 按照测定相同的步骤各加 1.00mL 甲醛－EDTA 掩蔽剂和 1.00mL 3% 四苯硼酸钠溶液，测定吸光度后绘制标准曲线或计算直线回归方程。

（3）结果计算　土壤中磷含量以计，数值以毫克每千克（mg/kg）表示，按式 1 – 20 计算：

$$\omega_{\mathrm{K}} = \frac{\rho \times V}{m} \tag{1-20}$$

式中　ρ——从标准曲线或回归方程求得的待测液钾质量浓度，mg/L

　　　V——浸提剂体积，mL

　　　m——土样质量，g

六、结果与讨论

（1）土壤中的氮 90% 左右是有机态的，而无机态氮占总氮不到 10%，能被茶树吸收的氮素形态主要无机态氮中的硝态氮（$NO_3^- - N$）和铵态氮（$NH_4^+ - N$）。因此测定土壤中氮素营养时主要检测硝态氮和铵态氮的含量，两者的含量可反映土壤中可供茶树利用的氮素水平。

（2）土壤中速效磷也称土壤中有效磷，包括水溶性磷和弱酸溶性磷，其含量是判断土壤供磷能力的一项重要指标。测定土壤速效磷的办法很多，由于浸提剂的不同，其结果也不一致。浸提剂的选择主要是根据各种土壤性质而定。在一般情况下，中性和石灰性土壤采用碳酸氢钠法浸提；酸性土壤采用 0.1mol/L 盐酸浸提，旱地酸性土壤采用盐酸－氟化铵法浸提。研究表明，盐酸－氟化铵法浸提法在茶园土壤速效磷测定中应用较好。

（3）土壤中钾元素的存在形态主要包括水溶性钾、交换性钾以及矿物中固定的钾三类，其中水溶性钾和交换性钾能被植物吸收利用，称为"速效钾"。测定土壤中速效钾的含量一般采用四苯硼钠比浊法和火焰光度法。火焰光度法具有快速简便的优点，且精确度高，但要求有火焰光度计。在没有火焰光度计的情况，可采用四苯硼钠比浊法进行。

七、注意事项

（1）采用紫外分光光度法测定土壤硝态氮的实验中，当土壤样品试液与空白溶液相比有明显色差时（试液多呈黄色），说明浸出液中的有机物含量较高，应再次称取约 40g 的土壤样品（精确到 0.01g）于 500mL 螺口聚乙烯瓶中，依次加入 2.00g 活性炭和 200mL 氯化钾浸提液，进行试液制备。

（2）KCl 浸提－靛酚蓝比色法测定土壤铵态氮实验中，显色后在 20℃ 左右放置 1h，再加入掩蔽剂。过早加入会使显色反应很慢，蓝色偏弱；加入过晚则生成的氢氧化物沉淀可能老化而不易溶解。

（3）盐酸－氟化铵浸提法测定土壤速效磷实验注意事项：

①酸性氟化铵溶液用塑料瓶存放，切勿用玻璃瓶。此液腐蚀玻璃。

②比色液酸度控制在（0.55±0.1）mol/L。酸度小于 0.45mol/L，显色速度加快，但稳定时间较短；酸度大于 0.65mol/L，显色过慢。

③室温低于 15℃ 时显色液可放置在 30～40℃ 的烘干箱中保温 30min。

④滤液浑浊时，应重新过滤直至澄清。

⑤比色时发现颜色过深，应重新吸取滤液进行显色（减少吸取量）。

（4）火焰光度法测定土壤速效钾实验中，含 NH_4Ac 的钾标准溶液及浸出液不宜久放，以免长霉，影响测定结果。

实 验 ⑩ 茶园土壤中重金属（铅、镉）元素的测定

一、引言

铅、镉在自然界分布广泛，对植物生长发育会产生不良影响，并且属于有毒元素，影响茶叶产品的质量安全。铅、镉的主要来源为土壤。依据国家无公害茶园土壤中重金属含量标准，铅含量限量（MLs）250mg/kg，镉含量限量（MLs）0.3mg/kg，是茶园土壤质量指标中的强制性指标。因此测定茶园土壤中的铅、镉等重金属是保证茶叶安全生产的前提条件。

二、实验原理

采用盐酸、硝酸、氢氟酸、高氯酸全消解的方法，彻底破坏土壤的矿物晶格，使试样中待测元素全部进入试液。然后将试液注入石墨炉中，经过预先设定的干燥、灰化、原子化等升温程序使共存基体成分蒸发除去，同时在原子化阶段的高温下铅、镉化合物离解为基态原子蒸气，并对空心阴极灯发射的特征谱线产生选择性吸收。在选择的最佳测定条件下，通过背景扣除，测定试液中铅、镉的吸光度，其吸光度与含量成正比，与标准系列比较定量。

三、实验目的

通过本实验学习和掌握茶园土壤中重金属铅、镉测定的原理和方法。

四、材料与设备

1. 材料

茶园土壤样品。

2. 试剂

本实验中使用的试剂均为分析纯试剂，水采用去离子水或同等纯度的水。

（1）盐酸（HCl，优级纯）、硝酸（HNO_3，优级纯）、氢氟酸（HF）、高氯酸（$HClO_4$，优级纯）。

（2）硝酸溶液（1+5）　按硝酸与水的体积比为1:5配制。

（3）体积分数为0.2%的硝酸溶液　将0.2mL硝酸溶液加入100mL水中。

（4）质量分数为5%的磷酸氢二铵（优级纯）水溶液　准确称取5g磷酸氢二铵溶解于95mL水中。

（5）铅标准储备液（0.500mg/mL）　准确称取0.5000g（精确至0.0002g）光谱纯金属铅于50mL烧杯中，加入20mL硝酸溶液（1+5），微热溶解。冷却后转移至

1000mL 容量瓶中，用水定容至标线，摇匀。

（6）镉标准储备液（0.500mg/mL）　准确称取 0.5000g（精确至 0.0002g）光谱纯金属镉粒于 50mL 烧杯中，加入 20mL 硝酸溶液（1＋5），微热溶解。冷却后转移至 1000mL 容量瓶中，用水定容至标线，摇匀。

（7）铅标准工作液的配制（250μg/L）　临用前，吸取铅标准储备液 10mL，用 0.2% 硝酸溶液稀释定容至 100mL，得到一级母液；从一级母液吸取 5mL 溶液用 0.2% 硝酸溶液稀释定容至 100mL，得到二级母液；从二级母液中吸取 10mL 溶液用 0.2% 硝酸溶液稀释定容至 100mL，得到质量浓度为 250μg/L 的铅标准工作液。

（8）镉标准工作液的配制（50μg/L）　临用前，吸取铅标准储备液 2mL，用 0.2% 硝酸溶液稀释定容至 100mL，得到一级母液；从一级母液吸取 5mL 溶液用 0.2% 硝酸溶液稀释定容至 100mL，得到二级母液；从二级母液中吸取 10mL 溶液用 0.2% 硝酸溶液稀释定容至 100mL，得到质量浓度为 50μg/L 的铅标准工作液。

3. 仪器

石墨炉原子吸收分光光度计、空心阴极灯、镉空心阴极灯、砷空心阴极灯、汞空心阴极灯、电热恒温鼓风干燥箱、电子天平、自动进样器（或手动进样器）、电子控温加热板、聚四氟乙烯坩埚、容量瓶等。

五、方法与步骤

1. 样品准备

将采集的土壤样品经风干（自然风干或冷冻干燥）后，除去土样中石子和动植物残体等异物，用木棒（或玛瑙棒）研压粉碎，通过 2mm 尼龙筛（除去 2mm 以上砂砾）然后用玛瑙研钵将通过 2mm 尼龙筛的土样研磨，再过 100 目圆筛，混匀后备用。

2. 试液制备

（1）方法一　准确称取 0.1～0.3g（精确到 0.002g）试样于 50mL 聚四氟乙烯坩埚中，用水润湿后加入 5mL 浓盐酸，于通风橱内的电热板上低温加热，使样品初步降解，当蒸发至约 2～3mL 时，取下稍冷，然后加入 5mL 浓硝酸、4mL 氢氟酸、2mL 高氯酸，加盖后于电热板上中温加热 1h 左右，然后开盖，继续加热除硅，为了达到良好的除硅效果，应经常摇动坩埚。当加热至冒浓厚高氯酸白烟时，加盖，使黑色有机碳化物充分分解。待坩埚上的黑色有机物消失后，开盖驱赶白烟并蒸至内容物呈黏稠状。视消解情况，可再加入 2mL 浓硝酸、2mL 氢氟酸、1mL 高氯酸，重复上述消解过程。当白烟再次基本冒尽且内容物呈黏稠状时，取下坩埚稍冷，用水冲洗坩埚盖和内壁，并加入 1mL 硝酸溶液（1＋5）温热溶解残渣。然后将溶液转移至 25mL 容量瓶中，加入 3mL 磷酸氢二铵溶液冷却后定容，混匀备用，同时作试剂空白（以水代替试样，与试样操作相同步骤）。

（2）方法二　准确称取 0.1～0.3g（精确到 0.002g）试样于 50mL 消解罐内，滴加 5mL 浓盐酸、5mL 浓硝酸、4mL 氢氟酸、2mL 高氯酸，摇匀，并盖紧消解罐内盖，密闭，装好外消解罐，拧紧，于室温下放置 30min，然后将消解罐置于 250W 微波炉中 10min，停止 5min，然后调至 450W、5min，650W 再消解 5min，取出消解罐，冷却后打开消解罐，在恒温加热板中170℃加热进行赶酸，以除去氮氧化物和氢氟酸。当样品溶液为1.0mL左右停止加热。待样品冷却后用水冲洗消解罐并将溶液转移至洗入25mL的容量瓶中，少量多次洗涤消解罐，洗液合并于容量瓶中，加入3mL磷酸氢二铵溶液，并定容至刻度，混匀备用，同时作试剂空白（以水代替试样，与试样操作相同步骤）。

3. 测定

不同型号仪器的最佳测试条件不同，可根据仪器使用说明书调节仪器至最佳工作条件，表1-8为测量条件参考。然后取标准溶液，样品溶液，空白溶液上机分析。

表1-8　　　　　　　　　　　　　　仪器测量条件（参考）

元素	测定波长/nm	通带宽度/nm	灯电流/mA	干燥/℃/s	灰化/℃/s	原子化/℃/s	清除/℃/s	氩气流量/(mL/min)	原子化阶段是否停气	进样量/μL
铅	283.3	1.3	7.5	(80～100)/20	700/20	2000/5	2700/3	200	是	10
镉	228.8	1.3	7.5	(80～100)/20	500/20	1500/5	2600/3	200	是	10

4. 标准曲线的绘制

准确吸取铅、镉混合标准使用液分别吸取铅、镉、砷、汞标准工作液0.00、0.50、1.00、2.00、3.00、5.00mL于25mL容量瓶中，加入3.0mL磷酸氢二铵溶液，用体积分数为0.2%的硝酸溶液定容。该标准溶液含铅0、5.0、10.0、20.0、30.0、50.0μg/L，含镉0、1.0、2.0、4.0、6.0、10.0μg/L。按照测定条件由低到高浓度顺次测定标准溶液的吸光度。然后用减去空白的吸光度与相对应的元素含量（μg/L）分别绘制铅、镉的标准曲线，并求得吸光度与浓度关系的一次线性回归方程。

5. 结果计算

土壤样品中铅、镉的含量 W（mg/kg）按式1-21计算：

$$W = \frac{c \times V}{m\,(1-f)} \tag{1-21}$$

式中　c——试液的吸光度减去空白试验的吸光度，然后在标准曲线上查得铅、镉的含量或通过一次线性回归方程式计算得到的铅、镉含量，μg/L

　　　　V——试液定容的体积，mL

　　　　m——称取试样的质量，g

　　　　f——试样中水分的含量，%

试样水分测定参照本章实验七中"土壤水分的测定"小节。

六、结果与讨论

对于土壤重金属元素测定样品处理方法有聚四氟乙烯坩埚加热，消解罐微波法等方法，聚四氟乙烯坩埚加热法实验条件简单，试剂用量较多。消解罐微波法能加快反应速率，并且消解较为完全、彻底，减少污染。

七、注意事项

（1）本法灵敏度高，极易受容器、试剂、水、实验室环境等污染，因此每次测定必须随行空白试验。样品测定结果应扣除空白值后再进行计算。

（2）本实验中采用浓盐酸、浓硝酸等腐蚀性强的试剂，实验过程中一定要注意操作安全。

实 验 十一 茶树氮、磷、钾元素的测定

一、 引言

通过茶树 N、P、K 元素的测定可以作为诊断茶树 N、P、K 的营养水平和土壤供应这些元素的丰缺情况重要依据，指导科学进行氮肥、磷肥、钾肥的合理施用。

二、实验原理

植物中的氮、磷大多数以有机态存在，钾以离子态存在。用强氧化剂过氧化氢和硫酸高温消煮茶叶样品，有机物被氧化分解，使样品中的有机氮化物转化为无机铵盐，有机磷转化为无机磷酸盐，用同一消解液分别测定氮（N）、磷（P）、钾（K）的含量。

氮的测定：消解液经碱化，加热蒸馏出氨，经硼酸吸收，用标准酸滴定其含量。

磷的测定：在一定酸度下，消解液中的正磷酸与偏钒酸和钼酸生成黄色的三元杂多酸，用比色法测定磷含量，即钒钼黄吸光光度法；或在一定酸度下，消解液在三价锑离子存在下，其中的正磷酸与钼酸铵生成三元杂多酸，被抗坏血酸还原为磷钼蓝，用比色法测定磷含量，即钼锑抗吸光光度法。

钾的测定：将处理过的样品导入原子吸收分光光度计的火焰原子化系统中，使钾离子原子化，钾的基态原子吸收钾空心阴极灯发射的共振线，在共振线 766.5nm 处测定吸光度，其吸光度与钾含量成正比，与标准系列进行比较定量。

三、实验目的

通过本实验掌握茶树 N、P、K 元素的测定原理和方法，以便在实际应用中判断茶树的营养水平并进行合理施肥。

四、材料与设备

1. 材料

茶树一芽二、三叶。

2. 试剂

硫酸、30% 过氧化氢、氢氧化钠、硼酸、钼酸铵、偏钒酸铵、酒石酸锑钾、抗坏血酸、氯化铯、2,6 - 二硝基苯酚或 2,4 - 二硝基苯酚。

（1）氢氧化钠溶液（400g/L）　称取400g氢氧化钠，用水溶解并定容至1000mL。

（2）硼酸接收液（10g/L）　称取100mg溴甲酚绿溶于100mL乙醇，即成0.1%溴甲酚绿溶液。另称取100mg甲基红溶于100mL乙醇，即成0.1%甲基红溶液；称取100g硼酸，用水溶解并定容至10L，添加100mL、0.1%溴甲酚绿溶液和70mL、0.1%甲基红溶液，即成10g/L硼酸接收液。

（3）氢氧化钠溶液（240g/L）　称取24g氢氧化钠，用水溶解并定容至100mL。

（4）硫酸溶液（2mol/L）　吸取5.6mL硫酸加水并定容至100mL。

（5）钒钼酸铵溶液　称取25.0g钼酸铵［（NH$_4$）$_6$Mo$_7$O$_2$·4H$_2$O，分析纯］溶于400mL水中，必要时可适当加热，但温度不得超过60℃。另将1.25g偏钒酸铵（NH$_4$VO$_3$，分析纯）溶于300mL沸水中，冷却后加入125mL硫酸。将钼酸铵溶液缓缓注入偏钒酸铵溶液中，不断搅匀，最后加水稀释至1000mL，避光贮存。

（6）钼锑抗贮存液　称取0.5g酒石酸锑钾，溶解于100mL水中，即成0.5%的酒石酸锑钾溶液。另称取10.0g钼酸铵，溶解于450mL水中，缓慢加入126mL硫酸，再加入0.5%酒石酸锑钾溶液100mL，最后用水稀释至1000mL，避光贮存，即为钼锑抗贮存液。

（7）钼锑抗显色剂　称取1.50g抗坏血酸溶于100mL钼锑贮存液中，即为钼锑抗显色剂，该显色剂现用现配，有效期1d，冰箱中存放，可用3～5d。

（8）氯化铯溶液（50g/L）　称取5.0g氯化铯，用水溶解并定容至100mL。

（9）硫酸标准滴定溶液C（1/2H$_2$SO$_4$）　0.01mol/L，按GB/T 601—2016《化学试剂　标准滴定溶液的制备》方法配制并标定（吸取0.3mL硫酸缓缓注入1000mL水中，冷却，摇匀，即得到0.01mol/L的硫酸标准滴定溶液C（1/2H$_2$SO$_4$），再称取0.02g于270～300℃高温炉中灼烧至质量恒定的工作基准试剂无水碳酸钠，溶于50mL水中，加10滴溴甲酚绿甲基红指示液，用配好的硫酸溶液滴定至溶液由绿色变为暗红色，煮沸2min，冷却后继续滴定至溶液再呈暗红色，同时做空白试验）。

（10）磷标准贮存液（1000mg/L）　购买国家有证磷单元素标准溶液或用工作基准试剂磷酸二氢钾按GB/T 602—2002《化学试剂　杂质测定用标准溶液的制备》的方法配制（称取4.39磷酸二氢钾，溶于水，移入1000mL容量瓶中，稀释至刻度。）

（11）钾标准贮存液（1000mg/L）　购买国家有证钾单元素标准溶液或用工作基准试剂氯化钾按GB/T 602的方法配制（称取1.91g于500～600℃灼烧至质量恒定的氯化钾，溶于水，移入1000mL容量瓶中，稀释至刻度。）

（12）磷标准使用液Ⅰ（50mg/L）　用水将1000mg/L磷标准贮存液逐级稀释至50mg/L。

（13）磷标准使用液Ⅱ（10mg/L）　用水将1000mg/L磷标准贮存液逐级稀释至10mg/L。

（14）钾标准使用液（10mg/L）　用水将1000mg/L钾标准贮存液逐级稀释至10mg/L。

（15）二硝基苯酚指示剂（2g/L）　称取0.29g 2,6-二硝基苯酚或2,4-二硝基苯酚，用水溶解并定容至100mL。

3. 主要仪器设备

全自动定氮仪、分光光度计、原子吸收分光光度计（备有火焰检测器）、分析天平（感量为0.0001g）、消煮炉、消化管。

五、方法与步骤

1. 试样制备

采取春茶一芽二、三叶和成熟叶用蒸馏水冲洗3~4次，然后在80℃的烘箱中烘至质量恒定，用植物样品粉碎机粉碎，过40目筛混匀，备用。

2. 试样消解

准确称取磨细混匀的茶叶干样0.5000g于100mL消化管底部，加少许水润湿，加浓硫酸5mL，轻轻摇匀（最好放置过夜）。在管口放一弯颈小漏斗，在电炉或消煮炉上先小火（约250℃）慢慢地加热，待冒出大量白烟后再升高温度至400℃，当溶液呈均匀的棕黑色时取下。稍冷后加入10滴（约0.5mL）30%的过氧化氢，再加热至微沸，消煮约5min，稍冷后再加入10滴30%的过氧化氢，再消煮。如此重复数次，每次添加的H_2O_2应逐次减少，消煮至溶液呈无色或清亮后，再加热5min，以除尽剩余的H_2O_2。取下冷却后，用水将消煮液无损地转移入100mL容量瓶中，冷却至室温后用水多次洗涤定容。用干滤纸过滤，或放至澄清即得待测液。此待测液可用于氮、磷、钾的测定。每批消煮的同时，进行空白试验，以校正试剂和方法的误差。

3. 氮的测定（凯氏定氮法）

（1）启动定氮仪，先添加硼酸接收液（弃去前面的接收液，直到开始流出酒红色接收液）。之后预热蒸汽发生器，设定定氮仪分析程序，输入标准的浓度，精确到0.0001mol/L。选择硼酸接收液体积为30mL，蒸馏水设定为40mL，400g/L氢氧化钠溶液设定为20mL。

（2）蒸馏与滴定　准确吸取10mL待测液于消化管内，将消化管放入仪器中。按仪器要求进行蒸馏，先进行空白检测，样品测定结束后打印数据。

（3）样品中氮含量的计算　样品中氮的含量以质量分数（W）计，数值以克每百克（g/100g）表示按式1-22计算：

$$W(N) = \frac{(V_2 \times V_0) \times c \times 0.0140}{m \times (V_1/V)} \times 100 \qquad (1-22)$$

式中　c——（$1/2H_2SO_4$）硫酸标准滴定溶液浓度，0.01mol/L

V_2——样品消耗标准酸溶液的体积，mL

V_0——试剂空白消耗标准酸溶液的体积，mL

V_1——蒸馏时吸取待测液的体积，mL

V——待测液定容体积，mL

m——试样质量，g

0.0140——1mol/L硫酸标准滴定溶液C（$1/2H_2SO_4$）1mL相当于氮的质量，g

计算结果保留三位有效数字。

4. 磷的测定（钼锑抗吸光光度法）

（1）标准工作曲线　分别吸取磷标准使用液Ⅱ（0.0、2.0、4.0、6.0、8.0、10.0mL）分别放入50mL容量瓶中，再加入与吸取待测液等体积的空白消化溶液，用水稀释至约30mL，加1~2滴二硝基苯酚指示剂，滴加240g/L氢氧化钠中和至刚呈黄色，再加入1滴2mol/L硫酸溶液，使溶液的黄色刚刚褪去，然后加入钼锑抗显色剂5.0mL，摇匀，用水定容，即得到0.0、0.2、0.4、0.6、0.8、1.0mg/L磷标准系列溶液。在室温高于15℃的条件下放置30min，用分光光度计在波长700nm处测其吸光度，拟合直线回归方程或以磷质量浓度为横坐标、吸光度为纵坐标，计算直线回归方程。

（2）测定　准确吸取待测液1~10mL（V_1）于50mL容量瓶（V_2）中，用水稀释至约30mL，加1~2滴二硝基苯酚指示剂，滴加240g/L氢氧化钠中和至刚呈黄色，再加入1滴2mol/L硫酸溶液，使溶液的黄色刚刚褪去，然后加入钼锑抗显色剂5.0mL，摇匀，用水定容，即得到0.0、0.2、0.4、0.6、0.8、1.0mg/L磷标准系列溶液。在室温高于15℃的条件下放置30min，用分光光度计在波长700nm处测定其吸光度。同时按上述方法做空白试验，用空白调零。以测得的吸光度由直线回归方程计算出或由标准曲线查得待测液中磷的含量。如果吸光度超过1.0mg/L磷的吸光度时，则将待测液稀释后重新测定。

（3）样品中磷含量的计算　样品中磷的含量以质量分数 W（P）计，数值以克每百克（g/100g）表示，按式1–23进行计算：

$$W（P）=\frac{\rho \times V}{m} \times \frac{V_2}{V_1} \times 10^{-4} \tag{1-23}$$

式中　W（P）——植物磷的质量分数，%

　　　　ρ——从校准曲线或回归方程求得的待测液中磷的质量浓度，mg/L

　　　　V——待测液定容体积，mL

　　　　V_1——吸取待测液的体积，mL

　　　　V_2——显色溶液定容体积，mL

　　　　m——试样质量，g

　　　　10^{-4}——将mg/L单位换算为质量分数的换算因数

若待测液经过稀释，则计算时加入稀释倍数，计算结果保留三位有效数字。

5. 钾的测定（火焰原子吸收分光光度法）

（1）标准工作曲线　分别吸取钾标准使用液（0.0、1.0、2.0、3.0、4.0、5.0mL）分别放入50mL容量瓶中，加入2mL氯化铯溶液，加入0.5mL硫酸，加水定容，即得0.0、0.2、0.4、0.6、0.8、1.0mg/L钾标准系列溶液。依次将上述标准系列溶液吸入原子化系统中，用0.0mg/L溶液调整零点，测定钾标准系列溶液吸光度，以吸光度为纵坐标、钾标准系列溶液的质量浓度为横坐标，计算直线回归方程。

（2）测定　吸取待测液1~5mL（V_1）于50mL容量瓶（V_2）中，加入2mL氯化铯溶液，用水稀释并定容至刻度，摇匀。将此溶液导入原子化系统中，用试剂空白溶液调整零点，以测得的吸光度由直线回归方程计算或由标准曲线查得待测液中钾的含量。如果吸光度超过1.0mg/L钾的吸光度时，则将待测液稀释后重新测定，按上述步骤同时测定试剂空白消解液中钾的含量。

（3）样品中钾含量的计算　样品中钾的含量以质量分数 W（K）计，数值以克每百克（g/100g）表示，按式 1－24 进行计算：

$$W（K）= \frac{(\rho - \rho_0) \times V}{m} \times \frac{V_2}{V_1} \times 10^{-4} \tag{1-24}$$

式中　ρ——从校准曲线或回归方程求得的待测液中钾的质量浓度，mg/L

ρ_0——试剂空白消解液中钾质量浓度，mg/L

V——待测液定容体积，mL

V_1——吸取待测液的体积，mL

V_2——显色溶液定容体积，mL

m——试样质量，g

10^{-4}——将 mg/L 浓度单位换算为质量分数的换算因数

若待测液经过稀释，则计算时加入稀释倍数，计算结果保留三位有效数字。

六、结果与讨论

茶树氮、磷、钾元素的测定主要用于诊断茶树营养元素的丰缺情况，茶树营养元素含量与取样时间和部位有关，因此，在取样过程中一定要考虑取样部位和取样时间。一般情况下，取样部位应当在树体营养元素反应灵敏的部分。东非茶叶研究所提出，取样时取成龄茶树新梢一芽三叶的一芽一叶、第三叶（不带梗），而我国和其他产茶国认为，一般选取春茶一芽二、三叶和成熟叶为宜。取样的时间除特殊目的外，基本上是在茶树新梢生长旺盛期进行。

七、注意事项

（1）所用的 H_2O_2 应不含氮和磷。H_2O_2 在保存中可能自动分解，加热和光照能促使其分解，故应保存于阴凉处。在 H_2O_2 中加入少量 H_2SO_4 酸化，可防止 H_2O_2 分解。

（2）加 H_2O_2 时应直接滴入瓶底液中，如滴在瓶颈内壁上，将不起氧化作用，若遗留下来还会影响磷的显色。

实 验 十二　茶树短穗扦插技术

一、引言

扦插育苗由于其能保持品种固有的性状和特性，并且繁殖系数大，成为目前茶树无性繁殖最主要的途径。

二、实验原理

扦插育苗中应用最广泛的是短穗扦插法，即取带有一片叶或一个芽的茶树枝条（3～4cm 长）插在一定的土壤里，经一段时间培育管理后能长成一个完整的茶树植株。短穗扦插技术包括苗圃整理、母本园培育、母穗的选取、扦插方法、苗圃管理等环节。

各个环节都直接影响短穗扦插的成活率及苗木的质量。短穗扦插可分为苗圃地扦插和营养钵扦插两种。

三、实验目的

通过本实验，要求掌握茶树的苗圃地扦插、营养钵扦插方法及插后管理的一整套技术。

四、材料与设备

1. 材料

插穗母树、塑料薄膜、竹帘、遮阳网、α–萘乙酸、酒精、基肥。

2. 设备

锄头、枝剪、筛土用的筛子、洒水壶、天平、量筒。

五、方法与步骤

1. 苗圃地短穗扦插法

（1）苗地选择　选择土地疏松、微带酸性、保水力强、通气性好、水源充足、地势平坦的地方作为苗地。

（2）苗圃的整理　将选好的土地进行深耕，一般分两次进行，第一次深耕深度为25cm，同时施用基肥（以腐熟的堆肥、厩肥等有机肥为好。一般每亩施厩肥1000～1500kg，过磷酸钙10～15kg；或施菜饼100～150kg，过磷酸钙10kg。施肥要均匀）；第二次深耕在做畦时进行，深翻15cm左右后做畦，畦宽1～1.5m，畦高视土壤排水性而定，一般为10～15cm，畦向以夏朝东西（长的方向）、春秋朝南北为宜。

（3）铺心土和镇压划行　除了新垦红壤土做扦插苗圃不必铺黄泥外，其他土地都必须在苗床上铺一层5～7cm的黄泥。铺心土后用敲打法或滚压法镇压床面，使床面平整，泥层紧结，以利插穗和黄泥密接。

（4）搭阴棚　扦插圃阴棚有高棚、低棚和斜棚之分。目前生产上多采用平顶低棚，棚高25～40cm不等。覆盖材料可用竹帘、稻草等。目前随着化学工业发展，可选用通气性较好的聚乙烯砂网或遮阳网，透光率达20%～30%。

（5）插条选取　插条应选择优良品种中生长健壮、无病虫害的茶树作母株，同时最好选择青壮年或台刈一、二年的新梢生活力强的茶树。选好母株后，在剪穗前10～15d最好打顶，可促进枝条成熟和腋芽发育。插条最好选择当年生半木质化的枝条。

（6）剪取插穗　短穗扦插的插穗应带一张叶和一个腋芽，穗长3～4cm，注意保持芽、叶完整无伤，剪口断面略斜，上端剪口与叶片伸展方向相同，光滑而无撕裂，一般一穗一节，节间过短时也可两节一穗，但只保留最上片叶。

（7）插穗处理　为提早插穗愈合生根，促进根系发达，提高成活率，可将插穗用一些化学药剂进行处理。促进插穗发根常用药有生根粉、α–萘乙酸、吲哚乙酸、吲哚丁酸、2,4–苯氧乙酸）、增产灵、三十烷醇、赤霉素等。处理时应视药剂不同、处理时间不同、处理部位等而变化。特别要注意药液浓度，浓度低时促进发根，浓度高时反而抑制发根，甚至导致死亡。常用的药剂处理方法如下。

①插穗基部浸喷法　将插穗基部 1~2cm 浸在生长素溶液中，以不浸过叶柄为度，溶液浓度要低，浸的时间要短，浸后要用清水冲洗。α-萘乙酸 300mg/L，浸 3~5h，100mg/L 浸 12~24h。

②插穗基部速沾法　扦插时将插穗下剪口切面在药液中速沾一下即行扦插。此法药液质量浓度较高，可配成 500~1500mg/L。

③土壤处理法　将质量浓度 100mg/L 溶液均匀淋在扦插苗圃地以后将插穗进行扦插。

（8）扦插方法　扦插前先将苗床心土洒水湿润，待稍干不粘手时，在床面划出插穗行距的痕迹，以便插穗时整齐等距，可按品种叶片长度划行距，一般中小叶种行距以 8cm 为宜，大叶种 10~12cm。扦插时，用拇指和食指夹住插穗上端的腋芽和叶柄处，稍微倾斜按划好的行株距痕迹插入土中。一般将插穗短茎的 2/3 插入，使叶片和叶柄露出土面，并用两指将插穗基部的泥土稍稍压实，让插穗和泥土密栖。为避免被风吹动，插穗应按顺风方向扦插。

（9）苗圃管理

①插时视季节、天气情况，晴天早晚各淋一次水，夏秋季每天要早、午、晚各淋一次水，水要浇匀浇透，待发根后改为一天淋一次水，雨季要注意排渍水。

②插穗生根开叶后，视天气情况，晚上揭棚打露。

③插穗发根后，可开始追肥，用 0.5% 硫酸铵溶液，施肥要掌握少量多次，由稀到浓，1 个月左右施肥一次，施肥后淋一次清水洗净叶面，苗高 15cm 后，最好在畦面撒施一次腐熟厩肥。

2. 营养钵育苗法

（1）营养钵制作　在营养钵中填入 15cm 左右的施有机肥或复合肥的底土。再填入经处理的红、黄壤心土，压实。

（2）营养钵排列成畦　将放置营养钵的土厢挖去上层土壤，深约 20cm，将地面整平，然后将营养钵紧密排列于上。有条件的地方，可将土厢周围用水泥做成间隔和人行道，并安上喷水设施。

（3）扦插　按苗圃地扦插方法剪穗、浇水、扦插、管理、每钵 2~3 株。

（4）茶苗出圃　将营养钵整个移至茶园剪烂薄膜埋入茶行定植。

3. 实验要求

（1）每人剪母穗，剪插穗 50 株，扦插并管理至成活。

（2）每人做 10 个营养钵扦插。

（3）插穗药液处理　每人取插穗 20 根分别用 α-萘乙酸 800mg/L 及清水（对照）浸泡插穗下剪口 1h，然后扦插并观察以后的发根、成活情况，并将结果填入表 1-9。

表 1-9　　　　　　　　　　　激素处理对茶树扦插效果调查

项目　　　　处理	成活情况			愈合发根情况		
	调查株数	成活数	成活率/%	调查株数	愈合株数	发根数
α-萘乙酸处理						
对照（CK）						

六、结果与讨论

（1）插穗质量是影响扦插成活的内在因素。茶树品种不同其扦插成活率有差异，研究认为，母叶内的淀粉含量、非蛋白质氮含量高而蛋白氮含量低的品种，具有较强的发根能力。插穗的老嫩程度对扦插成活率有较大影响，一般而言，一年生枝条的各个部位均可作为插穗，且健壮枝条比细弱枝条扦插成活率高。关于扦插留叶量的研究表明，一叶插比二叶插愈合快，根系生长无明显区别，多叶扦插根系的生长及根干重优于一叶插，但多叶插穗蒸腾作用强，增加苗圃管理难度，降低繁殖系数，穗的利用率低。所以目前育苗最方便和最有效的方法是采用一叶短穗扦插。研究表明，腋芽已膨大的插穗发根早，成活率高，因此在取插穗前 10～15d 对母枝进行打顶，可以促进新梢木质化和促进腋芽萌发。

（2）插穗是否成活还受外界环境因子的影响，主要包括温度、湿度、光照和土壤性质。研究表明扦插发根最适宜温度为 20～30℃，土壤持水量为 70%～80% 为宜。插穗的芽叶要在光的作用下形成生长素和营养物质，但光照不能过强，一般扦插初期遮光率以 60%～70% 为宜。土壤 pH 要求为 4.0～5.5、腐殖质含量少的红黄壤心土较好。

七、注意事项

（1）插穗剪取时要求芽叶完整、无病虫，剪口平滑，腋芽饱满。
（2）扦插后要注意水分管理，特别是扦插初期。

实 验 十三 茶树嫁接技术

一、引言

嫁接是低产茶园更新改造最有效的途径，具有成园早、见效快的特点，同时也是部分难以通过扦插繁殖茶树品种繁育的一种重要方式。

二、实验原理

茶树嫁接是把具有优良性状的母树的枝芽（接穗），接到另一植株（砧木）上，依靠接穗与砧木形成层分生细胞组织的亲和力和愈合作用，愈合共生成新的植株，使新植株改变了原来植株的形态及性状。

三、实验目的

通过本实验掌握茶树嫁接的基本技术，进一步了解影响茶树嫁接成活的各种因素。

四、材料与设备

1. 材料
作为砧木的老茶树、接穗。

2. 设备

手锯、嫁接刀、枝剪、竹片、嫁接膜、白色透明塑料袋。

五、方法与步骤

1. 接穗选取

接穗选取与扦插短穗要求相近。在优良品种母株上，选取腋芽饱满，无病虫害的半木质化的新梢（棕红色）做接穗，取一芽一叶一节，长约 3cm 的短穗，然后用嫁接刀将接穗基部削成两个向内斜面楔形，内薄外厚不平衡对称。

2. 砧木处理

将待改造的茶树离地 5~10cm 剪去或锯去后作砧木，在砧木切面中心垂直下劈，形成劈切缝，如较大砧木，可横竖十字交叉切下两刀，深度比接穗削面稍长。最好将砧面修成略斜面状，可防止砧面水分滞留，影响接穗成活率。

3. 接穗

将劈切缝外侧用嫁接刀刻一个与接穗削面吻合的楔形槽，用一削成扁平的竹尖轻打入切缝中间，使切缝张开，然后把接穗薄侧向内，厚侧向外，嵌入楔形槽，用手指轻轻按接穗，使接穗外侧与砧木的外侧抚平，形成层对齐后，小心取出竹夹，夹紧接穗。

4. 绑绳套袋

为保证砧木与接穗紧密相接，可用宽大尼龙绳或专用嫁接膜在接穗与砧木交接处围绕几圈再扎紧，然后套袋，用透明塑料袋套上保护，为增大袋内空间，可用一带枝丫的枝条撑开套袋，罩住整个"接体"，基部用塑料线扎紧，以保持袋内湿度。

5. 嫁接后初期管理

（1）补接　接后半个月，要检查接穗成活情况，发现接穗变黄叶片脱落者，应重新补接。

（2）拆袋　接穗于 25d 左右趋于稳定，新梢萌发伸长。当新梢生长至袋顶时，及时把袋顶剪开洞孔，让新梢自然破袋生长，待新梢老熟后方可拆袋，其后视接口愈合情况，适时接触绑绳。

（3）除芽　及时检查并除去砧木上萌发的不定芽，以免影响植株正常生长及品种混杂，一般在嫁接新梢转入旺盛生长后，不定芽的发生甚少。

（4）水分　高温干旱，要注意淋水，保持土壤水分。

（5）施肥　由于砧木地下根系没有受到破坏，因此，在第一次新梢停止生长前，一般无需施肥，至新梢树冠定型前仍以多施薄施有机肥为主。

（6）护梢　罩袋拆除后，最好在每个新梢旁边捆上全枝，用小绳把新梢固定，以免风雨损折。

六、结果与讨论

（1）砧木与接穗的亲和力是嫁接成活的基础，因此要选择亲和力强的接穗和砧木。茶树嫁接一般选用生活力强、高产的无性系或抗逆性强的群体茶树作砧木，用优质的无性系作接穗。

（2）茶树嫁接方式有劈接、切接、插皮接、芽接等方式。已有很多研究表明，劈接由于接缝紧密，接穗稳固，有利于愈伤组织形成，因而成活率较高；而切接、插皮接、芽接的接穗由于接缝的紧密度不如劈接，接穗容易松动，因此嫁接成活率不及劈接，因此目前在茶树上应用较多的是劈接。所以本实验选择劈接方式进行。

（3）"五、4. 绑绳套袋"操作，也可以改用培土代绑方法进行，具体见《茶树栽培学》教材。

七、注意事项

（1）嫁接时期　原则上一年各季均可进行，但以夏、秋为佳，此时接穗来源多，且伤口愈合快，新梢萌发快。嫁接时间要避开烈日、高温、浓雾、强风等天气，以及雨后土壤水分过多等环境。

（2）嫁接技术要求"大、准、快、平、紧"。"大"是砧木与接穗间形成层接触面大；"准"是砧木与接穗形成层对准接触；"快"是嫁接中各环节要快，因为接穗切口多酚类易氧化红变，影响愈合，要边削边接；"平"是接口削面切削平滑；"紧"是接口要接紧或绑紧。

（3）要做好嫁接后的田间管理，特别是嫁接初期。

实验 十四 茶树修剪技术

一、引言

修剪是培养高产优质树冠的主要技术措施之一，它是根据茶树生长发育规律、外界环境条件变化，人为剪除茶树的部分枝条，改变原有自然状态下的分枝习性，塑造理想树型，促进营养生长，延长茶树经济年龄。

二、内容说明

茶树经修剪，改变了原有的生育态势，一些顶芽被剪除，侧芽与不定芽生育加强，树冠枝梢的营养状况发生变化，有利于营养生长；地下根系与地上枝叶平衡重新建立；剪去生理年龄较大的上部茶树枝梢，构建新的更具生机的茶树树冠。根据茶树不同的生育时期，分为定型修剪、整形修剪、更新修剪等方式。

1. 定型修剪

定型修剪是对幼龄茶树的修剪，是塑造理想树型、培养良好枝条结构的基本措施，幼龄茶树的定型修剪一般分 3～4 次完成。

第一次在两龄或一足龄时进行，这时幼树主枝高 30～35cm，并有 1～3 个分枝，剪时只剪主枝，离地面 15～20cm 剪除主枝上段，侧枝不剪。第二次是在第一次剪后一年（特殊旺盛时也可在第一次剪后当年夏末）进行，这时对一级分枝顶端地面高过 35cm 以上者离地 30～40cm 剪之，但应严格掌握"压强枝扶弱枝、控中枝促边枝"的原则，以利于开阔树冠骨架的形成。第一、第二次均用枝剪完成。第三次一般在第二次以后1年进行，一般离地面45～50cm处平剪树冠，以进一步促进旁系枝条的生长，增加分枝数量。第四次是在第三次一年后进行，离地面55～60cm平剪树冠。

定型修剪宜在早春茶芽萌动前进行。

2. 整形修剪

整形修剪是对正常成龄投产茶树的修剪，具有整饰树貌、控制树高、维持冠面旺盛的育芽能力等作用。一般有轻修剪和深修剪之分；另外，适当的清蔸亮脚、疏去病虫枝和过多的下部细枝，也有辅助整形的作用。

（1）轻修剪　一般每年一次或隔年一次。主要目的在于整饰树冠面，清除突出枝，延缓鸡爪枝的形成。再确定修剪强度时，应根据地域、品种和采摘留养情况而定，一般剪去3～5cm，修剪后蓬面所留下的生产枝长度在3cm左右为好。

（2）深修剪　适用于冠面枝条参差度较大、鸡爪枝较多、育芽能力有所下降的茶树，一般在经3～5次轻剪后进行一次深剪。其做法是将冠面剪低10～15cm，或剪去绿叶层的1/3～1/2。树势较旺，但缺乏系统修剪的茶树也可采用深剪整形，这时可将冠面剪低15～25cm不等。

修剪时间：轻、深修剪一般可在秋茶结实或翌年春芽萌发前进行，采用篱剪或修剪机进行。

（3）清蔸亮脚　只是在必要时进行，要严格控制清剪范围和对象，一般离地面15～20cm以内。生产实践中有五剪三不剪：五剪即一剪病虫枝，二剪枯老枝，三剪细枝、阴枝、空白枝，四剪纤细土蕻枝，五剪横、侧枝、过长边缘枝；三不剪即不剪粗壮土蕻枝，不剪有发芽能力的强壮枝，不剪骨干枝上的粗实分枝。同时，不可修剪过度以致缩小育苗面积和密度。幼龄茶树和树势差的茶树一般不作清剪工作。清蔸亮脚可在秋冬季进行。

3. 更新修剪

更新修剪是一种重新改造树冠，重建或部分重建分枝系统的修剪方法。依更新的程度不同分台刈、重修剪等。

（1）重修剪　多适用于树冠半衰，但骨干枝结构仍完好的低产茶树。一般做法是离地面30～40cm剪除上部枝叶，保留下部枝叶，并适当清除下部过密过多的纤细枝叶。

（2）台刈　是在树势衰退严重，骨干枝生育能力显著减弱或枝干上病虫害较多时采用，一般是离地面5～10cm剪除全部枝干。

台刈和重修剪一般宜在早春进行，为获得当年春茶，也可在春茶采摘后进行。

三、实验目的

通过本实验，要求掌握茶树修剪的常用方法和技术要领。

四、材料与设备

1. 材料

幼龄茶园、成龄茶园、衰老茶园各一块。

2. 设备

卷尺、枝剪、篱剪（或修剪机）、台刈剪、木锯。

五、方法与步骤

（1）以 2 人为一组对幼龄茶树、成龄茶树及衰老茶树的树势（树高、树幅、分枝状况、生产枝数）进行调查，将调查结果填入表 1 – 10。

表 1 – 10　　　　　　　　　　不同茶树生长情况调查

处理	树高	树幅	分枝状况	生产枝数
幼龄茶树				
成龄茶树				
衰老茶树				

（2）每组取幼龄茶树、成龄茶树、衰老茶树各 10m，其中各取 8m 进行修剪处理（幼龄茶树定型修剪、成龄茶树轻修剪、衰老茶树台刈或者重剪）。各留 2m 不剪作对照，观察修剪后茶树新梢萌发情况。

六、结果与讨论

（1）由于各地的气候条件不同、品种不同，定型修剪方式在具体操作上有一定差别。江南、江北茶区一般采用一年一次定型修剪，华南、西南茶区，一年可进行数次的分段修剪。一年一次定型修剪需要 3～4 年才能完成，分段修剪可加快定型修剪的进程，一般 2 年就可完成定型修剪。

（2）整形修剪要根据树势强弱确定修剪程度，气候温暖，肥培管理好，生长量大的茶园，轻修剪可以剪得重些，采摘留叶少，叶层薄的茶园，剪轻些。机采茶园每季都要对树冠及边缘采摘不尽的部分进行轻修剪。

（3）南方茶区部分茶区，由于气温高，茶树终年生长，无明显休眠期，茶树根部积累的糖类少，较重程度的修剪后不利于恢复。因此，有试验认为，可以采用留枝台刈的方法，先留少数健壮枝条，以这部分枝条继续进行光合作用，积累营养物质，供台刈后枝梢抽生时营养的需要，待剪口抽出的新枝生长健壮后，再将这部分枝条剪去。

七、注意事项

（1）定型修剪　注意高度适当压低为好，若剪口太高，分枝保留过多，不利于骨干枝的形成，不能以采代剪。

（2）整形修剪　保持茶树树冠面一定的形状，水平或弧形。修剪过程不要损伤健壮的侧芽。

（3）重修剪　修剪程度过深，树冠恢复慢，过轻，无法达到改造的目的，因此要根据当地气候条件及树势判断修剪程度，剪后注意肥培管理。

（4）台刈　注意剪口要平滑，尽量避免树桩被撕裂，防止切口感染病虫，注意台刈后的管理。

（5）注意修剪时间　要根据各地气候条件选择修剪时间，修剪应选择茶树体内营养物质贮藏量大，修剪后气候条件适宜，有较长恢复生长期进行。

参 考 文 献

［1］陈亮，杨亚军，虞富莲，等．茶树种质资源描述规范和数据标准［M］．北京：中国农业出版社，2005．

［2］骆耀平．茶树栽培学［M］.5 版．北京：中国农业出版社，2015．

［3］黄意欢．茶学实验技术［M］．北京：中国农业出版社，1995．

［4］刘富知．不同茶树资源叶片大小、形态比较［J］．茶叶通讯，2001（4）：10 – 14．

［5］常世江，李建豪，潘鹏亮，等．图像处理与分析技术在茶树叶片形态测量中的初步应用［J］．农技服务，2017，34（2）：28 – 29．

［6］江昌俊．茶树育种学［M］.2 版．北京：中国农业出版社，2010．

［7］郭元超．茶树花器形态分类研究［J］．茶叶科学简报，1990，129（4）：8 – 15．

［8］郭元超．茶树果实的形态与分类［J］．茶叶科学简报，1993，141（4）：1 – 7．

［9］刘继尧．茶树果实生长测定［J］．茶叶通讯，2007，34（4）：1．

［10］吕永康，徐月瑶．茶树根系形态对植株生长发育的影响研究［J］．天津农林科技，2016（2）：18 – 21．

［11］王国华．茶树根系观察［J］．茶叶，1958（5）：17 – 18．

［12］王家顺，李志友．干旱胁迫对茶树根系形态特征的影响［J］．河南农业科学，2011，40（9）：55 – 57．

［13］廖荣伟．作物根系观测技术与方法研究［D］．北京：中国气象科学研究院，2008．

［14］林金祥．茶树分枝角度和树高对树幅的影响［J］．蚕桑茶叶通讯，1992（4）：36 – 37．

［15］罗军武，唐和平，黄意欢．茶树树冠结构变化的数学模型研究［J］．湖南农业大学学报：自然科学版，2000，26（6）：463 – 466．

［16］叶乃兴，吴祝平，姚信恩，等．茶树树冠结构与产量的回归相关分析［J］．茶叶科学简报，1985（4）：33 – 35．

［17］潘根生，赵学仁，许心青．茶树树冠结构与茶叶产量的相关研究［J］．浙江农业大学学报，1985，11（3）：355 – 361．

［18］黄中雄，苏永秀，周剑波．土壤水分测定技术探讨［J］．气象研究与应用，2014，35（4）：58 – 62．

［19］王建红，曹凯，傅尚文，等．几种茶园绿肥的产量及对土壤水分、温度的影响［J］．浙江农业科学，2009（1）：100 – 102．

［20］孙蕾，王磊，蔡冰，等．土壤水分测定方法简介［J］．中国西部科技，2014，13（11）：54 – 55．

［21］胡承兴，舒英格，何秀．不同覆盖方式对茶园土壤水分及茶叶产量的影响研

究［J］．山东农业生物学报，2016，35（4）：61－65.

［22］林启美，陶水龙．土壤肥料学自学指导及实验［M］．北京：中央广播电视大学出版社，1999.

［23］彭芳伟．影响土壤 pH 值测定的因素及解决方法［J］．江西建材，2016（2）：179.

［24］张敏，谢运球，冯英梅．浸提用水对测定土壤 pH 值的影响［J］．河南农业科学，2008（6）：58－60.

［25］邓强，杨定清，雷绍荣．野外土壤 pH 值快速测定方法研究［J］．四川农业科技，2016（4）：35－38.

［26］杨亚军．中国茶树栽培学［M］．上海：上海科学技术出版社，2004.

［27］NY/T 1121.6—2006 土壤检测　第 6 部分：土壤有机质的测定［S］.

［28］刘彬，陈慧连．土壤中有机质的测定的方法对比［J］．广东化工，2017，44（14）：238－240.

［29］吴才武，夏建新，段峥嵘．土壤有机质测定方法述评与展望［J］．土壤，2015，47（3）：453－460.

［30］GB/T 32737—2016 土壤硝态氮的测定　紫外分光光度法［S］.

［31］罗淑华．茶园土壤速效磷测定方法的比较研究［J］．茶叶通讯，1992（1）：13－15.

［32］熊桂云，刘冬碧、陈防，等．ASI 法测定土壤有效磷、有效钾和铵态氮与我国常规分析方法的相关性［J］．中国土壤与肥料，2007（3）：73－76.

［33］何琳华，曹红娣，李新梅．浅析火焰光度法测定土壤速效钾的关键因素［J］．上海农业科技，2012（2）：23.

［34］王凤志．火焰光度法测定土壤中的钾含量［J］．川化，2000（3）：46－48.

［35］GB/T 17141—1997 土壤质量　铅、镉石墨炉原子吸收分光光度法［S］.

［36］NY 5020—2001 无公害食品　茶叶产地环境条件［S］.

［37］宋伟，张志，郑平，等．土壤中砷、汞、铅、镉、铬测定方法的研究［J］．安徽农业科学，2011，39（34）：210001－210002；21054.

［38］程贤利，苏晨曦，陈文强．陕西汉中茶园土壤中重金属含量的测定分析［J］．江苏农业科学，2015，43（5）：324－327.

［39］NY/T 2017—2011 植物中氮、磷、钾的测定［S］.

［40］GB/T 601—2016 化学试剂　标准滴定溶液的配制［S］.

［41］GB/T 602—2002 化学试剂　杂质测定用标准溶液的配制［S］.

［42］魏杰，陈娟，刘声传，等．茶树嫁接成活影响因素研究综述［J］．安徽农业科学，2015，43（5）：43－45.

［43］罗跃新，秦春玲，诸葛天．浅议提高茶树良种嫁接成活率的关键技术［J］．广西农学报，2010（2）：42－43.

［44］曹潘荣，余雄辉，李丹，等．不同嫁接方式对茶树嫁接成活率及其生长的影响［J］．广东茶业，2011（5）：17－18.

第二章　茶树育种实验

实 验 一　茶树种质资源圃建立

一、引言

全世界的产茶区各有特点，有的地理位置独特，有的生态条件特异，在长期的自然演化和人工干预下，形成了非常丰富的茶树种质资源。但随着生产与市场的需求，许多种质资源已经濒临绝境或已经消失。种质资源圃（Field gene bank）的建立就是为了收集、保存、繁殖各种完整的茶树种质资源，并鉴定评价，为创造新的种质奠定基础，也可以作为科普培训及休闲观光地点。

二、实验原理

种质资源圃，也称"种质圃"或"田间基因库"，是保存活体茶树种质资源的园地，可以活体保存现有茶树品种、单株，也可以保存野生茶树和近缘植物等。一般分为自然生长和修剪采摘两个区块，分别用于观察和鉴定及创新利用等。

三、实验目的

（1）明确茶树种质资源圃建立的目的与意义。
（2）掌握种质资源圃建立的原理与方法。

四、材料与设备

1. 材料
收集的各种种质资源。
2. 设备
纸、笔、测量尺、锄头、小锄头等。

五、方法与步骤

（1）选择建圃地点。
（2）全面了解建圃地区的环境，并合理规划　包括当地气象条件、土壤状况、周边植被分布情况等；根据种质资源圃的建立目的及立地条件，合理规划园、林、水、路、沟、渠。

（3）建立资源圃防护措施　结合当地实际情况，可以建立围墙或围栏，或选择生物防护措施。即在资源圃周围栽植适合的植物作为篱笆，既可以防护又美观。

（4）建立交通、排灌设施　根据规划建立道路等基础设施。一般在中央设置步道一条，宽2m左右，两边开设排水沟与蓄水池相连，既可以排水防涝也可以灌水抗旱。有条件的地方可以设置喷灌或滴灌设施。

（5）布置种植规格　根据建圃目的，可按茶区布置，也可按种质的特性布置。一般建议不同类型的间隔种植，利于自然杂交创新种质。一般每一种质种植一行，行距150cm，株距40cm。若种质为只有一株，则按单株种植，株距150cm。

（6）收集材料及入圃　这是资源圃建立的重点工作。要根据茶树种质资源的适应性进行收集，尽量收集可以在当地正常生长的资源。也可以建立一个温室，少量收集保存一些不太适宜当地条件的资源或单株。

六、结果与讨论

（1）资源圃设计规划图。
（2）资源圃收集、保存茶树种质资源的原则。
（3）生物防护技术的优点。
（4）种质资源入圃的最佳时间。

七、注意事项

（1）收集材料入圃时要注意材料的适应性。
（2）注意移栽入圃时间。

实 验 二　茶树种质资源调查

一、引言

茶树种质资源是茶树新品种选育与生物技术研究的原始材料。茶树属于异花授粉植物，自交亲和率极低，同时我国茶区辽阔，生态条件多样，因此种质资源非常丰富。截至2017年11月底，国家种质杭州茶树圃（不包括勐海分圃）已入圃保存资源共计2246份，因圃内原有资源已涵盖了山茶属茶组植物所有的种与变种。

二、实验原理

茶树种质资源调查主要是对种质资源的特性特征、经济学性状，以及地理环境、生态因子等进行观察记录，进而整理分类，提出开发利用建议。

1. 地理环境
地理环境主要包括原产地、方位、地形、经度和纬度、海拔等。

2. 生态因子

生态因子主要包括植被类型、伴生植物、土壤特性、气候因子等。

3. 茶树种质资源植物学特性

茶树种质资源植物学特性包括树体、叶片、芽叶、嫩枝茸毛、花、果和种子等。

（1）树体　包括树高、树幅、最低分枝高度、基部干径/胸径、树型、树姿及分枝密度。野生茶树种质若为单株，则独立观测；若有群体，则在一个样方内选择最大的2株进行观测，样方数量依群体的密度决定。

（2）叶片　包括叶片长度、宽度、叶形、叶片色泽、叶面隆起程度、叶基、叶尖、叶缘、锯齿、叶脉对数及叶着生状态等。一般采取当年生定型叶片10片以上进行观测。

（3）芽叶　主要包括色泽和茸毛等。随机采取10个以上一芽二叶进行观测。

（4）嫩枝茸毛　指半木质化的嫩枝端部的茸毛，一般用放大镜观察5个嫩枝以上，分有或无。

（5）花　主要包括花冠大小、花瓣颜色、花瓣质地、花瓣数、雌雄蕊数、花柱长度、柱头分叉情况、子房茸毛、萼片色泽、萼片茸毛、萼片数等。一般随机观测10朵以上发育正常、完全开放的花朵。

（6）果实和种子　包括形状、大小、色泽和果皮厚度。一般摘取发育正常的10个以上进行观测。

4. 茶树种质资源生物学特性

茶树种质资源生物学性状主要包括物候期（即春季萌芽期）、开花期和结实性。

5. 茶树种质资源经济学性状

茶树种质资源经济学性状是茶树种质调查的主要内容，包括适制性、制茶品质、产量、抗逆性等。

（1）适制性和制茶品质　可以通过芽叶形态特征、生化成分及感官审评鉴定。

（2）产量　可以通过茶树生育特性和形态特征进行间接鉴定，或者通过幼龄茶树的定型修剪枝叶量进行早期鉴定。

（3）抗逆性　包括茶树的抗寒性、抗旱性、抗病虫害等。多采用田间直接调查，即在寒、旱、病虫害等发生时，田间茶树受害情况。也可以利用一些生理指标进行间接鉴定，如利用细胞液内糖含量的高低判断茶树的抗寒性。

三、实验目的

（1）掌握茶树种质资源调查的方法。
（2）了解目前中国茶树种质资源概况。
（3）掌握种质资源调查原理。

四、材料与设备

1. 材料

不同种质资源圃或茶园。

表 2-1　　　　　　　　　　　　茶树种质资源调查

种质名称和俗名		调查编号	
原产地	省（区）　　县（市）　　乡（镇）　　村　　组		
海拔高度/m		经纬度	
土壤		植被	
种质类型	遗传材料　品系　选育品种　地方品种　引进品种　野生　近缘植物　其他		
繁殖方式	无性繁殖　种子繁殖	分布密度	
树型	灌木　小乔木　乔木	树姿	直立　半开张　开张
树高/m		树幅/m	
基部干径/m		胸部干径/m	
叶长/cm		叶宽/cm	
叶片面积		叶片大小	小　中　大　特大
叶形	近圆　卵圆　椭圆　长椭圆　披针形		
叶色	黄绿　浅绿　绿　深绿	叶质	柔软　中　硬
叶身	内折　平　背卷	叶面	平　微隆　隆起
叶基	楔形　近圆形	叶尖	急尖　渐尖　钝尖　圆尖
叶缘	平　微波　波	锯齿	浅　深　密　疏　锐　钝
芽叶色泽	玉白　黄绿　淡绿　绿　紫绿　红　紫红		
芽叶茸毛	无　少　中　多　特多	发芽密度	稀　中　密
一芽一叶期	月　　日	一芽二叶期	月　　日
一芽三叶期	月　　日	一芽三叶长/cm	
一芽三叶百芽重/g		花柱开裂数	2裂　3裂　4裂　5裂　5裂以上
花冠直径/cm		花瓣色泽	白　微绿　淡红
花瓣长/宽/cm		花瓣数	
花瓣质地	薄　中　厚	花柱长/cm	
子房茸毛	有　无	雌雄蕊高比	低　等高　高
花柱裂位	浅　中　深　全	花梗长/cm	
萼片数		萼片色泽	绿　紫红
萼片茸毛	无　有	果皮厚度/cm	
果实大小（果径/果高）/cm		果实形状	球形　肾形　三角形　四方形　梅花形
种子直径/cm		种子性状	球形　半球形　锥形　似肾形　不规则形
种皮色泽	棕色　棕褐色　褐色	百粒重/g	
病虫害		抗寒、耐旱	
影像名称		采集标本类型	蜡叶　浸渍
采集活体种类	穗条　种子　苗	采集人	
采集日期		调查人	
调查日期		天气	晴　阴　雨

2. 设备

钢卷尺、计算器、放大镜、审评用具、茶叶生化成分分析仪器、记载板、调查表等。

五、方法与步骤

（1）每2~3人一组，调查1片种质资源圃，按五点取样法进行调查，每点至少10株以上。

（2）对每取样点的每株茶树按项目进行一一测定调查，并做好记录（表2-1）。

（3）依据调查结果，对所调查的种质资源进行评价并提出利用建议。

六、结果与讨论

（1）填写种质资源调查表。

（2）比较不同种质资源的优缺点。

七、注意事项

（1）所调查的这些项目不是一次就可以完成调查的，应根据调查指标决定调查时间。

（2）叶片　应采取当年生定型叶片10片以上进行观测。

（3）芽叶　随机观察10个以上一芽二叶。

树高、树幅等应测量未修剪的或台刈后1~2年的。

实 验 三　茶树标本采集制作

一、引言

茶树标本是研究茶树形态特征的重要实物。在调查研究中，有些调查指标必须在室内才能进行。因此，茶树标本的采集、制作及保存是茶树形态特征研究的重要手段。

二、实验原理

1. 蜡叶标本

所谓蜡叶标本就是压制后的干标本。根据研究目的，采集有代表性的完整标本，一般不足40cm的标准整株挖取，高大茶树则分段采集，每段长度不超过35cm。为了便于选择和交换，一种标本一般采集3~5个。采集时间则根据需要进行，如花果一般在10~12月采集，花蕾则提前2~3个月，而芽叶枝条随时可取。压制好的标本经消毒可长期保存。

2. 浸渍标本

一般用于需保持芽叶的鲜活状态或无法压制的果实等标本。这些标本常用一些化学药品进行浸渍，浸渍药品根据需要进行选择：一为保绿，常用硫酸铜、醋酸铜溶液；二为防腐，常用甲醛、亚硫酸、酒精等。若花果为黄色，可以选用甲醛、甘油、氯化锌等。

三、实验目的

（1）掌握蜡叶标本的采集、压制及整理消毒技术。

（2）学习植物保色浸渍标本制作法。

四、材料与设备

1. 材料

不同的茶树品种或种质。

2. 试剂

硫酸铜、亚硫酸、0.3%升汞（氯化汞）胶水或胶水、石蜡、蒸馏水或高纯水、无水乙醇。

3. 设备

枝剪、标本夹、标本纸或吸水纸、透明硫酸纸或薄膜、标签、铅笔、采集箱、标本瓶、量筒、烧杯、台纸、解剖刀或针线、小纸袋。

五、方法与步骤

1. 蜡叶标本

（1）标本采集　每人采取有代表性的、完整、健康的茶树枝条2枝或者花果2颗，立即挂上标签，上面注明茶树品种、采集时间、采集人及采集地点。若采集样品多或离驻地远，可放入采集箱带回。

（2）标本的压制和整理　将采集的枝条或花果进行整理，压入标本纸内。每两个样本之间放置2~3层标本纸，等所有采集样本在标本夹中全部整齐地放置好后，用绳索把标本夹捆紧捆平，放在通风的地方吸水干燥。刚压的前几天，需要每天更换干燥的标本纸1~2次（含水量大的材料更要注意），以后可以隔1~3天更换一次，直到完全干燥，一般需要2周。用过的标本纸可以晾干后继续使用。

（3）标本消毒　把干燥的标本反面向上平放在吸水纸上，用毛笔刷上0.3%升汞乙醇溶液，对于花果等重要部分需要多刷几次，让药液渗透到全部标本。刷完后，盖上吸水纸放在阳光下暴晒10~15min。

（4）标本上台纸　每人取1张台纸，大小根据标本而定，一般规格为32cm×40cm。把已经消毒好的标本连带原有标签取出放在台纸适中位置，并在台纸右下角留出贴放标签的位置（一般大小为8cm×12cm）。在标本需要固定的地方，用解剖刀在台纸上相应的地方刻上狭缝，把3~4mm宽的细白纸条绕过标本，双向穿至台纸背面拉紧，用胶水固定接头。

或用针把白纱线在标本相应的地方缠绕后穿到台纸背面打结；也可以先用铅笔在台纸上轻轻描下标本放置的位置，小心翻转标本，在其背面涂上适量0.3%升汞胶水后按铅笔标记好的位置原位贴于台纸上，然后再用针线固定。

（5）保存　对于长期保存的标本，最好在标本上面覆一层与台纸一样大小的透明硫酸纸或薄膜，有利于防尘和减少磨损。

附：茶树标本的标签

标本号：

采集号：

标本名称：

种名：　　　　　　　　鉴定人：

产地：　　　　　　　　海拔高度：

采集地：　　　　　　　采集日期：

采集人：　　　　　　　馆藏单位：

对应的资源考察调查记录表编号：

注：采集好的样本在干燥至一定程度时也可以直接进行塑封，可以保持一定时间。

注意：塑封时不要有漏气的地方，也不要把水汽塑封在里面。

2. 浸渍标本

（1）配制浸渍液

①浸渍液A　硫酸铜85g，亚硫酸28.4mL，蒸馏水或高纯水2485mL；②浸渍液B亚硫酸284mL，蒸馏水或高纯水3785mL。

（2）采集标本　采集有代表性、完整的茶树材料，见蜡叶标本制作。如果到外地采集，则需事先配制好浸渍液，用玻璃容器带到驻地。

（3）浸渍　将采集的材料全部浸没到浸渍液A中，放置3周后，按照一份一瓶，转移到浸渍液B中，材料需完全浸没。

（4）保存　把标本容器装满浸渍液，用石蜡密封容器口，可以长期保持标本原有的色泽和状态。容器外贴上标签。

六、结果与讨论

（1）每人制作做2份蜡叶标本和1瓶浸渍标本。

（2）蜡叶标本与浸渍标本的优缺点。

七、注意事项

（1）压制蜡叶标本时，叶片需要整平，不要重叠，并把1~2片叶背朝上，以便叶背特征观察；花可以纵切后平压或花萼朝上平压。

（2）换纸时要小心，不要损坏标本。

（3）刷消毒液时要边刷边盖吸水纸，以防药液蒸发。暴晒时防止标本被风吹坏。

如果花或果实脱落，则装于小纸袋中边刷边盖纸，以免药液蒸发而损失，待刷完成，其上覆以吸水纸置于阳光下。晒时要防止风的吹袭而损坏标本，如有花果脱落，应放于小袋中和标本一起上台纸。

（4）标本固定时，各点必须单独固定，各针不能连续，必须在台纸背面打结。把盛放脱落花果的小纸袋于到台纸的左上角，同时将标签贴于台纸右下角。若有少许零星脱落的芽叶或花瓣等，可以用树胶或胶水粘贴在台纸上。

（5）标本需完全浸没在浸渍液里，若标本在容器内上浮或下沉，可以先把标本固定在玻璃条上，再一起放入标本容器里。

实 验 四 茶树主要品种识别

一、引言

我国茶树品种丰富多彩，其中有许多高产优质的良种，已在生产上推广应用，这些优良品种各具有不同的特征特性，但也具有一些共性。了解这些共性，有助于早期选择良种。

二、实验原理

茶树优良品种是劳动的产物，它的许多经济性状和特征必须通过如植株形态、分枝状况、芽叶特点、适制性能、产量情况和生物学特性等表现出来。而这些均可用记数、称量、化学分析和比较记述的方法加以鉴别或区分它们的不同品种与类型。因此，认识良种是为了更好地选用良种和鉴别良种，达到增产增收的目的。

三、实验目的

（1）要求认识当前推广的主要茶树品种的优良性状。
（2）初步掌握识别茶树良种主要特征的方法及测量标准。

四、材料与设备

1. 材料

根据各地实际情况，选用省内外主要良种 5～10 个，如"福鼎大白茶""浙农 113""浙农 139""浙农 117""龙井长叶""鸠坑种（有性）""嘉茗 1 号""龙井 43""中茶 108""中茶 302""政和大白茶""毛蟹""广东水仙（有性）""福建水仙""佛手"等。

2. 设备

相机、钢卷尺、放大镜、镊子、粗天平、计算器、记载板、铅笔、调查表。

五、方法与步骤

每两人一组，在品种园内对指定的 5～10 个茶树品种各取 5 株有代表性的植株进行观察，并按规定的项目和标准进行记载（表2-2、表2-3）。

表2-2　　　　　　　　　　茶树优良品种主要性状调查（一）

品种名称	品种来源	育成方式	繁殖方式	树形	树姿	树龄	分枝密度	生长势	萌发期	抗寒性	抗旱性	抗病性	抗虫性	产量	适制性	备注

表2-3　　　　　　　　　　茶树优良品种主要性状调查（二）

品种名称	嫩梢						定形叶片							
	发芽密度/（个/0.5m²）	一芽三叶长/cm	一芽三叶质量/g	持嫩性	嫩叶色泽	芽茸	叶形	叶面特征	叶长/cm	叶宽/cm	长宽比	叶面积/cm²	叶片大小	叶片着生状

六、结果与讨论

（1）填写调查表。

（2）比较各品种主要性状的异同点及判断良种的主要指标。

七、注意事项

（1）以上各项调查如受条件限制，可选择进行。

（2）部分调查项目必须连续进行，应严格按规定时间调查，以便于分析比较。

（3）调查的各指标时所选取的对象应具有代表性。

（4）每个指标至少测量5次。

实　验　五　茶树单株选择方法

一、引言

单株选择法是茶树选育种中普遍采用的一种方法。单株选择法，也称为系统选择法，就是从茶树原始群体中，选择出性状优异、具有育种潜力的单株，然后经鉴定扩繁等最终成为茶树良种的方法。

二、实验原理

茶树的产量、品质和抗逆性，是茶树各种性状和特性综合作用的结果，彼此之间有着不同程度的相关性。根据相关程度拟订出各主要性状的评分标准，然后逐项评定，总分超过标准株或满 60 分以上者，可列为初选单株。

鲜叶发酵性能与红茶品质密切相关。据研究，利用三氯甲烷（氯仿）熏蒸一、二片嫩叶，就能迅速鉴别发酵性能的优劣。鲜叶中多酚类存在于液泡中，而多酚氧化酶却存在于原生质的叶绿体内，正常情况下两者由细胞膜相隔，不会发生生化反应。而氯仿分子进入茶叶内后，能使细胞膜麻醉、变性，从半透性膜变为透性膜，从而多酚类从液泡内扩散到原生质，并与多酚氧化酶接触，产生氧化作用，鲜叶就由本来的颜色逐渐变红变棕，在一定时间内，其发酵性能可以依据鲜叶变色的深浅和速度来确定。

三、实验目的

（1）根据育种目标，通过茶园实地观察调查和氯仿发酵，掌握评分法选择茶树优良单株的方法。

（2）采用百分制评分法，从原始材料中选出优良单株。

（3）掌握氯仿发酵原理及方法，筛选出适制红茶的优良单株。

四、材料与设备

1. 材料

供选择的原始材料要求是青壮年茶树，或台刈后一、二年的茶树，如条件有限，也可在幼年茶园或种子苗圃进行。茶树品种如"福鼎大白茶""浙农 113""浙农 139""浙农 117""龙井长叶""鸠坑种（有性）""嘉茗 1 号""龙井 43""中茶 108""中茶 302""政和大白茶""毛蟹""广东水仙（有性）""福建水仙""佛手"等。

2. 试剂

三氯甲烷（氯仿）。

3. 用具

钢卷尺、放大镜、铅笔、记载板、记载纸、具塞玻璃试管、白瓷盘、脱脂棉花、滴定管、粗天平、标签、恒温培养箱等。

五、方法与步骤

（1）在指定茶园内，首先用目测法逐株地进行选择，根据综合性状，初步选出优良单株 10 株左右；同时，如有条件可选同龄标准种茶树一株作为对照，并按标准评分。

（2）对初步入选单株，对有关性状逐项进行调查，并给以适当分数。

（3）同时，取若干支具塞试管（视鉴定材料多少而定），管底放入一小团脱脂棉，并滴氯仿10滴（相当于0.4mL），立即加塞，放置5min，使管内充满氯仿蒸气。

（4）从各入选单株采下的一芽二叶，摘取第一叶（即顶芽下第一叶）二片，分别投入两支试管内，迅速加塞，横放在白色瓷盘内。置于30~35℃的恒温培养箱中。

（5）叶片投入后30~60min即可观察叶色变化情况，并按标准评定级别（表2-4）。

表2-4　　　　　　　　　　　　氯仿发酵性能分级

级别	叶色变化情况
一级	发酵性能好：叶色棕红，均匀明亮，变色速度快
二级	发酵性能中：叶色棕黄，叶背变色较好，叶面呈棕色或棕绿色
三级	发酵性能差：叶色黄绿，变色速度慢

（6）计算各单株总分，把总分超过标准种或60分以上的植株列为初选单株，并插以标杆，挂上标签，绘简图标明位置，以便进一步观察鉴定。

六、结果与讨论

（1）按照实验步骤，在指定的原始材料圃中，选出适制红茶（或绿茶）的优良单株3~5株，并将各项结果填入调查表（表2-6）。

（2）你认为采用评分法选择优良单株有何优缺点，并提出改进意见。

（3）简述氯仿鉴定的主要优缺点及其在茶树育种工作中应用的意义。

七、注意事项

（1）本实验限于季节和实验时间，无法对各种特征进行全面调查。因此评定的分数只能作为参考。在实际应用时，应根据不同季节进行多次评选。

（2）关于评分标准，应根据原始材料的具体情况加以拟订，每一性状的给分标准，取决于该性状对茶叶产量、品质的影响程度（表2-5、表2-6）。

表2-5　　　　　　　　　茶树单株选择评分试行标准（适制红茶）

		调查项目		评分标准	
植株性状	树高	性状表现/cm	>100	60~100	<60
		评分	3	2	1
	树幅	性状表现/cm	>120	80~120	<80
		评分	5	4	3
	树姿	性状表现	半开张	开张	直立
		评分	3	2	1

续表

	调查项目		评分标准		
当季新梢性状	新梢长度	性状表现/cm	>20	10~20	<10
		评分	6~8	3~5	1~2
	着叶数	性状表现	>7	4~7	<4
		评分	3	2	1
	叶片着生状	性状表现	上斜	半上斜	水平或下垂
		评分	3	2	1
定型叶片性状	叶片大小	性状表现/cm	>25	20~25	<20
		评分	6~8	3~5	1~2
	叶片颜色	性状表现	黄绿、淡绿	绿	深绿、紫绿
		评分	3	2	1
	叶片质地	性状表现	柔软	一般	硬脆
		评分	6~8	3~5	1~2
	光泽性	性状表现	强	一般	弱
		评分	3	2	1
	叶面隆起性	性状表现	隆起	微隆起	平
		评分	3	2	1
芽叶性状	发芽密度	性状表现	密	中	稀
		评分	10~12	6~10	4~5
	芽叶茸毛	性状表现	多	中	少
		评分	6~8	3~5	1~2
	芽叶色泽	性状表现	黄绿、淡绿	绿	紫绿
		评分	3	2	1
	一芽三叶长	性状表现/cm	>10	5~10	<5
		评分	5	4	3
	一芽三叶质量	性状表现/g	>1.0	0.5~1.0	<0.5
		评分	5	4	3
	发酵性能	性状表现	棕红	棕黄	黄绿
		评分	8~10	6~8	3~5
抗逆性	抗虫性	性状表现	强	中	弱
		评分	3	2	1
	抗病性	性状表现	强	中	弱
		评分	3	2	1
	抗寒性	性状表现	强	中	弱
		评分	3	2	1
	抗旱性	性状表现	强	中	弱
		评分	3	2	1

表 2-6 优良单株性状调查表

行株号								
单株编号								
植株性状	树高	性状表现/cm						
		评分						
	树幅	性状表现/cm						
		评分						
	树姿	性状表现/cm						
		评分						
当季新梢性状	发芽密度	性状表现						
		评分						
	一芽三叶长	性状表现/cm						
		评分						
	一芽三叶质量	性状表现/g						
		评分						
	芽叶茸毛	性状表现						
		评分						
	芽叶色泽	性状表现						
		评分						
	发酵性能	性状表现						
		评分						
	新梢长度	性状表现/cm						
		评分						
	着叶数	片						
		评分						
	叶片着生状	性状表现						
		评分						
定形叶片性状	叶片大小	性状表现/cm²						
		评分						
	叶片颜色	性状表现						
		评分						
	叶片质地	性状表现						
		评分						
	光泽性	性状表现						
		评分						
	叶面隆起性	性状表现						
		评分						

（3）各项数据的样本大小及选择单株时的边缘效应。

（4）芽叶嫩度与发酵性关系十分密切，所以供测定的各样品，嫩度要求一致，而且叶面不要带有雨水或露水；最好选择晴天进行测定。

（5）测定时的气温与发酵性关系也很密切。温度高，氯仿挥发快，酶活力强，发酵较完全，变色较快。

（6）供试用试管、干燥器等，不能有裂缝，塞盖要紧密，防止氯仿向外挥发。

（7）各试管内加滴的氯仿量应一致；在处理时，试管宜横放，防止叶片与液态氯仿直接接触。

实 验 六 茶树杂交技术

一、引言

茶花是进行有性杂交的器官，了解茶花结构和开花结实习性，对于正确选择杂交亲本，开展杂交育种和良种繁育均有一定的作用。有性杂交是现代育种工作中常用的一种种质创新的有效方法，可以按照育种目标，通过人工杂交，获得新的茶树种质。

二、实验原理

通过两个或两个以上遗传性不同的亲本植株进行人工有性交配，可使基因重组，进而有可能出现具有双亲（或两个以上亲本）优良性状甚至更多优点的后代，为选育茶树新品种提供有利条件。

三、实验目的

（1）了解几个主要茶树品种的花器结构与开花结实习性。
（2）掌握调查茶花开放结实习性的方法。
（3）要求初步掌握茶树有性杂交的技术。

四、材料与设备

1. 材料

选当地主要推广良种 3~5 个作为调查观察对象，确定各杂交组合的亲本（根据各校具体情况，临时选定）。

2. 设备

标签、解剖剪刀或镊子、放大镜、记载板、铅笔、绘图尺、调查表、毛笔、棕色花粉收集瓶、培养皿、隔离袋（玻璃或硫酸纸袋（8cm×10cm）或尼龙杂交袋）、枝剪、回形针（或大头针）、标签挂牌、铅笔等。

五、方法与步骤

1. 花器结构调查

每品种采取发育正常且完全开放的茶花 5 朵，先测量其大小，观察其颜色，然后对花梗、萼片、花瓣、子房、雌蕊、雄蕊等逐项进行观察，并将调查结果填入"花器结构的调查"表（表 2 - 7）。

表 2 - 7　　　　　　　　　　　花器结构的调查

品种名称：

| 序号 | 花冠大小/cm | 花色 | 花梗长度/cm | 萼片 | | | 雌蕊 | | | 雄蕊数 | 子房是否有毛 | 雌/雄比例 |
				片数	颜色	有毛否	花柱长/cm	分叉个数	分叉部位			
1												
2												
3												
4												
5												
平均												

2. 常规授粉法

（1）确定母本植株　按照确定的父母本杂交组合，选择生长良好的成龄茶树作为母本，然后用竹竿或挂上标签。

（2）采集花粉　在授粉前一天，从确定的父本品种茶树上采集若干朵含苞欲放的花蕾，放入培养皿或纸袋，标明明茶树品种和采集日期，放在阴凉干燥处。次日晨就可以收集成熟花粉保存在棕色瓶内备用。

（3）套袋与去雄　茶树为异化授粉植物，为了预防天然杂交，需要在选定的母本花朵开放之前进行套袋。为了提高杂交成功率，一般选择短枝上发育正常的花朵。去雄与否取决于杂交目的。如果是为了创制新种质，可以不去雄；如果是为了研究遗传变异规律，则必须去雄。去雄可以与套袋同时进行，先用剪刀或镊子，小心把全部花药去除，然后套上隔离袋。

（4）授粉　授粉一般在去雄后 2d 内进行，且最好在晴朗无风的上午 8:00～10:00 完成。授粉前，先小心去袋，再用毛笔蘸取收集好的花粉轻柔地涂抹在母本柱头上，随后迅速但小心地套上隔离袋。在标签上注明编号、杂交组合、授粉日期、授粉人等，挂在授粉花朵基部，同时将授粉情况填入杂交表内。为了杂交花朵的发育并避免混淆，一般把短枝上其他未杂交的花朵、花蕾去除。若一条短枝上有多个杂交花朵且杂交组合或授粉日期或授粉人不同，则每朵花分别挂牌。

（5）授粉后管理　授粉 1 周后，需去除隔离袋检查。柱头如果呈褐色干枯状，表示受精成功，不需要再套袋，以利于子房自然发育。如整朵花已凋谢或掉落，说明受精失败，应把标签取回保存，以便查验。已受精成功的花朵，需要继续观察并记录落果率及结实率以及中间是否遭遇病虫害及极端天气等。当茶果成熟时，应分别采收和贮藏不同杂交组合的茶果，并及时进行考种、播种等。

3. 剥花授粉法

常规授粉法需要套袋和去雄处理，花费时间和精力，且易损伤花朵或花柱。而茶树的雌蕊比雄蕊成熟早，因此也可以采用剥花授粉法进行有性杂交。

（1）花期把握　茶树花在露白后期即自然开放前 2~3d，花瓣柔软，而花蕾尚未开放，此时花粉也没有散出。

（2）花药标准　同常规授粉法，提前一天把确定的父本花粉收集保存于棕色瓶内。

（3）授粉方法　挑选"（1）花期把握"中所述花朵，把花瓣小心地剥开，露出花柱，把收集的花粉涂上柱头，再把花瓣轻柔复位，用胶带只把花瓣粘住，挂上标签，写好杂交组合、授粉时间和授粉方法。

其余同常规授粉法。

六、结果与讨论

（1）整理调查表。

（2）各组自行确定杂交组合与操作顺序，授粉 30~50 朵花，并按时对各杂交组合的授粉情况、受精率、结实率等进行调查，并及时录入"茶树有性杂交调查表"（表2-8）。

表 2-8　　　　　　　　　　　　茶树有性杂交调查

杂交组合：

茶花编号	套袋日期	去雄日期	授粉日期	是否受精	幼果脱落日期	是否结实

（3）根据授粉情况与调查结果，完成一篇实验报告。

七、注意事项

（1）去雄、套袋及授粉工作，都必须认真细致，否则容易损伤花柱、花朵，影响受精率。

（2）授粉工作通常在母本品种的盛花期，而花朵是逐日开放，因此授粉也必须逐日进行，为了保持花粉活力，应每天收集父本花粉。

（3）授粉是逐日进行的，因此去袋检查也需逐日进行。

（4）授粉最好选择晴朗无风的上午 7:00~10:00。

实 验 七　茶树品种抗旱性调查

一、引言

茶树在长期生长过程中，不可避免地会遇到干旱等灾害，尤其是夏季高温时或降水较少或不均匀的地方，轻则影响茶树的正常生长，严重的甚至死亡。一个优良的茶树品种，不仅要高产、优质，还要有较强的抗旱性。

二、实验原理

茶树品种的抗旱性是指该品种在旱害发生时的抵抗能力。茶树品种抗旱性可以采取自然鉴定法，即田间直接调查法。在旱害发生时，直接调查茶树品种的受害情况，包括叶片、枝干等的受害程度、受害率等。其结果可以直接用作抗旱性指标，受害率越低，抗旱性越强。调查时要注明旱害的程度，用连续无雨天数表示。

也可以通过间接鉴定法，就是通过茶树解剖结构或组织内的水势、酶活力等鉴定茶树的抗旱性。比较常用的方法有茶树质膜通透性鉴别法、茶树叶片水势测定法和茶树超氧化物歧化酶（SOD）酶活力测定法。

本实验采用直接鉴定法。

三、实验目的

（1）学会茶树抗旱性调查方法。
（2）掌握茶树抗旱性级别鉴定，比较不同品种（系）的抗旱性。

四、材料与设备

1. 材料
抗旱性不同的茶树品种、盆栽茶树幼苗。
2. 设备
显微镜、盖玻片、载玻片、剪刀或刀片、测微尺、培养皿、滴管或移液枪等。

五、方法与步骤

（1）旱害发生时，每组2人，在茶树品种园内进行调查。若待调查对象为单株，则以株为单位，每一个茶树品种随机取10～20株，观察并记录其芽叶受害情况。若为正式品种试验，则分小区调查，根据小区面积的大小，每小区调查3～5个点，调查单位面积树冠上芽叶总数和受害芽叶数。

（2）计算旱害指数
按式2－1计算：

$$DI = \frac{\sum (n_i \times x_i)}{N \times 4} \times 100 \qquad (2-1)$$

式中　DI——旱害指数
　　　n_i——各级受旱株数
　　　x_i——各级旱害级数
　　　N——调查总株数
　　　4——最高受害级别
根据旱害指数，把茶树抗旱性分级（表2－9，表2－10）。

表 2-9 茶树旱害分级

级别	叶片旱害程度	级别	叶片旱害程度
0 级	5 以内	3 级	25～50
1 级	5～15	4 级	50～100
2 级	15～25	5 级	75～100

表 2-10 茶树耐旱性分级标准

耐旱级别	旱害指数（DI）	级别描述	耐旱级别	旱害指数（DI）	级别描述
3	≤10	强	5	21～50	中
4	11～20	较强	7	>51	弱

六、结果与讨论

（1）填写茶树品种抗旱性调查表。

（2）比较不同茶树品种的受害表现，判断它们的抗旱性。

七、注意事项

（1）直接鉴定法需要连续重复 2 年，若结果不一致，则需继续调查 1 年。

（2）受害叶指 1/3 以上发生干枯或赤枯的叶片。

子实验一 茶树叶片水势测定——茶树抗旱性间接鉴定法

（一）引言

茶树在长期生长过程中，不可避免地会遇到干旱等灾害，尤其是夏季高温时或降水较少或不均匀的地方，轻则影响茶树的正常生长，严重的甚至死亡。一个优良的茶树品种，不仅要高产、优质，还要有较强的抗旱性。茶树的抗旱性可以通过间接法进行鉴定。

（二）实验原理

茶树叶片的水势高低一定程度上可以反映组织的水分状况，间接标明茶树的抗旱性。叶片的水势低，则吸水能力强，抗旱性强。不同的茶树品种、不同树龄、同一植株的不同部位、不同时期、不同管理措施下的叶片水势都不同。

本实验比较不同的茶树品种、不同的供水条件下的叶片水势。

（三）实验目的

（1）掌握茶树叶片水势的测定鉴别茶树抗旱性的原理，并学会测定方法。

（2）比较不同茶树品种或品系的叶片水势情况。

（四）材料与设备

1. 材料

3～5 个茶树品种或品系、不同供水条件下的茶园。

2. 试剂

0.2～0.7mol/L 蔗糖溶液。

3. 设备

阿贝折射仪、温度计、打孔器（孔径 5mm）、恒温水浴。

（五）方法与步骤

（1）配制 0.2、0.3、0.4、0.5、0.6、0.7mol/L 的蔗糖溶液，放在密闭试剂瓶里备用。

（2）用折射仪测定这些蔗糖溶液的折光系数，并记录蔗糖溶液的温度。

（3）分别取不同茶树品种（系）的叶片各 10 片，用打孔器打 20 片圆片，使组织与外液间的水分交换达到平衡，用折射仪测定溶液折光系数并记录。

根据两次测定值，找出浓度没有变化的溶液。根据该溶液的含糖量换算成摩尔数，对照《蔗糖溶液在 20℃时溶质势表》，得出以气压（Pa）表示的组织水势。这就是所测叶片的水势。

（六）结果与讨论

（1）测量不同供水条件下的茶树叶片水势。

（2）根据测量值，计算叶片水势，并比较不同茶树品种的叶片水势高低，分析不同品种抗旱性能力。

（七）注意事项

（1）打孔器所取叶片的着生部位、所打圆片的叶片部位需基本一致。

（2）测量温度不是 20℃时，需对照《温度不为 20℃时折射仪的度数校正表》修正所得组织水势。

子实验二　茶树质膜通透性测定法（电导率测定法）鉴定茶树抗逆性——茶树抗旱、抗寒性间接鉴定法

（一）引言

茶树在长期生长过程中，不可避免地会遇到寒冷、干旱等灾害，尤其是引种到高海拔或高纬度地区，或者夏季高温时或降水较少或不均匀的地方，轻则影响茶树的正常生长，严重的甚至死亡。一个优良的茶树品种，不仅要高产、优质，还要有较强的抗性。茶树的抗性可以通过间接法进行鉴定。

（二）实验原理

茶树受到冻害、干旱危害后，其细胞质膜的半透性会发生变化，细胞内的细胞液及其内含物等向外渗出。如果把受害的茶树组织浸渍到蒸馏水里，大量的电解质离子就会通过质膜从组织中渗透到蒸馏水中。渗漏的程度是茶树细胞质膜受害的重要指标，渗透量越大，则受害越重，说明茶树的抗性越弱。一般可以用电导仪进行检测。

（三）实验目的

（1）学会膜通透性（电导率法）鉴别茶树抗性能力的原理。

（2）要求掌握通过质膜通透性来鉴别茶树抗性的方法。

（四）材料与设备

1. 材料

不同抗性的茶树品种或品系 3 ~ 5 个。

2. 试剂

蒸馏水或高纯水。

3. 设备

电导仪、天平、恒温水浴、水浴试管架、25 ~ 50mL 离心管、试管架、打孔器或手术刀、滤纸、移液器、真空泵、干燥器等。

（五）方法与步骤

（1）取遭受旱害或寒冻害后的叶片，用流水冲洗干净，再用蒸馏水或高纯水冲洗 1 ~ 3 次，吸干叶片表面的残留水分。

（2）在叶肉部分用打孔器（6 ~ 8mm）打取圆片 30 片，并充分混匀，分别装到 3 支干净的具塞试管里。

（3）迅速加入 5 ~ 10mL 蒸馏水，盖上试管塞。

（4）25℃水浴 15min ~ 2h，期间可以摇晃几次，或者振荡水浴。取出试管，用电导仪测定浸泡液的电导率，记为 A 值。

（5）把试管转移至 100℃水浴，煮沸 15 ~ 30min，再转移回 25℃水浴中静置平衡，检测浸泡液的电导率，记为 B 值。

（6）计算结果 细胞膜破坏的程度用相对电导率的百分比（%）或伤害度表示。计算公式为：

$$相对电导率百分率（\%） = \frac{A}{B} \times 100 \qquad (2-2)$$

$$伤害度（\%） = \frac{L_t - L_{CK}}{1 - L_{CK}} \times 100 \qquad (2-3)$$

式中 L_t——处理叶片的相对电导率

L_{CK}——对照叶片的相对电导率。

（六）结果与讨论

（1）测定所选茶树材料的相对电导率和伤害度。

（2）比较供试材料的抗性强弱。

（七）注意事项

（1）旱害或冻害发生后采集叶片。

（2）圆片要完全浸没。可以在干燥器中用真空泵抽气，使圆片沉到水底。

（3）圆片经煮沸后，应转移到 25℃条件下平衡一段时间后再测。

子实验三 茶树 SOD 酶活力测定——茶树抗旱、抗寒性间接鉴定法

（一）引言

茶树在长期生长过程中，不可避免地会遇到寒冷、干旱等灾害，尤其是引种到高

海拔或高纬度地区，或者夏季高温时或降水较少或不均匀的地方，轻则影响茶树的正常生长，严重的甚至死亡。一个优良的茶树品种，不仅要高产、优质，还要有较强的抗性。茶树的抗性可以通过间接法进行鉴定。

（二）实验原理

茶树的抗性是机体在长期适应与抵抗不良环境中而形成的一种生理特性，这些生理特性均取决于酶的作用，如超氧化物歧化酶（SOD）。这些酶可以维持茶树体内自由基平衡，因而它们的活性强弱与茶树抗逆性的强弱。

在光照条件下，SOD 可以抑制核黄素还原氯化硝基四氮唑蓝（NBT）的反应，从而反应液的颜色不能变成蓝色，抑制率与其活性成正比。在反应体系中，若以缓冲液替代 SOD 液，则可以测定 NBT 的自动光化还原；若以缓冲液替代 NBT，则可以在波长 560nm 处测定该反应产物的吸光度，从而获得 SOD 的活性。一个酶活力单位指 SOD 抑制 NBT 光化还原 50%。

（三）实验目的

（1）掌握茶树体内酶活力测定的原理及技术。

（2）根据茶树体内酶活力的大小，结合田间直接调查，鉴定茶树的抗逆性能力。

（四）材料与设备

1. 材料

抗旱性不同的茶树品种（系）或供水条件不同的茶园。

2. 试剂

（1）50mmol/L 磷酸缓冲液（pH 7.8）称取 14.33g $NaHPO_4 \cdot 2H_2O$、1.56g $NaH_2PO_4 \cdot 2H_2O$，加水溶解至 1L。

（2）6.3μmol/L NBT 溶液　称取 51.5mg NBT，加水溶解至 1L。

（3）13mmol/L 甲硫氨酸溶液　称取 1.94g 甲硫氨酸，加水溶解至 1L。

（4）1.3μmol/L 核黄素溶液　称取 0.489mg 核黄素，加水溶解至 1L。

（5）不溶性聚乙烯吡咯烷酮（PVPP）。

3. 设备

天平、剪刀、研钵研棒、离心机、分光光度计、恒温水浴锅、高效液相色谱仪、容量瓶等。

（五）方法与步骤

（1）酶液提取　称取 0.5g 茶树鲜叶，用剪刀剪碎混匀，放入研钵，加入 0.3g PVPP 和少量石英砂，用 2mL 磷酸缓冲液冰浴研磨，研磨液转入容量瓶；再加入磷酸缓冲液冲洗研钵 2～3 次，转移到容量瓶，定容至 10mL。低温（0～4℃）、12000r/min、离心 20min，上清液即为酶粗提液，冷藏保存。

（2）酶活力测定　反应体系总体积为 3mL，包括 50mmol/L 磷酸缓冲液（pH 7.8）、1.3μmol/L 核黄素、63μmol/L NBT 和 13mmol/L 甲硫氨酸（表 2－11）。酶液最后加入。然后在 4000lx 光照下反应 15～30min，反应温度 25～35℃。遮光终止反应。在 560nm 波长处检测吸光度，以空白（Blank）调零。

表 2 - 11　　　　　　　　　　　SOD 活力测定反应系统

试剂/mL	50mmol/L 磷酸缓冲液（pH7.8）	13mmol/L Met 溶液	63μmol/L NBT 溶液	1.3μmol/L 核黄素	粗酶液
样品	1.5	0.3	0.3	0.3	0.1
对照（CK）	1.6	0.3	0.3	0.3	0
空白（Blank）	1.8	0.3	0	0.3	0.1

（3）结果计算

$$SOD \text{ 活力 } [U/(g\ FW \cdot h)] = \frac{(A_{CK} - A_S) \times V_t \times 60}{0.5 \times A_{CK} \times m \times V_s \times t} \tag{2-4}$$

式中　A_{CK}——对照管光吸光度

　　　A_S——样品管的吸光度

　　　60——60min 换算

　　　V_t——提取液总体积，mL

　　　V_s——测定用酶液体积，mL

　　　m——样品鲜质量，g

　　　t——照光时间，min

（4）根据所得酶活力，结合田间调查结果，比较不同茶树品种（系）的抗性差异。

（六）结果与讨论

（1）填写抗性记录表。

（2）说明茶树品种（系）抗性不同的主要原因。

（3）如何鉴别茶树品种（系）的抗性？如何根据抗性采取相应的防护措施？

（七）注意事项

（1）酶液提取应在低温进行。

（2）酶活测定时，应最后加入酶液。

（3）反应结束时，应立即遮光以终止反应。

子实验四　茶树可溶性糖含量——茶树抗旱、抗寒性间接鉴定法

（一）引言

茶树在长期生长过程中，不可避免地会遇到寒冷、干旱等灾害，尤其是引种到高海拔或高纬度地区，或者夏季高温时或降水较少或不均匀的地方，轻则影响茶树的正常生长，严重的甚至死亡。一个优良的茶树品种，不仅要高产、优质，还要有较强的抗性。茶树的抗性可以通过间接法进行鉴定。

（二）实验原理

茶树细胞液主要含有葡萄糖、果糖、可溶性蛋白、有机酸、盐类和果胶质等代谢产物的可溶性成分，其浓度常用蔗糖含量作为代表。茶树在收到干旱或低温胁迫时，细胞内的糖含量会因细胞失水而增加。因此糖含量的多少在一定程度上可以代表茶树的抗性。抗性强的茶树，其细胞液的浓度则大。可以采用糖度计或蒽酮比色法测定待

测茶树细胞液的糖度，以了解其抗性。

蒽酮比色法测定原理：在浓硫酸作用下，可溶性糖可以发生脱水反应生成糠醛或羟甲基糠醛，而糠醛或羟甲基糠醛又可以和蒽酮反应生成糠醛衍生物。糠醛衍生物为绿色，在一定浓度范围内，绿色的深浅与可溶性糖总量成正比，在 630nm 处有最大吸收波长，可以用分光光度计进行比色。

（三）实验目的

（1）掌握茶树可溶性糖含量的测定原理及方法。

（2）掌握茶树可溶性糖含量与茶树抗性的相关性。

（四）材料与设备

1. 材料

待测定茶园里不同的茶树品种、种质或同一品种、种质的不同部位。

2. 试剂

蒸馏水或高纯水；乙醇、蒽酮、浓硫酸、葡萄糖、2mg/mL 蒽酮：称取 200mg 蒽酮，用 100mL 浓硫酸溶解（蒽酮比色法）。

3. 设备

ATAGO 全自动糖度计 RX – 5000α 或便携式手持糖度计、剪刀、研钵研棒、移液器、擦镜纸、搪瓷盘、恒温水浴、天平、10mL 离心管、铝盒、烘箱。

（五）步骤与方法

1. 取样

剪取不同茶树品种（种质）同一生长部位且成熟度相对一致的芽叶、单叶或同一品种（种质）的不同部位，分别置于研钵中进行研磨，提取汁液。或将鲜叶进行浸提。

2. 浸提

称 0.1500g 干茶或 1.000g 鲜叶，加入 25mL 的 50% 乙醇，70℃ 浸提 20min，隔 5min 摇一次。摇匀溶液转入 10mL 离心管内，5000r/min 离心 10min，取上清液至新的 10mL 离心管，4℃贮存。

3. 测定

（1）打开糖度计，用擦镜纸小心拭净折光棱镜，不要划伤镜面。

（2）将约 0.3mL 蒸馏水或高纯水滴至棱镜表面，进行调零。

（3）将约 0.3mL 样品滴至棱镜表面，进行测量。该读数就是溶液中的糖度。

（4）测定后用蒸馏水或高纯水清洗数次，用擦镜纸拭净，再测下一个样品。

4. 蒽酮比色法测定步骤与方法

（1）标准曲线制作　分别配制 0、50、100、150、200、250μg/mL 的葡萄糖溶液。取 1mL 上述葡萄糖工作液于一支试管中，加 8mL 2mg/mL 蒽酮浓硫酸溶液，在沸水浴中加热 7min，冷却至室温，放置 10min 后，用 10mm 比色杯，在 620nm 处，以空白试剂（水代替葡萄糖溶液）作对照，测吸光度。将测得的吸光度与对应的葡萄糖浓度绘制标准曲线。

（2）茶汤浸提　称 0.1500g 干茶或 1.000g 鲜叶，加入 25mL 的 50% 乙醇，70℃ 浸提 20min，隔 5min 摇一次。摇匀溶液转入 10mL 离心管内，5000r/min 离心 10min，取上清液至新的 10mL 离心管，4℃贮存。

（3）测定　100μL 茶汤 + 400μL H_2O + 4mL 蒽酮浓硫酸溶液，按上述步骤测定。

（4）计算结果　按式 2 - 5 计算样品中的可溶性糖含量：

$$可溶性糖总量（\%） = \frac{\frac{C}{1000} \times \frac{L_1}{L_2}}{m_0 \times M} \times 100 \qquad (2-5)$$

式中　C——根据标准曲线得到的葡萄糖质量，mg

　　　L_1——试液总量，mL

　　　L_2——测定用液量，mL

　　　m_0——试样量，g

　　　M——试样干物质含量，%

（六）结果与讨论

（1）测定所选茶树材料的可溶性糖总量。

（2）分析可溶性糖总量与茶树抗性的相关性，并比较供试材料的抗性差异。

（七）注意事项

（1）糖度计使用时不要划伤镜面。

（2）更换样品时要把糖度计的棱镜清洗干净，再测下一个样。

（3）蒽酮比色法中，葡萄糖使用前先经烘箱干燥。

（4）加蒽酮时需在冰上进行。

子实验五　茶树叶片解剖学结构与茶树抗性相关性测定——茶树抗旱、抗寒性间接鉴定法

（一）引言

见本章实验七的"子实验四"。

（二）实验原理

茶树叶片解剖结构的生理状态与茶树的抗性有一定的关系，如叶片的大小、叶片的厚度、栅栏组织的厚度、上表皮的厚度、栅栏组织与叶片总厚度的比值、栅栏组织层数与海绵组织厚度的比值等与茶树的抗性有高度正相关性。采用徒手切片，观察茶树叶片的解剖学特征，可以间接的鉴定待测茶树材料的抗性。

（三）实验目的

（1）初步掌握观察茶树叶片解剖学结构的方法并了解茶树的解剖学特征。

（2）掌握茶树叶片解剖学特征与茶树抗性的相关性，掌握鉴别方法。

（四）材料与设备

1. 材料

不同抗旱、抗寒性的茶树品种或品系、材料等 3 ~ 5 个。

2. 试剂

蒸馏水。

3. 设备

显微镜、测微尺、载玻片、盖玻片、刀片、培养皿、玻璃棒、吸水纸、镊子等。

（五）步骤与方法

1. 叶片解剖

每组 2 人，取 5 片需鉴定的材料叶片，徒手切取叶片的横断面薄片，用玻璃棒蘸水，把切片放到盛水的培养皿中。

2. 制片

在载玻片中央滴一滴水，把切的薄片放到水滴中，用镊子盖上盖玻片，制成临时切片。也可以在放入薄片后把多余水分吸掉，滴加 1 滴 0.1% 亚甲基蓝或 0.5%～1% 中性红等染色液，染色 1～2min，用水冲洗后，再盖盖玻片。

3. 镜检

将临时切片放在显微镜下观察，利用显微测微尺测量栅栏组织、海绵组织、蜡质层等的厚度。

4. 计算

计算各部位的厚度比值，并记录入表 2－12、表 2－13。

表 2－12　　　　　　　　茶树叶片解剖结构

项目 材料	叶片 总厚度	上表皮 厚度	栅栏组织		海绵组织		下表皮 厚度	栅栏组织厚度/ 海绵组织厚度	栅栏组织/ 叶片总厚度	蜡质层 厚度
			层数	厚度	疏松度	厚度				

表 2－13　　　　　　　　茶树气孔性状比较

项目 材料	气孔大小/μm		每个视野中气孔数（注明大小）	备注
	纵径	横径		

（六）结果与讨论

（1）填写茶树叶片解剖结构比较表。

（2）根据所测结果，分析供试材料的抗性强弱。

（七）注意事项

（1）所取叶片的成熟度及着生部位必须一致。

（2）刀片要锋利，薄片一定要求薄而透明。注意安全。

实 验 八　茶树品种抗寒性调查

一、引言

茶树在长期生长过程中，不可避免地会遇到寒冷、冻害等灾害，或者是外地引种对引进地区的低温敏感，轻则影响茶树的正常生长，严重的甚至死亡。一个优良的茶树品种，不仅要高产、优质，还要有较强的抗寒性。

二、实验原理

茶树品种的抗寒性是指该品种在寒冻害发生时的抵抗能力。茶树品种抗寒性可以采取自然鉴定法，即田间直接调查法。在寒冻害发生时，直接调查茶树品种的受害情况，包括叶片、枝干等的受害程度、受害率等。其结果可以直接用作抗寒性指标，受害率越低，抗寒性越强。调查时要注明寒冻害的程度，寒冻害用绝对最低温度表示。

本实验采用自然鉴定法。

三、实验目的

（1）学会茶树抗寒性调查方法。

（2）掌握茶树抗寒性级别鉴定，比较不同品种（系）的抗寒性。

四、材料与设备

1. 材料

不同的茶树品种。

2. 设备

显微镜、盖玻片、载玻片、剪刀或刀片、测微尺、培养皿、滴管或移液枪等。

五、步骤与方法

（1）下雪、冰冻后，每组 2 人，在茶树品种园内进行调查。若待调查对象为单株，则以株为单位，每一个茶树品种随机取 10～20 株，观察并记录其芽叶受害情况。若为正式品种试验，则分小区调查，根据小区面积的大小，每小区调查 3～5 个点，调查单位面积树冠上芽叶总数和受害芽叶数，并计入调查表。（注：受冻叶为中上部 1/3 以上发生赤枯或青枯的叶片。）

（2）在冻害、寒害发生后第二年的春季，调查受害品种的落叶及萌芽情况。

（3）计算冻害指数　按式 2 - 6 计算：

$$CI = \frac{\sum (n_i \times x_i)}{N \times 4} \times 100 \qquad (2-6)$$

式中　CI——冻害指数

n_i——各级受冻株数

x_i——各级冻害级数

N——调查总株数

4——最高受害级别

（4）茶树冻害分级见表 2 - 14，茶树耐寒性分级标准见表 2 - 15。

表 2 – 14 茶树冻害分级

级别	冻害程度（叶片受害面积占比）	级别	冻害程度（叶片受害面积占比）
0 级	≤5%	3 级	26% ~ 50%
1 级	6% ~ 15%	4 级	>50%
2 级	16% ~ 25%		

表 2 – 15 茶树耐寒性分级标准

抗寒级别	冻害指数（CI）	抗寒性	抗寒级别	冻害指数（CI）	抗寒性
3	≤10	强	5	21 ~ 50	中
4	11 ~ 20	较强	7	>51	弱

六、结果与讨论

（1）填写茶树品种抗寒性调查表。

（2）比较不同茶树品种的受害表现，判断它们的抗寒性。

（3）说明茶树品种（系）抗寒性不同的主要原因。

（4）如何鉴别茶树品种（系）的抗寒性？如何根据抗寒性采取相应的防护措施？

七、注意事项

（1）需要发生冻害后进行。

（2）直接鉴定法需要连续重复 2 年，若结果不一致，则需继续调查 1 年。

实 验 九 秋水仙碱诱导茶树多倍体技术

一、引言

茶树一般为二倍体，但随着染色体组数的增加，有可能使某些经济性状发生有利的变化。印度、斯里兰卡、日本等国的茶叶生产中均有三倍体的茶树品种，我国也已在茶叶生产上利用一些自然三倍体品种，如"政和大白茶""水仙"等。开展茶树多倍体诱导和利用研究，在茶树遗传育种中具有重要意义。茶树多倍体的诱导有很多种方法，如辐射、高温处理等，但最常用的还是化学诱导法，如秋水仙碱诱导法。

二、实验原理

秋水仙碱（化学式 $C_{22}H_2O_5N_1$），也称秋水仙素，是一种有毒物质，可以使植物分生细胞染色体加倍。用秋水仙碱水溶液处理处于分裂期的茶树细胞时，秋水仙碱会进入茶树细胞中，抑制纺锤体形成，染色体不能向两极移动、分离，从而使细胞分裂停留在分裂中期，使染色体数目加倍。当秋水仙碱的作用停止后，这些染色体加倍的细胞就恢复正常的有丝分裂，发育成多倍体的枝条、根或植株。

秋水仙碱只对处于分裂期的茶树细胞起作用，因此选用的茶树组织要处于活化状态，同时秋水仙碱的处理时间要根据所用细胞的分裂周期时间来确定，并选择适宜浓度。

三、实验目的

（1）掌握秋水仙碱诱导茶树多倍体的原理及其在茶树遗传育种中的意义。

（2）掌握秋水仙碱诱发茶树多倍体的技术。

（3）观察茶树多倍体的特点，鉴定茶树染色体数目的变化。

四、材料与设备

1. 材料

催芽的茶籽、幼嫩茶苗的根尖、活动芽（新梢顶芽或腋芽）、腋芽萌动的插穗、愈伤组织。

2. 设备

培养箱、培养皿、天平、滴管、吸水纸、脱脂棉。

3. 试剂

秋水仙碱溶液（浓度按照需要配制）。

五、方法与步骤

1. 实验准备

配制所需试剂，选择处理材料，按以下方法进行诱导。

2. 种子

将茶籽进行催芽处理，等新长出的胚芽长 3~5mm 时，选择生长状态好的茶籽备用。用脱脂棉小心的包住胚芽顶端，放在铺有湿润滤纸的培养皿上，在每个培养皿内放入 5~10 颗茶籽，每个浓度设三个以上重复。在脱脂棉上滴加不同浓度的秋水仙碱溶液，直到脱脂棉湿润。培养皿贴上标签、注明处理浓度、处理时间，在 20~25℃ 黑暗条件下培养 48~72h，每 12h 观察一次。以清水代替秋水仙碱溶液最为对照。（注意：这个处理过程，脱脂棉需保持湿润。）

3. 根尖

取茶树水培苗或挖取种子幼苗或扦插苗，保持根系完整，清理干净后把茶苗根部分别浸入不同浓度的秋水仙碱溶液中（每个浓度不低于 5 株），黑暗处理 12h 后，冲洗干净，在清水中浸 12h，重复 3~5 次。用清水把茶苗根部的秋水仙碱溶液清洗干净，然后移栽到营养钵或地里，观察茶苗生长情况。用清水代替秋水仙碱水溶液最为对照。（注意：试验过程中要观察根尖的变化情况并记录。）

4. 活动芽

选取若干个处于生长旺期的茶树顶芽或饱满、萌动的插穗腋芽，遮光处理 3~4d 后，小心缠上脱脂棉，可用黄色不干胶布横绕在叶柄上包裹保湿，每天早晚在脱脂棉上滴加不同浓度的秋水仙碱溶液，连续处理 4d，每个处理浓度要求 20 个以上。根据需要，可间隔10d后再次处理。处理结束后，把脱脂棉除去，定期观察处理芽的生长情况并记录。清水代替秋水仙碱溶液作为对照。（注意：脱脂棉要一直保持湿润；可以摘去处理芽附近的其他芽，以利于处理芽的生长。）

5. 插穗

选取腋芽饱满、萌动的健康半木质化插穗，分别浸在不同浓度的秋水仙碱溶液中一定时间，然后用清水清洗干净，插入苗床，记录插穗的成活率和生长状态。时隔10~12d，把插穗取出，用清水清洗干净，再进行秋水仙碱溶液处理，反复4次。清水代替秋水仙碱溶液作为对照。

6. 愈伤组织

茶树外植体诱导的新鲜、疏松愈伤组织接种于含有0.1%秋水仙碱的MS培养基（含6 – BA 1.0mg/L + IBA 0.01mg/L）上培养2d，转入MS培养基，继续培养10d，取材镜检。

六、结果与讨论

（1）每人选择1种处理方法，定期观察记录并镜检染色体情况。

（2）观察处理后茶树材料的成活率及生长发育情况，包括茶树植株高度、芽叶性状等。

七、注意事项

（1）诱导多倍体的材料　细胞最活跃的部位；最好不要选择单一品种。

（2）秋水仙碱溶液　茶树的秋水仙碱溶液处理浓度一般为0.06%~0.5%，根尖及幼苗的处理浓度稍低，成年茶树的枝条或种子处理浓度可稍高。处理浓度大、时间则短；处理浓度小，则处理时间长。一般根据选用材料的细胞分裂周期时间决定，细胞分裂周期即一个处理周期。

（3）所获得的材料最终都需要镜检，进行细胞学鉴定。

实 验 十 茶树染色体观察

一、引言

茶树的染色体特征一般是固定的，但在某些自然或非自然胁迫条件下，染色体数目或特征等可能会发生改变，从而使茶树的形态特征特性等发生变化。因此，观察染色体可以从细胞学上了解茶树的染色体特征及可能发生的改变，并及时做出应对措施。

二、实验原理

茶树染色体是其遗传物质的载体，了解染色体的形态和数目是研究茶树遗传规律的基础。染色体，又称染色质，其本质是脱氧核苷酸，很易被碱性染料染成深色、有结构的线状体。茶树染色体的观察方法常用压片法和去壁低渗法两种，其中常规压片法是细胞遗传学和细胞分类学中最常用的技术，操作顺序为取材、预处理、固定、解离、染色、压片、封片等。

去壁低渗法是利用纤维素酶和果胶酶使茶树细胞壁解离，再用 KCl 渗透、火焰干燥、Giemsa 染色、树胶封片等。该方法操作较简便，染色体分散效果好，形态比较完整，可以清楚地区分染色体的不同部位，适合染色体的测量和分析。

本实验采用常规压片法。

三、实验目的

（1）学习鉴定茶树染色体的常用方法，了解茶树染色体特征，为茶树遗传育种学习和研究奠定基础。

（2）掌握常规压片法制备茶树染色体的基本原理和方法。

（3）了解和学习去壁低渗法制备茶树染色体的基本原理和方法。

（4）通过观察染色体压片，找出诱发成功的细胞，观察加倍细胞染色体的数目。

四、材料与设备

1. 材料

不同茶树品种的根尖或花蕾（直径 <6mm）。

2. 试剂

95% 酒精、无水乙醇、冰醋酸、洋红或购买醋酸洋红成品、盐酸。

3. 设备

显微镜（带摄像设备的最好）、剪刀、解剖针、镊子、载玻片、盖玻片、滴管、吸水纸、量筒、烧杯、玻璃棒、棕色试剂瓶等。

五、步骤与方法

1. 试剂配制

每 2 人一组，配制一份固定液、一份醋酸洋红染色剂或准备一份醋酸洋红成品。

（1）卡诺固定液　3 份 95% 酒精（无水乙醇）+1 份冰醋酸。

（2）醋酸洋红染色剂　先将 50mL 45% 的醋酸放到三角瓶内煮沸，等慢慢加入 0.5g 洋红后，继续煮沸 2h。染色液呈深红色，冷却后装入棕色瓶备用。

（3）酸解液　一份无水乙醇与一份 1mol/L 盐酸 1:1 进行配制。

2. 取材

在上午 7:00～10:00 从茶树上取下直径 2～3mm 的花蕾或切取长至 1～2cm 幼根的根尖。

3. 预处理

如秋水仙碱溶液处理。根据需要确定是否需要对材料进行预处理。

4. 固定

将预处理或未经预处理的材料放入配制好的固定液中（材料与固定液为 1:10），固定 1～12h。固定好的材料可以放在 70% 乙醇保存。

5. 解离

将固定好的根尖取出，清水冲洗干净，放入酸解液，60℃ 解离 10min 左右。

6. 染色

把固定好的花蕾或解离好的根尖放在载玻片上，用吸水纸吸掉多余的残液，滴一滴醋酸洋红染液（不要过多），用解剖针或镊子拨开花药，挤出花粉，尽量去除花药壁等杂质，根尖切除根冠和伸长区仅留分生区。

7. 压片

盖上盖玻片，用大拇指轻压或铅笔的橡胶头轻敲盖玻片，注意不能移动盖玻片，用吸水纸把多余染色液吸走。为了使染色体染色充分，可以在酒精灯火焰上来回轻烤几次，但不要煮沸煮焦。

8. 封片

分为临时制片和永久制片。

9. 染色

临时制片就是压好的片子，用石蜡液封住盖玻片四周。可在低温下保存数星期。

永久制片则是选择质量好的片子，可以长期存放备用。将盖玻片一面向下浸入95% 乙醇 - 冰醋酸（1:1）混合液中；盖玻片脱离后继续浸 1~2min，再转移到无水乙醇 - 正丁醇（1:2）的混合液中浸泡 1~2min；再转移到正丁醇 1~2min；重复一次正丁醇浸泡；用树胶封片。

去壁低渗法：取材固定后，清洗干净，转入 0.075mol/L 的 KCl 溶液中。25℃前低渗处理 30min。取出材料，吸去 KCl 残液，加入混合酶液（2.5% 纤维素酶和 2.5% 果胶酶）于 30℃左右酶解 2~5h。吸掉酶液，加入蒸馏水或高纯水低渗处理 30min。把材料取出，残留液吸净，放到载玻片上，用 10:1 Giemsa 染色液染色 1h。之后镜检。

六、结果与讨论

（1）茶树染色体计数，认识染色体的各个部分。

（2）绘出或拍摄观察到的染色体的显微图。

（3）判断有丝分裂期的染色体。

（4）每人独立制作一张永久制片和一张临时制片，并贴上标签。

七、注意事项

（1）染色液一两滴即可，不要过多，一方面染色过度，一方面材料易滑动。

（2）压片时注意盖玻片不能移动。

（3）烤片时，在酒精灯上轻烤，不要烤过度，以防染色液沸腾或烤干。

实验 十一 茶树基因组 DNA 提取及其 ISSR 分子标记鉴定

一、引言

我国茶树种植历史悠久，品种资源众多，表现出丰富的遗传多态性。在 DNA 分子水平上进行多态性检测是茶树分子生物学的重要技术之一，也是获取茶树分子标记的基础。基因组 DNA 的提取通常用于构建基因组文库、Southern 杂交［包括限制性片段长度多态性（RFLP）］、随机扩增多态性 DNA（RAPD）、简单序列重复区间（ISSR）反应及聚合酶链式反应（PCR）分离基因等。DNA 的提取和分析是茶树分子生物学研究的重要基本技术之一。DNA 提取方法有很多，其 DNA 的质量有所不同，可根据实验目的选用。本实验所用方法提取的 DNA 可用于 ISSR 反应，对茶树进行多态性分析。

二、实验原理

植物基因组 DNA 存在于细胞核中，外面还有细胞壁。首先用去垢剂温和裂解细胞及溶解 DNA，然后用酚和氯仿使蛋白质变性，离心去除变性蛋白质和其他大分子，最后用乙醇沉淀 DNA，溶解于适当体积的无菌水中。DNA 质量一般用琼脂糖凝胶电泳进行检测。

用锚定的微卫星 DNA 为引物，扩增寻找多态性 DNA 可作为分子标记，这种方法即为 ISSR（Inter－simple sequence repeat），即在 SSR 序列的 3′端或 5′端加上 2～4 个随机核苷酸，在 PCR 中，锚定引物可以引起特异位点退火，导致与锚定引物互补的间隔不太大的重复序列间 DNA 片段进行 PCR 扩增。所扩增的多个条带通过聚丙烯酰胺凝胶电泳或者琼脂糖凝胶电泳得以分辨，扩增带多为显性表现。

影响核酸在凝胶上的迁移有多种重要的变量，这些变量包括核酸的构象、凝胶孔径的大小、所用的电压梯度和缓冲液的盐浓度。

三、实验目的

（1）掌握茶树 DNA 提取和分析方法，了解 ISSR 技术的原理。

（2）掌握利用 ISSR 技术对茶树品种进行多态性研究的方法。

四、材料与设备

1. 材料

根据实际情况，选用省内外主要茶树良种 3～5 个的幼叶。

2. 设备

移液器、台式高速离心机、水浴锅、陶瓷研钵研棒、液氮罐（液氮）、PCR 电泳仪、水平电泳槽、微波炉或电炉、紫外透射仪、电子天平、高压灭菌锅、1.5mL 离心管、2mL 离心管、与 PCR 仪相配的薄壁 PCR 管、移液枪、枪头及枪盒（10、100、1000μL 枪头及枪盒）。

3. 试剂

（1）CTAB 抽提液　CTAB 2%；Tris HCl（pH 8.0）100mmol/L；EDTA（pH 8.0）20mmol/L；NaCl 1.4mol/L；PVP 1%。

（2）氯仿/异戊醇　体积比 24:1。

（3）RNaseA 母液（10mg/mL）　将 RNaseA 溶于 10mmol/L Tris HCl（pH7.5）、15mmol/L NaCl 中，100℃加热 15min，冷却后分装于 1.5mL 离心管中，－20℃保存。

（4）无水乙醇、70%乙醇、液氮、无菌水。

（5）ISSR 引物　购买成品。

（6）*Taq* 酶（10×PCR 缓冲液、25mmol/L MgCl$_2$）　购买成品。

（7）dNTP　每种 2.5mmol/L。

（8）5×Tris–硼酸（TBE）缓冲液　用适量水溶解 Tris 54g，硼酸 27.5g，并加入 0.5mol/L EDTA（pH 8.0）20mL，定溶至于 1000mL。可购买成品。

（9）溴化乙锭（EB，10mg/mL）或 GoldView　100mL 水中加入 1g 溴化乙锭，磁力搅拌数小时以完全溶解。移至棕色瓶中，室温保存。均可购买成品。

（10）6×上样缓冲液　0.25% 溴酚蓝，40g/100mL 蔗糖水溶液。

五、方法与步骤

1. DNA 提取

（1）将含有 0.5mL CTAB 抽提液的 1.5mL 离心管在 65℃的水浴中预热。

（2）把茶树幼叶剪碎，在研钵中加入液氮磨成粉状。

（3）将 50～100mg 粉状物移入含有预热溴化十六烷三甲基铵（CTAB）抽提液的离心管中。剧烈摇动混匀，65℃水浴中保温 3～5min。

（4）待离心管稍冷却，加入等量（0.5mL）氯仿/异戊醇，颠倒混匀，室温下静置，使水相和有机相分离。

（5）室温下 12000r/min 离心 30s。仔细将上清液移至新的离心管中。弃去含有有机相的离心管。

（6）重复步骤（5）一次。

（7）加入两倍体积（1mL）的无水乙醇，颠倒混匀，以沉淀 DNA。稍离心，使 DNA 附于管壁。

（8）小心弃去上清液。用 70%乙醇 1mL 洗一次。

（9）到置离心管，使液体流尽。室温下晾干。

（10）加入 200～400μL 无菌水（含有 RNaseA 20μg/mL）溶解 DNA 沉淀。

2. DNA 电泳检测

（1）稀释电泳缓冲液的制备　将 5×TBE 稀释 10 倍，成 0.5×TBE 待用。

（2）琼脂糖电泳凝胶的制备　在 0.5×TBE 溶液中加入 0.7g/100mL 的琼脂糖，加热至全部融解，不时摇匀。冷至 50～60℃，加入溴化乙锭或 GoldView 至终质量浓度为 0.5μg/mL，小心将胶到入安装好的胶槽中。

（3）安装电泳槽　待胶完全冷却凝固后拔出梳子，拆掉胶槽两端的封闭物，放入电泳槽中，加入 0.5×TBE 至液面恰好超过胶板上面。

（4）加样　取 5μL DNA 和与 1μL 上样缓冲液混匀，小心加到样品槽中。

（5）电泳　加样完后，立即接通电源。控制电压 1～5V/cm。DNA 从负极向正极移动。当溴酚蓝移至胶前沿 1～2cm 时，停止电泳。

（6）观察　在波长为 254nm 的短波紫外灯下或使用凝胶成像系统观察电泳胶板。DNA 存在处显示有色荧光条带。观察时应戴上防护眼镜或有机玻璃面罩，以免损伤眼睛。

3. ISSR 反应

（1）在 25μL 反应体系中，按表 2 – 16 加入各试剂，混匀稍离心，进行 PCR 反应。

表 2 – 16　　　　　　　　　　　　ISSR 反应试剂

试剂	添加量/μL	试剂	添加量/μL
模板 DNA	2	dNTP	0.5
random 引物（UBC 开头）	0.5	*Taq* 酶	0.17
10×PCR 缓冲液	2.5	加 ddH$_2$O 至	25
Mg^{2+}	2.5		

（2）PCR 循环参数为　94℃预变性 5min。然后进入循环：94℃、30s，50～58℃、1min，72℃延伸 2min，35～40 个循环。最后 72℃处理 10min。4℃保存。

（3）取 PCR 产物 15μL 加 3μL、6×上样缓冲液于 1.5% 琼脂糖胶上电泳。

六、结果与讨论

（1）电泳图片。

（2）电泳结果分析与讨论。

七、注意事项

（1）枪头及离心管应高压灭菌后使用。操作时应戴上一次性手套，在加样时应注意更换枪头，以防止互相污染。

（2）溴化乙锭（EB）或 GoldView 是强诱变剂，具有中等毒性，配制和使用时都应戴手套。凡是污染了 EB 的容器和物品都应专门处理后才能清洗或丢弃。

参 考 文 献

［1］陈亮，虞富莲，杨亚军，等. 茶树种质资源与遗传改良［M］. 北京：中国农业科学技术出版社，2006.

［2］何万勋，彭新民. 茶树种质资源圃的设计与建圃技术［J］. 中国茶叶，1994（5）：10 – 11.

［3］黄意欢. 茶学实验技术［M］. 北京：中国农业出版社，1985.

［4］陈亮，杨亚军，虞富莲，等. 茶树种质资源描述规范和数据标准［M］. 北京：中国农业出版社，2005.

［5］邱瑞瑾，马士成，郑新强，等. 六堡茶种质资源调查初报［J］. 茶叶，2017，43（1）：28 – 31.

［6］田甜，韦锦坚，韦持章，等. 35 份茶树种质资源农艺性状及生化成分多样性分析［J］. 西北农业学报，2017，26（5）：797 – 804.

［7］叶创兴，冯虎元，廖文波．植物学实验指导［M］．北京：清华大学出版社，2012.

［8］江昌俊．茶树育种学［M］．北京：中国农业出版社，2017.

［9］杨亚军，梁月荣．中国无性系茶树品种志［M］．上海：上海科学技术出版社，2014.

［10］NY/T 2031—2011 农作物优异种质资源评价规范 茶树［S］.

［11］RAWAT JM, RAWAT B, TEWARI A, et al. Alterations in growth, photosynthetic activity and tissue－water relations of tea clones in response to different soil moisture content［J］. Trees, 2017, 31: 941－952.

［12］WANG J Y, WU B, YIN H F, et al. Overexpression of *CaAPX* induces orchestrated reactive oxygen scavenging and enhances cold and heat tolerances in Tobacco［J］. BioMed Research International, 2017, Article ID 4049534.

［13］WANG L, CAO H L, QIAN W J, et al. Identification of a novel bZIP transcription factor in *Camellia sinensis* as a negative regulator of freezing tolerance in transgenic arabidopsis［J］. Annals of Botany, 2017, 119 (7): 1195－1209.

［14］WANG X C, ZHAO Q Y, MA C L, et al. Global transcriptome profiles of *Camellia sinensis* during cold acclimation［J］. BMC Genomics, 2013, 14: 415.

［15］NY/T 1312—2007 农作物种质资源鉴定技术规程 茶树［S］.

［16］李磊，周琳，房婉萍，等．低温条件下 ABA 和钨酸钠对茶树叶片中渗透调节物质含量及抗氧化酶活性的影响［J］．植物资源与环境学报，2016, 25 (4): 18－24.

［17］曾光辉，周琳，黎星辉．自然越冬期间茶树叶片生理生化指标和解剖结构的变化［J］．植物资源与环境学报，2017, 26 (1): 63－68.

［18］王柏龄，万辉，李烈国．秋水仙素诱变茶树短穗腋芽的试验［J］．蚕桑茶叶通讯，1999 (1): 7－9.

［19］陈文怀，译．秋水仙素对茶树分生组织细胞的细胞学影响［J］．茶叶，1982 (4): 58－59.

［20］包梅荣，李铁柱，乌云塔娜，等．秋水仙素处理油茶种子和幼苗变异的初步研究［J］．内蒙古农业大学学报，2009, 30 (2): 46－51.

［21］陈士炎．诱导茶树多倍体研究初报［J］．茶叶科学，1986, 6 (1): 61－64.

［22］刘静，丁兆堂，赵进红，等．茶树多倍体诱变研究初报［J］．山东农业大学学报：自然科学版，2003, 34 (4): 475－478.

［23］方祖柽．茶树愈伤组织多倍体诱导［J］．黄山学院学报，2004, 6 (6): 87.

［24］陈士炎，叶大鹏．多倍体茶树的细胞学研究（一）［J］．茶叶科学，1989, 9 (2): 117－126.

［25］陈尧玉，陈士炎．茶树染色体数目变异的观察［J］．安徽农业科学，1983 (3) 85－89.

［26］J. 萨姆布鲁克，D. W. 拉塞尔．分子克隆实验指南［M］. 4 版．贺福初，主译．北京：科学出版社，2017.

［27］刘本英，王丽鸳，李友勇，等．ISSR 标记鉴别云南茶树种质资源的研究［J］．茶叶科学，2009，29（5）：355 – 364.

［28］朱晨，赖钟雄，郭玉琼，等．福建省 53 份茶树种质资源遗传多样性 ISSR 分析［J］．热带作物学报，2017，38（7）：1303 – 1310.

［29］BERIS F S，PEHLIVAN N，KAC M，et al. Evaluation of genetic diversity of cultivated tea clones（*Camellia sinensis*（L.）Kuntze）in the eastern black sea coast by inter – simple sequence repeats（ISSRS）［J］．Genetika – Belgrade，2016，48（1）：87 – 96.

第三章 茶树病虫害实验

实 验 一 茶小绿叶蝉观察

一、引言

茶小绿叶蝉（*Empoasca pirisuga* Matumura），半翅目叶蝉科，俗称浮尘子、叶跳虫等，该虫是一种刺吸式害虫，虫体小，危害隐蔽，发生普遍，全国各产茶省、区、市均有发生，且繁殖快，世代交替，严重为害夏秋茶。

1. 形态特征

成虫体长 3~4mm，黄绿至绿色，头顶中央有一个白纹，两侧各有一个不明显的黑点，复眼内侧和头部后绿也有白纹，并与前一白纹连成"山"形（图 3-1）。前翅绿色半透明，后翅无色透明。雌成虫腹面草绿色，雄成虫腹面黄绿色。卵长约 0.8mm，香蕉形，头端略大，浅黄绿色，后期出现一对红色眼点。若虫除翅尚未形成外，体形和体色与成虫相似。

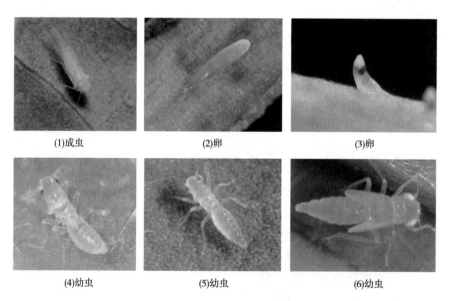

(1)成虫	(2)卵	(3)卵
(4)幼虫	(5)幼虫	(6)幼虫

图 3-1 茶小绿叶蝉形态特征

2. 危害特点

以成虫和若虫刺吸茶树嫩梢汁液为害（图3-2），雌虫还将卵产于嫩梢、叶脉或叶肉组织中，导致芽叶萎缩，叶脉变红，叶尖、叶缘红褐焦枯，芽梢生长停滞，致使茶树生长受阻，新芽不发，无茶可采。严重影响茶叶的产量和品质。

(1)危害初期　　　　　　(2)危害中期　　　　　　(3)危害后期

图3-2　茶小绿叶蝉危害症状

3. 发生规律

在华南茶区和江南茶区此虫一年中一般发生两个虫口高峰。第一发生高峰期：自5月下旬起至7月中旬，以6月份虫量最为集中，主要为害夏茶，高峰期较短，虫量多。第二发生高峰期：出现在8月中、下旬至11月上旬，以9—10月份间虫量最多，主要为害秋茶，高峰持续期比第一峰长，但虫量比第一峰少。

二、实验原理

根据挂图、标本和多媒体来认识茶小绿叶蝉的生物学特性，包括形态特征、发生特点和对茶树的危害症状等，以更好地控制此虫在茶园中数量。

三、实验目的

通过观察茶小绿叶蝉的形态特征和对茶树的危害症状等了解其生物学特性。

四、材料与设备

1. 材料

挂图、茶小绿叶蝉标本（卵、幼虫和成虫）、茶树危害症状的标本。

2. 设备

放大镜、尺子、镊子、挑针、小剪刀等。

五、方法与步骤

（1）观察挂图　茶小绿叶蝉各个时期的形态特征和茶叶危害症状。

（2）观察标本　茶小绿叶蝉标本（卵、幼虫和成虫），茶树危害症状的标本。

（3）用放大镜观察其头部的花纹。

（4）用放大镜观察茶小绿叶蝉口器特征。

六、结果与讨论

（1）描述茶小绿叶蝉卵、幼虫和成虫的形态特点。

（2）认识茶小绿叶蝉危害茶树症状。

（3）讨论影响茶小绿叶蝉发生环境因素。

七、注意事项

观察挂图和标本时要小心，不要损毁这些实物材料。

实 验 二 茶毛虫观察

一、引言

茶毛虫（*Euproctis pseudoconspersa* Strand），为鳞翅目毒蛾科（Lymantriidae）黄毒蛾属的一种昆虫。中国各产茶省均有分布，是中国茶区的一种重要害虫。它是一种咀嚼式口器的害虫，主要为害茶叶，还可为害油茶、柑橘等。

1. 形态特征

成虫体长 8 ~ 13mm，翅展 25 ~ 35mm，体翅灰黄色，密被毒毛，前翅顶角区域黄白色，有黑点 2 个（图 3 - 3）。雌雄性二型明显，雌蛾体型稍大，体末附有大量茸毛，体色稍浅；雄蛾体型稍小，体末稍尖，体色黯淡。卵块产，长 8 ~ 12mm，宽 5 ~ 7mm，密被黄褐色茸毛。卵粒椭球形，长径约 0.8mm，短径约 0.5mm，黄白色。幼虫共 6 ~ 7 龄：1 龄幼虫，体长 1.3 ~ 1.8mm，1 ~ 3 龄幼虫体色均为淡黄色；2 龄幼虫，长 2.2 ~ 3.9mm；3 龄幼虫，长 3.6 ~ 6.2mm；4 龄幼虫，体色逐渐变黄褐色，亚背线上的毛瘤逐渐变黑绒球状；5 ~ 7 龄幼虫称老龄幼虫，体长 20 ~ 22mm，头部褐色。体黄棕色。蛹长 8 ~ 12mm，浅咖啡色，近似于圆锥形，翅芽达第 4 腹节后缘。臀棘长，末端着生一束钩刺。茶毛虫幼虫、成虫体上均具毒毛、鳞片，触及人体皮肤后红肿痛痒，影响农事操作。

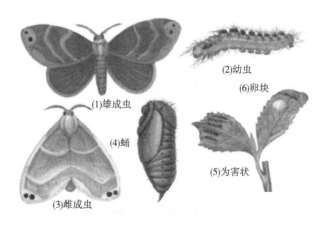

(1)雄成虫
(2)幼虫
(6)卵块
(4)蛹
(5)为害状
(3)雌成虫

图 3 - 3 茶毛虫成虫、幼虫、蛹、卵和茧绘画图

2. 危害特点

幼龄幼虫咬食茶树老叶成半透膜，以后咬食嫩梢成叶成缺刻。幼虫群集为害，常数十至数百头聚集在叶背面取食，3龄后食量大增，开始分群迁散为害茶丛上部叶片，取食叶片形成缺刻，为害严重时芽、叶、花、幼果都被吃光，仅留秃枝，影响树势和产量（图3-4）。

图3-4　茶毛虫幼虫群集性危害症状

3. 发生时期

一般一年发生两代。一代、二代幼虫发生期分别在4月中旬至6月中旬、7月上旬至9月下旬。

二、实验原理

根据挂图、标本和多媒体来认识茶毛虫生物学特性，包括形态特征、发生特点、茶树的危害症状等，以达到更好地控制此虫在茶园中数量。

三、实验目的

通过观察茶毛虫的形态特征和对茶树的危害症状等了解其生物学特性。

四、材料与设备

1. 材料

挂图、茶毛虫标本（卵、幼虫和雌雄成虫）、茶树危害症状的标本。

2. 设备

放大镜、尺子、镊子、挑针、小剪刀、手套等。

五、方法与步骤

（1）观察挂图　学习茶毛虫各个时期的形态特征和茶叶危害症状。

（2）观察茶毛虫标本（卵块、蛹、幼虫和成虫）和茶树危害症状的标本。

（3）用放大镜观察雌雄成虫的翅膀，并画下其翅膀的特征图。

（4）用放大镜观察茶毛虫幼虫的口器特征。

六、结果与讨论

（1）描述茶毛虫蛹、幼虫和成虫的形态特征。
（2）辨清茶毛虫成虫翅膀特点与其他蛾类区分。
（3）认清茶毛虫为害茶树的特点以及危害茶树的症状。
（4）讨论影响茶毛虫发生环境因素。

七、注意事项

（1）观察挂图和标本时要小心，不要损毁这些实物材料。
（2）观察茶毛虫时要戴上手套，以防引起皮肤瘙痒。

实 验 三　茶尺蠖观察

一、引言

茶尺蠖（*Ectropis oblique* hypulina Wehrli），属鳞翅目尺蠖蛾科，是茶园发生最普遍、为害最严重的害虫之一。它幼虫体表较光滑，腹部只有第 6 腹节和臀节上具足，爬行时体躯一屈一伸，俗称拱背虫、量尺虫、造桥虫等。喜栖在叶片边缘，咬食嫩叶边缘呈网状半透膜斑；后期幼虫常将叶片咬食成较大而光滑的"C"形缺刻。

1. 形态特征

茶尺蠖形态特征见图 3 – 5。

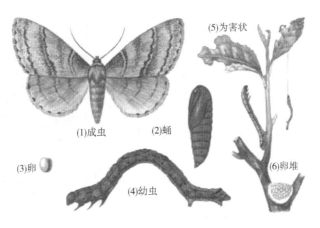

图 3 – 5　茶尺蠖成虫、幼虫、蛹和卵绘画图

（1）成虫　成虫体长 9～12mm，翅展 20～30mm，雄蛾较小（图 3 – 6）。头部小，复眼黑色近球形，触角丝状，灰褐色。全体灰白色，头胸背面厚被鳞片和绒毛，翅面疏被黑褐色鳞片，前翅具黑褐色鳞片组成的内横线、外横线、亚外缘线、外缘线各一条，弯曲成波状纹，外缘线色稍深，沿外缘具黑色小点 7 个。外缘及后缘有灰白色缘毛；后翅稍短，外缘生有 5 个黑点，缘毛灰白色。足灰白色，杂有黑色鳞片，中足胫

图 3-6 茶尺蠖成虫

节末端、后足中央及末端各生距一对。体形大小及体色随季节不同而异，秋季发生体形大且体色较深；翅面波纹明显。

（2）末龄幼虫体长 26~30mm，体圆筒形，头部褐色。初孵幼虫黑色，体长 1.5mm，头大，胸腹部各节均具白纵线及环列白色小点。1 龄幼虫后期体褐色，白点白线逐渐消失；2 龄幼虫体长 4~6mm，体黑褐色，白点、白线消失，腹部第一节背面具 2 个不明显的黑点，第二节背面生 2 个较明显的深褐色斑纹；3 龄幼虫体长 7~9mm，茶褐色，腹部第一节背面的黑点明显，第二节背面有一黑纹呈"人"字形，第八节背面也有不明显的倒"人"字形黑纹；4 龄幼虫体长 13~16mm，浅茶褐色，腹部 2~4 节背面具不明显的灰黑色"回"形斑纹，第六节两侧生两个不明显的黑纹，第八节背面倒"人"字形斑纹明显，并有小突起一对；5 龄幼虫体长 18~22mm，灰色，体背斑纹与 4 龄幼虫相近，但较 4 龄幼虫明显。

（3）蛹长 10~14mm，长椭圆形，雄蛹较小。赭褐色，头部色较暗。触角与翅芽达腹部第 4 节，第五腹节前缘两侧各具眼状斑一个，臀棘近三角形，雄蛹臀棘末端具一分叉的短刺。

（4）卵长 1mm，椭圆形。初绿色，后变灰褐色，孵化前为黑色。常数十粒至百余粒成堆，上覆白色絮状物。

2. 危害特点

茶尺蠖喜停栖在叶片边缘，咬食嫩叶边缘呈网状半透膜斑，后期幼虫常将叶片咬食成较大而光滑的"C"形缺刻（图 3-7）。1 龄时，集中为害，咬食嫩叶上表皮和叶肉，呈褐色小型凹斑，2 龄咬食叶缘形成缺刻，3 龄取食后留下主脉，4 龄后连叶柄甚至枝皮一并食尽，严重时可使枝杆光秃，树势衰弱，造成夏秋茶减产。

3. 发生时期

我国一般 4 月份开始为害茶树，6~9 月份为危害盛期。

图 3-7 茶尺蠖对茶树的为害症状

二、实验原理

根据挂图、标本和多媒体来认识茶尺蠖生物学特性，包括形态特征、发生特点和茶树的危害症状等，以更好地控制此虫在茶园中的数量。

三、实验目的

通过观察茶尺蠖的形态特征和对茶树的危害症状等了解其生物学特点。

四、材料与设备

1. 材料

挂图、茶尺蠖标本（卵、幼虫和成虫）、茶树危害症状的标本。

2. 设备

放大镜、尺子、镊子、挑针、小剪刀、手套等。

五、方法与步骤

（1）观察挂图　茶尺蠖各个时期的形态特征和茶叶危害症状。

（2）观察标本　茶尺蠖标本（卵块、蛹、幼虫和成虫），茶树危害症状的标本。

（3）用放大镜观察雌雄成虫的翅膀，并画下其翅膀的特征图。

（4）用放大镜观察茶尺蠖幼虫的口器特征。

六、结果与讨论

（1）描述茶尺蠖蛹、幼虫和成虫的形态特征。

（2）辨清茶尺蠖成虫翅膀特点与其他蛾类区别。

（3）认清茶尺蠖为害茶树的特点。

（4）讨论影响茶尺蠖发生环境因素。

七、注意事项

观察挂图和标本时要小心，不要损毁这些实物材料。

实验 四　茶刺蛾观察

一、引言

茶刺蛾（*Iragoides fasciata* Moore），属鳞翅目，刺蛾科的一种昆虫。别名，火辣子、痒辣子、洋辣子、杨辣子、毛辣子。除为害茶树外，还能为害油茶、咖啡、柑橘、桂花、玉兰等多种植物。幼虫栖居叶背取食，幼龄幼虫取食下表皮和叶肉，留下枯黄半透膜，中龄以后咬食叶片成缺刻，常从叶尖向叶基锯食，留下平宜如刀切的半截叶片。幼虫多食性，是茶树、果树等经济作物上的一大类重要害虫。

1. 形态特点

茶刺蛾成虫体长 12 ~ 16mm，翅展 24 ~ 30mm（图 3 - 8）。体和前翅浅灰红褐色，翅面具雾状黑点，有 3 条暗褐色斜线；后翅灰褐色，近三角形，缘毛较长。前翅从前缘至后缘有 3 条不明显的暗褐色波状斜纹。卵，椭圆形，扁平，淡黄白色，单产，半

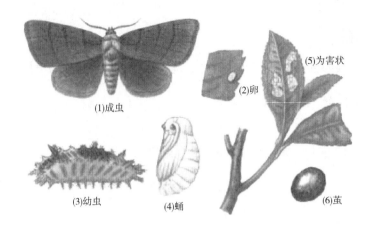

(1)成虫　(2)卵　(5)为害状

(3)幼虫　(4)蛹　(6)茧

图3-8　茶刺蛾成虫、幼虫蛹和卵绘画图

透明。幼虫（图3-9）共6龄，体长30～35mm，长椭圆形，前端略大，背面稍隆起，黄绿至灰绿色。体前端背中有一个紫红色向前斜伸的角状突起，体背中部和后部还各有一个紫红色斑纹。体侧沿气门线有一列红点。低龄幼虫无角状突起和红斑，体背前部3对刺、中部1对刺、后部2对刺较长。茧，卵圆形，暗褐色，结茧在土下。

图3-9　茶刺蛾幼虫

2. 发生特点

在湖南、江西等省一年发生3代，以老熟幼虫在茶丛根际落叶和表土中结茧越冬。三代幼虫分别在5月下旬至6月上旬，7月中、下旬和9月中、下旬盛发。且常以第2代发生最多，危害较大。成虫日间栖于茶丛内叶背，夜晚活动，有趋光性。卵单产，产于茶丛下部叶背。幼虫孵化后取食叶片背面成半透膜枯斑，以后向上取食叶片成缺刻。幼虫期一般长达22～26d。

二、实验原理

根据挂图、标本和多媒体来认识茶刺蛾生物学特性，包括形态特征、发生特点和茶树的危害症状等，以达到更好地控制此虫在茶园中数量。

三、实验目的

通过观察茶刺蛾的形态特征和对茶树的危害症状等了解其生物学特性。

四、材料与设备

1. 材料

挂图、茶刺蛾标本（卵、幼虫和雌雄成虫）、茶树危害症状的标本。

2. 设备

放大镜、尺子、镊子、挑针、小剪刀、手套等。

五、方法与步骤

（1）观察挂图　茶刺蛾各个时期的形态特征和茶叶危害症状。

（2）观察标本　茶刺蛾标本（卵块、蛹、幼虫和成虫）、茶树危害症状的标本。

（3）用放大镜观察茶刺蛾雌雄成虫的翅膀，并画下它们翅膀的特征图。

（4）用放大镜观察茶刺蛾幼虫的口器特征。

六、结果与讨论

（1）描述茶刺蛾蛹、幼虫和成虫的形态特征。

（2）辨清茶刺蛾成虫翅膀特点与其他蛾类区分。

（3）认清茶刺蛾发生时期及为害茶树的症状。

（4）讨论影响茶刺蛾发生环境因素。

七、注意事项

（1）观察挂图和标本时要小心，不要损毁这些实物材料。

（2）观察茶刺蛾时要戴上手套，以防它的毒刺粘在皮肤上。

（3）茶刺蛾蜇伤处理，人畜被其蜇伤后刺痒难忍，抓挠后变为刺痛，如反复搔抓可使毒毛深入皮内。处理患处时可用医用橡皮膏或经过消毒的针先将毒刺拔出，再用肥皂水或碱液清洁伤口，最后涂上风油精。由于其刺有毒，所以患处如有红肿发炎应立即去医院就诊。

实 验 ⑤ 茶长白蚧观察

一、引言

茶长白蚧（*Lopholeucaspis japonica* Cokerell）属同翅目盾蚧科。全国大多数产茶省有分布，是华东和中南地区重要的茶树害虫。除为害茶树外，还为害柑橘、梨、苹果等多种植物。以若虫、雌成虫寄生在茶树枝干上刺吸汁液为害。受害茶树发芽稀少，树势衰弱，未老先衰，严重时大量落叶，甚至枯死。

1. 形态特征

雌虫介壳灰白色，长约 1.5mm，狭长略作弯茄状，后端稍宽、前端有一褐色壳点。雌介壳下面还有一层暗褐色盾壳，生活史后期、田间常见的是暗褐色盾壳（图 3－10）。雌成虫梨形、淡黄色。雄成虫体细弱，具翅一对，体淡紫色，腹末有交尾器。卵椭圆形，淡紫色，产在介壳下。初孵若虫椭圆形，淡紫色，有足、触角，腹末有 2 根尾毛，可爬行。固定后在体背分泌蜡质形成介壳。雌若虫固定在枝干上。雄若虫喜固定在茶树叶片边缘锯齿上，介壳细长、灰白色。雄蛹长椭圆形，淡紫色。

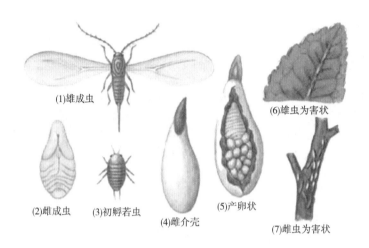

(1)雄成虫

(2)雌成虫　(3)初孵若虫

(4)雌介壳

(5)产卵状

(6)雄虫为害状

(7)雌虫为害状

图 3－10　茶长白蚧成虫、幼虫、蛹和卵等绘画图

2. 发生规律

长江流域茶区一年发生 3 代，以老熟若虫在茶树枝干上越冬。翌年 3 月下旬羽化，4 月中下旬开始产卵。第 1～3 代若虫盛孵期分别在 5 月中下旬、7 月下旬至 8 月上旬、9 月中旬至 10 月上旬。第 1、2 代若虫孵化比较整齐。

二、实验原理

根据挂图、标本和多媒体来认识茶长白蚧生物学特性，包括形态特征、发生特点和茶树的危害症状等，以达到更好地控制此虫在茶园中数量。

三、实验目的

通过观察茶长白蚧的形态特征和对茶树的危害症状等了解其生物学特性。

四、材料与设备

1. 材料

挂图、茶长白蚧标本（卵、若虫和雌雄成虫）、茶树危害症状的标本。

2. 设备

放大镜、尺子、镊子、挑针、解剖刀、小剪刀、手套等。

五、方法与步骤

（1）观察挂图　茶长白蚧各个时期的形态特征和茶叶危害症状。
（2）观察茶长白蚧标本（卵块、蛹、幼虫和成虫）、茶树危害症状的标本。
（3）用放大镜观察茶长白蚧雌雄成虫的区别。
（4）用放大镜观察茶长白蚧幼虫的口器特征。

六、结果与讨论

（1）描述茶长白蚧卵、若虫和雌雄成虫的形态特征。
（2）辨清茶长白蚧雌雄成虫区分。
（3）认清茶长白蚧为害茶树的特点以及危害茶树的症状。
（4）讨论影响茶长白蚧发生环境因素。

七、注意事项

观察挂图和标本时要小心，不要损毁这些实物材料。

实 验 六　茶蚜观察

一、引言

茶蚜（*Toxoptera aurantii* Boyer de Fonscolombe）又称茶二叉蚜、可可蚜，俗称蜜虫、腻虫、油虫。国内分布于江苏、浙江、安徽、江西、福建、台湾、湖北、湖南、广东、海南、广西、四川、贵州、云南、山东等省（自治区），国外分布于印度、日本等国。除为害茶树外，还为害油茶、咖啡、可可、无花果等植物。

1. 形态特征

有翅成蚜，体长约2mm，黑褐色，有光泽；触角第三节至第五节依次渐短，第三节一般有5~6个感觉圈排成一列，前翅中脉二叉（图3-11）。腹部背侧有4对黑斑，腹管短于触角第四节，而长于尾片，基部有网纹。有翅若蚜，棕褐色，触角第三节至第五节几乎等长，感觉圈不明显，翅芽乳白色。无翅成蚜，近卵圆形，稍肥大，棕褐色，体表多细密淡黄色横列网纹，触角黑色，第三节上无感觉圈，第三节至第五节依次渐短。无翅若蚜，浅棕色或淡黄色。卵，长椭圆形，一端稍细，漆黑色而有光泽。

2. 危害特点

茶蚜趋嫩性强，以芽下第一、二叶上的虫量最大。早春虫口以茶丛中下部嫩叶上较多，春暖后以蓬面芽叶上居多，炎夏锐减，秋季又增多。茶蚜群集在新梢嫩叶背及嫩茎上刺吸汁液，受害芽叶萎缩，伸展停滞，甚至枯竭，其排泄的蜜露，可招致霉菌寄生，影响茶叶产量和质量（图3-12）。冬季低温对越冬卵的存活无明显影响，但早春寒潮可使若蚜大量夭折。茶蚜喜在日平均气温16~25℃、相对湿度在70%左右的晴暖少雨的条件下繁育。

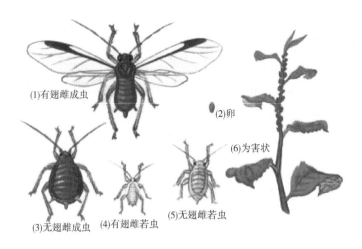

(1)有翅雌成虫
(2)卵
(6)为害状
(3)无翅雌成虫
(4)有翅雌若虫
(5)无翅雌若虫

图 3 - 11　茶蚜成虫、幼虫、蛹和卵绘画图

图 3 - 12　茶蚜危害茶树症状

3. 发生规律

茶蚜在安徽一带茶区一年发生 25 代以上，以卵在茶树叶背越冬，华南地区以无翅蚜越冬，甚至无明显越冬现象。当早春 2 月下旬平均气温持续在 4℃ 以上时，越冬卵开始孵化，3 月上、中旬可达到孵化高峰，经连续孤雌生殖，到 4 月下旬至 5 月上中旬出现危害高峰，此后随气温升高而虫口骤落，直至 9 月下旬至 10 月中旬，出现第二次危害高峰，并随气温降低出现两性蚜，交配产卵越冬，产卵高峰一般在 11 月上中旬。

二、实验原理

根据挂图、标本和多媒体来认识茶蚜生物学特性，包括形态特征、发生特点和茶树的危害症状等，以更好地控制此虫在茶园中的数量。

三、实验目的

通过观察茶蚜的形态特征和对茶树的危害症状等了解其生物学特点。

四、材料与设备

1. 材料

挂图、茶蚜标本（卵、若虫和雌雄成虫）、茶树危害症状的标本。

2. 设备

放大镜、尺子、镊子、挑针、小剪刀、手套等。

五、方法与步骤

（1）观察挂图 茶蚜各个时期的形态特征和对茶叶危害症状。

（2）观察标本 茶蚜标本（卵块、蛹、幼虫和成虫），茶树危害症状的标本。

（3）用放大镜观察有翅和无翅茶蚜雌成虫区别。

（4）用放大镜观察茶蚜若虫的口器特征。

六、结果与讨论

（1）描述茶蚜卵、若虫和成虫的形态特征。

（2）辨清茶蚜雌雄虫区分。

（3）认清茶蚜为害茶树的特点以及危害茶树的症状。

（4）讨论影响茶蚜发生环境因素。

七、注意事项

观察挂图和标本时要小心，不要损毁这些实物材料。

实 验 七 茶黑刺粉虱观察

一、引言

茶黑刺粉虱（*Aleurocanthus spiniferus* Quaintanca）又名橘刺粉虱、刺粉虱、黑蛹有刺粉虱。属同翅目粉虱科。中国各产茶省均有分布。除为害茶外，还为害柑橘、油茶、梨、柿、葡萄等多种植物。若虫寄生在茶树叶背刺吸汁液，并诱发严重的烟煤病。病虫交加，营养成分丧失，光合作用受阻，树势衰弱，芽叶稀瘦，以致枝叶枯竭，严重发生时甚至引起枯枝死树。

1. 形态特征（图 3 – 13）

成虫体褐色，分泌蜡质，周围有白色蜡丝。复眼肾形红色。前翅紫褐色，上有 7 个白斑；后翅小，淡紫褐色。卵新月形，长 0.25mm，基部钝圆，具一小柄，直立附着在叶上，初乳白后变淡黄，孵化前灰黑色；若虫体长 0.7mm，黑色，体背上具刺毛 14

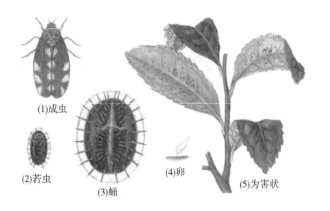

(1)成虫   (2)若虫   (3)蛹   (4)卵   (5)为害状

图3－13　茶黑刺粉虱成虫、幼虫、蛹和卵绘画图

对，体周缘泌有明显的白蜡圈；共3龄，初龄椭圆形淡黄色，体背生6根浅色刺毛，体渐变为灰至黑色，有光泽，体周缘分泌一圈白蜡质物；2龄黄黑色，体背具9对刺毛，体周缘白蜡圈明显。蛹椭圆形，初乳黄渐变黑色。蛹壳椭圆形，长0.7～1.1mm，漆黑有光泽，壳边锯齿状，周缘有较宽的白蜡边，背面显著隆起，胸部具9对长刺，腹部有10对长刺，两侧边缘雌有长刺11对，雄有长刺10对。

2. 危害特点

茶黑刺粉虱主要以若虫为害茶树中下部、刺吸茶叶叶背汁液，同时分泌物诱发煤粉病，阻碍光合作用，影响茶树的发芽与长势（图3－14）。被害枝叶发黑，严重时大量落叶，树势衰弱，影响茶叶产量和质量。

图3－14　茶黑刺粉虱对茶叶为害症状

3. 发生规律

一年发生4代，以老熟幼虫在茶树叶背越冬，翌年3月化蛹，4月上中旬成虫羽化，第1代幼虫在4月下旬开始发生。第1～4代幼虫盛发期分别在5月下旬、7月中旬、8月下旬和9月下旬至10月上旬。黑刺粉虱喜荫蔽的生态环境，在茶丛中下部叶片较多的成龄茶园，背风向阳洼地茶园有利该虫发生。茶蓬中的虫口分布以下部居多，上部较少。

二、实验原理

根据挂图、标本和多媒体来认识茶黑刺粉虱生物学特性，包括形态特征、发生特点和茶树的危害症状等，以达到更好地控制此虫在茶园中数量。

三、实验目的

通过观察茶黑刺粉虱的形态特征和对茶树的危害症状等了解其生物学特性。

四、材料与设备

1. 材料
挂图，茶黑刺粉虱标本（卵、蛹、若虫和成虫），茶树危害症状的标本。
2. 设备
放大镜、尺子、镊子、挑针、小剪刀、手套等。

五、方法与步骤

（1）观察挂图　茶黑刺粉虱各个时期的形态特征和茶叶危害症状。
（2）观察标本　茶黑刺粉虱标本（卵、蛹、若虫和成虫），茶树危害症状的标本。
（3）用放大镜观察茶黑刺粉虱雌雄成虫区别。
（4）用放大镜观察茶黑刺粉虱若虫的口器特征。

六、结果与讨论

（1）描述茶黑刺粉虱若虫和成虫的形态特征。
（2）辨清茶黑刺粉虱雌雄虫区分。
（3）认清茶黑刺粉虱为害茶树的特点以及危害茶树的症状。
（4）讨论影响茶黑刺粉虱发生环境因素。

七、注意事项

观察挂图和标本时要小心，不要损毁这些实物材料。

实 验 八 茶丽纹象甲观察

一、引言

茶丽纹象甲（*Myllocerinus aurolineatus* Voss），为鞘翅目，象甲科。中国的南方茶区均有分布，是茶叶重要的芽叶害虫。除为害茶外，还为害油茶、山茶、柑橘、梨、桃等。近年来该虫在福建部分茶园成灾发生，造成严重的经济损失。

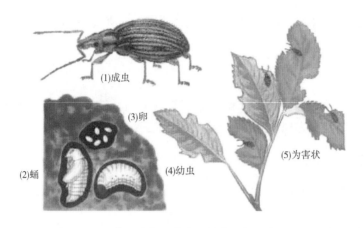

图 3 – 15　茶丽纹象甲成虫、幼虫、蛹和卵绘画图

1. 形态特征

茶丽纹象甲成虫，体长 6 ~ 7mm，灰黑色，体背具有由黄绿色闪金光的鳞片集成的斑点和条纹，腹面散生黄绿或绿色鳞毛（图 3 – 15）。触角膝状，柄节较直而细长，端部 3 节膨大。鞘翅上也具黄绿色纵带，近中央处有较宽的黑色横纹。卵，椭圆形，黄白至暗灰色。幼虫，幼虫体长 5.0 ~ 6.2mm，乳白至黄白色，体多横皱，无足。蛹，长椭圆形，长 5.0 ~ 6.0mm，黄白色，羽化前灰褐色。头顶及各体节背面有刺突 6 ~ 8 枚，胸部的较显著。

图 3 – 16　茶丽纹象甲对茶叶危害症状

2. 危害特点

成虫终见期在 8 月间。在一天中以 16 ~ 20h 取食最烈，主要食害新梢嫩叶（图 3 – 16），自叶缘咬食，呈许多半环形缺刻，甚至仅留叶脉。全年以夏茶受害最重。严重时茶园残叶秃脉，影响产量，损伤树势。其幼虫栖息土中咬食须根。

3. 发生特点

该虫一年发生一代，多以老熟幼虫在茶丛树冠下土中越冬。闽东地区（福安）3月至4月越冬幼虫陆续化蛹，4月中下旬成虫开始分批出土，5月是成虫盛发期，为害产卵盛期在5月上旬至6月间。成虫具假死性，卵散产于树下松土间，多数分布在根际周围。平均每雌可产200多粒。幼虫在土中取食寄主须根。成虫寿命9.4～58.3d，最长的123d，卵期一般9d，最长的14d。

二、实验原理

根据挂图、标本和多媒体来认识茶丽纹象甲生物学特性，包括形态特征、发生特点和茶树的危害症状等，以达到更好地控制此虫在茶园中数量。

三、实验目的

通过观察茶丽纹象甲的形态特征和对茶树的危害症状等了解其生物学特性。

四、材料与设备

1. 材料

挂图、茶丽纹象甲标本（卵、蛹、若虫和成虫）、茶树危害症状的标本。

2. 设备

放大镜、尺子、镊子、挑针、小剪刀、手套等。

五、方法与步骤

（1）观察挂图　茶丽纹象甲各个时期的形态特征和茶叶危害症状。

（2）观察标本　茶丽纹象甲标本（卵、蛹、若虫和成虫），茶树危害症状的标本。

（3）用放大镜观察茶丽纹象甲与茶籽象甲的区别。

（4）用放大镜观察茶丽纹象甲成虫的口器特征。

六、结果与讨论

（1）描述茶丽纹象甲若虫和成虫的形态特征。

（2）辨清茶丽纹象甲与茶籽象甲的区别。

（3）认清茶丽纹象甲为害茶树的特点以及危害茶树的症状。

（4）讨论影响茶丽纹象甲发生环境因素。

七、注意事项

观察挂图和标本时要小心，不要损毁这些实物材料。

实验 九 茶小卷叶蛾观察

一、引言

茶小卷叶蛾（*Adoxophyes orana* Fischer von Roslerstamm）是茶树芽叶害虫之一，又名小黄卷叶蛾，棉褐带卷叶蛾，属鳞翅目卷叶蛾科琪褐带卷蛾属的一个物种。中国国内各主要产茶省均有分布，幼虫吐丝卷缀芽叶，匿居虫苞内啃食叶肉，残留一层表皮，严重时茶丛蓬面红褐焦枯。除茶树外，且为害油茶、柑橘等。

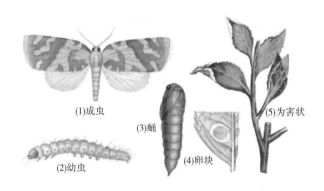

(1)成虫　(3)蛹　(5)为害状
(2)幼虫　(4)卵块

图 3 - 17　茶小卷叶蛾成虫、幼虫、蛹和卵的绘画图

1. 形态特征

成虫体长约 7mm，展翅 16 ~ 20mm，淡黄褐色（图 3 - 17）。前翅近菜刀形。翅面有 3 条深褐色宽纹，其中，中间一条从中部向臀角处分成"h"形，近翅尖一条呈"V"形。雄蛾较雌蛾略小，翅面的斑色较暗，翅基褐斑较大而明显。卵浅黄色，椭圆形、扁平，鱼鳞状排列成椭圆形卵块。幼虫成热时体长 16 ~ 20mm，头黄褐色，体绿色，前胸硬皮板浅黄褐色。蛹长约 1mm，黄褐色，各腹节背面基部均有一列钩状小刺。

图 3 - 18　茶小卷叶蛾对茶叶的危害症状

2. 危害特点

幼虫吐丝卷缀芽叶，匿居虫苞内啮食叶肉，残留一层表皮造成鲜叶减少，芽梢生长受抑（图 3－18）。为害严重时茶丛蓬面红褐焦枯、芽叶生长停滞。受害作物制成茶叶后碎片多，品质下降。

3. 发生规律

在华东地区一年发生 4 ~ 5 代，在华南地区 6 ~ 7 代。以幼虫在卷苞内越冬，翌春当气温回升至 7 ~ 10℃ 时，开始活动为害。4 ~ 5 代区在 3 月中下旬至 4 月初化蛹，4 月上、中旬成虫羽化产卵，各代幼虫发生期分别在 4 月上旬至 5 月上旬，6 月中旬至 7 月中旬，8 月中旬至 9 月中旬，10 月上旬至翌年 3 月中下旬。各虫态历期为：卵期 5 ~ 8d，幼虫期 20 ~ 30d（越冬代达 5 个月以上），蛹期 6 ~ 8d，成虫寿命 4 ~ 13d。成虫有趋光性，雄蛾产卵于老叶背面，每雌产卵量 300 ~ 400 粒。幼虫活泼，孵化后即吐丝下垂并爬行至附近的幼嫩芽叶上，吐丝将叶缘向内卷，匿藏其间取食叶肉，3 龄后吐丝将数叶结成叶苞。幼虫受惊后吐丝下垂离开叶苞或弹跳逃脱。芽下第一叶上虫口数量大，3 龄后幼虫常把附近数叶卷结成苞，虫体藏在苞中取食，形成透明枯斑，后食量增加，常转移芽梢继续结新苞为害，每个幼虫可为害 1 ~ 2 个芽梢或 3 ~ 7 片叶子。虫体长大后从上部向下部老叶转移，幼虫老熟后在苞里化蛹。5 龄幼虫老熟时，在苞内紧附叶片结一薄茧，化蛹其中。旬平均气温 16 ~ 26℃、相对湿度 80% 以上的温暖潮湿条件最适于茶小卷叶蛾的发生。全年以第 2 代的夏茶期发生最重，夏季干旱高温条件虫口下降，秋茶期适温多雨，虫口又有回升。

二、实验原理

根据挂图、标本和多媒体来认识茶小卷叶蛾生物学特性，包括形态特征、发生特点和对茶树的危害症状等，以达到更好地控制此虫在茶园中数量。

三、实验目的

通过观察茶小卷叶蛾的形态特征和对茶树的危害症状等了解其生物学特性。

四、材料与设备

1. 材料
挂图、茶小卷叶蛾标本（卵、蛹、若虫和成虫）、对茶树危害症状的标本。
2. 设备
放大镜、尺子、镊子、挑针、手套等。

五、方法与步骤

（1）观察挂图 茶小卷叶蛾各个时期的形态特征和对茶叶危害症状。
（2）观察标本 茶小卷叶蛾标本（卵、蛹、若虫和成虫），对茶树危害症状的标本。
（3）用放大镜观察茶小卷叶蛾成虫的翅膀特点。

（4）用放大镜观察茶小卷叶蛾幼虫的口器特征。

六、结果与讨论

（1）描述茶小卷叶蛾若虫和成虫的形态特征。
（2）辨清茶小卷叶蛾成虫与其他蛾类翅膀的区别。
（3）认清茶小卷叶蛾为害茶树的特点以及危害茶树的症状。
（4）讨论影响茶小卷叶蛾发生环境因素。

七、注意事项

观察挂图和标本时要小心，不要损毁这些实物材料。

实 验 ⑩ 茶橙瘿螨观察

一、引言

茶橙瘿螨（*Acaphylla theae* Watt）属蛛形纲，蜱螨目，瘿螨科。中国各产茶省均有分布，成螨和若螨刺吸茶树叶片汁液，致使叶片失去光泽、芽叶萎缩，呈现不同色泽的锈斑，叶脆易裂，严重时造成落叶，树势衰弱，是茶园最严重的害螨之一。

(1) 茶橙瘿螨成虫　　　(2) 茶橙瘿螨为害状

图 3 – 19　茶橙瘿螨成虫的绘画图

1. 形态特点

茶橙瘿螨成螨体形小，橙红色至棕红色，前端体稍宽，由前向后渐细，呈胡萝卜形。足 2 对，伸向头部前方（图 3 – 19）。腹背平滑，密生有皱褶环纹，尾端有 1 对尾毛。卵乳白色，表面平骨，圆形，呈水珠状。幼螨初孵时乳白色，后变浅橙黄色，足 2 对，形似成螨，但腹部环纹不明显。

2. 危害特点

茶橙瘿螨以成若螨为害嫩叶和成叶，被害叶失去光泽，叶正面主脉发红，叶背出现褐色锈斑，芽叶萎缩，严重时枝叶干枯呈铜红色，状如火烧，后期大量落叶（图 3 – 20）。

(1)叶片正面

(2)叶片背面

图 3 – 20 茶橙瘿螨危害症状

3. 发生特点

茶橙瘿螨在福建 1 年发生 25 代，世代重叠，虫态混杂，以成螨在叶背越冬。翌年 3 月气温回升到 10℃后开始活动取食，成螨由叶背转向叶面为害。至 5、6 月份为第一为害高峰期，每年春茶末、夏茶受害最重，秋茶其次。

二、实验原理

根据挂图、标本和多媒体来认识茶橙瘿螨生物学特性，包括形态特征、发生特点和茶树的为害症状等，以达到更好的控制此虫在茶园中数量。

三、实验目的

通过观察茶橙瘿螨的形态特征和对茶树的为害症状等，来了解此虫的生物学特性。

四、材料与设备

1. 材料

挂图、茶橙瘿螨标本（卵、若虫和成虫）、茶树危害症状的标本。

2. 设备

放大镜，尺子、镊子、挑针、小剪刀、手套等。

五、方法与步骤

（1）观察挂图 茶橙瘿螨各个时期的形态特征和茶叶危害症状。
（2）观察标本 茶橙瘿螨标本（卵、若虫和成虫），对茶树危害症状的标本。
（3）用放大镜观察茶橙瘿螨与茶叶瘿螨成虫形态特征。
（4）用放大镜观察茶橙瘿螨口器特征。

六、结果与讨论

（1）描述茶橙瘿螨若虫和成虫的形态特征。

（2）辨清茶橙瘿螨成虫和茶叶瘿螨形态区别。

（3）认清茶橙瘿螨为害茶树的特点以及危害茶树的症状。

（4）讨论影响茶橙瘿螨发生环境因素。

七、注意事项

观察挂图和标本时要小心，不要损毁这些实物材料。

实 验 十一 茶饼病观察

一、引言

茶饼病是茶树芽叶的重要病害之一，又名叶肿病。属低温高湿型病害。分布于四川、云南、贵州、湖南、江西、福建、广东、浙江、安徽、湖北、广西、台湾等省区的山区茶园，尤以云、贵、川三省的山区茶园发病最重。印度、斯里兰卡、印度尼西亚、日本等国均有发生。

1. 危害症状

叶片初生淡黄色水渍状病斑，圆形凹陷，相应的背面突起呈馒头状，表面有白色粉霉，后变暗褐色，叶片畸形扭曲。芽和枝梢受害，肥肿呈瘤状，生灰白色粉状物（图3-21）。

2. 致病原

属担子菌。取新鲜病叶，刮取病斑子实层装片镜检，注意观察棍棒状或圆筒状的担子，顶端有2~4个小梗，每个小梗上着生一个担孢子；担孢子肾脏形或椭圆形，无色，初为单孢，萌发时产生一个隔膜而成双胞。

图3-21　茶饼病危害症状

3. 发病规律

以菌丝体潜伏于病叶的活组织中越冬和越夏。翌春或秋季，平均气温在15~20℃、相对湿度85%以上时，菌丝开始生长发育产生担孢子，随风、雨传播初侵染，并在水膜的条件下萌发，芽管直接由表皮侵入寄主组织，在细胞间扩展直至病斑背面形成子实层。担孢子成熟后又飞散传播进行再次侵染。一个成熟的病斑在24h内可产生近百万个担孢子，病菌寄生性强，当病组织死亡后，其中寄生的菌丝体也随之死亡。担孢子寿命短，2~3d后便丧失萌发力，在直射阳光下，0.5~1h即死亡。病害的潜育期长短也与气温、湿度和日照的关系密切。一般日平均气温为19.7℃时，为3~4d；15.5~16.3℃，需9~18d。山地茶园在适温高湿、日照少及连绵阴雨的季节，最易发病。西南茶区于7~11月，华东及中南茶区于3~5月和9~10月，广东海南茶区于9月中旬至翌年2月期间，都常有发生和流行。就茶园本身来说，低洼、阴湿、杂草丛生、采摘过度、偏施氮肥、不适时的台刈和修剪以及遮阴过度等，也利于发病。茶树品种间的抗病性有一定的差异，通常小叶种表现抗病，而大叶种则表现为感病，大叶种中又以叶薄、柔嫩多汁的品种最易感病。

二、实验原理

根据挂图、标本和多媒体来认识茶饼病症状、发生特点和致病原等，来减少此病对茶园的危害。

三、实验目的

掌握与认识茶树叶片受茶饼病病原菌侵害后，表现出来的症状和病原物的形态特征。

四、材料与设备

1. 材料
挂图，茶饼病症状、致病原标本和新鲜的样本。
2. 设备
显微镜、载玻片、盖玻片、手持放大镜、蒸馏水、挑针等。

五、方法与步骤

（1）观察挂图 茶饼病对茶树危害不同时期的症状。
（2）用显微镜观察标本茶饼病病原菌。

六、结果与讨论

（1）描述茶饼病对茶树危害不同时期的症状。
（2）绘茶饼病病原菌形态图。
（3）讨论影响茶饼病发生环境因素。

七、注意事项

观察挂图和标本时要小心，不要损毁这些实物材料。

实 验 十二 茶白星病观察

一、引言

茶白星病，在安徽、福建、浙江、江西、湖南、四川、云南、贵州等省茶区均有发生。主要为害嫩叶、嫩芽、嫩茎及叶柄，以嫩叶为主。高山茶场春茶期易发生此病，属于低温高湿性病害。

1. 危害症状

嫩叶染病初生针尖大小褐色小点，后逐渐扩展成直径1~2mm大小的灰白色圆形斑，中间凹陷，边缘具暗褐色至紫褐色隆起线（图3-22）。湿度大时，病部散生黑色小点，病叶上病斑数达几十个至数百个，有的相互融合成不规则形大斑，导致叶片变形或卷曲。叶脉染病叶片扭曲或畸形。嫩茎染病病斑暗褐色，后成灰白色，病部也生黑色小粒点，病梢节间长度明显短缩，百芽重减少，对夹叶增多。严重的蔓延至全梢，形成枯梢。

图3-22 茶白星病危害症状

2. 致病原

致病原称茶叶叶点霉，属半知菌亚门真菌。分生孢子器球形至扁球形，暗褐色，顶端具乳头状孔口，初埋生，后突破表皮外露。分生孢子椭圆形至卵形，单孢无色。病菌在PDA培养基上培养48h后长出白色菌丝，后变为黑色，上生许多小黑点，即病菌子实体。

3. 发病规律

病菌以菌丝体、分生孢子器在病叶或病茎中越冬。翌春茶树初展期，分生孢子器中释放出大量分生孢子，通过风雨传播，在湿度适宜时侵染幼嫩茎叶，经1~3d潜育，开始形成新病斑，病斑上又产生分生孢子，进行多次重复再侵染，使病害不断扩展蔓延。该病属低温高湿型病害，气温16~24℃、相对湿度高于80%易发病。气温高于25℃则不利其发病。每年主要在春、秋两季发病，5月份是发病高峰期。高山茶园或缺肥贫瘠茶园、偏施过施氮肥易发病，采摘过度、茶树衰弱的发病重。

二、实验原理

根据挂图、标本和多媒体来认识茶白星病症状、发生特点和致病原等，以减少此病对茶园的危害。

三、实验目的

掌握与认识茶树叶片受茶白星病病原菌侵害后，表现出来的症状和病原物的形态特征。

四、材料与设备

1. 材料
挂图，茶白星病症状、致病原标本和新鲜的样本。

2. 设备
显微镜、载玻片、盖玻片、手持放大镜、蒸馏水、挑针等。

五、方法与步骤

（1）观察挂图 茶白星病对茶树危害不同时期的症状。

（2）用显微镜观察标本茶白星病病原菌。

六、结果与讨论

（1）描述茶白星病对茶树危害不同时期的症状。

（2）绘茶白星病病原菌形态图。

（3）讨论影响茶白星病发生环境因素。

七、注意事项

观察挂图和标本时要小心，不要损毁这些实物材料。

实 验 十三 茶云纹叶枯病观察

一、引言

茶云纹叶枯病又称叶枯病，是叶部常见病害之一。分布在全国各茶区，田间症状主要出现在成叶和老叶部位，病部出现灰白相间的云纹状病斑，病健分界较明显。此病属于高温高湿型病害。

1. 危害症状

为害叶片，新梢、枝条和果实上也可发生。老叶和成叶上的病斑多发生在叶缘或叶尖，初为黄褐色水浸状，半圆形或不规则形，后变褐色，一周后病斑由中央向外渐变灰白色，边缘黄绿色，形成深浅褐色、灰白色相间的不规则形病斑，并生有波状，云纹状轮纹，后期病斑上产生灰黑色扁平圆形小粒点，沿轮纹排列（图3-23）。嫩叶和芽上的病斑褐色、圆形，以后逐渐扩大，成黑褐

图3-23 茶云纹叶枯病危害症状

色枯死。嫩枝发病后引起稍枯，并向下发展到枝条。枝条上的病斑灰褐色，稍下陷，上生灰黑色扁圆形小粒点。果实上的病斑黄褐色，圆形，后成灰色，上生灰黑色小粒点，有时病部开裂。

2. 致病原

无性态为山茶炭疽菌，属半知菌亚门真菌。有性态山茶球腔菌，属子囊菌亚门真菌。子囊壳散生在病部两面，半埋生，球形至扁球形，黑色，大小160~200μm，孔口直径7~18μm。子囊卵形或棍棒形，端圆，基部具小柄，内含子囊孢子8个，排成2

列。子囊孢子纺锤形，单胞无色。无性态的分生孢子盘散生在寄主表皮之下，成熟时突破表皮外露，底部为灰黑色色座，大小 187~290μm，内具刚毛和分生孢子梗，分生孢子盘四周生刚毛，刚毛针状，基部粗，顶端渐细，暗褐色，具隔膜 1~3 个。分生孢子梗线状，单根无色，顶生 1 个分生孢子。分生孢子圆筒形或长椭圆形，两端圆或一端略粗，直或稍弯，单胞无色，内具 1 空胞或多个颗粒。厚垣孢子球形，浅褐色，具油球 2~3 个。

3. 发病规律

病菌以菌丝体、分生孢子盘或子囊壳在树上病叶或土表落叶中越冬。翌春在潮湿条件下形成分生孢子，靠雨水和露滴由上往下传播。病菌孢子萌发侵入后经 5~18d 形成新病斑。全年除冬季外，可多次重复侵染。越冬子囊壳形成子囊孢子迟，在杭州调查，要在 4、5 月份才成熟并飞散。本病是一种高温高湿型病害，全年以 6 月和 8 月下旬至 9 月上旬发生最多。树势衰弱，幼龄和台刈后的茶园以及遭日灼的叶片易于发病。大叶型品种一般表现感病。

二、实验原理

根据挂图、标本和多媒体来认识茶云纹叶枯病症状、发生特点和致病原等，来减少此病对茶园的危害。

三、实验目的

掌握与认识茶树叶片受茶云纹叶枯病病原菌侵害后，表现出来的症状和病原物的形态特征。

四、材料与设备

1. 材料

挂图，茶云纹叶枯病症状、致病原标本和新鲜的样本。

2. 设备

显微镜、载玻片、盖玻片、手持放大镜、蒸馏水、挑针等。

五、方法与步骤

（1）观察挂图　茶云纹叶枯病茶树危害不同时期的症状。
（2）用显微镜观察标本茶云纹叶枯病病原菌。

六、结果与讨论

（1）描述茶云纹叶枯病对茶树危害不同时期的症状。
（2）绘茶云纹叶枯病病原菌形态图。
（3）讨论影响茶云纹叶枯病发生环境因素。

七、注意事项

观察挂图和标本时要小心，不要损毁这些实物材料。

实　验　十四　茶轮斑病观察

一、引言

茶轮斑病又称茶梢枯死病，该病是茶园常见病害，全国各产茶省均有发生。被害叶片大量脱落，并引起枯梢，致使树势衰弱，产量下降。茶轮斑病症状多自叶的叶尖及叶缘发生，该病属高温高湿型病害。

1. 危害症状

主要为害叶片和新梢（图3－24）。叶片染病嫩叶、成叶、老叶均见发病，先在叶尖或叶缘上生出黄绿色小病斑，后扩展为圆形至椭圆形或不规则形褐色大病斑，成叶和老叶上的病斑具明显的同心轮纹，后期病斑中间变成灰白色，湿度大出现呈轮纹状排列的黑色小粒点，即病原菌的子实体。嫩叶染病时从叶尖向叶缘渐变黑褐色，病斑不整齐，焦枯状，病斑正面散生

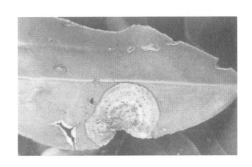

图3－24　茶轮斑病危害症状

煤污状小点，病斑上没有轮纹，病斑多时常相互融合致叶片大部分布满褐色枯斑。嫩梢染病尖端先发病，后变黑枯死，继续向下扩展引致枝枯，发生严重时叶片大量脱落或扦插苗成片死亡。

2. 致病原

茶拟盘多毛孢，是一种半知菌亚门盘多毛孢属真菌。病斑上的黑色小粒点即病菌分生孢子盘，直径120～180μm，病部浓黑色小粒点为病菌的分生孢子盘。其上生分生孢子梗，无色，丝状。分生孢子纺锤形，4个分隔，5个细胞，中间3个细胞黄褐色或暗褐色，两端细胞小而无色，顶端细胞生有3～5根刺毛，无色。初埋生在表皮下栅栏组织间，后突破表皮外露。分生孢子梗丛生，圆柱形。分生孢子纺锤形，多具4个隔膜，孢子顶部细胞具附属丝3根，基部粗，向上渐细，顶端结状膨大。该菌是我国茶轮斑病病原的优势种，此外还有8种。

3. 发病规律

以菌丝体或分生孢子盘在病组织内越冬。次年春季在适温高湿条件下产生分生孢子从叶片伤口或表皮侵入，经7～14d，新病斑形成并产生分生孢子，随风雨滴溅落传播，进行再侵染。高温高湿条件适于发病，夏秋茶发病较重。排水不良，扦插苗圃或密植园湿度大时发病重。强采、机采、修剪及虫害严重的茶园，因伤口多，有利于病菌侵入，因而发病也重。该病属高温高湿型病害，气温25～28℃、相对湿度85%～

87% 利于发病。夏、秋两季发病重。品种间抗病性差异明显。

二、实验原理

根据挂图、标本和多媒体来认识茶轮斑病症状、发生特点和致病原等，来减少此病对茶园的危害。

三、实验目的

掌握与认识茶树叶片受茶轮斑病原菌侵害后所表现出来的症状和病原物的形态特征。

四、材料与设备

1. 材料

挂图，茶轮斑病症状、致病原标本和新鲜的样本。

2. 设备

显微镜、载玻片、盖玻片、手持放大镜、蒸馏水、挑针等。

五、方法与步骤

（1）观察挂图　茶轮斑病对茶树危害不同时期的症状。

（2）用显微镜观察标茶轮斑病原菌标本。

（3）取病部小黑点装片镜检，观察分生孢子盘、分生孢子梗、分生孢子形状，注意分生孢子有多少隔膜、分成几个细胞、有无附属丝等。

六、结果与讨论

（1）描述茶轮斑病对茶树危害不同时期的症状。

（2）绘茶轮斑病病原菌形态图。

（3）讨论影响茶轮斑病发生环境因素。

七、注意事项

观察挂图和标本时要小心，不要损毁这些实物材料。

实 验 十五　茶炭疽病观察

一、引言

茶炭疽病，是茶树叶部重要病害之一，主要为害当年成叶，高湿低洼的茶园生境中为害较重。梅雨和秋雨时节该病常蔓延，导致茶叶减产和品质低劣。分布于全国各产茶省（区）均有发生，但以浙江、安徽、江西、湖南等省发生较重。此病也为害作物油茶、山茶和茶梅等。

1. 危害症状

主要为害成叶，也可为害嫩叶和老叶（图 3 - 25）。病斑多从叶缘或叶尖产生，水渍状，暗绿色圆形，后渐扩大成不规则形大型病斑，色泽黄褐色或淡褐色，最后变灰白色，上面散生小形黑色粒点。病斑上无轮纹，边缘有黄褐色隆起线，与健全部分界明显。

图 3 - 25　茶炭疽病危害症状

2. 致病原

致病原属半知菌、盘圆孢属。

3. 发病规律

以菌丝体在病叶中越冬，次年当气温上升至 20℃ 以上、相对湿度 80% 以上时形成孢子，主要借雨水传播，也可通过采摘等活动进行人为传播。孢子在水滴中发芽，侵染叶片，经过 5 ~ 20d 后产生新的病斑，如此反复侵染，扩大为害。温度 25 ~ 27℃、高湿度条件下最利于发病。本病一般在多雨的年份和季节中发生严重。全年以初夏梅雨季和秋雨季发生最盛。扦插苗圃幼龄茶园或台刈茶园，由于叶片生长柔嫩，水分含量高，发病概率大。单施氮肥的比施用氮钾混合肥的发病重。品种间有明显的抗病性差异，一般叶片结构薄软、茶多酚含量低的品种容易感病。

二、实验原理

根据挂图、标本和多媒体来认识炭疽病症状、发生特点和致病原等，以减少此病对茶园的危害。

三、实验目的

掌握与认识茶树叶片受炭疽病病原菌侵害后所表现出来的症状和病原物的形态特征。

四、材料与设备

1. 材料

挂图，炭疽病症状、致病原标本和新鲜的样本。

2. 设备

显微镜、载玻片、盖玻片、手持放大镜、蒸馏水、挑针等。

五、方法与步骤

（1）观察挂图　茶炭疽病对茶树为害不同时期的症状。

（2）取炭疽病材料徒手切片后制片。

（3）用显微镜观察标本茶炭疽病原菌。

六、结果与讨论

（1）描述茶炭疽病对茶树危害不同时期的症状。

（2）绘制茶炭疽病原菌形态图。

（3）讨论影响茶炭疽病的发生环境因素。

七、注意事项

观察挂图和标本时要小心，不要损毁这些实物材料。

参 考 文 献

［1］王蔚，吴满容，张思校，等．茶小绿叶蝉在福建省茶树品种上的选择机制初探［J］．河南农业科学，2016，45（4）：80－84.

［2］崔林，胡其伟．茶毛虫主要生物学习性及其防治技术［J］．安徽农学通报，2007，13（24）：107.

［3］张小霞，梁振普，尹新明，等．茶毛虫及其防治技术［J］．河南农业科学，2007，（17）3：63－66.

［4］高旭晖，宛晓春，杨云秋，等．茶尺蠖生物学习性研究［J］．植物保护，2007，33（3）：110－113.

［5］李红莉，崔宏春，余继忠．茶尺蠖生物学特性及防治技术研究现状［J］．安徽农业科学，2017，45（19）：150－151；233.

［6］陈信祥，罗新国．茶刺蛾的发生与防治［J］．茶叶，1996（1）：27.

［7］丁坤明，饶辉福，饶漾萍，等．咸宁茶区茶刺蛾的发生与防治技术［J］．植物医生，2016，29（4）：70－71.

［8］吴丹，张辉．茶长白蚧与茶长绵蚧的发生与防治［J］．现代农村科技，2014（8）：30.

［9］朱祚亮，曹诗红，蔡世凤，等．茶长白蚧及其防治方法［J］．湖北植保，2012（2）：39－40.

［10］洪鹏，汪荣灶，万玲．江西茶园长白蚧生活习性及防控实践［J］．中国茶叶，2015（2）：18－19.

［11］韩宝瑜．茶园黑刺粉虱的生物学习性及综合治理［J］．应用昆虫学报，1996（3）：149－150.

［12］韩宝瑜，崔林．茶园黑刺粉虱自然种群生命表［J］．生态学报，2003，23（9）：1781－1790.

［13］韩宝瑜，周成松．茶蚜［*Toxoptera aurantii*（Boyer）］蜜露分泌节律及对多种天敌的引诱效应［J］．生态学报，2007，27（9）：3637－3643.

［14］边文波，王国昌，龚一飞，等．十九种植物精油对茶丽纹象甲成虫的驱避和拒食活性［J］．应用昆虫学报，2012，49（2）：496－502.

［15］朱俊庆，商建农，郭敏明．茶丽纹象甲成虫空间分布型及抽样技术的研究［J］．应用昆虫学报，1988（5）：23－26.

［16］张汉鹄．温湿度对茶小卷叶蛾生长发育的影响［J］．茶叶科学．1986，6（1）：35－40.

［17］张汉鹄，詹家满，周崇明．茶小卷叶蛾生物学与综合防治研究［J］．安徽农业大学学报，1986（1）：33－43.

［18］吕文明，楼云芬．茶橙瘿螨消长动态及发生期预测［J］．茶叶科学，1995（1）：27－32.

［19］殷坤山，唐美君，熊兴平，等．茶橙瘿螨种群生态的研究［J］．茶叶科学，2003，23（b06）：53－57.

［20］江楚平，杜仲福，刘世贤．茶饼病菌的侵染及其生物学特性［J］．四川农业大学学报，1985，3（2）：9－16.

［21］谭荣荣，毛迎新，龚自明．茶饼病的发生规律及病原菌的生物学特性研究［J］．湖北农业科学，2015，54（20）：5027－5030.

［22］周凌云，王沅江．茶轮斑病的病原鉴定［C］//中国植物保护学会全国会员代表大会暨学术年会，2013：405.

［23］谢峥嵘．茶白星病的病原特性及防治技术［J］．贵州茶叶，2005（2）：7－8.

［24］周玲红，邓欣．我国茶白星病研究概况［J］．蚕桑茶叶通讯，2007（2）：21－23.

［25］Horik，赵志清．茶轮斑病的研究及防治［J］．贵州茶叶，1991（2）：3；28.

［26］高旭晖．茶轮斑病空间分布型及抽样技术的研究［J］．茶业通报，1991（3）：23－24.

［27］李应祥，陈跃华，杨青，等．茶云纹叶枯病病原鉴定［J］．贵州农业科学，2015，43（1）：65－67.

［28］高旭晖，郑高云，梁丽云，等．茶云纹叶枯病病原菌侵入与叶位关系研究［J］．植物保护，2008，34（2）：76－79.

［29］李应祥，王勇．贵州省都匀市茶轮斑病病原菌鉴定及生物学特性的研究［J］．中国茶叶加工，2013（3）：37－40.

［30］王金平，卢东升．茶树轮斑病的发生及病原菌分生孢子萌发特性［J］．氨基酸和生物资源，2008，30（3）：30－32.

［31］蔡煌．福鼎县茶炭疽病危害严重［J］．中国植保导刊，1992（4）：30－31.

［32］刘守安，韩宝瑜，付建玉，等．茶炭疽病菌毒素的致病活性及理化性质初探［J］．茶叶科学，2007，27（2）：153－158.

第四章 茶叶加工实验

实 验 一 茶叶鲜叶质量分析

一、引言

鲜叶质量是茶叶品质的基础。茶叶鲜叶适制性与鲜叶等级是实际生产中茶叶初制厂把控原料质量的最重要的指标，也是鲜叶质量考察指标体系的主要内容。适制性因各地茶叶鲜叶资源实际情况差异，存在鲜明的地域性特点。鲜叶等级划分标准则是茶叶加工过程中鲜叶采购环节的基本定价标准。因此，掌握鲜叶质量分析方法，一方面可以更好地理解鲜叶等级划分依据，另一方面也能在实际生产操作中因地制宜，有理有据地提出解决鲜叶相关实际问题的方法。

二、实验原理

茶叶鲜叶质量，主要考察品种的适制性、嫩度、净度、匀度、新鲜度。按照以上几个方面考察鲜叶质量，划分出鲜叶等级，这是评价鲜叶质量的重要指标，也是加工时制定技术方案的重要参数与工艺基础。不同茶树品种的鲜叶存在客观差异。评价某个茶树品种鲜叶质量，首先考察其嫩度，不同嫩度的鲜叶化学成分含量不同，制成的茶叶品质差异大；匀度考察鲜叶大小的一致性，直接关系到制程中茶叶成形效率；净度表示鲜叶中非茶杂质的含量多少；新鲜度则考察鲜叶付制前叶片的鲜活状态，也是付制前制定工艺参数的基础。在此基础上，通过鲜叶机械组成衡量鲜叶品质，主要通过芽叶质量组成分析和芽叶个数组成分析两种方式来评价。前者指 100g 鲜叶中不同标准的芽叶所占质量百分比，后者指不同标准芽叶数占芽叶总个数的百分比。按照不同茶类要求，设置相应的鲜叶指标等级标准，对照标准进行鲜叶分级。

三、实验目的

了解鲜叶质量的影响因素、控制方法及发酵程度适宜的标准，掌握鲜叶分级的基本判定技术。

四、材料与设备

1. 材料

分品种采摘不同采摘标准的茶叶鲜叶。

2. 设备

天平（精度0.1g）、台秤、镊子、蔑盘、竹篮等采摘摊放工具。

五、方法与步骤

1. 质量组成分析法

将鲜叶倒入蔑盘，铺薄层，对角线取样100g鲜叶（精确到0.1g）。按照一芽一叶、一芽二叶、一芽三叶、……、对夹一叶、对夹二叶、……、单片叶、茶梗、茶籽、非茶类等捡出，分别放置并称量，计数，计算各类芽叶所占百分比，重复2次。

2. 个数组成分析法

操作方法基本同上，差异在于只需数出100g鲜叶的芽叶总个数，将各类芽叶个数记录，并计算各类芽叶所占的个数百分比。

计算方法如式4-1、式4-2所示：

$$芽叶质量占比\% = \frac{各部分芽叶质量}{分析样总质量} \times 100 \qquad (4-1)$$

$$芽叶个数占比\% = \frac{各部分芽叶个数}{分析样芽叶总个数} \times 100 \qquad (4-2)$$

3. 统计

将统计数据填入表4-1。

表4-1 茶叶质量分析统计数据

鲜叶组成指标		茶树品种								备注
		次数1				次数2				
		质量/g	质量占比/%	个数	个数占比/%	质量/g	质量占比/%	个数	个数占比/%	
正常芽叶	一芽一叶									
	一芽二叶									
	一芽三叶									
	一芽四叶									
	一芽五叶									
	小计									
对夹叶	对夹一叶									
	对夹二叶									
	对夹三叶									
	小计									
其他	单片叶									
	老叶									
	杂物									

4. 结果分析

参考国家标准等资料，对照不同茶类茶叶的生产加工标准要求，理解不同茶类对应的鲜叶标准等级划分状况与茶类品质的关系。

六、结果与讨论

比较实验中各级鲜叶芽叶组成的差异，仔细对照鲜叶各级别综合性状与机械组成的差别，并将这些差异与后续茶叶产品加工工艺选择与毛茶制成品的品质进行关联，综合比较分析。

七、注意事项

（1）鲜叶等级　依据不同茶类的要求有明显不同，不同等级鲜叶标准在不同茶类之间存在较大差异，不可完全同标准等同要求。

（2）鲜叶品种差异　在实际生产中，在某些产茶地区存在混合采摘的现象，也可能无法完全区分，混合品种的鲜叶加工时需要看茶做茶。

实 验 二　茶叶萎凋技术

一、引言

萎凋是茶叶加工中的常用技术之一。在青茶、红茶、白茶加工中，萎凋是重要的前期工序。当前在一些传统绿茶产区，为提升绿茶的香气品质，也在加工工艺中借鉴引入了萎凋工艺。因此，了解掌握萎凋技术，能够帮助学生加深对萎凋工艺在茶叶生产加工中重要意义的理解。

二、实验原理

萎凋工艺在红茶、白茶、乌龙茶等茶类加工工艺中都有很重要的作用。萎凋是指鲜叶在通常的气候条件下薄摊，开始一段时间以水分蒸发为主，随着时间的延长，鲜叶水分散失到相当程度后，自体分解作用逐渐加强，叶内水分丧失和内质成分变化，叶片面积萎缩，叶质由硬变软，叶色鲜绿转变为暗绿，香味也相应改变的这一过程。萎凋的作用：一是使鲜叶在一定的条件下，均匀地散失适量的水分，使细胞胀力减小，叶质变软，便于揉卷成条，为揉捻创造物理条件；二是伴随水分的散失，叶细胞逐渐浓缩，酶的活性增强，引起内含物质发生一定程度的化学变化，为发酵创造化学条件，并使青草气散失。该过程包含物理与化学两种变化，这两种变化是相互联系、相互制约。影响萎凋的外在因素很多，如温度、湿度、通风条件、叶层的厚薄等。其中以温度为主要矛盾。萎凋过程中，温度调节可以用摊叶厚薄、通风条件来进行，但调节范围有一定的幅度限制，不可太大。在调节温度时必须掌握温度先高后低、风量先大后小的原则。防止萎凋后期温度太高，影响品质。

三、实验目的

了解萎凋工艺过程的概念、影响因素、控制方法及萎凋程度适宜的标准，掌握红茶萎凋工序的基本技术。了解萎凋过程中茶叶内部成分变化规律及其对后续制茶工艺的影响。

四、材料与设备

1. 材料

按照统一标准采摘一芽二、三叶等级标准的茶叶鲜叶 100kg。

2. 设备

簸箕、风扇或鼓风机、萎凋帘，萎凋槽或萎凋机。

3. 配具

簸箕、软匾、抹布、扫帚等。

五、方法与步骤

萎凋工艺对不同茶类具有不同要求。以下主要以工夫红茶为例开展实验。

目前工夫红茶萎凋方法有三种类型：一是自然萎凋包括室内自然萎凋，日光萎凋；二是人工加温萎凋，包括萎凋槽，加温萎凋；三是萎凋机萎凋。

室内自然萎凋方法是把鲜叶薄摊于簸箕或晒席上，若室内温度在 20～22℃、相对湿度 70% 左右，萎凋需 18h 左右即可完成。萎凋程度以萎凋叶含水量和鲜叶减重率作为指标：鲜叶含水量 75% 左右，萎调叶适度含水量掌握在 58%～64%，春茶略低（58%～61%），夏秋茶略高（61%～64%）。鲜叶减重率在 30%～40%。萎凋适度标准为：叶面失去光泽，由鲜绿转为暗绿色，叶质柔软，手捏团，松手时叶子不易弹散，嫩茎梗折而不断，无枯芽，焦边、叶子泛红等现象，青草气部分消失，略显清香。

日光萎凋的方法是将茶鲜叶直接晒在日光下，需要注意不能在正午强光时长时日光萎凋，一般宜 3:00—4:00 日光稍弱时进行。

人工加温萎凋是目前常用的方法，常使用萎凋槽，将鲜叶摊放于萎凋槽内，厚度 12～20cm，自通风槽体内鼓热风（30～35℃）使鲜叶萎凋加速。萎凋机是专用于萎凋的机械，可分层摊放萎凋叶，可实现温度自动调节，使萎凋过程实现连续化。萎凋程度要掌握"嫩叶老萎，老叶嫩萎"的原则。

本实验需要观察萎凋方式对萎凋程度的影响。将茶叶鲜叶按照几种萎凋方式分为不同组别分别进行萎凋，在萎凋过程的不同时间（3、6、12、18、24h）分别直接取萎凋叶进行感官评价，记录并填写表 4-2。

表 4-2 　　　　　　　　　　　萎凋过程中环境条件和茶叶失水记载

萎凋方式	次序	测定时间/h	温度/℃	相对湿度/%	萎凋叶质量/kg	含水量/%	感官评价结果
室内自然萎凋	1						
	2						
	3						
	4						
	5						

续表

萎凋方式	次序	测定时间/h	温度/℃	相对湿度/%	萎凋叶质量/kg	含水量/%	感官评价结果
加温萎凋	1						
	2						
	3						
	4						
	5						
室外日光萎凋	1						
	2						
	3						
	4						
	5						
萎凋机萎凋	1						
	2						
	3						
	4						
	5						

选取以上四种萎凋方式中每种萎凋方式萎凋适度的叶子，按照统一的后续正常工艺制作红条茶，进行感官审评后，填写表4-3。

表4-3 不同萎凋方式萎凋叶品质审评

萎凋方式	时间/h	叶温/℃	叶质	叶色	香气	萎凋程度
室内自然萎凋						
加温萎凋						
日光萎凋						
萎凋机萎凋						

六、结果与讨论

萎凋受到多种环境因素的影响，气温、湿度、空气流动速率都是重要的环境指标。不同茶类的萎凋程度差异比较大。因此，萎凋工艺需要依据具体茶类加工要求进行区别对待。红茶萎凋叶萎凋适宜程度总体与绿茶杀青叶叶态状况相似。而乌龙茶萎凋工艺则依据品类的发酵程度差异，存在重萎凋、轻萎凋等不同要求，萎凋适度也是后期做青工艺的良好基础。白茶萎凋过程相对较长，不同品类白茶对萎凋方式，萎凋操作过程有不同要求，需要灵活掌握。

七、注意事项

室内自然萎凋在正常天气和良好操作下，萎凋质量较好，但由于室内自然萎凋受天气的影响很大，如遇低温阴雨天，气温低，湿度大，萎凋时间长，难以控制，产品稳定性容易受到影响。日光萎凋的鲜叶有特殊的香气，但由于受到天气状况的客观限制，萎凋品质欠稳定，萎凋程度不容易控制。

实 验 三 茶叶杀青技术

一、引言

杀青是中国传统绿茶的核心工艺技术，在绿茶、青茶、黄茶、黑茶类加工过程中，也都有利用高温钝化叶内酶活力、减少水分这一过程，其本质与杀青基本相同。不同杀青方式，不同杀青温度，不同杀青机具加工得到的茶叶，其品质存在巨大差异。通过本实验，可以帮助学生更好地认识杀青对茶叶品质变化的影响，加深对杀青工艺基本原理的认识与理解。

二、实验原理

杀青就是采取高温在短时间内钝化酶活力，破坏鲜叶的组织与结构，是绿茶品质形成的关键工序。其目的有：彻底破坏鲜叶中的酶活力，制止多酚类物质的酶促氧化，获得绿茶应有的色、香、味；散发青臭气，发展茶香；改变内含成分的性质，促进绿茶品质的形成；蒸发部分水分，使叶变柔软，增强韧性，便于做形。

本实验设计炒青、蒸汽杀青、沸水撩青、热风杀青四种杀青方式，比较不同方式形成的杀青叶品质差异。

三、实验目的

了解杀青技术的原理、影响因素、操作方法，掌握杀青程度适宜的标准以及基本判定技术。

四、材料与设备

1. 材料

分品种采摘不同采摘标准的茶叶鲜叶。

2. 设备

杀青锅灶、蒸锅及格网、烘箱、漏勺、烘笼、高温温度计、滚筒杀青机（用于机械杀青，型号依据实际情况确定）。

3. 配具

簸箕、软匾、筛子、纱布、制茶专用油、棕帚等。

五、方法与步骤

1. 炒青

（1）手工杀青

①杀青锅温：锅底温度200℃为宜，判断方法：当达到杀青锅温要求时，白天看锅底呈微灰白色，夜晚弱光下看呈红色；将手背放置于锅中央离锅心30cm处，有明显热刺激（烫手背）；将制茶油放一小块于锅底，很快融化并冒烟；扔几个芽叶入锅，发出噼里啪啦响声。

②投叶量：宜少不宜多，一般在1kg以下，太少，不易操作，且易焦糊；太多，无法保证杀青质量。

③杀青时间：一般在5min左右，投叶量大、叶质肥厚、摊放时间短，可适当长杀；反之，短杀。

④操作方法：投入鲜叶达到杀青锅温时，擦上专用油，涂匀，等专用油冒烟基本完毕投叶；先以翻炒为主，先快后慢，等待叶温迅速升高，适当间以抛撒，时间为30～60s；待叶温逐渐升高，水蒸气开始大量形成，翻炒的同时逐渐转向于抛炒为主，大量散发水蒸气。抛炒一定时间时，开始降低锅温。翻炒要勤，要求翻得快、扬得高、捞得净、撒得开，注意杀匀杀透，适当老杀。杀青适度后，立即出锅薄摊，迅速降温。

（2）机械杀青　使用滚筒杀青机，以炒青为主，兼有蒸杀作用的连续高效杀青机。先开动机器，然后生火加温，待筒温达到200～300℃时投叶。第一次投时叶量要稍大些，然后再逐渐减少些。杀青叶降低温度后迅速堆积回潮。杀青完前4～5min退火，待筒温降至100℃以下时才可停机。一般二人组合操作，一人投叶，另一人观察杀青叶状况，随时掌握杀青情况。

（3）杀青适度　适度标准一是杀青叶减重40%左右，二是杀青叶以外观表示。具体操作过程通过感官观察。

眼看：叶色由浅暗绿变为深暗绿，表面光泽完全失去，无红梗红色。

鼻嗅：青草气完全消失，清香或花果香显露。

手捏：梗子弯曲断不了，手捏叶软，略有黏性，紧捏叶子成团，稍有弹性。

2. 比较不同杀青方式差异

（1）炒青　投鲜叶500g左右到杀青锅中，锅温200℃左右，抖闷结合，炒5min左右，至杀青适度。取样100g，观察叶色、香气、硬度、叶片黏性等性状并记录。

（2）蒸汽杀青　蒸锅中放置格网，并铺一层纱布，待蒸锅中水沸腾，放入鲜叶至蒸锅中（摊叶量约1.5kg/m²），盖上锅盖蒸1～1.5min，至杀青适度后取出茶叶，立即摊凉。取样100g，观察叶色、香气、硬度、叶片黏性等性状并记录。

（3）沸水撩青　在大锅中水烧至沸腾，直接投叶入锅中，烫1～2min，立即用漏勺捞出，沥干摊凉。取样100g，观察叶色、香气、硬度、叶片黏性等性状并记录。

（4）热风杀青　将可鼓风的电热干燥箱升温至200～220℃，将鲜叶薄摊在烘网板上，迅速放入烘箱中，在热风下烘3～4min，至杀青适度，取出杀青叶，立即摊凉。取样100g，观察叶色、香气、硬度、叶片黏性等性状并记录在表中。

将以上四种方式杀青得到的杀青叶，用统一的揉捻工艺进行揉捻后，一次干燥。对得到的四种杀青方式的样品进行感官评价，比较不同杀青方法所制得的绿茶品质特点（表4-4）。

表4-4　　　　　　　　　　　四种杀青方式所制得的绿茶品质特点

观察项目	杀青时间/min	叶色	香气	叶片硬度与黏性	干茶感官评价结果
炒青					
蒸汽杀青					
沸水撩青					
热风杀青					

六、结果与讨论

杀青叶的状态直接关系到后继茶叶制程的工艺选择以及产品特色。不同杀青程度的鲜叶，其香气品质差异存在差异。杀青过度与杀青不足是茶叶加工常见的问题，杀青不足带来的青气是绿茶中常见的问题，杀青过度则容易出现烟焦味，不利于茶叶品质形成。在一些茶区，为保证茶叶绿色的色泽，也有采用二次杀青技术，即相对低温条件下，连续杀青两次，保绿，去除青气。

七、注意事项

杀青需要掌握三个原则。

（1）高温杀青，先高后低　杀青的本质就是采取高温迅速破坏酶的催化功能，保持绿茶"绿"的品质。前期杀青温度一定要高：使叶温迅速上升到80℃以上，使酶在顷刻间失去活力。则要求更高锅温。杀青后期应降低锅温：杀青产生大量水蒸气后，鲜叶内含水分无法吸收更多的热量。继续高温杀青，会导致失水过快而使失水不均，失水快的地方极易虽升高的锅温出现焦、糊，导致劣变。

（2）抛闷结合，多抛少闷　在高温杀青时，要用抛炒，使蒸发出来的水蒸气和青草气迅速散发，叶温也随着降低，二者结合，集中优点，提高杀青质量。

（3）嫩叶老杀，老叶嫩杀　嫩而不生，老而不焦。老杀：失水适当多些；嫩叶含水量高，酶活力强，嫩杀不易杀透杀匀，易导致红变；而且含水高，不利于揉捻。嫩杀：失水适当少些。老叶含水量低，纤维化程度高，如老杀不利于揉捻做形。

杀青容易出现的问题：锅温过低，不易杀透杀匀，还易导致红变；锅温过高：易产生爆点，甚至产生焦边、焦芽或烟焦味。

实验四　茶叶发酵技术

一、引言

茶叶发酵技术，是红茶加工的核心工艺之一。需要注意的是，本实验发酵技术，是基于茶叶内源多酚氧化酶为主的酶促氧化发酵，与黑茶工艺的后发酵以及常规微生物主导的发酵技术需要区别对待。红茶发酵技术最主要的影响因素是温度、湿度、新鲜空气以及发酵时间。通过对发酵实验技术的操作，可以帮助学生理解发酵工艺对茶叶品质变化的影响。使学生更好地理解发酵过程的基本原理，掌握红茶加工的发酵技术。

二、实验原理

红茶的发酵是在以多酚氧化酶为主体利用空气中的氧，使多酚类化合物产生一系列的氧化作用，生成多种氧化产物。与此同时，其他物质在多酚类化合物氧化还原的推动下进行比较复杂的化学变化。从而形成红茶为色香味品质。红茶发酵过程中，多酚类化合物的氧化，包括酶促氧化和非酶促氧化两种，如果是在酶的催化作用下进行的称为酶促氧化，此类氧化过程是红茶发酵的主要途径；如果物质的氧化在常温下，不靠酶的作用而能被空气中的氧所氧化，这就是通常所说的非酶性氧化或自动氧化。

三、实验目的

了解红茶发酵工艺过程的影响因素、控制方法及发酵程度适宜的标准，掌握红茶加工发酵工序的基本技术。

四、材料与设备

1. 材料

经过适度萎凋和揉捻的待发酵茶坯。

2. 设备

发酵盘、干净的棉布、温湿度计、卷尺、带发酵室的红茶发酵机（或可控温湿度的恒温箱）。

五、方法与步骤

揉捻叶的发酵要具备的条件为：适当条件的发酵室，发酵箱或者发酵机，适宜的温度和湿度，一定的摊叶厚度，适宜的发酵时间。发酵环境必须清洁通风（最好可以调节温湿度），发酵过程必须在一定的温度、湿度和空气的条件下才能顺得进行。发酵环境要求适宜温度为25～28℃，相对湿度在95%以上，空气新鲜供氧充足。

1. 发酵温度与品质关系

将摊放厚度8～10cm的鲜叶发酵盘分别放入设置温度为25、35、45℃，相对湿度95%的发酵箱中，重复2次，每20min观察记录一次，记录下叶温、叶色、香气的变化。将记录信息填入表4-5。

表4-5　　　　不同温度条件下发酵叶变化记录

观察项目	发酵时间/min	温度		
		25℃	35℃	45℃
叶温				
叶色				
香气				
发酵程度				

2. 发酵时间与品质关系

将已经萎凋适度的鲜叶进行三种发酵程度的对比实验，记录不同发酵程度的茶叶品质变化（表4-6）。

（1）发酵适度　依据原料及环境状况，观察发酵至大部分叶条变红，散发出浓郁香气时，记录发酵时间。

（2）发酵不足　发酵时间短时（35℃，高湿度的环境下发酵约30min）。

（3）发酵过度　在发酵适度的时间基础上，延长3h的发酵时间。

表4-6　　　　　　　　　不同发酵时间下发酵叶的变化

观察项目	发酵时间/min	叶　色	香　气	汤色与滋味
发酵不足				
发酵适度				
发酵过度				

六、结果与讨论

发酵叶摊放厚度：根据叶子老嫩，揉捻程度，气温高低等因子而定，一般嫩叶宜薄，老叶宜厚。发酵时间与叶子老嫩、整碎、揉捻程度和季节、发酵室温度、湿度都有密切的关系，发酵时间从揉捻算起，春茶气温较低，需2.5~3.5h，夏秋季温度较高，发酵时间缩短，在揉捻结束时揉捻叶已经泛红，发酵基本完成，就不需要再经发酵室发酵可直接进行烘干。

七、注意事项

（1）发酵适度　80%以上的叶子叶色显红色，并发出浓厚的苹果香味。

（2）发酵不足　香气不纯，带香气，冲泡后汤色欠红，泛青色，味青涩，叶底花青。

（3）发酵过度　香气低闷，冲泡后汤色红暗而浑浊，滋味平淡，叶底红暗多乌条。

实 验 五　茶叶做青技术

一、引言

做青技术是青茶（乌龙茶）加工的核心工艺。做青是采用摇青与静置相间的技术手段，利用茶叶叶片之间的轻微相互碰撞，叶边缘产生一定的损伤，促进茶叶内含成分的转化，通过走水还阳，形成青茶特有色香味品质。做青过程持续时间长，中间的步骤重复次数依据具体叶相进行确定。通过做青实验，学生全程观察做青过程叶相的变化，对青茶香气品质形成过程能够有直观的认识，对青茶做青程度轻重状态的观察，也能帮助学生理解不同工艺的青茶产品其品质形成的机理。

二、实验原理

乌龙茶做青包括摇青（做手）与凉青（静置）。静置凉青是萎凋的延续与减缓，历时 1~1.5h，这一过程，叶温下降，多酚氧化酶活力降低，可防止青叶早期红变。这一过程还开始发生走水还阳现象，是做青的开始。其中："还阳"指晒青叶梗脉中水分向叶脉中输送，叶片复苏呈鲜状；"走水"指还阳过程中水分和可溶性物质的输送。做青过程中，叶绿素被破坏，叶色由暗绿转为浅绿，再转为黄绿。叶片之间的相互碰撞使叶缘细胞实现黄→红→朱砂红的颜色变化，内含成分也发生一系列氧化变化。

三、实验目的

了解乌龙茶做青工艺过程的影响因素、控制方法及做青程度适宜的标准，掌握乌龙茶做青工序的基本技术。了解做青过程中茶叶内部水分蒸发，实现走水，增加叶片内有效成分的含量，为茶叶耐泡、香高味醇打好基础。

四、材料与设备

1. 材料

分品种采摘对夹叶 2 叶标准的茶叶鲜叶，具体量依据机械大小确定。

2. 设备

摇青机。

3. 配具

簸箕、软匾、水筛、计时器、抹布、扫帚等。

五、方法与步骤

1. 做青技术

做青是乌龙茶特有的加工工序，由于各地乌龙茶加工工艺存在差异，做青技术要求也各有不同，但总体而言，做青次数和时间视青叶的变化（香型与叶色）而定，俗称"看青做青"。一般摇青规律先轻后重，静置时间先短后长。"做手"是用双手左右将叶互碰，反复数次，但不可使劲用力，动作力求自然，在做青后半阶段，必要时辅以"做手"，弥补摇青不足。

2. 摇青操作

以武夷岩茶做青工艺为例，采用肉桂品种，列举两种摇青操作方法。

（1）手工方法　水筛薄摊晒青萎凋叶，每筛 0.3~0.5kg 叶，摇动水筛，使叶子在水筛面上作圆周旋转、上下跳动运动，手工摇青一般 6~8 次，由第一次摇青轻摇 10~15 下，静置约 1h；第二次三筛并两筛后，轻摇 30~40 下，薄摊静置约 1h；第三次重摇 30~40 下，静置 60~70min，青气出现，第四次重摇 40~50 下，堆成浅凹形，静置 1~1.5h，第五次重摇 50~60 下，静置 80~90min；第六次增加做手 10 下，再摇 10 下，静置 90min，花香开始显露，叶子呈汤匙状，第七次重摇 60~70 下，做手 20 余次，静置后花香渐浓；第八次重摇 60~70 下，做手 20~30 次，堆叶静置，全程历时约 10h。

（2）机械摇青　选用萎凋适度的叶片，采用机械摇青，设置多组做青处理，第一次摇青 50 转，静置 30min；第二次摇青 100 转，静置 60min；第三次摇青 150 转，静置 90min……，直至摇青过度。

①做青不足：叶缘开始变红，叶面呈青绿色，青气消失，花香略显，含水量 68%～70%。

②做青适度：叶尖有刺手感，翻动时有沙沙声，叶面青绿色，叶缘朱砂红，主脉叶柄呈淡黄色，青气消失，散发浓烈花香，含水量约 65%。

③做青过度：叶缘黄红部分占叶面积比超过 1/3，浓烈花香减弱，叶片略枯，含水量 60%～62%。

将各组摇青处理的叶态及叶品质变化记录在表 4-7 中，每次摇青前后，从叶堆中取出 20 片芽叶，观察叶形、叶脉、叶色，以第二叶为主测叶片记载叶色，叶形变化，说明做青工艺与做青质量的关系。

表 4-7　　　　　　　　　做青工艺技术指标测定表

摇青轮次	作业	起止时间历时/min	温度/℃	相对湿度/%	叶重/kg	失水量/kg	失水速率/%	香气变化	叶色变化	叶形变化	叶脉透明度
	摇青叶										
第一次	凉青叶摇青静置										
第二次	摇青静置										
第三次	摇青静置										
第四次	摇青静置										
第五次	摇青静置										
第六次	摇青静置										
第七次	摇青静置										
第八次	摇青静置										

六、结果与讨论

做青适宜程度若以第二叶变化观察，体现为叶脉透明；叶面黄绿色，叶缘朱砂红；

叶缘失水较多呈汤匙状，青草气消失，有浓烈花香，含水量 65% 左右。

七、注意事项

做青是形成乌龙茶特有香气的关键工序，摇青程度的轻重直接影响发酵程度，从而使香气成分有明显差异，摇青发酵程度较轻的乌龙茶与摇青发酵程度较重的乌龙茶相比，摇青程度轻的乌龙茶中香气成分中的橙花叔醇、茉莉内酯和吲哚的含量较多，而摇青重的茶香气中含量较多的成分是沉香醇、氧化沉香醇、香叶醇、苯甲醇。因此，做青方法不同，所形成的香韵风格也不同。

实 验 六　茶叶闷黄技术

一、引言

闷黄技术是黄茶特有的工艺。黄茶是中国特有茶类，黄汤黄叶，滋味醇厚。闷黄的机理是茶叶在热化作用下，颜色变黄，内质发生非酶促主导的自动氧化，形成黄茶特有品质。黄茶闷黄有湿坯闷黄、干坯闷黄不同类型。黄茶的代表产品，如君山银针、蒙顶黄芽、霍山黄芽、鹿苑茶等，产量虽然不大，但近年来其优点越发受到重视。通过闷黄及时实验过程，学生可以了解一种闷黄工艺在实际生产中的基本程序，对闷黄工艺产生的黄和加工措施不当产生的劣变黄品质能够得到直观的认识。加深对闷黄工艺原理的理解。

二、实验原理

闷黄工艺的主要内因是热化作用。热化作用有两种：一是在水分较多的情况下，以一定的温度作用之，称为湿热作用；二是在水分较少的情况下，以一定的温度作用之，称为干热作用。在黄茶制造过程中，这两种热化作用交替进行，湿热作用会引起叶内成分一系列非酶促氧化、水解的作用，这是形成黄叶黄汤，滋味醇浓的主导方面；而干热作用则以发展黄茶的香味为主，从而形成黄茶独特品质。黄茶闷黄过程中，茶叶含水量与闷堆温度是主要黄茶品质形成的主要影响因子。

三、实验目的

了解黄茶闷黄工艺过程的概念、影响因素、控制方法及萎凋程度适宜的标准，掌握黄茶闷黄工序的基本技术。了解萎凋过程中茶叶内部成分变化规律。

四、材料与设备

1. 材料

按照统一标准采摘一芽二叶等级标准的茶叶鲜叶，实验需要约 20kg 鲜叶。

2. 设备

炒茶锅、揉捻机、台秤、烘箱、温度计。

3．配具

茶盘、簸箕、厚棉布等。

五、方法与步骤

以一芽二叶原料的鹿苑茶为例。

1．黄茶加工过程

（1）杀青　杀青锅温150℃左右，并掌握先高后低，每锅投叶量1～1.5kg，炒时要快抖多闷，抖闷结合，时间6min左右，待芽叶萎软如绵，折梗不断时，锅温下降至90℃左右，炒至五六成干起锅，趁热闷堆15min后，散开摊放。

（2）炒二青锅温100℃左右，炒锅要磨光，投入湿坯叶1～1.5kg，适当抖炒散气，并开始整形搓条，要轻搓、少搓，以防止茶汁出来产生黑条。约炒15min，当茶坯达七八成干时出锅。

（3）炒二青后闷堆，将茶坯堆积在竹盘内，拍紧压实，上盖湿布，闷堆5～6h，促其色泽黄变。闷堆后拣剔，主要剔除扁片、团块茶和花杂叶，以提高净度和匀度。

（4）炒干温度80℃左右，投叶量2kg左右，炒到茶条受热回软后，继续搓条整形，应用螺旋手势，以闷炒为主，促使茶条环子脚的形成和色泽油润。约炒30min，达到足干后，起锅摊凉，包装贮藏。观察四个工艺茶叶变化，并将最终产品与后面实验过程原料比较。

2．不同含水量闷黄比较

杀青，揉捻叶18kg分为6份，2份烘至五成干，2份烘至八成干，2份不烘保持原状。取以上各处理揉捻叶各一份，堆成小茶堆，用簸箕装好盖上湿棉布，插入温度计，放入55℃恒温烘箱闷黄；另一组3份同样堆成小茶堆，置于室温下，观察2组茶叶样品感官评价叶、色、香、味变化，记录填入表4-8。

表 4-8　　　　　　　　　　不同含水量茶叶黄变情况记载表

处理	时间/min	55℃恒温烘箱				室　温			
		叶温	外形	内质	黄变程度	叶温	外形	内质	黄变程度
揉捻叶（未烘）	30								
	60								
	90								
	120								
	150								
	180								
烘至五成干叶	30								
	60								
	90								
	120								
	150								
	180								
	…								

续表

处理	时间/min	55℃恒温烘箱				室 温			
		叶温	外形	内质	黄变程度	叶温	外形	内质	黄变程度
烘至八成干叶	30								
	60								
	90								
	120								
	150								
	180								
	…								

六、结果与讨论

闷黄是形成黄茶品质的最关键的工序，黄茶品质要求黄叶黄汤，因此杀青的温度较绿茶锅温低，一般在120～150℃，杀青采用多闷少抖，造成高温湿热条件，使叶绿素受到较多破坏，多酚氧化酶、过氧化物酶失去活力，多酚类化合物在湿热条件下发生自动氧化和异构化，淀粉水解为单糖，蛋白质分解为氨基酸，为形成黄茶醇厚滋味及黄色创造条件，需要注意闷黄是在充分杀青基础上进行的。揉捻工序对黄茶的外形和内在品质形成起重要作用，增加了叶片的细胞破碎率，使茶叶的滋味更加浓醇。黄茶的干燥工艺同样具有阶段性，一般干燥分两次进行，一次是毛火低温烘炒，另一次是足火高温烘炒，干燥温度先低后高，干燥是形成黄茶香味的重要因素。

七、注意事项

闷黄过程中会出现闷黄不足、闷黄适度与闷黄过度三种状态。闷黄不足的叶子黄变程度不够，叶色呈现黄绿色，常带生青味；闷黄适度的叶子黄变均匀，青气消退，香气纯正；闷黄过度叶片则叶色深黄，出现酸气。

实验 七 茶叶渥堆技术

一、引言

渥堆是黑茶加工的一项特有工序。我国主要黑茶品类都有各自独特的渥堆工艺，如湖南黑茶、四川黑茶、湖北老青茶、广西六堡茶、陕西茯茶，云南的普洱熟茶等，它们的渥堆工艺技术参数各有特点，作业方式也有所不同。总体而言，渥堆工艺工序都是形成黑茶色、香、味、形特殊品质必不可少的加工工序。通过渥堆技术实验，学生可以直接观察渥堆工艺过程茶坯发生的温湿度变化，直观感受在这些变化影响下茶叶品质的变化过程，加深对渥堆工艺的机理及技术措施的理解。

二、实验原理

黑茶渥堆是在特定温度、湿度及茶坯含水量的综合条件下，以微生物活动为中心，通过微生物酶作用和热化作用双重作用，使茶叶内含成分发生氧化、水解、聚合、转化，同时，微生物自身代谢与茶叶内含物转化的交互协同，使得茶叶本身与其上所生长的微生物共同塑造出了不同类型黑茶的特色风味品质。黑毛茶品质要求干茶条索卷曲、色泽油黑、汤深黄、香气醇厚。黑毛茶加工一般可以分为杀青、揉捻、渥堆、干燥，渥堆是特色品质形成的核心工序。

三、实验目的

了解渥堆工艺过程的概念、影响因素、控制方法。掌握黑茶渥堆工序的基本技术。了解渥堆过程中茶叶内部成分的变化规律。

四、材料与设备

1. 材料

50kg 以上低档茶青（可低至四五叶带青梗级别）。

2. 设备

杀青机、揉捻机、烘干机、温湿度计及实验室常规分析仪器。

3. 配具

簸箕、大块棉布、扫帚、铁锹等。

五、方法与步骤

1. 操作要点

以杀青后立即渥堆的工艺为例。

（1）杀青　黑毛茶原料成熟度相对较高，需要较高温度杀青，一般 250～280℃锅温杀青，如有必要，适当洒水增加鲜叶表面水分，利用高温条件下形成的高温蒸汽辅助杀青。杀青机具推荐使用滚筒杀青机，效率高，均匀程度好。杀青应杀透。

（2）揉捻　将杀青叶投入揉捻机趁热揉捻，揉捻程度以杀青叶大部分折卷，折皱成条即可。揉捻时间一般不超过 30min。

（3）渥堆　将揉捻好的叶子，置于干净卫生的渥堆车间，渥堆车间最好能实现温湿度控制，一般渥堆要求室温高于 25℃、相对湿度 90% 左右。将杀青叶堆成堆高约 1m 的茶堆，茶堆长宽依据茶叶总量确定，一般堆成方形，便于后继翻堆操作。堆好的茶堆用湿布进行覆盖保温保湿。渥堆时间 12～24h，茶堆内温度会随时间延长而逐渐升高，将手插入堆内，可以显著感受到茶堆内部的温度变化，因此，需要往茶堆内部插入温度计，及时查看记录堆内温度，如果堆内温度超过 45℃，则需要进行翻堆操作。当茶堆表面出现水珠，叶色变黄褐，气味呈现出酒糟气时即可停止渥堆。

（4）干燥　渥堆好的叶子，投入干燥机中进行干燥，当前黑毛茶加工由于生产量较大，普遍采用自动烘干机干燥，可一次干燥到位，也可分毛火与足干两步完成。实验可依据实际情况，采用烘笼、烘干机等装置进行烘干操作。

2. 渥堆工艺技术指标测定

（1）观察渥堆温度变化并将数据填入表4-9。

表4-9　　　　　　　　　　渥堆温度及茶叶叶态随时间变化情况

观测项目	时间/h	0	5	10	15	20	……
温度/℃	堆表面						
	堆中心						
茶叶叶态变化	叶色						
	香气						
	观察微生物状态						

（2）对不同渥堆时间的茶坯，分别取堆表与堆中心两个样品，80℃烘干。进行感官评价，分析其感官品质的变化。

六、结果与讨论

渥堆是黑茶的特殊工艺。通过渥堆工艺，茶叶外形色泽与香气品质变化显著。本实验观测渥堆过程中堆内外温度的变化规律，重点观察茶叶外形色泽与香气的变化，讨论色泽变化的影响因素，分析香气变化对茶叶渥堆适度判定标准的影响。

七、注意事项

茶叶渥堆实验的实验过程长，对茶叶数量要求较大，否则茶堆不易升温。同时，渥堆受环境因素影响大，环境气温高低直接影响茶叶渥堆时间的把控，因此，需要依据实验环境状况定时观测，及时把控渥堆适度的时机。

实 验 ⑧ 茶叶干燥技术

一、引言

干燥技术是所有茶类加工必不可少的工艺。干燥技术在绝大多数茶类加工中具有阶段性的特点。同时干燥工艺不只是降低茶叶含水量，它对茶叶最终"色香味形"综合品质的定型也具有极其重要的影响。通过干燥技术实验，学生观察不同干燥方式作用于茶叶干燥过程，能够直观感受到干燥工艺的特点，看到不同干燥工艺对茶品质的实质性影响，加深对干燥工艺技术及原理的理解，充分认识干燥工艺对于茶叶加工的巨大价值。

二、实验原理

干燥具有阶段性的特点。烘干一般分两次进行，第一次烘干称毛火，中间适当摊晾，第二次烘干称足火。毛火掌握高温快速的原则，抑制酶的活力，散失叶内水分；中间适当摊晾，使叶内水分重新分布，避免外干内湿。干燥方法有炒、烘、晒、晾、半烘炒等多种方式，主要差异在于其热交换的形式与热效率的差异。

三、实验目的

了解干燥工艺过程的概念、影响因素、控制方法、干燥适度的标准以及干燥过程中茶叶内部成分变化规律。理解茶叶加工干燥工序的分阶段干燥的基本原理，干燥的目的是利用高温破坏酶的活力，停止发酵，固定萎凋，揉捻，特别是发酵所形成的品质。蒸发水分使干毛茶含水量降低到6%左右，以紧缩茶条，防止霉变，便于贮运。继续发散青臭气，进一步发展茶叶香气。

四、材料与设备

1. 材料

待干燥的揉捻叶。

2. 设备

炒茶锅、烘干机（自动烘干机或烘箱，焙笼）、竹帘、凉架、量筒（50mL）、振荡器、全套审评用具。

五、方法与步骤

（1）取等量混匀的揉捻叶，分别采用全炒干、全烘干、晒干、晾干、先烘（至七成干）后炒、先炒（至七成干）后烘六种干燥方式，制成成品茶（含水量约6%）。

①全炒干：掌握锅温120～130℃，每锅投叶量5kg左右。叶子下锅后，即可听到有微弱的炒芝麻响声，随着叶内水分蒸发，锅温逐渐降低。炒30min（即七成干）左右，手握有触手的感觉便起锅。摊晾30min，足干投叶量为毛火叶5～7.5kg，叶子下锅时温度90～100℃，随着叶内水分的减少温度慢慢降低至60℃左右。全程炒40～60min，手捻茶条成粉末便起锅。

②全烘干：采用自动烘干机采用高温、快速、薄摊。进风口温度120～130℃，叶子由输送带自动送入烘箱，约10min。出叶含水量40%，失水率15%～20%时即下机。叶子要立即摊开，厚度5cm，摊晾20min左右。再调整烘干机进风口温度100℃左右，叶子由输送带自动送入烘箱，约15min烘至足干。若用烘笼烘干，则设置烘笼温度90～100℃，每笼投叶量0.75～1kg，每隔2～3min翻一次，时间10min左右，出烘摊凉，翻拌时笼移出火坑，以免茶末落入炭火使茶坯带有烟味。摊凉后的茶叶再上笼，80℃温度，烘至足干。

③晒干：在较好的日光条件下，将揉捻叶薄摊于晒青布上，依靠阳光将茶叶晒干。

④晾干：将揉捻叶置于通风阴凉处，自然晾干。

（2）将六种干燥方法制得的茶叶进行感官评价。

（3）测定毛茶碎茶率。

（4）依据干燥过程实际产生的能耗、机具及人工成本，分别估算六种干燥方式的成本。

(5)将"(2)(3)(4)项"的结果填入表4-10。

表4-10　　　　　　　　不同干燥工艺制茶品质指标审评与成本比较表

干燥方式	时间/h	干茶外形	内质审评结果	碎茶率	干燥成本估算
全炒干					
全烘干					
晒干					
晾干					
先炒后烘					
先烘后炒					

六、结果与讨论

(1)对比分析不同干燥方式加工得到的茶叶综合品质的差别。

(2)讨论不同干燥工艺导致最终产品存在品质差异的原因。

七、注意事项

我国茶叶生产实践中,干燥方式往往在不同茶区存在很大差异。不同茶类的干燥设备的外形、功用甚至原理都存在鲜明的差异。但从根本原理来看,直接接触式热传导方式干燥,通过热空气加热方式干燥、远红外或微波辅助干燥这三种方式是目前干燥技术的主要工作原理。不同干燥方式对茶品质的影响需要从干燥作用方式的角度进行理解与运用,才能真正保障最终茶产品的品质。

实 验 九　花茶窨制技术

一、引言

花茶是我国重要出口茶类,也是我国北方地区主要消费茶类。窨制是花茶加工的核心工艺。通过花茶窨制技术实验,学生观察鲜花自身状态变化规律,能够了解鲜花的放香过程。通过拌花窨制过程,可以直观感受"引花香,增茶味"的花茶窨制机理。了解不同级别花茶窨制技术的差异,能够帮助学生理解实际生产中,工艺技术优化与生产成本效益综合选择的基本原则与操作过程。

二、实验原理

花茶的窨制是利用鲜花吐香和茶坯吸香,这样一吐一吸的两个方面形成特有品质特征的过程。在一吐一吸的吸附过程中，实现引花香、增茶味的目的。掌握花茶窨制的原理，不仅要研究茶坯的吸香性能，而且还要研究鲜花开放吐香的规律，以及花茶窨制过程中发生的一系列较为复杂的物理化学变化。花茶窨制所用的鲜花可分为气质花和体质花两类，气质花的代表是茉莉花，体质花的代表有白兰、珠兰、玳玳花、柚子花等。两类花的分类依据主要是看鲜花吐香过程是否与鲜花开放的生命活动密切相关。气质花不开不香，开完也不香，只有开放过程可以利用香气；体质花成熟后就有香气，与开放与否关系不大。因此，依照窨制的花类与茶类不同，花茶可以分为茉莉花茶、白兰花茶等多种产品类型。花茶总体品质要求香气鲜灵，浓厚清高，滋味浓醇鲜爽。以茉莉花茶为例，传统的工艺流程为：茶坯处理—鲜花维护—拌和窨花—通花散热—收堆续窨—出花分离—湿坯复火干燥—再窨或提花—匀堆装箱。窨花过程每个环节都很重要，其中茶坯温度与鲜花吐香状态直接影响花茶品质，需要重点关注。

三、实验目的

了解花茶窨制的概念、影响因素、控制方法，以及窨制过程中花茶内部成分的变化规律；理解花茶窨制工序的"鲜花吐香，茶坯吸香"的基本原理。

四、材料与设备

1. 材料

烘青茶坯、茉莉花鲜花。

2. 设备

台秤、温湿度计、无异味的箱子、簸箕、花筛、烘干机（焙笼）。

五、方法与步骤

1. 操作要点

以传统茉莉花窨制工艺为例，介绍主要方法步骤。

（1）茶坯处理　茶坯主要是干燥处理，在窨制花茶前，茶坯需要复烘，一般采用高温、快速、安全烘干法，烘干机温度掌握在 $130\sim140℃$，时间约 10min。茶坯含水量标准，高级茶坯掌握在 $4.0\%\sim4.5\%$，低级茶坯含水量掌握在 $4.0\%\sim5.0\%$，中级茶坯掌握在 $4.2\%\sim4.5\%$，单窨茶坯为 $4.0\%\sim4.5\%$，复火待二窨的为 $5.0\%\sim6.5\%$，待三窨的为 $6.0\%\sim7.5\%$，待提花的为 $7\%\sim8\%$。茶坯复火之后，必须经过冷却才能窨花。

（2）鲜花养护　鲜花采摘进厂后，必须做好鲜花的维护工作来保持鲜花的质量。鲜花处理工作总的原则是：

①尽可能减少花的机械损伤，使它处于正常状态，保持花的新鲜。

②使花内水分蒸发作用尽可能缓慢，失水过快，会使鲜花萎调，香气散失，甚至使花瓣变红。

③使鲜花处于空气流通状态下进行呼吸作用，以停止鲜花腐败变劣。

④对需在一定温度下才能开花吐香的花，则需在上述原则下控制一定温度，来促进鲜花开放吐香。对大小不同的鲜花，在 60% 开放时，可进行一次筛花，筛去无用的

花蒂、花蕾或杂质，并把大小花分开，小花另行处理，窨到前茶。筛花有促进开花的作用。在窨制前，再经过一次摊晾，使花温不高于坯温，保持鲜花清洁。茉莉花摊放到有80%左右的花朵将近半开、香气吐露时，应及时付窨，切忌完全开放。

（3）茶花拌窨　茶坯和茉莉花都准备妥当后，开始拌窨，将已处理好的茶坯和鲜花按照一定的次序进行茶花充分拼和，使茶与花充分接触，引花香，增茶味。高级茉莉花茶主要采用箱窨。

（4）通花散热与收堆复窨　茉莉花茶拌窨后需要及时通花散热，通花标准温度：一窨45℃，二窨43℃，三窨、四窨40℃，时间在窨花后4～5h。其方法是将茶坯扒散摊开至厚度10cm，摊到茶坯温度下降到30℃，再收摊恢复厚状。通花次数根据气温和摊温灵活掌握。

（5）起花分离　茉莉花传统工艺中，首次通花后45～50h，鲜花已呈萎缩状态时，用拌筛机把温坯和花渣分开。需要注意以下几点：

①起花如窨茶鲜花是变黄倒热状态，则已过度，影响茶的品质。起花后的温坯及时摊晾，以免变质。

②花渣用高温烘干，可作压花，窨制低级茶。

③起花时间尽量缩短，必须在1～3h内起光，并应掌握提花先起，然后把品质依次顺序起出。为了保持品质或继续窨花，起花后的温坯应及时进行复火。

（6）复火干燥　掌握烘时短，好茶先烘，次茶后烘的原则。复火后的茶坯必须经过摊晾，一般经2～3d，坯温降低至30～40℃时方可再窨成提花。提花的目的是增进花叶花香，使花香更浓郁。中途不经起花，提花后9～10h，坯温上升至42～45℃时可起花。成品含水量需要控制在8%～9%，否则需进行复火。最后及时进行匀摊装箱，以免散失香气。

箱窨实验用茉莉花茶烘青茶坯配花量如表4－11所示。

表4－11　　　　　　　　　茉莉花茶窨制实验配花量表

茶坯级别	窨次	配花量/（kg/10kg 茶坯）				
		头窨	二窨	三窨	提花	合计
一级	三窨一提	3.5	3.5	2	1	10
二级	二窨一提	5	3	0	0	8
三级	一窨一提	6	0	0	0	6
四级	一窨一提	4	0	0	0	4
五级	一窨一提	2.5	0	0	0	2.5

2. 茉莉花连窨工艺

连窨工艺技术流程主要通过养花连窨，提花后用玉兰花茶调配来生产茉莉花茶产品。与传统工艺相比，连窨技术要求素坯整齐度好、净度高、筋梗少、碎茶少，含水量应在10%～15%为宜。养花过程中，花堆温度控制在40～43℃、堆高35cm左右。一般每隔1h翻花一次，在降温保花的同时促花开匀。对头窨花，开放度有80%；二窨花，开放度需达 85%；三窨花，开放度为 90% 左右；对提花用的花，开放度需达 95%。这样有利于基香和面香的吸附。为尽可能地获取高品质产品，又尽可能地减少成本，连窨对窨花次数的选择显得尤为重要。对一级、二级花茶，采用二窨一提为佳；对特级花茶，采用三窨一提为佳；但对超特级和特种花茶，需采用四窨一提甚至五窨一提。每次窨完起花后，薄摊，接进下一窨次。对于头窨，应采取重窨，下花量应达到整个用花量的 50% 左右；二窨、三窨花量逐减，二窨用花量为 25%，三窨用花量为 15%。堆温在连窨中作为一个重要的控制因子，不但影响花的吐香能力，还影响茶坯的吸香能力。头窨，需采用高温，温度达 47～50℃；二窨堆温为 45～47℃；三窨为 42～45℃；各窨次呈递降趋势。目的是进一步提高基香的同时增加面香，为提花作铺垫。堆高与堆温是密切联系在一起的，堆高高些则堆温相应要高些。结合着各窨次所需的堆温，堆高呈递降趋势：头窨为 45cm 左右；二窨为 40～42cm；三窨为 36～37cm。一般头窨需窨 14～15h；二窨为 13h；三窨为 10～12h；一般头天晚上下花后，第二天早上 7:00—8:00 通花一次；其间如堆温过高，则需再通花，否则直到下午起花。采用开放度达 95% 左右的优质茉莉花，下花量一般为 3～4kg/100kg，堆温为 38～42℃，在窨时间 6～8h，成品茶的含水量控制在 6% 以下。这样制出的茶面香好、鲜灵度高。对于调制用的玉兰花茶加工，一般采摘合格的玉兰花后，折瓣与茶均匀混合，堆高 70cm 左右，多用些盖面茶，然后用装茶的麻袋覆盖好，不需通花。直至玉兰花瓣变红且香气十分微弱时起花。做好后的玉兰花茶，一般以 1:100 左右的质量比与茉莉花茶搭配混匀，以协调香气和滋味。

3. 花茶窨制过程指标观察与产品审评

（1）观察茉莉花开花吐香过程及茶花拌和后茶坯窨制过程中香气的变化情况，并按照时间轴做好记录。

（2）观察茉莉花茶箱窨过程中，箱中茶坯堆内温度与箱外环境温度差异，按照 2h 为一个时间间隔，测定茶坯对内外温度变化，记录到表 4-12 中，作为窨制工艺过程的参数指标。对窨制完成的头窨、二窨、三窨的茉莉花茶坯分别进行取样，样品立即烘干，统一进行审评后填写审评表。对照比较不同窨次对花茶品质的影响。

表 4-12　　　　　　　　　　窨制过程温度变化记录表

窨次 时间/h 温度/℃	头　窨				二　窨			三　窨		
	0	2	4	通花散热	0	2	……	0	2	……
茶堆堆 内温度										
环境温度										

六、结果与讨论

观察鲜花吐香规律以及环境因素对其产生影响，讨论制定鲜花维护技术措施时需要注意的事项。观察花茶窨制过程中茶花拌和后整个茶堆状态的变化，讨论窨制过程中影响花茶品质的主要因素及相关控制措施制定的原则。

七、注意事项

花茶窨制实验，实验过程相对较长，而且鲜花放香一般在傍晚至夜间时段，需要合理调整安排本实验内容的教学工作时间，以保障实验教学效果。

实 验 ⑩ 茶叶精制拼配技术

一、引言

精制是茶产业核心技术，也是茶产业做大做强必不可少的技术手段。精制技术也是茶叶国际贸易与流通环节必不可少的加工技术之一。在茶叶加工课程教学的基础上，通过简单的茶叶精制技术实验，学生可以观察到精制技术如何把不同规格的毛茶加工成符合相关等级要求的精制茶产品。在实验中观察分路加工中茶叶外形品质的变化，通过对标拼配小样，学生能够体验到茶叶产品由初制毛茶变成规格精制茶的过程，体会茶叶产品的设计感。结合生产实际，也可引导学生直观感受如何通过精制技术，提升茶叶产品综合价值。

二、实验原理

茶叶精制，顾名思义是在初制毛茶的基础上再进行精细加工。精制的目的是根据市场要求，把各地毛茶归堆拼配，进行后态整理，使之达到样品等级要求及产品品质规格化。精制的要求是分别等级、整饰形状、剔除次杂、适度干燥、提高香味、调剂品质。"筛，切，扇，捡，分"是精制的主要工艺措施。筛切工艺包含筛分与切轧，筛分过程中分离出的粗大头子茶，外形不符合成品茶的规格，通过切轧，把大的切小、长的切短、勾曲的切成短条。切过再筛，筛出来的头子又切，反复筛切直至符合规格为止。因此，筛分和切轧是精制中整饰外形，分做花色的主要作业。风选取料，是利用风扇的风力来分离毛茶的轻重，并按轻重不同排队，以此来决定茶叶级别的高低。拣剔去杂主要是除去粗老畸形的茶片，拣出茶子、茶梗。拣剔包括机械拣剔和手工拣剔。拼配调剂分为原料拼配和成品拼配两个方面，拼配是调节茶叶品质、稳定产品质量的主要技术措施，分为原料拼配和成品拼配两个方面。干燥处理是精制中关系到成茶品质高低的重要作业，能促进茶叶内含物进行有利于品质的热化学反应，增进色香味。精制是注重外形的加工。通过筛、扇、拣作业，可将毛茶分为本身、长身、圆身、轻身和筋梗茶，并分"本""长""圆""轻""筋"诸路进行取料。在取料时，筛、切、扇、拣、干等作业可以穿插和反复，各作业按取料要求排列成一定的程序，就构成了作业流程。

三、实验目的

了解茶叶精制的概念、影响因素、操作方法以及精制过程中茶叶品质变化规律。

理解茶叶精制工序的"筛，切，扇，捡，干"的各项操作的基本原理与注意事项。

四、材料与设备

1. 材料

待精制毛茶茶坯100kg以上。待制品茶类的成品茶各级别茶样的标准样一套。

2. 设备

精制工艺设备按照生产要求配置，需要用到烘干机、炒车机、圆筛机（包括平面圆筛机和滚筒圆筛机）、抖筛机、切茶机、风选机、拣梗机、飘筛机、匀堆装箱机等。根据实验需求，可以将大部分筛分机械作业（如圆筛、抖筛、飘筛）用不同筛号的网筛替代。准备多种孔径的网筛，不同筛号网筛孔径分别有4孔、8孔、12孔、24孔、……、80孔，至少配备6种不同孔径以上的网筛。进行筛分作业。切茶、捡梗可手工完成。

五、方法与步骤

1. 方法

手工精制通过筛分、辅助切轧和捡剔。

2. 步骤

（1）对样　对照各级别标准样与毛茶茶坯的差异。

（2）初筛　按照筛孔由小到大的顺序，对待制毛茶茶坯进行筛分，分级出各个筛号的毛茶。重点以8孔筛筛分的出的筛底茶为主体观察对象，对比其与其他大小筛孔筛出的筛面与筛底茶的差异，并将差异记录下来。

（3）补火　若茶叶含水量偏高，可采用补火使茶叶含水量适度，透发香气、增浓滋味；或者有利于提高拣梗效率。

（4）切轧复筛　对条索粗大的头子茶、面张茶进行切轧，大的切小，长的切短，然后再重复步骤"（2）初筛"工序，进行筛分作业。此工艺过程需要反复多次进行，使茶坯达到合理分级状态。

（5）捡剔　对初步筛分后的茶叶划分定级，分别进行后继捡梗作业，除去毛茶中的茶梗、筋、朴和非茶类夹杂物。

（6）风选　若有配备风选机，可使用风选机作用扇去黄片毛衣等轻飘茶叶和夹杂物。加工时需风扇2~3次，分别称毛扇、净扇、清风等。分别取各风口的茶叶进行对比和记录。

（7）车色　对于眉茶或珠茶，分级后的毛茶可使用炒车机对茶叶进行车色，使茶叶条索紧结或颗粒圆结。车色可采用冷车工艺，即不加温分别将各级别毛茶在炒车机中进行车色。

（8）拼堆　将各种筛号茶按成品茶的质量要求，按比例混合后搅拌均匀。实验过程以拼小样为主，首先对标准样进行上中下段茶分析，对照各级别标准样，使用精制得到的各级别茶叶，计算比例，拼配出与标准样外形等级相似的茶叶样。

（9）若条件允许，可参观精制茶生产车间，观察学习大批量茶叶精制流程与技术要点，绘制精制流程图并做好相应记录。

六、结果与讨论

（1）结合不同筛号茶，讨论茶叶外形整饬过程中的主要影响因素及其对实际生产效率的影响。

（2）结合拼小样的过程体验，讨论茶叶精制拼配调剂技术对企业综合效益的影响。

七、注意事项

茶叶精制过程，需要综合考虑茶叶等级、原料，生产季节，茶叶品种，茶叶产区，精制路别，各筛号茶及其批次。原料是品质的基础，不同等级的鲜叶加工成不同等级的毛茶。不同季节的毛茶，其外形内质不同，春、夏、暑、秋茶必须合理搭配，才能使成品品质均衡一致。不同茶树品种的毛茶原料，不仅外形各异，而且其色、香、味不同，需要按需进行调剂。原料来自不同的产区，其品质也存在差异，进行合理拼配，才能缩小品质差异，提高内质。对于眉茶精制而言，半成品都是分路取料的，不仅各路同级的半成品品质差异较大，而且各路别半成品的品质特点各异，需要合理地拼配各路茶，才能达到扬长避短，显优隐次的目的。实际生产中，不同批的同级原料，因收进毛茶的时间和加工水平的不同，前后批筛号茶的品质往往不会完全一致，因此，有必要进行批与批之间的调剂。批次调剂可在半成品拼配时进行，也可在成品茶匀堆时进行。

实 验 ⑪ 名茶制作技术

一、引言

选择5种名茶进行加工制作，包含绿茶、红茶、白茶三类，其加工工艺涵盖前面内容中的主要技术。通过茶叶全程加工制作，可以帮助学生更好地理解茶叶加工技术的原理，掌握几种代表名茶的加工技术。

二、实验原理

名茶是具有优异品质、造型独特和广泛知名度的一类特殊的茶叶。作为名茶应符合以下四个条件：外形独特美观，内质色香味优异；产地自然条件优越；饮用者共同喜爱，有一定知名度；有一定产量，并符合食品卫生标准。名茶的来源有：历史上的贡茶，现今还继续生产或恢复生产的；参加国内、国际博览会比赛得奖的；全国各地名茶评比获奖的。

三、实验目的

了解不同外形的几种代表名茶的加工基本工艺流程。

四、材料与设备

1. 材料

符合相关茶类加工鲜叶等级要求的茶叶鲜叶。

2. 设备

炒茶锅、烘干机、整形平台、理条机、发酵盘、簸箕、抹布、棕帚、制茶专用油等。

五、方法与步骤

1. 针形绿茶加工

（1）针形名茶品质特征　外形条索紧细圆直，似松针，色泽翠绿，香气清高，汤色清澈明亮；滋味浓醇；叶底嫩绿明亮。

（2）加工工艺步骤　鲜叶—摊放—杀青—揉捻—初干—做形—干燥。

①摊放：鲜叶原料为一芽一叶，2kg以上。将鲜叶摊放于室内簸垫上，保持环境清洁、阴凉、通风。摊叶厚度小于10cm。摊放时间5~8h，每2~3h翻一次叶。当叶色由翠绿转为暗绿、表面光泽消失、青草气基本消失、有花果香、叶质较柔软时即为摊放适度。

②杀青：当炒茶锅锅温升高到200℃以上，用手离锅心30cm处有明显刺热感；涂抹润滑油很快融化；鲜叶入锅中有劈啪爆声，倒入约200g鲜叶，先抛炒1min，闷炒1min，抛炒1min，以后交替进行。当叶色变暗绿、失去光泽，折梗不断、揉软有黏性，紧捏叶子能成团，稍有弹性，青草气消失，花果香显露即为杀青适度。

③揉捻：在软扁或簸箕上进行，使用团揉或推揉的方法，使茶叶面积缩小卷紧成条，起初步做形的作用。也可在揉捻机中进行。

④初干做形：手工做形，在60℃整形平台上，采用理条、搓条手法，遵循"轻—重—轻"的原则，反复搓条，直至将茶叶搓成针形，含水量15%左右。机械做形，在理条机中内完成，利用弧形槽水平来回振动理直茶条以及加压棒的重力作用揉紧茶条，槽温100℃左右，每槽中加入100g左右揉捻，2min后加入轻棒，茶条不粘手时，加入重棒，降温至80℃，并逐渐降低速度以能翻动茶条为度，至茶叶含水量20%左右为止。

⑤干燥：使用烘干机烘干。初干：温度90℃左右烘至九成干，摊凉后使用温度70℃烘至足干。

⑥提香：使用温度130℃左右，提香1min左右，冷却后即可包装。

2. 扁形绿茶加工

（1）扁形名绿茶品质特征　外形扁平光滑挺直，内质香高味浓，叶底嫩匀。

（2）手工制作工艺流程　鲜叶→摊放→青锅→辉锅。

（3）手工加工操作要点

①摊放：2kg以上一芽一叶初展的鲜叶，摊放于室内簸垫上，保持环境清洁、阴凉、通风。摊叶厚度小于10cm。摊放时间5~8h，每2~3h翻一次叶。当叶色由翠绿转为暗绿，表面光泽消失，青草气基本消失，有花果香，叶质较柔软时即为摊放适度。

②青锅：锅温 80~200℃，投入 200g 左右鲜叶；手法：带、抖、搭、捺、甩。炒制程度为七成干。

③辉锅：锅温 60~80℃；投叶量：0.2~0.4kg；手法：带、甩、捺、甩、拓、抓、扣、磨、压、荡、轻磨、钩、吐；炒制足干，手捏茶条成粉末状。

辉锅前，首先将青锅叶用 3 号、4 号筛筛分出大、中、小号茶，其中，初头茶：锅温 55℃ 左右，叶量 200g 左右，采用"抖拓—轻抓、轻推、捺—抓推捺"的手法进行辉锅。中筛茶：锅温 50℃ 左右，叶量 200g 左右，采用"轻抓、轻推、轻捺—抓、推、捺、磨、压"的手法进行辉锅。筛底茶：锅温 50℃ 左右，叶量 200g 左右，采用"轻抓、轻推、轻捺—抓、推、捺"的手法进行辉锅。

（4）机械加工操作要点

①摊放：将鲜叶摊放于室内篾垫上，保持环境清洁、阴凉、通风。摊叶厚度小于 10cm。摊放时间 5~8h，每 2~3h 翻一次叶。当叶色由翠绿转为暗绿、表面光泽消失、青草气基本消失、有花果香，叶质较柔软时即为摊放适度。

②杀青：当炒茶锅锅温升高到 200℃ 以上，此时手离锅心 30cm 处有明显刺热感，涂抹润滑油很快融化，鲜叶入锅中有劈啪爆声。倒入约 200g 鲜叶，先抛炒 1min，闷炒 1min，抛炒 1min，以后交替进行，直至杀青适度。

③做形：使用多功能理条机，设置槽体温度 60~80℃，投叶量约 100g/槽，待叶子不粘手时加轻棒，将茶叶压扁，至八成干时出锅。

④烘干：使用烘干机，温度 60℃ 左右，将茶叶烘至足干。

3. 条形红茶加工

（1）条形红茶品质特点　外形条索紧直，匀齐，色泽乌润，香气浓郁，滋味醇和而甘浓，汤色、叶底红艳明亮。

（2）加工工艺流程　鲜叶→萎凋→揉捻→发酵→干燥。

（3）操作要点

①鲜叶：选择细嫩，匀净、新鲜的一芽一、二叶适制红茶的鲜叶原料，原料 10kg 以上。

②萎凋：采用室内自然萎凋方式，把鲜叶薄摊在萎凋席上，竹帘上放叶 0.5~1kg/席，在室内温度 20~22℃、相对湿度 70% 左右条件下，萎凋需 18h 左右，具体萎凋适度时间还需要依据实验环境条件酌情确定。

③揉捻：采用 35 型揉捻机，分两次揉捻，每次 45min，揉捻过程按照"轻压—中压—重压—轻压"程序加压，两次揉捻之间，进行解块，筛分后，再继续揉捻。揉捻适度标准为茶条的条索紧卷，茶汁充分揉出而不流失，叶子局部泛红，并发出较浓烈的清香，成条率达 95% 以上。

④发酵：揉捻叶经解块筛分之后的各筛号茶，分别摊在干净的发酵盒内，依次放在发酵架上进行发酵。发酵叶摊放厚度 12~20cm：根据叶子老嫩、揉捻程度、气温高低等因子而定，一般嫩叶宜薄，老叶宜厚。发酵时间从揉捻算起，发酵温度为 25~28℃，相对湿度在 95% 以上，空气新鲜供氧充足的情况下，发酵时间 2.5~3h。温度高发酵时间会缩短，但一般发酵温度不能超过 35℃。发酵适度的叶子叶色显红色，并发

出浓厚的苹果香味。

⑤干燥：干燥分两次进行，第一次烘干称毛火，中间适当摊晾，第二次烘干称足火。使用烘干机烘干，毛火温度120℃，烘至八成干，手捏稍有刺手，但叶面软有强性，折梗不断。摊凉回潮后，足火烘干，温度80℃烘至茶叶手捻成粉，茶条色泽乌润，香气浓烈，含水量在6%左右。

4. 白茶加工

（1）针形白茶（类似白毫银针的工艺）

①工艺流程：鲜叶采摘→抽针→萎凋（捡剔）→干燥。

②操作要点：

采摘：采摘适制白茶的茶树品种，标准为一芽二叶，每组4kg以上。

抽针：将一芽二叶鲜叶在室内干燥通风处，进行二次作业，摘下纯芽头，作为后续加工原料。

萎凋：采用日光萎凋加自然萎凋的萎凋方法，抽针后的纯芽头，均匀薄摊于水筛上，先在阳光下晒2～3h，然后移入室内，在阴凉通风条件下，自然萎凋至八成干。萎凋适度的原料，拣去外形开展的芽叶、茎梗等，使整批茶叶外形均一。

干燥：将萎凋至八成干的茶芽放置于白纸之上，使用烘笼烘干，采用50℃的温度，烘至足干。也可用使用烘箱，将茶叶移入托盘中放入烘箱，50℃烘至足干。

（2）白牡丹　白牡丹采用一芽二叶初展制成的。成茶外形芽叶连枝，毫心肥壮，呈抱心形，完整无损；叶张波纹隆起，叶缘微向叶背反卷；色泽灰绿或暗绿，呈银白光泽；内质毫香高长，滋味鲜醇清甜，汤色杏黄明亮；叶底浅灰，叶脉微红。

①工艺流程：鲜叶采摘→萎凋→并筛→干燥→毛茶。

②操作要点：

鲜叶采摘：标准是一芽二叶初展，低级白牡丹可采一芽二、三叶。鲜叶要求三白：嫩芽、第一及第二叶均密披白毫，芽叶连梗，完整无损。鲜叶进场首先严格分清等级，及时摊青。

萎凋：在1m直径的水筛中，摊鲜叶0.25～0.3kg，摊叶薄而匀，互不重叠。水筛置于凉青架上，萎凋中不必翻动。萎凋环境要求宽敞卫生、无日光直射，通风，最好实现环境温湿度可控。适宜温湿度条件为：春季室温18～25℃，相对湿度70%～80%；夏秋30～32℃，相对湿度65%～75%。室内自然萎凋历时50～60h，雨天不得超过72h，否则芽叶转黑或霉变。

并筛：当萎凋叶毫色发白，叶色转灰绿或铁灰，叶尖翘起呈翘尾状，青气减退，约七八成干时即可进行并筛。高级白牡丹分两次进行，七成干时二筛并一筛，八成干时再二筛并一筛。并筛后摊成凹形，厚10～15cm，至九成干时进行干燥，历时12～14h。中低级白茶采用堆放，堆放时萎凋叶含水量不低于20%，否则不能转色。叶堆厚度视萎凋叶含水量而定，10～30cm不等。含水量高，叶堆要薄；含水量低，叶堆要厚。

干燥：干燥采用烘焙的方式进行，萎凋适度叶要及时上烘，以防萎凋叶变色变质。高级白茶用焙笼烘焙，中低级白茶用烘干机烘焙。实验采用焙笼烘焙，当萎凋叶达九成干时，烘温70～80℃，每笼摊叶0.75kg，经15～20min可达足干。若萎凋叶只有七八成干时，先用明火（80～90℃）初烘，至九成干下焙摊凉，再用暗火（70～80℃）复焙，历时 10～15min，中间可翻拌 2～3 次。翻拌动作要轻，以免芽叶断碎、梗叶分离。

毛茶：白茶干燥后需立即拣剔，拣去腊叶（鱼叶）、黄片、红张、老片和杂物，得到白牡丹毛茶。

六、结果与讨论

（1）讨论针形名茶加工工艺中，各主要工艺环节对茶叶色香味品质的影响。重点讨论将茶叶加工成针形的过程中，茶叶外形的状态变化及色泽变化趋势，分析其影响因素。

（2）讨论扁形名茶加工工艺中，各主要工艺环节对扁形茶叶色香味三种品质的影响。重点讨论扁形茶成形过程中，外形的状态变化的规律以及如何通过工艺参数的调整得到更好的干茶外形，若用机械加工扁形茶，分析扁形茶机械对茶叶压扁成形过程的作用规律。

（3）讨论红茶加工工艺中，各主要工艺环节对红茶品质形成的影响。重点讨论萎凋与发酵工艺对红茶茶叶香气与滋味品质的影响，结合实验产品品质，分析萎凋与发酵的工艺标准差异对红茶品质的影响机理。

（4）讨论白茶加工工艺中，各萎凋环节对茶叶色香味品质的影响。重点讨论白牡丹萎凋环节，环境条件对叶态变化影响以及茶色转变的影响因素。分析白茶干燥时一般使用低温干燥的原因，探讨不同干燥方式对白茶香气品质可能的影响。

七、注意事项

实验需要严格按照茶类加工各自的工艺要求进行实验操作。不同区域茶产业发展方向的差异会导致实验内容与生产实际的需求之间存在客观差别。可根据实际情况进行实验内容选择。

参 考 文 献

［1］夏涛．制茶学［M］．3 版．北京：中国农业出版社，2016.
［2］施兆鹏．茶叶加工学［M］．北京：中国农业出版社，1997.
［3］黄意欢．茶学实验技术［M］．北京：中国农业出版社，1997.
［4］李远华．第一次品乌龙茶就上手［M］．北京：旅游教育出版社，2016.

第五章 茶叶深加工与综合利用实验

实 验 一 茶饮料制作

一、引言

茶叶是世界上三大无酒精饮料之一，茶饮料是指以茶叶为原料，经过深加工的产品，它是可以与碳酸饮料相抗衡的产品，其特点是天然、保健且能解渴，符合现代人崇尚天然、追求健康保健的消费心理需求。

二、实验原理

茶饮料是指以茶叶的萃取液、浓缩液、茶粉为主要原料（占配料比例 1/3），经过提取、过滤、调配、杀菌、包装等加工工艺加工而成的含有一定量的天然茶多酚、咖啡碱等茶叶有效成分的软饮料。

三、实验目的

掌握茶饮料的制作基本过程。

四、材料与设备

1. 材料

茶叶（茶叶的选取应注意原料茶种类）、白砂糖、果汁、香精。

2. 试剂

碳酸氢钠、异抗坏血酸、去离子水。

3. 仪器

粉碎机、离心过滤机、高温蒸汽灭菌锅、500mL 玻璃烧杯、500mL 量筒、分光光度计、电磁炉、温度计、玻璃饮料瓶。

五、方法与步骤

1. 浸提

用去离子水，茶水比为 1:100，85~90℃ 浸提 10~15min。浸泡时进行搅拌，让茶叶有效物质大量浸出。

2. 过滤

浸泡茶叶经过滤机过滤，先粗滤，后精滤，并迅速降低其温度去除茶渣。冷却即为原液。

3. 调配

将萃取并经过过滤的原料，用去离子水稀释到一般饮用浓度，根据浸提液中茶多酚的含量，调节最终饮料含有400mg/L以上的茶多酚，再用碳酸氢钠调节 pH 至 6.0 左右；为了防止饮料褐变，加入适量的异抗坏血酸抗氧化剂。另外，可依据个人口味加入一定量的白砂糖、果汁或香精。

4. 加热

将调配好的饮料加热至90℃左右。

5. 灌装

趁热将调配好的饮料加入饮料瓶中，尽量减少顶隙，拧紧瓶盖。

6. 灭菌和冷却

单一茶饮料采用121℃、5min 以上进行灭菌；含果汁的果茶饮料类因含果汁显酸性，可适当降低灭菌温度。灭菌后冷却到室温即得成品。

六、结果与讨论

制作的茶饮料无杂质和沉淀，具有茶香，口感醇和。

茶饮料工艺流程概括为：

茶叶→|浸提|→|过滤|→|冷却|→|调配|→|过滤|→|加热|→|灌装|→|杀菌|→|冷却|→|成品|

↑

糖、果汁

七、注意事项

防止茶饮料产生沉淀。

实 验 二 茶酒制作

一、引言

茶酒的研制源于20世纪40年代，上海复旦大学原茶叶专修科王泽农教授用发酵的方法研制和生产茶酒。20世纪80年代以来，我国各产茶省的教学、科研、生产部门纷纷进行研制和试制，生产的茶酒有20余种，包括啤酒型、汽酒型、白酒型等。茶酒是以茶叶为主要原料，经直接浸提或生物发酵、过滤、陈酿、勾兑而成，既有茶的香味和色泽，又有酒的特性的一种保健功能的饮料酒。茶酒是一种色、香、味俱佳的饮品，内含丰富的茶多酚、茶多糖、咖啡碱和氨基酸等成分，品质较好、色泽亮黄、口味协调，具有一定的保健作用，是消费者的理想型饮品。

二、实验原理

茶酒是利用茶叶作为主要原料，通过添加糖、酵母来完成整个酿造过程。茶酒发酵过程是一个复杂的生物化学过程，每步反应中都有酶的参与。发酵结束后，除生产大量的酒精、二氧化碳和一些高级醇类、醛类等物质外，还会生成许多中间产物，如丙酮、乙醛等。

茶叶经过浸提后得到的茶汤，所含的糖量很少，不能满足发酵启动的最低条件，故在发酵开始前可以选择加糖或者添加糖量高的果汁。在糖度合适的茶汁中加入酵母，发酵启动后，主要糖类物质经过酵母和酒化酶的作用，生产酒精、二氧化碳和产生热量。

三、实验目的

掌握茶酒制作的方法。

四、材料与设备

1. 材料
（1）茶叶　红茶（绿茶、花茶、乌龙茶均可）。
（2）蔗糖　以优质蔗糖为佳。
（3）酵母　清酒酵母。
2. 试剂
林肖卡试剂澄清剂。
3. 仪器
分析天平、分光光度计、粉碎机、恒温水浴锅、干燥箱、微波炉、烧杯、量筒等。

五、方法与步骤

1. 原料选择
按照工艺要求选择优质的干茶。
2. 茶汁萃取
茶水比例为1:70，水温为95~98℃，直到茶汁充分溶出为止。
3. 过筛
将茶渣用不锈钢筛网过滤予以去除。
4. 冷却
待茶汁冷却，加入林肖卡试剂澄清剂，将茶汁中的沉淀物去除后即为茶制备液。
5. 茶酒配制
将茶制备液按配方加入蔗糖，即成茶糖混合液。注意应边加温边调制，当达到一定浓度后立即冷却到室温。然后加入清酒酵母。
6. 茶酒发酵
将茶酒调制液放入25℃恒温地窖内发酵，如果茶汁浓度高，其发酵速度慢，可适量添加添加剂促进其发酵。经过一段时间发酵后，就可成为风味独特的茶酒。

7. 茶酒勾兑和调味

（1）降度　在不影响茶酒质量的前提下，一般使用茶叶浸提液来作为降度用水。

（2）调色　以茶叶浸提液的色泽作为基本的色泽再进行微调。

（3）调糖　用白糖、冰糖混合使用效果较好，根据口感不同可将糖度控制在 6 ~ 10g/mL。

（4）调酸　一般用柠檬酸，根据酒液糖度和茶香可将酸度控制在 0.3 ~ 0.55g/mL。

六、结果与讨论

制作的茶酒口感柔和协调，绵甜爽净，富有淡雅的茶香，余味悠长。

酒的质量好坏，一方面取决于酒精的含量，另一方面取决于酸的含量，为了得到协调而精细的茶酒风味，酸度应该控制在一定的范围内。茶叶浸提前，要将茶叶粉碎，提高浸提率，其工艺流程是：

原料选择 → 茶汁萃取 → 过滤 → 冷却 → 茶酒配制 → 茶酒发酵 → 包装 → 成品

七、注意事项

（1）原料问题　茶叶原料和酿造用水，要考虑到茶酒生产的特殊性。

（2）技术问题　为了提高茶酒质量和产量，制定先进的生产工艺，确定产品的发酵、澄清、灭菌工艺，解决技术上的难题。

实 验 三　茶糕点制作

一、引言

茶叶中含有许多对身体有益的活性物质，如茶多酚、咖啡碱、维生素等，这些物质具有杀菌、抗氧化、降胆固醇、减肥等多种生物学功能。通过茶粉与食品加工相结合，生产出低脂、低热量、高纤维、高益生菌的新型茶食品，使茶食品成为真正意义上的营养、健康食品，如在月饼、面包、饼干、冰淇淋、蛋糕及面条等食品加工中，以适时、适量、适当方式添加茶粉，使茶食品不仅具有茶的营养与风味，而且还能防腐、抗氧化，有效延长食品的货架期。

二、实验原理

利用面粉等一些家常的佐料，在制作面包或桃酥的基础上，按一定的比例加入茶粉，可制成新型的茶食品。

三、实验目的

制作出含茶叶成分的糕点。

四、材料与设备

1. 红豆面包材料

保鲜膜、面粉 200g、牛奶 100g、黄油 20g、盐 2g、糖 30g、酵母 3g、蛋液（蛋黄）40g、红豆沙适量（馅料）、绿茶粉。

2. 桃酥材料

保鲜膜、面粉 120g、大豆油 35g、白糖 55g、小苏打 2g、鸡蛋 1 个、核桃仁 25g、芝麻少许。

3. 设备

碗、面盆、烤箱、搅拌器。

五、方法与步骤

1. 红豆面包制作工艺

（1）对上述材料进行称量。

（2）将面盆用保鲜膜密封，面团在常温下发酵至两倍大。

（3）将发酵好的面团分为两等份，各为 100g。

（4）加入 0.6% 的绿茶粉，分为三等份，揉成面团，加入红豆馅料。

（5）加入 1% 的绿茶粉，分为三等份，揉成面团，加入红豆馅料。

（6）烤箱底火、面火均为 200℃，烤 20min。

（7）拿出烤箱，散热即可食用。

2. 桃酥制作工艺

（1）对上述材料进行称量。

（2）将称量好的核桃仁放入烤箱 150℃烘烤 7min，取出碾碎。

（3）将称量好的面粉、大豆油、白糖、小苏打、核桃仁沫、鸡蛋打散后混合并搅拌均匀。

（4）将面团分成若干等份做成大小合适的小圆饼放入刷过油的托盘中（上层 200℃、下层 200℃）烘烤 25min，取出散热即可食用。

（5）拿出烤箱，散热即可食用。

六、结果与讨论

制作的茶糕点具有组织松软、营养丰富、食而不腻，口感有茶叶回味的特点。

通过在面包里增加不同浓度的茶粉进行比较，茶粉浓度越大，口味就会越重，具体产品要根据每个人的口味而定。

七、注意事项

（1）注意制作过程中的卫生。

（2）烤箱温度过高，应戴着手套操作，切勿用手直接触摸。

（3）食品出烤箱后，要散热后再装袋。

实 验 ④ 茶糖果制作

一、引言

茶糖果，顾名思义，是一种有着茶味道的糖，表面平整，质地均匀，软硬适中，具有良好的韧性和弹性，略带茶香，别具一格。茶糖果具有不同的物态、质构和香味，营养丰富，耐保藏。将糖果和茶叶融合在一起，增加了糖果花色品种。

二、实验原理

茶糖果的制作原理和制作方法和常规糖果大体相同，所不同的是在原料的配料中，掺入了一定量的茶制品成分。茶糖果的制作主要是利用一些具有凝聚力和黏性的物质来完成，如明胶是一种分子质量很大的蛋白质胶体，具有很强的亲水性，水分子与明胶胶团牢固地结合在一起，便形成一个机械性能极稳定的泡沫吸附层。同时在制作过程中，糖、蛋白质、脂肪等分子均匀地分散在吸附层周围，形成坚实的网络，而构成奶糖糖体组织。

三、实验目的

理解茶糖果制作的原理，熟悉茶糖果的制作过程。

四、材料与设备

1. 材料

绿茶粉和白砂糖（两者的质量分数为 0.115%）、白砂糖为 99.885%。

2. 仪器

真空连续熬糖锅、管道过滤器、硬糖保温拉条机、硬糖成型机、糖果包装机。

五、方法与步骤

1. 材料的制备

绿茶粉经干燥、研磨处理后取得。然后以喷雾的形式混合于白砂糖中。喷雾的同时进行搅拌，使绿茶粉与白砂糖混合均匀。

2. 化糖

用适量的水，在最短时间内将砂糖完全溶化，并与糖浆组成一个均匀状态。

3. 熬糖

熬糖的过程就是把糖溶液的大部分水重新蒸发除去。最终的硬糖膏达到很高的浓度和最低的水分含量。

4. 物料混合

糖膏熬成以后，在还没有失去液态性质以前，所有的其他物料（茶粉和其他调味品）都应及时加进糖的坯体中，并且要做到最佳的均匀混合状态，使整个物料变成一种完全均一的状态。

5. 冷却

糖膏冷却的目的是使流动性很大的液态转变为缺乏流动性的半固态，使其具有很大的黏度和可塑性，便于造型。

6. 成形

糖液熬到一定浓度，经过适度冷却、添加物料、混合均匀，即可成形。

7. 包装

成形后的糖粒还需要进行挑选，把不符合质量要求的糖粒剔除，合格的糖粒则可以进行包装。

六、结果与讨论

制作出的茶糖鲜爽不腻、口感好，又有提神、消食的作用。

如果发现糖果无茶味，则可能是糖果中茶多酚含量过少，不能体现茶有效成分的作用，茶多酚过多则易产生苦味。这样，茶叶、糖和其他添加物之间就能互相协调，既具有糖果的风味又具有茶叶的回味。

七、注意事项

在加工工艺中要注意茶粉的投入量、茶粉进入糖胚中的时间和温度，适时掌握温度、时间，防止茶可溶物在高温下发生氧化、缩合、降解作用。

实 验 ⑤ 超微茶粉制作

一、引言

茶粉是用茶树鲜叶经高温蒸汽杀青及特殊工艺处理后，瞬间粉碎成 400 目以上的纯天然茶叶蒸青超微粉末。茶粉最大限度地保持了茶叶原有的色泽以及营养、药理成分，不含任何化学添加剂，除供直接饮用外，还可广泛添加于各类面制品、冷冻品、糖果巧克力、瓜子、月饼专用馅料、医药保健品、日用化工品等之中，以强化其营养保健功效。

二、实验原理

以超微绿茶粉为例，其加工过程中需要经过下述流程：

摊放茶叶 → 护绿 → 杀青 （采用蒸汽杀青法，有助于绿茶风味的形成）→ 脱水 → 烘干 → 超微加工 → 低温贮存或包装

在超微茶粉加工过程中，应重点关注保留叶绿素以及获得超细颗粒部分。综合来讲，超微绿茶粉应具有下述特征：色泽亮丽、有清香、味道醇厚等。与普通茶粉相比，超微绿茶粉在味道上并无特别，区别在于颗粒更小、颜色更绿。

三、实验目的

学习和掌握超微茶粉的制作过程。

四、材料与设备

1. 材料

茶叶、阳离子树脂。

2. 试剂

乙醇溶液、蒸馏水。

3. 仪器

闪式提取器、离心机、振动流化床、精磨机、自动浓缩器。

五、方法与步骤

1. 鲜叶摊放及护绿处理

在茶叶摊放到杀青前 2h，按一定浓度比对茶鲜叶进行护绿技术处理。

2. 茶浆制备

将无腐烂、无霉变的茶叶，研磨至粒度在 0.6 ~ 0.8mm 的粗茶粉，加入蒸馏水制得茶浆悬浮液，蒸馏水与粗茶粉的体积比为（2 ~ 5）:1，再在温度 20 ~ 50℃条件下提取 1次，提取时间为 5 ~ 20min，然后过滤并收集滤液。

3. 第二次提取

将滤液过滤，过滤完后再次加入蒸馏水，蒸馏水添加量与第一次一样，用闪式提取器在温度 20 ~ 50℃条件下提取 2 次，提取时间为 3 ~ 10min，然后再次过滤并收集滤液（这种方法的目的在于，通过闪式提取器提取可以短暂提高混合溶液中茶多酚的溶出度，在后续制备工艺中，提高了相同体积下茶多酚的浓度，同时通过自动化控制，达到参数精准控制，避免人为因素影响质量波动）。

4. 碟片离心

离心机转速为 3000 ~ 6400r/min，通过离心，把大部分杂质去除，降低最终提取物中的鞣质含量，制得茶叶分离液。

5. 自动双效浓缩

精确控制温度在 ≤70℃，真空度 ≤ -0.08MPa，浓缩后为料液与投料量体积比（0.5 ~ 1）:1 的膏状物。准确控制各参数，保证物料在浓缩过程中不会烟料、跑料，最终提高茶多酚等有益物质的含量。

6. 粉碎

将制得的膏状物一分为二，取其中一半膏状物进行粉碎，制得粒径为 0.3 ~ 0.5mm的茶粉。

7. 混合

振动流化床干燥是在进风口进风温度为 15 ~ 20℃、出风口出风温度 50 ~ 60℃的条件下进行，将制得的茶粉与另一半膏状物进行混合，通过振动流化床干燥，制得含水量小于 5% 的茶干微粉。

8. 精磨

用气流精磨机在转速 3500 ～ 5000r/min 条件下进行。将制得的茶干微粉放入精磨机，研磨至粒径 0.4 ～ 0.7μm 的超微茶粉。

9. 精制

将制得超微茶粉溶于 60% 乙醇溶剂中，60% 乙醇溶剂与超微茶粉质量比为（10 ～ 30）:1，通过阳离子树脂分离纯化，阳离子树脂与超微茶粉质量比为（0.8 ～ 2.5）:1，把最后残留的鞣质及其他杂质去除。用蒸馏水进行洗涤，洗涤时蒸馏水与阳离子树脂的体积比为（2 ～ 8）:1，通入蒸馏水的流速为 200 ～ 400L/h，并合并制得洗脱液。

10. 再精制

将制得洗脱液浓缩，浓缩后洗脱液体积与浓缩前洗脱液体积比为（0.3 ～ 0.8）:1，静置超过 12h 再离心，离心机转速 2000r/min，离心后物料浓度为 60% ～ 80%，并通过高速离心喷雾干燥或直接真空干燥，干燥温度 ≤80℃，真空度 ≤ −0.08MPa，制得超微茶粉。

六、结果与讨论

制作的超微茶粉细度高，保持了茶叶原有的色香味品质。

通过对球磨机工艺参数比较分析，茶叶超微粉碎最佳工艺条件为：球料比为 10:1；公转盘转速为 400r/min，粉碎时间为 15h，进料粒度 40 目。在此条件下得到超微细茶粉平均粒径 D_{50} 为 6.56μm，且粒度分布集中。茶叶球磨机超微粉碎是茶叶深加工的一种新手段、新思路，它对于拓展茶叶的应用领域、提高茶原料的利用率、开发茶叶新产品均具有重要的促进作用。

七、注意事项

（1）保证茶叶干燥　最好将茶叶含水量控制在 5% 以下，以保证其能够在外力作用下彻底粉碎。

（2）外力选择　获得颗粒需要经过外力作用，只有选择合适的方式，才能使茶叶在充分的外力作用下破碎成理想形态。结合实践来讲，茶叶粉碎状态与选择的外力作用方式有着直接联系。当前采用气流法，加工时能够获得更细腻的颗粒，粉碎效果更佳，可达 600 ～ 2000 目。

（3）控制料温　在粉碎茶叶的时候，料温会随着时间变化而上升。温度升高极易导致茶叶变黄，影响外观，所以粉碎处理过程中应注意控制好料温，具体实行中可通过设置冷却装置达到目的。

实验 六　茶树花精油提取

一、引言

茶树花是茶树的花朵，一般而言，茶树只采摘嫩叶加工制成茶叶，而对茶树花利用率低。茶树花中可以提取精油，茶树花精油可以添加至肥皂、面霜、润肤乳、除臭剂、消毒剂和空气清新剂中，具有很好的效果。

二、实验原理

将茶树花原料制备成原浆料，加入复合酶系对原浆料进行酶解得到第一浆料；然后向第一浆料中加入消泡剂得到第二浆料；最后将第二浆料输送至旋转锥蒸馏塔提香，收集茶树花香气萃取液，再通过油水分离器分离得到茶树花精油。

三、实验目的

掌握提取茶树花精油的方法。

四、材料与设备

1. 材料

茶树花。

2. 试剂

磷酸氢二钠 - 磷酸二氢钠缓冲液、β - 葡萄糖苷酶、纤维素酶、果胶酶。

3. 仪器

旋转锥蒸馏塔（SCC）。

五、方法与步骤

（1）称取茶树花 10kg，按茶树花:水为 1:10 的量加入 100L 蒸馏水，制浆，磷酸氢二钠 - 磷酸二氢钠缓冲液调整 pH 为 6.5；温度加热至 50℃；按 β - 葡萄糖苷酶:纤维素酶:果胶酶为 1:1:1 的比例（商品质量比）加入 80U/kg 料液的复合酶系对茶树花物料酶解 3h。

（2）将上述酶解完毕的浆料转移至旋转锥蒸馏塔，并向浆料中加入 0.5% 的有机硅氧烷。

（3）SCC 设备操作条件　在物料进料流速为 350L/h、旋转锥转速为 350r/min、真空度为 50kPa、蒸汽流量为 35kg/h、一级冷凝温度为 30℃、二级冷凝温度为 5℃ 的条件下进行蒸馏，回收得茶树花香气萃取液。

（4）通过油水分离器分离得到茶树花精油。

六、结果与讨论

提取的茶树花精油呈淡黄色，为低黏度液体，有略微刺鼻的木质类香气。

整个提取流程是一个物理过程，没有引入有害有机溶剂，不会产生溶剂残留和环境污染等问题，且提取得率高，精油得率高达 0.2% ~ 1%。采用茶树花香气前体物质释放复合酶系对茶树花料液进行前处理，可大大提高茶树花香气组分的形成，并通过 SCC 设备使物料在高速旋转的锥体上成膜，多层锥体的设计扩大物料与蒸汽的传质面积，反复多次对物料进行蒸馏，在低温低压的蒸馏条件下，大大减少热敏感性强、含量低的香气组分损失，高效、快捷地回收茶树花香气物质。

七、注意事项

严格按 β – 葡萄糖苷酶:纤维素酶:果胶酶为 1:1:1 的比例进行实验。

实 验 七　茶肥皂制作

一、引言

肥皂是人们日常生活中常用的一种卫生洗涤用品，它们通常由天然油脂经过皂化并辅以表面活性剂、助剂制得。茶籽饼粕中的茶皂素分子含有亲水性的糖体和疏水性的配基团，是一种性能优良的天然非离子表面活性剂，具有乳化、分散、润湿、发泡、去污的性能，被广泛应用于洗涤、日化行业中。茶皂素易溶于热水、甲醇、乙醇和正丁醇，与人工合成的表面活性剂相比，茶皂素具有发泡性能好、稳泡性强、易降解的特点，且起泡力不受水质硬度的影响。

二、实验原理

用于制皂的脂肪酸的碳链中一般包含 12 ~ 18 个碳原子，12 个碳原子以下的脂肪酸皂泡沫的外观、质地和稳定性都不好，且对皮肤的刺激性较大；18 个碳原子以上的脂肪酸皂在水中的溶解度太低，洗涤力较差。12 ~ 18 个碳原子的脂肪酸在实验条件下，去污力强、溶解性好、泡沫丰富、皂质坚硬，具有良好的市场前景，可为新型肥皂的开发提供配方。椰子油、茶籽油、棕榈油含有多种 12 ~ 18 个碳原子的脂肪酸，经皂化工艺制成基础皂基，辅以茶皂素、辅助剂制成肥皂。

三、实验目的

通过本实验，了解茶肥皂的原理，掌握制备茶肥皂的制作过程，进一步了解茶皂素的理化性质。

四、材料与设备

1. 材料

茶籽饼粕、茶皂素标准品、皂基、棕榈油、椰子油、山茶油、甘油、香精、去离子水。

2. 试剂

95% 乙醇、25% 的烧碱溶液、蒸馏水、乙二胺四乙酸二钠（EDTA – 2Na）、明矾、氯化钠均为分析纯。

3. 仪器

恒温水浴锅、电子天平、低速台式大容量离心机、真空干燥箱、制皂模具、容量瓶、试管。

五、方法与步骤

1. 茶皂素提取工艺

称取粉碎至一定粒度的茶籽饼粕 50g，加入适量的去离子水，在水浴条件下加热提取，所得提取液离心分离，滤液中加入 1% 的明矾溶液，搅匀，静置 2h，离心分离，上清液移至真空干燥箱内至质量恒定，得到茶皂素粗产品。

2. 皂基的制备

取 30g 山茶油、椰子油、棕榈油的混合物（质量比 1:1:1），25mL 25% 的烧碱溶液，15mL 95% 的乙醇溶液，混匀，水浴加热，反应 20min，待溶液形成黏稠胶状物，取混合液 2 滴至试管中，添加 2mL 蒸馏水，振荡试管，观察是否完全溶解，若完全溶解，则皂化完全，否则，继续加热皂化（加水 – 乙醇 1:1 混合液 20mL）。待皂化完全后，加入 80mL 的饱和氯化钠溶液，搅拌，静置，使皂粒析出，然后用蒸馏水冲洗 3～5 次，制得皂基。

3. 茶皂素肥皂配方的设计

去污效果较好的茶皂素肥皂配方：皂基 60%、茶皂素 15%、EDTA – 2Na 4%、辅助剂（适量的香精、去离子水、甘油、乙醇）21%。

4. 茶皂素肥皂的制作步骤

将提取的茶皂素按 15% 的质量分数加入到制好的质量分数为 60% 的皂基当中，辅以金属螯合剂 EDTA – 2Na、甘油、香料、去离子水等辅助剂，加热搅拌，入模，冷却后压制成肥皂。

六、结果与讨论

制作的茶肥皂为纯植物精粹，温和无刺激。

茶肥皂可以清洁脸部和身体。用水将手心和面部轻轻拍打使皮肤湿润，把茶肥皂放在手心，轻轻摩擦 10～20 次，产生大量泡沫，顺时针轻轻揉搓，用清水冲洗，确保没有泡沫残留，最后用毛巾擦干。具有美白、保湿、去角质和清洁的作用。

七、注意事项

（1）茶皂素在分离制备过程中，容易引起美拉德反应，故应在浸提、浓缩、干燥等工序避免高温情况，以减少色变概率。

（2）成品茶皂素具有一定的吸湿性，应避免长时间暴露在空气中，以防吸潮氧化。

实 验 ⑧ 茶洗发香波制作

一、引言

我国是茶叶生产大国，低档茶的产量约占茶总产量的 30%。一直以来，人们将制茶和茶油作为茶叶的主要销路，却忽视了对茶叶中其他有效成分的利用，大部分榨油后的茶饼被当作废弃物烧掉，或者堆积起来，这样不仅造成了资源浪费，而且对环境造成了污染。把废弃的茶饼进行回收利用并提取其中的有效成分，成为充分利用茶资源的一个共识。茶皂素提取也成为其中的一个方面。茶皂素作为一种天然表面活性剂，其泡沫稳定性极强，发泡性能较好，可用于制造洗涤剂、起泡剂和乳化剂，在日化行业有着广阔的应用前景。

二、实验原理

以茶籽饼（低档茶叶）为原料进行茶皂素的富集和提取，随后将茶皂素与其他香波原材料以一定的配比相混合进行香波的配制。

从茶籽饼中提取的茶皂素是天然的非离子型表面活性剂，能赋予香波一定的洗涤功能，对环境无污染，生物降解迅速，发泡力、去污力强，洗发、去头屑、止头痒和护发效果良好，性能优良。

三、实验目的

了解茶皂素在洗发香波中的作用，掌握以水提－醇萃法来提取茶皂素。

四、材料与设备

1. 材料

茶籽饼（低档茶叶）。

2. 试剂

氨水、95%乙醇、阳离子型聚丙烯酰胺絮凝剂、活性炭、脂肪醇聚氧乙醚硫酸铵（AESA）、十二烷基硫酸铵（$K_{12}-A$）、椰油脂肪酸二乙醇酰胺（6501）、椰子油酰胺基丙基甜菜碱（CAB－30）、阳离子瓜尔胶、柠檬酸、止痒剂、珠光双酯、硅油乳液、香精、去离子水。

3. 仪器

粉碎机、烧瓶、磁子、磁力搅拌器、布氏漏斗、水泵、旋转蒸发仪、红外灯烘箱、吸滤装置、漏斗、离心机。

五、方法与步骤

1. 提取茶皂素

（1）原料准备 选取无霉变的茶籽饼，用粉碎机将油茶籽饼粉碎至 1~2mm 的小颗粒。

（2）热水浸提 称取已粉碎的干燥的油茶籽饼240g，置于1000mL烧瓶中，加水600mL，加热至90℃，搅拌1.5h，过滤得滤液和滤渣，在滤渣中再加300mL水，重复前面操作。合并两次滤液。

（3）加絮凝沉淀 在上述滤液中加氨水调节pH为10，使浸提液的蛋白质、树脂、有机酸、色素等杂质形成沉淀，并收取滤液。

在滤液中加入95%乙醇400mL，比例（体积比）为1:0.5，搅拌均匀，静置2h，过滤，得滤液和滤渣。

（4）过滤浓缩　将上述滤液浓缩回收乙醇，为提高产品质量，可采用减压浓缩。

（5）凝絮　待上述步骤中的滤液冷却后，加入阳离子型聚丙烯酰胺絮凝剂，搅拌均匀，静置 2h，得黏稠状液体。

（6）脱色　将所得的黏稠状液体过滤，滤液用活性炭（分批少量加入）脱色至白色或淡黄色，得脱色液。

（7）烘干　将脱色液中水分经红外灯烘箱烘干后，则得白色或淡黄色无定形皂素晶体。

2. 制作洗发香波

将阳离子瓜尔胶加入去离子水中，搅拌至完全分散；依次加入适量柠檬酸、CAB - 30、AESA、K_{12} - A，加热至 70 ~ 75℃，搅拌溶解，加入珠光双酯、6501，保温 30min；冷却至 50℃，加入用适量热水溶解完全的茶皂素，搅拌均匀，再依次加入硅油乳液、止痒剂、适量香精，搅拌即得产品。以上各物质的加入配方如表 5 - 1 所示。

表 5 -1　茶皂素洗发香波配方

原料名称	用量/%	原料名称	用量/%
AESA	11.0	硅油乳液	1.0
K_{12} - A	10.0	止痒剂	0.5
6501	2.0	珠光双酯	1.5
CAB - 30	5.0	香精	适量
阳离子瓜尔胶	0.25	去离子水	加至 100mL
柠檬酸	适量		

六、结果与讨论

制作的茶洗发香波是乳白色黏稠状膏体，无刺鼻气味，其发泡力、去污力强，洗发、去头屑、止痒和护发效果良好。

在实验过程中，浸提时间对茶皂素产量的影响：随着时间的推移，茶皂素的产量增加，2.0h 后茶皂素产量增加幅度减小，趋于平衡，基本被浸提完。所以，选择时间 2.0h 为最佳浸提时间。浸提温度对茶皂素产量的影响：随着温度的升高，茶皂素的产量增加，90℃后茶皂素产量增加幅度减小。所以选择 90℃ 作为最佳浸提温度。

七、注意事项

（1）实验材料选取　保证茶叶干燥，最好将其含水量控制在 5% 以下，以保证其能够在外力作用下彻底粉碎。

（2）控制浸提温度　在浸提的时候，90℃作为最佳浸提温度。

实 验 九 茶面膜制作

一、引言

茶面膜美容是现代流行的美容护肤方法之一，越来越受到人们的青睐。茶面膜有膏状、胶状、粉状和模型状等几种。当脸部皮肤涂上面膜后，水分蒸发会产生收紧皮肤、刺激面部血液循环的作用。敷于面部可使皮肤清洁、绷紧，使表皮增温，从而产生刺激皮肤返老还童作用的美容品，它的主要功能是吸附皮肤上的垢物，去除多余的类脂化合物和坏死细胞，并通过茶面膜的收缩力改善血液循环，使皮肤光洁细腻。具有抗氧化、抗衰老、美白保湿、抑菌消炎等多种美容功效。

二、实验原理

充分利用茶叶中含有的茶多酚、茶皂苷，并与其他物质充分融和，经杀菌消毒后制作成具有美容功效的茶面膜。

三、实验目的

学习制作乳剂型茶面膜方法。

四、材料与设备

1. 材料

茶粉20g。

2. 试剂

玉米淀粉基质（55%～65%）、茶多酚（15%～25%）、收敛调和剂（10%～20%）、成膜剂（5%～10%）、果酸（3%～5%）。

3. 仪器

电子天平、烧杯、玻璃棒、药物搅拌器、粉末包装机、紫外照射装置。

五、方法与步骤

（1）将茶粉与各种试剂按质量配比，混合均匀后，放在药物搅拌器中经过30～40min充分搅拌，搅拌均匀后装入粉末包装机分装。

（2）经紫外照射，杀菌消毒后即可使用。使用时，先将面部做常规皮肤护理后，将茶叶面膜一包20g，加入本身质量3～6倍的水搅拌2～3min，敷于面部，厚度0.5～1mm。

（3）在敷茶叶面膜时，注意避开眼、鼻、口处，面膜敷完30min后，即可揭去面膜，再清洗面部。

六、结果与讨论

制作的茶面膜具有较强的美容效果，使用后皮肤色泽健康，清洁并收缩毛孔，提亮肤色。

茶面膜利用了茶叶中所含茶多酚具有的抗衰老、抗辐射功能，增强了对面部的保健和美容功能。多酚的化妆品在脂质环境下对皮肤仍有较强的附着能力，可使粗大的毛孔收缩，使松弛的皮肤收敛，绷紧而减少皱纹。咖啡碱、茶多酚还可促进皮肤血液微循环，有紧肤、淡化黑眼圈、祛眼袋等作用，使肤色更加健康。茶叶中的黄酮和多酚类物质能通过多种途径抑制黑色素的合成及改善分布不均匀问题。首先它对紫外线的吸收和对自由基的清除作用可保护黑色素的正常功能；其次茶多酚可抑制酪氨酸酶活力，从根本上抑制对黑色素的形成；另外，茶叶中的维生素 E 和维生素 C 也具有较强的美白作用。

七、注意事项

（1）注意各种试剂加入的先后顺序，确保其有效成分充分溶解。
（2）使用紫外照射装置时注意安全防护。

实 验 ⑩ 茶树籽油制作

一、引言

茶树籽油是从山茶科山茶属茶树果精制而得。茶树属于木本植物，从开花到采摘，历经秋冬春夏秋五季云滋雾养，有花果同期和抱子怀胎之说。茶树籽油成分非同一般，是现代高端食用健康用油。色泽金黄或浅黄，品质纯净，具有多重功效，是现代高端食用健康用油。

二、实验原理

利用水相酶解有机溶剂萃取工艺。由于有机溶剂的存在不仅推动油料释放油脂的过程从而使油脂更易进入有机相，而且使油分从蛋白及水相中更加容易地分离出来，因而提高所得蛋白质产品的纯度也相应提高了得油率。此方法虽类似于传统的有机溶剂浸提法，需要溶剂蒸发提油，但能简单高效地得到高品质的无需再精炼的茶树籽油。

三、实验目的

学会如何提取茶树籽油，了解基本提取工艺。

四、材料与设备

1. 材料
茶树籽。

2. 试剂

酸性蛋白酶、极性溶剂乙醇、异丙醇和正丁醇（均为分析纯）。

3. 仪器

粉碎机、振动筛、烘干器、振荡器、离心机、破壳机、恒温水浴摇床、pH计、旋转蒸发仪。

五、方法与步骤

1. 茶树籽预处理

茶树籽中含有2%左右的杂质，一般通过筛选去除。将过筛的茶树籽进行烘干处理，使其水分不超过5%，以利于剥壳和脱衣。然后进入破壳机使壳仁分离。将脱壳的茶籽仁粉碎成20目的物料。

2. 反应制油

取5g干物料，然后分别添加一定量的极性溶剂乙醇、异丙醇和正丁醇（均为分析纯），振荡均匀，调节pH5，加入酸性蛋白酶，放入恒温水浴摇床中，搅拌速度为150r/min，反应一段时间。

3. 提取

反应结束后，立即离心，离心条件是6000r/min离心4min。离心得到三相，最上层是油相，中间层为含茶皂素的醇水相，最下层为茶籽粕固相。分离最上层得到茶油，同时减压蒸发中间层的醇的水溶液，得到粗茶皂素，计算单次提油率和粗茶皂素的得率。

将最下层固相按照步骤2、3重复操作2次，计算总提油率：

$$单次提油率（\%）=\frac{单次处理得到的茶籽油质量（g）}{茶籽油的含油量（\%）\times 干物质的质量（g）}\times 100 \qquad (5-1)$$

总提油率为三次单次提油相加的和。

六、结果与讨论

提取的茶树籽油色泽金黄或浅黄，品质纯净。本实验采用与水相溶的极性有机溶剂，使油层独立分布于极性有机溶液之外，直接离心可以得到无溶剂残留的干净的油相。本实验选择极性参数较大的、毒性相对较低的醇类有机溶剂，包括乙醇、正丁醇和异丙醇。其他条件为料液比1∶3、极性溶剂与水的体积比1∶2、反应温度50℃、反应时间2h，结果见图5-1。

由图5-1可以看出，乙醇溶液的单次提油率相对较高，正丁醇溶液与异丙醇溶液的提油率相差不大。主要原因与三种有机溶剂水溶液体系的极性有关。极性参数越大，极性越大，提油过程中油层

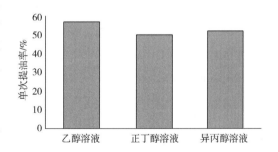

图5-1　三种极性溶剂水溶液中的
单次提油效果比较

越容易独立于极性溶剂和水组成的有机溶液之外，提油率也就越高。

七、注意事项

（1）在茶树籽油的精炼过程中，皂素主要存留在饼粕中，但也有少量皂素进入毛油。皂素味感苦涩、辛辣，对人体略有毒性。因此，在制定茶树籽油精炼工艺时，首先必须保证能去除皂素。

（2）茶树籽油中蜡含量甚微，一般无需脱蜡，但其脂肪酸中含有一定量的棕榈酸和硬脂酸等饱和脂肪酸，因而油中含有固脂成分。这些固脂在10℃左右时会结晶析出，使油浑浊或产生絮凝物，影响油品外观。

（3）阴凉、干燥及避光处保存。如温度过低出现絮状凝固现象，属于其固有特性，品质不变。

实 验 ⑪ 茶枕头制作

一、引言

茶枕头在我国具有悠久的历史，早在晋代葛洪《时后备急方》中就有用茶装枕治失眠的记载。唐代著名医学家孙思邈《千金要方》一文中记载："治头项不得四顾方，采好茶一斗，令变色内囊枕之"，"以茶入枕，可明目清心，通经络，延年益寿"。李时珍《本草纲目》载："绿茶甘寒无毒，作枕明目，治头风头号痛"。因此，常枕茶枕头，可以帮助我们改善睡眠，提高睡眠质量。除此之外，茶枕头还可以改善大脑血液循环、减缓压力和更年期焦虑、提高免疫力、安神静心等。

二、实验原理

以茶叶为主要原料，辅之以少许其他成分，即可做成茶枕头。例如，配方按质量分数计：茶叶98%，丁香0.2%，肉桂0.2%，艾叶1.6%；或者用茶叶75%，荞麦壳20%，其他辅料5%的比例为原料制作。除了茶叶，还可以收集茶渣或者茶梗（从成品茶上拣下的叶梗），使其制成茶枕头。若用茶渣为原料，最好只填充一种茶叶，以保证香气凝聚。

三、实验目的

学习以茶叶为原料制作茶枕头的方法。

四、材料与设备

1. 材料

茶叶、丁香、肉桂、艾叶、防腐剂、报纸、棉布、剪刀、小针、细线。

2. 仪器

天平、烘干机、粉碎机。

五、方法与步骤

1. 制作枕套

枕套的原料尽可能选用透气性和致密性较好的棉布或者桑蚕丝料，用剪刀剪取适当长度为 a 和宽度为 b 的棉布，从长度的中间对折一次（长度从 a 变为 $a/2$，两个 b 重合），用针将对折的两边缝合起来，剩下的一边（即两个 b 重合的一边）先将其保留。

2. 粉碎茶叶

将茶叶清洗干净，铺在报纸上，待茶叶上的水珠晾干后，转入烘干机中烘干（烘干时间以茶叶的干燥程度而定），然后用粉碎机将茶叶粉碎 60 目左右即可。

3. 称量

根据第一步制作的枕套大小，估计所需要的总物质量（一般放入的物质大约为枕芯袋的 2/3），再按照总质量的百分比用天平称取 98% 的粉碎茶叶、0.2% 的丁香、0.2% 的肉桂、1.6% 的艾叶，使这些物质混合，然后放入少许防腐剂，装入枕套。

4. 缝合

将枕套的最后一边缝合好，茶枕头即可完成。

六、结果与讨论

（1）以茶叶为原料制作的茶枕头，松软舒适，透气性好，有淡淡的芳香味。但是若制作的茶枕头有异味，或者坚硬板结，那么出现这些现象的原因是什么？

（2）若用别的物质代替丁香、肉桂和艾叶，是否可行？若用茶渣去制作茶枕，哪一类茶的茶渣会更好呢？

七、注意事项

（1）本实验中的茶叶是指茶树的叶子，并非成品茶叶，茶渣茶梗也可以用此方法制成茶枕头，但若用茶渣或者茶梗，要先用热水泡开，然后再晒干。

（2）用针缝合布边时，将两边的布缘稍向内折叠 1cm，避免茶叶碎末漏出。

（3）制作枕套所选用的棉布，透气性要好，质地性应密，避免茶叶碎末漏出。

（4）茶枕头一般长 50~60cm、宽 30~35cm，所需的总质量为 2.5kg 左右。

实　验　十二　茶次生下脚料利用调查

一、引言

茶次生下脚料包括采茶过程中除了大量鲜叶外的一些粗老条、修剪枝梢，在加工过程中产生的茶末，在贮藏过程中积压的一些陈茶，在提取出茶多酚或茶多糖后留下的大量茶渣。这些粗老茶、修剪枝梢、茶末、陈茶、茶渣中尚保留一些功效成分，可以提取、分离和纯化。有效利用茶次生下脚料能够增加效益，使其化学成分中的有机物发挥作用。

二、调查方法

（1）实地调研法。

（2）文献查询法。

三、基本用途

1. 茶次生下脚料用作畜禽饲料

茶下脚料作为添加剂使用能提高畜禽生产性能。越来越多的证据表明，从茶下脚料中得到的提取物对动物生长、增重、抗病、提高免疫力有明显的功效，因此是天然植物饲料添加剂中的一组新家族。其作用如下。

（1）提高雏鸡的成活率　给1日龄罗曼商品代雏鸡饮用1%绿茶水，1个月后比饮用常水的存活率提高36.3%，平均体重差异不显著。

（2）改善肉鸡产肉性能　在肉仔鸡饲料中添加茶末，可多增重13.5%；在艾拔益加肉鸡（AA鸡）日粮中加3%绿茶末，可多增重14.63%。

（3）改善产蛋性能　夏季在饲料中添加3%~5%茶末或饮用茶水，可提高产蛋率5%~8%。

（4）节约养猪成本　猪日粮中添加5%茶渣以替代麦麸，结果重量和品质不受影响，但成本节约10%。

（5）提高产乳量　在乳牛日粮中添0.5%乌龙茶粉，试验期40d，结果产乳量提高1倍。

2. 茶次生下脚料提取物的利用

（1）饲用茶多酚有多种功效，在畜禽生产中已较广泛应用。如用作抗氧化剂，改善食品和饲料品质，增强抗病力，改善产蛋性能，改善产肉性能，减少饲养场臭气。

（2）饲料中添加茶多糖（TPS），能增加血液中cAMP浓度，提高机体的淋巴细胞转化率，增强动物免疫功能；所含的皂苷能增加肠黏膜的通透性，促进营养物质的吸收，从而提高饲料利用率，促进动物生长，提高肥育猪的屠宰性能，改善猪肉品质。

3. 茶次生下脚料中膳食纤维的利用

以茶下脚料为原料，采用酶解处理和碱处理相结合的方法，研究酶浓度、碱浓度、反应温度和处理时间对膳食纤维提取率的影响，并对产物的性质进行分析，得到茶中膳食纤维的最佳提取工艺为0.5% α-淀粉酶于60℃处理90min，洗涤过滤，再用0.5%的氢氧化钠70℃处理25min，漂洗至中性烘干即可。由茶渣获得的膳食纤维成品具有较高的提取率，而由茶梗获得的膳食纤维具有较好的膨胀率和持水率，开发利用的前景更佳。同时，对茶下脚料的开发利用可获得功能性产品。

4. 茶次生下脚料在发酵型茶酒中的利用

在红曲霉发酵酿造茶酒的原料中添加制茶下脚料，实验对比测定了发酵前后各营养成分的变化，结果表明：发酵前后物料总质量利用率394.0%，各营养物质的转化率分别为总糖600.6%、还原糖860.1%、多糖33.5%、粗纤维306.2%、氮89.1%、氨基酸100%，发酵茶酒的酒精质量分数达到13%。发酵的茶酒呈棕红色，清澈透明、无明显悬浮物沉淀物：感官品尝既有茶的韵味，又具有黄酒的醇香味，味觉纯正。

四、总结

茶次生下脚料有多种用途，茶次生下脚料的间接利用主要是提取其内含物质，如茶多酚、茶梗蛋白和茶梗木质纤维素等。直接利用便是作为饲料饲养家禽，可增加产能、增强肉质。茶下脚料的利用，可减少浪费，增加效益，一举两得。

五、讨论

（1）茶次生下脚料的利用能够减少浪费，但一般来说，提取内含物质的工艺比较复杂，且费用不低，比起提取物质带来的效益，是否值得生产利用？

（2）茶次生下脚料的利用率不高，其原因除茶产量过剩外，还有哪些原因？

参 考 文 献

［1］梁月荣．现代茶叶全书［M］．北京：中国农业出版社，2011.

［2］黄良取，黄升谋，熊健．茶饮料的制作与澄清［J］．湖北文理学院学报，2015，36（8）：41－43.

［3］严鸿德，汪东风，王泽农，等．茶叶深加工技术［M］．北京：中国轻工业出版社，1998：178－208.

［4］颐国贤．酿造酒工艺学［M］.2版．北京：中国轻工业出版社，2005：350－360.

［5］张星元．发酵原理［M］．北京：科学出版社，2005：150－280.

［6］叶丹榕．基于健康食品原料视角的新型茶食品加工［J］．现代食品，2017（2）：42－45.

［7］周坚，廖万有，丁勇，等．超微茶食品加工技术研究［J］．安徽农业科学，2007，22（5）：6914－6915.

［8］程到梅．绿茶果冻的制作［J］．农产品加工，2009（1）：53－55.

［9］林金科．茶叶深加工学［M］．北京：中国农业出版社，2012.

［10］李琳，刘天一，李小雨，等．超微茶粉的制备与性能［J］．食品研究与开发，2011，32（1）：53－56.

［11］李林秀．超微茶粉及茶叶糕点加工技术［J］．现代园艺，2016，172（2）：222－223.

［12］侯玲，沈娴，屠幼英，等．茶树花蛋白质碱提和酶提工艺优化及其功能性质［J］．浙江大学学报，2016（4）：442－450.

［13］廖书娟，童华荣，吉当玲．茶籽饼茶皂素提取及应用研究［J］．粮食与油脂，2005（1）：13－15.

［14］李运涛，贾斌．茶皂素的提取工艺及其在洗涤剂中的应用［J］．茶叶科学，2006，26（3）：199－203.

［15］张晓蓉，陈功锡，徐定华，等．新型黄花蒿保健香皂工艺研制及品质评价

［J］．天然产物研究与开发，2013，25（11）：1550－1554.

［16］常银子，赖徐倩，戴蓓蕾，等．一种茶皂素洗涤产品的研制［J］．经济林研究，2015（2）：129－134.

［17］王奕．超微绿茶粉在化妆品和食品中的应用研究［D］．杭州：浙江大学，2010.

［18］孙红．油茶籽油水酶法制取工艺研究［D］．北京：中国林业科学研究院，2011.

［19］王莉蓉，金青哲，冯国霞，等．国内外食物煎炸良好操作规范的实施要点［J］．食品安全质量检测学报，2015（10）：4091－4095.

［20］那海燕，张明辉，张育松．茶叶副产品的综合开发与利用［J］．亚热带农业研究，2010，6（1）：48－51.

［21］李春鑫，张彬．新型饲料添加剂——茶多酚的抗氧化性的研究和应用概况［J］．中国饲料添加剂，2004（4）：5－8.

［22］李春鑫，张彬．茶多酚在动物生产上的应用［J］．饲料博览，2005（4）：35－36.

［23］屈健．新型饲料添加剂——茶多酚的研究进展［J］．中国饲料添加剂，2005，39（9）：26－28.

［24］汪水平，王文娟．新型饲料添加剂茶多酚的研究进展［J］．饲料工业，2003，24（5）：20－23.

［25］郑建仙，高孔荣．论膳食纤维［J］．食品与发酵工业，1994（4）：32－38.

［26］彭小东，唐维媛，张义明．茶酒的生产工艺研究［J］．中国酿造，2011（9）：185－187.

第六章 茶叶审评实验

实 验 一 绿茶审评

绿茶一般经过杀青、揉捻、干燥三道工序加工而成，属于不发酵茶，品质特点是清汤绿叶。杀青是绿茶品质形成的关键工序。根据杀青和干燥的方式，绿茶分为炒青绿茶、烘青绿茶、半烘炒绿茶、晒青绿茶、蒸青绿茶。加工工艺不同，绿茶的品质特征差异明显。

子实验一 绿毛茶审评

（一）引言

绿毛茶是指从茶树上采摘下来的新梢芽叶经不同制法制成的初制绿茶。绿毛茶因制法不同有炒青、烘青、蒸青、晒青之分。因形状不同，炒青分为长炒青、圆炒青和特种炒青，烘青分为普通烘青和特种烘青。长炒青一般作为出口珍眉绿茶的原料，烘青毛茶主要作窨制花茶的茶坯。晒青一般作为普洱茶、压制沱茶及紧茶、饼茶的原料。

（二）内容说明

烘青绿毛茶和炒青绿毛茶品质特征有明显差异。烘青初制时采用烘干方式，外形取决于揉捻程度，因此与同级炒青相比：条索较疏松，卷紧度较差，表面显露皱纹，色墨绿油润，内质汤色黄绿、清澈明亮，香气清香纯正、不及炒青高，滋味醇和，比较耐泡，叶底完整，深绿稍黄。

（三）实验目的

通过实验，掌握绿毛茶的审评技术，能正确区分烘青绿毛茶与炒青绿毛茶的品质差异，能正确评定绿茶品质优次。

（四）材料与设备

1. 材料

烘青毛茶样 2 套、炒青毛茶样 2 套。

2. 设备

评茶盘、叶底盘、审评杯、审评碗、天平、茶匙、网匙、计时器等。

（五）方法与步骤

1. 取样

将茶叶倒出，混合均匀后采用对角四分法取样200g左右用于外形审评。

2. 外形审评

绿毛茶外形评老嫩、松紧、整碎、净杂，以老嫩、松紧为主，整碎、净杂为辅。

将样茶倒入评茶盘内，通过把盘，使样茶分出上、中、下三段。先看面张茶条索的松紧度、匀度、净度和色泽，然后看中段茶的嫩度、条索，最后看下段茶的断碎程度和碎、片、末的含量及夹杂物等。

3. 内质审评

称取样茶5g，放入250mL的审评杯中，沸水冲泡5min，茶汤滤入审评碗，按看汤色、嗅香气、尝滋味、评叶底的顺序评定内质。

（1）看汤色　主要看茶汤的深浅、明暗、清浊及色泽的种类。

（2）嗅香气　可分热嗅、温嗅和冷嗅三次进行。热嗅评比香气的纯异，温嗅评比香气的高低、类型和清浊，冷嗅评比香气的持久程度。

（3）尝滋味　滋味主要区别浓淡、强弱、鲜涩和收敛性强弱等。

（4）评叶底　叶底主要看老嫩、匀度和色泽。

（六）结果与讨论

（1）将审评结果填入表6-1。

表6-1　　　　　　　　　　　　　　绿毛茶感官审评记录

样品		感官审评评语					备注
		外形	内质				
			香气	滋味	汤色	叶底	
烘青	1						
	2						
炒青	1						
	2						

（2）试比较烘青和炒青绿毛茶的品质特征差异，并分析其差异的原因。

（七）注意事项

（1）审评前忌吸烟和吃腥、酸、辣等物品。不能使用有香味的化妆品，以免影响审评的准确性。

（2）嗅评香气时，要将杯盖半掀开，鼻子靠近杯沿轻嗅或深嗅。

（3）看汤色要及时，避免汤色氧化变色，影响审评结果。

（4）审评滋味时，茶汤温度要适宜，一般以热而不烫口（50℃左右）为宜。

（5）审评叶底时，要将叶底铺开、摊平，如有必要可加清水漂看。

子实验二　精制绿茶审评

（一）引言

本实验以眉茶为例，各省可结合本地情况选择茶样。长炒青经过精制后常称为眉茶，产品花色有珍眉、贡熙、雨茶、针眉、秀眉等，是我国出口的主要绿茶，数量占世界首位。眉茶产地分布广，主要产于浙江、安徽、江西、湖南、湖北等省。

（二）内容说明

由于地域环境的差异及茶树品种、加工技术的不同，眉茶品质有不同程度差异（表6-2、表6-3）。

表6-2 眉茶部分花色的品质特征

花色	外形	内质
珍眉	条索细紧略直呈弯眉形，平伏匀称，色泽绿润起霜	香气高爽，滋味浓厚，汤色叶底黄绿明亮
贡熙	外形颗粒圆结匀整，有明显断切面，色泽匀起霜	香气纯正，滋味尚浓，汤色浅黄，叶底黄绿尚嫩匀
雨茶	外形条索细短似雨点状，尚紧，色深绿起霜	香气尚高，滋味尚浓爽，汤色黄绿，叶底黄绿尚嫩匀
秀眉	片形，身骨轻，色泽黄绿稍枯暗	香味粗涩，汤色叶底黄暗

表6-3 不同产区眉茶品质特征

产区	外形	内质
浙江杭绿	条索细紧，色泽绿润	香气清高，汤色绿明亮，滋味尚浓，叶底细嫩，嫩绿明亮
安徽屯绿	条索紧结壮实，色泽灰绿光润	香高持久，有栗香，汤色绿而明亮，滋味浓厚回甘，叶底嫩绿柔软
江西婺绿	条索匀整，色深绿	香气清高，汤绿明亮，滋味浓厚收敛性较屯绿强
湖北鄂绿	条索紧实，色灰绿	香气鲜嫩持久，滋味醇厚，富收敛性，叶底肥嫩
湖南湘绿	条索尚紧，色略暗	香气尚高，汤色黄亮，滋味尚浓，叶底黄绿
贵州黔绿	条索尚紧略扁	有甜枣香，汤色清澈明亮，滋味浓厚

（三）实验目的

通过实训，掌握眉茶的审评技术，了解眉茶不同花色的品质规格和要求，能区分不同产地眉茶的品质差异。

（四）材料与设备

1. 材料

不同产地眉茶（当年生产样，不同花色茶样1~2只）。

2. 设备

评茶盘、叶底盘、审评杯、审评碗、天平、茶匙、网匙、计时器等。

（五）方法与步骤

1. 取样

将茶叶倒出，混合均匀后采用对角四分法取样200g左右用于外形审评。

2. 外形审评

将样茶倒入评茶盘内，通过把盘，使样茶分出上、中、下三段，进行外形审评。

眉茶外形比条索、整碎、色泽、净度，条索比松紧、粗细、长短、轻重、空实、有无锋苗，色泽比颜色、枯润、匀杂，整碎比面张、中段、下段茶的老嫩、条索的松紧、粗细、长短及拼配比例，净度看梗、筋、片、朴的含量。

3. 内质审评

眉茶的内质审评项目同绿毛茶内质审评。

称取样茶3g，放入150mL的审评杯中，沸水冲泡5min，茶汤滤入审评碗，按看汤色、嗅香气、尝滋味、评叶底的顺序评定内质。

（六）结果与讨论

（1）将审评结果填入表6-4。

表6-4 眉茶感官审评结果记录

项目/评语	茶样1	茶样2	茶样3	茶样4	……
条索					
整碎					
色泽					
净度					
汤色					
香气					
滋味					
叶底					

（2）试比较眉茶不同花色的品质特征差异。

（3）试比较不同产区眉茶的品质特征差异。

（七）注意事项

（1）审评前忌吸烟和吃腥、酸、辣等物品。不能使用有香味的化妆品，以免影响审评的准确性。

（2）嗅评香气时，要将杯盖半掀开，鼻子靠近杯沿轻嗅或深嗅。

（3）看汤色要及时，避免汤色氧化变色，影响审评结果。

（4）审评滋味时，茶汤温度要适宜，一般以热而不烫口（50℃左右）为宜。

（5）审评叶底时，要将叶底铺开、摊平，如有必要可加清水漂看。

实 验 二 红茶审评

红茶属于全发酵茶，制法包括萎凋、揉捻（揉切）、发酵、干燥四道工序，品质特点是红汤红叶、香味甜醇。发酵是红茶品质形成的关键工序。根据工艺、外形及品质特征，红茶分为工夫红茶、红碎茶和小种红茶。

子实验一　工夫红茶审评

（一）引言

工夫红茶是我国独特的传统产品，因初制揉捻工序特别注意条索的紧结弯直，精制时颇费工夫而得名。外形条索细紧平伏匀称，色泽乌润，内质汤色、叶底红亮，香气鲜甜，滋味甜醇。

（二）内容说明

因产地、茶树品种不同，工夫红茶品质有差异，可分为祁红、滇红、川红、宜红、宁红、闽红等（表6-5）。

表6-5　　　　　　　　　　　　　不同产地工夫红茶主要品质特征

茶名	外形	香气	汤色	滋味	叶底
祁红	条索细紧稍弯曲，有锋苗，色泽乌润略带灰光	带有类似蜜糖或苹果香，持久	红艳明亮	鲜醇带甜	鲜红明亮
滇红	条索肥壮，紧结重实匀整，色乌润带红褐，金毫特多	香高	红艳带金圈	浓厚，刺激性强	肥厚，红嫩鲜明
川红	条索紧结，壮实美观，有锋苗多毫，色乌润	橘糖香	红亮	鲜醇爽口	红明匀整
宜红	条索细紧，有毫，色尚乌润	甜醇似祁红	红亮	尚鲜醇	红亮
宁红	条索紧结，有红筋，稍短碎，色泽灰而带红	香气清鲜	红亮稍浅	尚浓略甜	开展

（三）实验目的

通过实验，掌握工夫红茶的审评方法；比较红毛茶与精制工夫红茶的品质关系，掌握精制工夫红茶不同级别的品质差异；了解不同产地、不同原料品种以及不同级别工夫红茶的品质差异。

（四）材料与设备

1. 材料

红毛茶茶样2~3只、精制工夫红茶茶样2~3套。

2. 设备

评茶盘、叶底盘、审评杯、审评碗、天平、茶匙、网匙、计时器等。

（五）方法与步骤

1. 取样

将茶叶倒出，混合均匀后采用对角四分法取样200g左右用于外形审评。

2. 外形审评

将样茶倒入评茶盘内，通过把盘，使样茶分出上、中、下三段，进行外形审评。

红毛茶外形比条索的松紧、老嫩、整碎、净度四项因子，以松紧、老嫩为主。

精制工夫红茶外形审评包括条索、整碎、色泽、净度四项因子。

3. 内质审评

称取红毛茶样茶5g（精制工夫红茶样茶3g），放入250mL（150mL）的审评杯中，沸水冲泡5min，茶汤滤入审评碗，按看汤色、嗅香气、尝滋味、评叶底的顺序评定内质。

（六）结果与讨论

（1）将审评结果填入表6–6、表6–7。

表6–6　　　　　　　　　红毛茶感官审评记录

项目	感官审评评语				
	外形	汤色	香气	滋味	叶底
茶样1					
茶样2					
茶样3					
……					

表6–7　　　　　　　　精制工夫红茶感官审评记录

项目	感官审评评语				
	茶样1	茶样2	茶样3	茶样4	……
条索					
整碎					
色泽					
净度					
汤色					
香气					
滋味					
叶底					

（2）审评同级红毛茶及工夫红茶，试说明红毛茶与工夫红茶品质的关系。

（3）试比较不同产区工夫红茶的品质特征差异，并分析其原因。

（七）注意事项

（1）红毛茶的审评重点，外形以嫩度和条索为主，同时评定金毫的多少。低级茶以干评外形和干嗅香气为主。

（2）冷后浑是优质红茶的品质特征，在进行汤色评定时要注意区分。

（3）审评时，应从低级茶到高级茶审评，较易鉴定。

子实验二　红碎茶审评

（一）引言

红碎茶是将萎凋叶经过揉切、发酵、烘干后得到的红茶产品。由于红碎茶在初制过程中经过充分揉切，细胞破坏率高，有利于多酚类物质的酶促氧化，形成了香气高锐持久、滋味浓强鲜爽的特点。红碎茶是我国外销红茶的大宗产品，也是国际市场的主销品种。

（二）内容说明

红碎茶根据叶形不同分为叶茶、碎茶、片茶和末茶四类，目前消费的主要是碎、片、末三个类型。我国生产的红碎茶因为产地、品种、栽培条件及加工工艺的不同，品质特征有较大差异（表6-8、表6-9）。

表6-8 不同叶形红碎茶主要品质特征

分类	外形	香气	汤色	滋味	叶底
叶茶	条索紧结挺直匀齐，色泽乌润	香气芬芳	红亮	醇厚	红亮多嫩茎
碎茶	外形颗粒重实匀齐，色泽乌润或泛棕	香气馥郁	红艳	浓强鲜爽	红匀
片茶	木耳形的屑片或皱折角片，色泽乌褐	香气尚纯	尚红	尚浓略涩	红匀
末茶	砂粒状末，色泽乌黑或灰褐	香低	深暗	粗涩	红暗

表6-9 不同品种红碎茶主要品质特征

分类	外形	香气	汤色	滋味	叶底
大叶种红碎茶	颗粒紧结重实，有金毫，色泽乌润或红棕	香气高锐	红艳	浓强鲜爽	红匀
中小叶种红碎茶	颗粒紧卷，色泽乌润或棕褐	香气高鲜	尚红亮	欠浓强	

（三）实验目的

通过实训，掌握红碎茶的审评技术，明确红碎茶的品质特点；比较红碎茶常规审评法与加奶审评法的品质关系；了解不同品种红碎茶品质的差异。

（四）材料与设备

1. 材料

同一批生产的红碎茶花色产品3~4只、不同产地的同级别红碎茶2~3只、牛奶。

2. 设备

评茶盘、叶底盘、审评杯、审评碗、天平、茶匙、网匙、计时器等。

（五）方法与步骤

1. 取样

将茶叶倒出，混合均匀后采用对角四分法取样200g左右用于外形审评。

2. 外形审评

红碎茶外形主要比匀整度、色泽、净度。匀整度比颗粒大小、匀称、碎片末茶规格是否分明；色泽比乌褐、枯灰、鲜活、匀杂；净度比筋皮、毛衣、茶灰和杂质含量。

3. 内质审评

（1）常规审评法　称取样茶3g，放入150mL的审评杯中，沸水冲泡5min，茶汤滤入审评碗，按看汤色、嗅香气、尝滋味、评叶底的顺序评定内质。

（2）加奶审评法　先采用常规审评法制得茶汤，再加入10%的鲜牛奶，评茶汤乳色及茶味的强弱，比较加奶前后的内质表现，找出其表现规律。

（六）结果与讨论

（1）将审评结果填入表6-10、表6-11。

表6-10　　　　　　　　　　　　红碎茶常规审评法记录

项目	感官审评评语					备注
	外形	汤色	香气	滋味	叶底	
茶样1						
茶样2						
茶样3						
茶样4						
……						

表6-11　　　　　　　　　　　　红碎茶加奶审评记录

项目	感官审评评语				备注
	汤色	茶汤乳色	滋味	加奶后茶味强弱	
茶样1					
茶样2					
茶样3					
茶样4					
……					

（2）试比较红碎茶各花色产品品质的差异，并分析其原因。

（3）试分析红碎茶常规审评法与加奶审评法的品质关系。

（七）注意事项

（1）开汤时应注意，因红碎茶颗粒较细小，在滤出茶汤时，最好加用茶滤，以防止茶渣进入审评碗中，影响正确评看汤色。

（2）评比茶汤时，要评比碗边金圈的大小及冷后浑出现的快慢与程度。

（3）红碎茶加奶审评时，牛奶加入量不能过多，否则茶汤乳色偏白，茶味不明显，不利于识别茶汤味。

实 验 三　乌龙茶审评

一、引言

　　乌龙茶又称青茶，属于半发酵茶，是我国特种茶类之一。制法包括萎凋、做青、杀青、揉捻、干燥等工序，做青是乌龙茶品质形成的关键工序。乌龙茶的品质特征是外形粗壮紧实，色泽青褐油润，天然花果香浓郁，滋味醇厚甘爽，叶底绿叶红镶边。乌龙茶独特品质特征的形成归于特定生态环境、茶树品种和采制技术的综合作用。

二、 内容说明

乌龙茶主要产于福建、广东及台湾，近年来其他省份也有少量生产。根据产地的不同，乌龙茶分为四类：闽南乌龙茶、闽北乌龙茶、广东乌龙茶和台湾乌龙茶。因品种和产地工艺不同，乌龙茶的品质特征有明显差异（表6－12）。

表6－12　　　　　　　　　　不同产地乌龙茶主要品质特征

产地	外形	香气	汤色	滋味	叶底
闽北乌龙茶	条索紧结壮实，色泽乌润	香气浓郁清长	橙红清澈	醇厚	软亮，红边显
闽南乌龙茶	外形颗粒圆结重实，色泽砂绿油润或乌润	香气馥郁	橙黄或蜜绿	醇厚鲜爽回甘	软亮，匀齐
广东乌龙茶	条索紧结壮实，色泽黄褐油润，似鳝皮色	香气浓郁持久，天然花蜜香	橙黄明亮	浓厚爽滑回甘，耐冲泡	黄亮，叶缘朱红
台湾乌龙茶	条状或颗粒状，色泽翠（或深、砂）绿油润	天然花果香或蜂蜜香	蜜绿，橙（或金或蜜）黄或琥珀色	醇厚甘润	软亮，匀齐

三、实验目的

通过实验，掌握乌龙茶的审评方法，了解不同类型乌龙茶的品质特征及它们之间的品质差异。

四、材料与设备

1. 材料

闽北乌龙茶、闽南乌龙茶、广东乌龙茶、台湾乌龙茶的代表性茶样。

2. 设备

评茶盘、叶底盘、110mL盖碗、150mL审评碗、天平、茶匙、网匙、计时器等。

五、方法与步骤

1. 取样

将茶叶倒出，混合均匀后采用对角四分法取样200g左右用于外形审评。

2. 外形审评

乌龙茶外形审评比条索、色泽、整碎度和净度，以条索、色泽为主。

3. 内质审评（盖碗审评法）

称取样茶 5g，放入 110mL 盖碗中，沸水分三次冲泡。第一泡 1min 后揭盖嗅盖香，2min 后将茶汤滤入审评碗，看汤色、尝滋味；第二次沸水冲泡 2min 后，揭盖嗅盖香，3min 后将茶汤滤入审评碗，看汤色尝滋味；第三次沸水冲泡 3min 后，揭盖嗅盖香，5min 后将茶汤滤入审评碗，看汤色尝滋味，然后嗅评叶底余香，最后评叶底。

六、结果与讨论

（1）将审评结果填入表 6 – 13。

表 6 – 13　　　　　　　　　　不同类型乌龙茶感官审评记录

项目	感官审评评语					备注
	外形	汤色	香气	滋味	叶底	
闽北乌龙茶						
闽南乌龙茶						
广东乌龙茶						
台湾乌龙茶						

（2）分析比较不同类型乌龙茶品质特征的差异。

七、注意事项

（1）乌龙茶审评重视内质，香气和滋味是决定乌龙茶品质的重要条件，其次才是外形和叶底，汤色仅为审评上的参考。

（2）乌龙茶独特的品质与茶树品种、采制技术、地区差异、生产季节有关，审评时要注意加以区分。

实 验 四　白茶审评

一、引言

白茶是我国特种茶类之一，主要产于福建的福鼎市和南平市政和县、建阳区等地，台湾省也有少量生产。白茶属于微（轻度）发酵茶，制法特点是不揉不炒，只经萎凋和干燥两道工序，形成"形态自然，白毫不脱，毫香清鲜，滋味甘和"的品质特征。萎凋是白茶品质形成的关键工序。

二、内容说明

白茶依据鲜叶采摘标准和加工工艺的不同，有白毫银针、白牡丹、贡眉、寿眉等不同花色类型。

白毫银针：用大白茶的肥大芽头制成，芽头满披白毫，色白如银，形状如针，故称白毫银针。白毫银针按产地不同分为北路银针和南路银针两种。

白牡丹：外形自然舒展，二叶抱心，色泽灰绿，汤色橙黄清澈明亮，叶底芽叶各半。因产地不同，品质特征也有差异。

贡眉：用大白茶的嫩叶或菜茶种的瘦小芽叶（一芽二、三叶）制成。色香味不及白牡丹。品质较差的称为寿眉，品质特征外形芽心较小，色泽灰绿稍黄，香气鲜纯，汤色黄亮，滋味清甜，叶底黄绿，叶脉带红。

寿眉：品质次于贡眉，成茶不带毫芽，色泽灰绿带黄，香气低带青气，滋味清淡，汤色杏绿黄，叶底黄绿粗杂。

三、实验目的

通过实验，掌握白茶的审评技术，了解不同类型白茶的品质要求及品质差异（特色）。

四、材料与设备

1. 材料

白毫银针、白牡丹、贡眉茶样。

2. 设备

评茶盘、叶底盘、审评杯、审评碗、天平、茶匙、网匙、计时器等。

五、方法与步骤

1. 取样

将茶叶倒出，混合均匀后采用对角四分法取样200g左右用于外形审评。

2. 外形审评

白茶审评重外形，以嫩度、色泽为主，结合形态和净度。评比嫩度主要比毫心多少、壮瘦及叶张的厚薄。色泽比毫心和叶片的颜色及光泽。评比形态主要看芽叶连枝，叶缘垂卷，破张多少和匀整度。

3. 内质审评

称取样茶3g，放入150mL的审评杯中，沸水冲泡5min，茶汤滤入审评碗，按看汤色、嗅香气、尝滋味、评叶底的顺序评定内质。

白茶内质审评以叶底的嫩度、色泽为主，兼评汤色、香气、滋味。叶底嫩度比老嫩、叶质软硬和匀整度；色泽比颜色和鲜亮度，以芽叶连枝成朵，毫芽壮多，叶质肥软，叶色鲜亮，匀整的好；汤色比颜色和清澈度；香气以毫香浓显，清鲜纯正为好；滋味以鲜爽、醇厚、清甜为好。

六、结果与讨论

（1）将审评结果填入表6-14。

表6-14　　　　　　　　　　不同类型白茶感官审评记录

项目	感官审评评语					备注
	外形	汤色	香气	滋味	叶底	
茶样1						
茶样2						
茶样3						
……						

（2）分析比较不同类型白茶品质特征的差异。

七、注意事项

（1）以黄化或白化叶为原料加工的白茶，其品质特征与采用正常绿色芽叶加工而成的白茶相比，滋味较鲜爽，汤色浅黄，叶底浅黄绿。

（2）采用烘干方法干燥的白茶与自然干燥的白茶品质特征有差异。前者叶色黄绿，叶背银毫显露，叶底黄绿明亮，花香清鲜纯正，而后者叶色黄褐，花香丰富略甜。

实 验 五 黄茶审评

一、引言

黄茶属于轻发酵茶，一般经过杀青、揉捻、闷黄、干燥四道工序加工而成，表现出"三黄"的品质特征。闷黄是黄茶品质形成的关键工序。黄茶主产区有四川、湖南、浙江、安徽、广东等省。

二、内容说明

根据鲜叶老嫩的不同，黄茶分为黄芽茶、黄小茶和黄大茶三种（表6-15）。

表6-15　　　　　　　　　　不同黄茶主要品质特征

分类		品质特征
黄芽茶	君山银针	外形芽头肥壮挺直，匀齐，满披茸毛，色泽金黄光亮，称"金镶玉"；内质香气清鲜，汤色浅黄，滋味甜爽
	蒙顶黄芽	外形芽叶整齐，形状扁直，肥嫩多毫，色泽金黄；内质香气清纯，汤色黄亮，滋味甘醇，叶底嫩匀，黄绿明亮
	莫干黄芽	外形紧细匀齐略勾曲，茸毛显露，色泽黄绿油润；内质香气嫩香持久，汤色澄黄明亮，滋味醇爽可口，叶底幼嫩似莲心
黄小茶	沩山毛尖	外形叶边微卷成条块状，金毫显露，色泽嫩黄油润；内质香气有浓厚的松烟香，汤色杏黄明亮，滋味甜醇爽口，叶底芽叶肥厚

续表

分类		品质特征
黄小茶	北港毛尖	外形条索紧结重实卷曲，白毫显露，色泽金黄；内质香气清高，汤色杏黄明亮，滋味醇厚，耐冲泡
	平阳黄汤	外形条索紧结匀整，锋毫显露，色泽绿中带黄油润；内质香高持久，汤色浅黄明真，滋味甘醇，叶底匀整黄明亮
黄大茶	霍山黄大茶	外形叶大梗长，梗叶相连，色泽黄褐鲜润；内质香气有突出的高爽焦香，似锅巴香，汤色深黄明亮，滋味浓厚，耐冲泡，叶底黄亮
	广东大叶青	外形条索肥壮卷壮，身骨重实，老嫩均匀，显毫，色泽青润带黄，或青褐色；内质香气纯正，汤色深黄明亮，滋味浓醇回甘，叶底浅黄色，芽叶完整

三、实验目的

通过实验，掌握黄茶的审评技术，了解不同类型黄茶的品质特征。

四、材料与设备

1. 材料

蒙顶黄芽、沩山毛尖、霍山黄大茶茶样。

2. 设备

评茶盘、叶底盘、审评杯、审评碗、天平、茶匙、网匙、计时器等。

五、方法与步骤

1. 取样

将茶叶倒出，混合均匀后采用对角四分法取样200g左右用于外形审评。

2. 外形审评

黄茶外形审评看梗叶完整性和条形、色泽，以梗长而壮、叶大而肥厚、梗叶不断损为好。

3. 内质审评

称取样茶3g，放入150mL的审评杯中，沸水冲泡5min，茶汤滤入审评碗，按看汤色、嗅香气、尝滋味、评叶底的顺序评定内质。

六、结果与讨论

（1）将审评结果填入表6－16。

表6－16 不同类型黄茶感官审评记录

项目	感官审评评语					备注
	外形	汤色	香气	滋味	叶底	
茶样1						
茶样2						
茶样3						
……						

（2）分析比较不同类型黄茶品质特征的差异。

七、注意事项

黄茶审评以汤深黄、味浓厚、叶底黄色、耐冲泡、梗长而壮、叶大而肥厚、梗叶不断损为好，忌茶梗折断、脱皮、皮皱缩及有烟、酸、霉味等。

实 验 六 黑茶审评

一、引言

黑茶属于后发酵茶，利用其制作过程中特殊的工序"渥堆"，使微生物参与物质转化，造就黑茶味醇而少爽、味厚而不涩的品质特征。我国黑茶主产区有湖南、云南、湖北、四川、广西等地。

二、内容说明

由于原料不同，加工工艺不同，不同黑茶产区形成了各自独特的产品形式和品质特征（表 6 - 17）。

表 6 - 17　　　　　　　　　部分产地黑茶主要品质特征

品名		品质特征
湖南黑茶	散装黑茶	外形条索尚紧、圆直，色泽尚黑润，内质香气纯正，带松烟香，汤色橙黄，滋味较醇和，叶底黄褐
	茯砖茶	长方砖形，砖面平整，厚薄一致，松紧适度，金花普遍茂盛，砖面褐黑色或黄褐色，砖内无杂菌；内质香气纯正或有松烟香，有菌香，汤色橙黄，滋味醇和或纯和，叶底黄褐均匀
四川黑茶	康砖	圆角长方形，外形砖面平整紧实，洒面明显，色泽棕褐；内质香气纯正，汤色红褐尚明，滋味尚浓醇，叶底棕褐稍花
	茯砖	砖形完整，松紧适度，黄褐显金花；内质香气纯正，汤色红亮，滋味纯和，叶底棕褐
云南普洱茶	散茶	外形条索肥壮、重实，色泽褐红，呈猪肝色或灰白色；内质汤色红浓明亮；香气有独特的陈香；滋味醇厚回甜；叶底厚实呈褐红色
	饼茶	外形圆形端正匀称，松紧适度，色泽黑褐油润；内质陈香显露，汤色深红明亮，滋味醇厚滑润，叶底猪肝色亮软
湖北老青砖		外形紧结平正，棱角整齐，砖面光滑，色泽青褐，压印纹理清晰；内质香气纯正，汤色橙红，滋味纯和，叶底暗褐粗老
广西六堡茶		外形条索粗壮成块状，色泽黑褐光润；内质汤色红浓、香味陈醇带槟榔香，间有金花，叶底黑褐色。"红、浓、陈、醇"四绝

三、实验目的

通过实验，掌握黑茶的审评技术，了解不同类型黑茶的品质特征。

四、材料与设备

1. 材料

黑茶代表茶样［如普洱茶（熟茶）、六堡茶、茯砖茶等］。

2. 设备

评茶盘、叶底盘、审评杯、审评碗、天平、茶匙、网匙、计时器等。

五、方法与步骤

1. 外形审评

黑散茶外形审评以嫩度和条索为主，兼评净度、色泽和干香。

黑茶压制茶外形审评应比照标准样进行实物评比，参考本章实验八"压制茶审评"。

2. 内质审评

采用两次冲泡法。称取样茶 5g，放入 250mL 的审评杯中，第一次沸水冲泡 2min，茶汤滤入审评碗，看汤色、嗅香气、尝滋味。第二次沸水冲泡 5min，茶汤滤入审评碗，看汤色、嗅香气、尝滋味、评叶底。汤色以第一次冲泡结果为准，香气、滋味、叶底以第二次冲泡结果为准。

六、结果与讨论

（1）将审评结果填入表 6 – 18。

表 6 – 18　　　　　　　　　　　　　不同类型黑茶感官审评记录

项目	感官审评评语					备注
	外形	汤色	香气	滋味	叶底	
茶样 1						
茶样 2						
茶样 3						
……						

（2）分析比较不同类型黑茶品质特征的差异。

七、注意事项

（1）同一种黑茶进行审评时，要注意年份不同品质有差异，年份越长，茶色越深，味越醇。

（2）不同类型的黑茶进行审评时，要注意其应有的品质特点，不要一概而论。如外形松紧度，黑砖、青砖、米砖、花砖是越紧越好，茯砖、饼茶、沱茶就需要松紧适度。审评色泽，金尖要猪肝色，紧茶要乌黑油润，六堡茶、饼茶要黑褐油润，茯砖要黄褐色，康砖要棕褐色。

实 验 七 茉莉花茶审评

一、引言

花茶是将茶坯与鲜花窨制而成的一类再加工茶。茶坯主要是烘青，还有部分长炒青，少量珠茶、红茶及乌龙茶。用来窨制花茶的鲜花有茉莉花、白兰花、珠兰花、玳玳花、柚子花、桂花、玫瑰花等。花茶既具有茶叶纯正的滋味，也具有芬芳的花香。

二、内容说明

茉莉花茶是我国花茶中最主要的产品，产于广西、福建、广东、四川等地。茉莉花茶因所采用的茶坯原料的不同，有茉莉炒青、茉莉烘青、花龙井、特种茉莉花茶等（表6-19）。

表 6-19 不同茉莉花茶主要品质特征

品种		品质特征
茉莉烘青		高档茶外形条索紧细匀整、平伏、色泽绿带褐油润；内质香气浓郁芬芳、鲜灵持久、纯正；滋味醇厚；汤色淡黄、清澈明亮
茉莉炒青		高档茶外形条索紧结、匀整、平伏，色泽绿黄油润；内质香气鲜浓纯；滋味浓醇；汤色黄绿亮
特种茉莉花茶	茉莉银针	外形全芽肥壮、披毫，匀整，色嫩黄润泽；香气鲜灵、浓郁、纯正、鲜爽、持久；汤色嫩黄明亮；滋味甘醇爽口；叶底全芽、肥、厚、实，嫩绿明亮
	茉莉绣球	外形圆结呈颗粒形、匀整、显毫，色褐黄润泽；香气较浓郁、持久；汤色嫩黄较明亮；滋味较醇爽；叶底芽叶成朵、嫩软，较绿明亮
	茉莉毛尖	外形细紧卷曲、多毫，匀整，色嫩黄润泽；香气鲜灵、浓郁、纯正、鲜爽、持久；汤色嫩黄明亮；滋味醇厚甘爽；叶底嫩厚成朵，嫩绿明亮

三、实验目的

通过实验，掌握花茶的审评技术，了解不同级别和不同类型茉莉花茶的品质差异。

四、材料与设备

1. 材料

不同级别或类型的茉莉花茶茶样 2~4 个。

2. 设备

评茶盘、叶底盘、审评杯、审评碗、天平、茶匙、网匙、计时器等。

五、方法与步骤

1. 取样

将茶叶倒出，混合均匀后采用对角四分法取样 200g 左右用于外形审评。

2. 外形审评

对照花茶茶坯级型标准样，评比条索、嫩度、整碎和净度。

3. 内质审评

（1）单杯冲泡法　采用单杯两次冲泡法。称取茶样 3g，放入 150mL 的审评杯中，第一次沸水冲泡 3min，茶汤滤入审评碗中，审评香气的鲜灵度、滋味鲜爽度，第二次沸水冲泡 5min，茶汤滤入审评碗中，审评香气的浓度和纯度，然后审评汤色和滋味，最后审评叶底。

（2）双杯冲泡法　采用双杯两次冲泡法。称取两份样茶 3g，各放入 150mL 的审评杯中。第 1 杯采用两次冲泡法，只评香气。第一次冲泡 3min，审评香气的鲜灵度，第二次冲泡 5min，评香气的浓度、纯度和持久度。第二杯采用一次冲泡法，冲泡 5min，专门审评汤色、滋味和叶底。

六、结果与讨论

（1）将审评结果填入表 6 - 20。

表 6 - 20　　　　　　　　　不同类型（级别）花茶感官审评记录

项目	感官审评评语					备注
	外形	汤色	香气	滋味	叶底	
茶样 1						
茶样 2						
茶样 3						
茶样 4						

（2）分析比较不同类型（级别）花茶品质特征的差异。

七、注意事项

花茶审评内质时，必须把其中的花蕾、花瓣、花蒂等拣去，以免影响花茶的香气和滋味。

实 验 八　压制茶审评

一、引言

压制茶又称紧压茶，是原料经精制分级后采用高压蒸汽把茶坯蒸软，放在模盒内紧压成砖形或饼形等形状而成。

二、内容说明

紧压茶根据所采用的原料，可分为紧压黑茶、紧压红茶、紧压绿茶和紧压乌龙茶。

紧压黑茶包括：湖南黑砖、花砖、茯砖茶；四川茯砖茶；湖北青砖茶；云南紧茶、七子饼茶；广西六堡砖茶等。

紧压绿茶包括：重庆沱茶、云南沱茶、普洱方茶等。

紧压红茶：一般由红茶粉末压制而成，如湖北米砖。

紧压乌龙茶：如漳平水仙茶饼（纸包茶）。

三、实验目的

通过实验，掌握压制茶的审评技术，了解不同类型压制茶的品质差异。

四、材料与设备

1. 材料

不同类型压制茶茶样。

2. 设备

评茶盘、叶底盘、审评杯、审评碗、天平、茶匙、网匙、计时器等。

五、方法与步骤

1. 外形审评

压制茶外形审评应比照标准样进行实物评比。

分里面茶：如青砖、米砖、康砖、紧茶、饼茶等，评外形的匀整度、松紧度和洒面。匀整度看形态是否端正，棱角是否整齐，压模纹理是否清晰；松紧度看厚薄、大小是否一致，紧厚是否适度；洒面看是否包心外露，起层落面。

不分里面茶：压制成篓装的成包或成块产品，如湘尖、六堡茶等，外形评比梗叶老嫩及色泽，有的评比条索和净度。压制成砖型的产品如黑砖、茯砖、花砖、金尖等，外形评比匀整、松紧、嫩度、色泽、净度等。茯砖、六堡茶加评"发花"，以金花茂盛、普遍、颗粒大的为好。

2. 内质审评

（1）冲泡法　称取茶样 3g，放入 150mL 的审评杯中，沸水冲泡 8min，茶汤滤入审评碗中，按看汤色、嗅香气、尝滋味、评叶底的顺序评定内质。

（2）煮渍法　称取茶样 5g，放入 500mL 的烧杯中，加沸水 250mL，电炉上煮 10～15min 后，茶汤滤入审评碗中，按看汤色、嗅香气、尝滋味、评叶底的顺序评定内质。

六、结果与讨论

（1）将审评结果填入表 6 – 21。

项目	感官审评评语					备注
	外形	汤色	香气	滋味	叶底	
茶样 1						
茶样 2						
茶样 3						
……						

表 6－21　　　　　　　　不同类型压制茶感官审评记录

（2）分析比较不同类型压制茶品质特征的差异。

七、注意事项

（1）同一种压制茶审评时，要注意年份不同则品质有差异，一般年份越长茶色越深、味越醇。

（2）不同类型压制茶审评时，要注意其应有的品质特点，不要盲目趋同。如外形松紧度，黑砖、青砖、米砖、花砖是越紧越好，茯砖、饼茶、沱茶就需要松紧适度。审评色泽，金尖要猪肝色，紧茶要乌黑油润，六堡茶、饼茶要黑褐油润，茯砖要黄褐色，康砖要棕褐色。

实 验 九　陈茶审评

一、引言

陈茶是指存放时间达 1 年以上的茶，即使保管得当，茶性良好，也称为陈茶。多数茶叶品种新茶比陈茶好，但并不是所有茶叶都是如此。比如福建的武夷岩茶，隔年陈茶反而香气馥郁、滋味醇厚；湖南的黑茶、湖北的汉砖茶、广西的六堡茶、云南的普洱茶等，只要存放得当，也不仅不会变质，甚至能提高茶叶品质。

二、内容说明

茶叶在存放过程中，在光、热、水、气的作用下，品质成分发生缓慢地氧化或缩合，产生陈色、陈味和陈气。

陈色：茶叶在贮存过程中，受空气中氧气和光的作用，使构成茶叶色泽的一些色素物质发生缓慢的自动分解。如绿茶中叶绿素分解的结果，使色泽由新茶时的青翠嫩绿逐渐变得枯灰黄绿。红茶中茶多酚的过度氧化，使红茶由新茶时的乌润变成灰褐。

陈味：茶叶中酯类物质氧化，使可溶于水的有效成分减少，从而使滋味由醇厚变得淡薄；同时，由于茶叶中氨基酸的氧化，使茶叶的鲜爽味减弱而变得"滞钝"。

陈气：由于香气物质的氧化、缩合和缓慢挥发，茶叶由清香馥郁变得低闷混浊。

三、实验目的

通过实验，了解陈茶的品质特征，进一步理解陈茶品质变化的原因。

四、材料与设备

1. 材料

陈绿茶或红茶、当年产同级别新绿茶或红茶。

2. 设备

评茶盘、叶底盘、审评杯、审评碗、天平、茶匙、网匙、计时器等。

五、方法与步骤

参考绿茶或红茶审评方法。

六、结果与讨论

（1）将审评结果填入表6-22。

表6-22 陈茶感官审评记录

项目	感官审评评语					备注
	外形	汤色	香气	滋味	叶底	
新茶1						
陈茶1						
新茶2						
陈茶2						
……						

（2）比较新茶和陈茶品质特征的差异并分析其原因。

七、注意事项

陈茶和同级别新茶对比审评时，只在外形的嫩度和形态等方面有可比性，而在干茶色泽、内质等其他方面不能相提并论。

实 验 十 速溶茶审评

一、引言

速溶茶又名萃取茶、茶精等，是茶叶经提取、浓缩、干燥等深加工工艺后制成的一种颗粒状、速溶方便型茶叶饮料。20世纪40年代始于英国，我国于20世纪70年代开始生产，产量并不高。

二、内容说明

速溶茶是茶叶水溶性物质经浓缩、干燥制成的一种茶叶饮料，冲泡后无茶渣，香味不及普通茶浓醇，可分为纯茶速溶茶和调味速溶茶两种。纯味速溶茶有速溶红茶、速溶绿茶、速溶乌龙茶、速溶普洱茶等，调味速溶茶有速溶柠檬红茶、速溶玫瑰普洱茶、速溶茉莉花茶等。

三、实验目的

通过实验，掌握速溶茶的审评技术，了解其品质特征。

四、材料与设备

1. 材料

速溶茶茶样若干。

2. 设备

250mL透明玻璃杯、天平、茶匙、网匙、计时器等。

五、方法与步骤

1. 外形审评

外形评比形状和色泽。根据干燥方式不同，形状分珍珠颗粒状（采用喷雾干燥为主）、不定型颗粒状（采用冷冻真空干燥为主）和卷片状（采用真空干燥为主）。色泽要求速溶红茶为红黄、红棕或红褐色，鲜活光泽；速溶绿茶则呈黄绿色或黄色，鲜活有光泽。

2. 内质审评

内质评比速溶性、汤色和香味。称取0.75g速溶茶两份，放入250mL无色透明的玻璃杯中，分别用150mL冷开水（15℃）和沸水冲泡，进行内质审评。

（1）速溶性　在冷水和热水中的溶解程度，有无浮面沉淀现象。溶于10℃以下的称为冷溶性速溶茶，溶于40～60℃的称为热溶性速溶茶。

（2）汤色　冷泡要求汤色清澈，速溶红茶色泽红亮或深红明亮，速溶绿茶黄绿明亮或黄亮；热泡要求汤色清澈透亮，速溶红茶色泽红艳或深艳，速溶绿茶黄绿或黄而鲜艳。

（3）香味　速溶茶要求香味具有原茶风格，有鲜爽感，香味正常，无酸馊气味和其他异味。

六、结果与讨论

（1）将审评结果填入表6-23。

表 6 – 23 速溶茶感官审评记录

项目	感官审评评语				备注
	外形	速溶性	汤色	香气	
茶样 1					
茶样 2					
茶样 3					
……					

（2）分析比较不同速溶茶的品质特征。

七、注意事项

速溶性是衡量速溶茶品质的重要因子之一，热溶性速溶茶香气滋味高于冷溶性。进行感官审评时，必须先了解其溶解特性，在同一速溶特性样品中进行相关因子的审评，这样才能准确判断速溶茶的品质。

参 考 文 献

［1］施兆鹏．茶叶审评与检验［M］．4 版．北京：中国农业出版社，2010.

［2］农艳芳．茶叶审评与检验［M］．北京：中国农业出版社，2011.

［3］潘玉华．茶叶加工与审评技术实训指导［M］．厦门：厦门大学出版社，2011.

［4］夏涛．制茶学［M］．3 版．北京：中国农业出版社，2015.

［5］季玉琴．速溶茶的审评方法［J］．中国茶叶加工，1996（4）：38 – 40.

［6］李远华．茶［M］．北京：中国农业出版社，2012.

第七章　茶叶生物化学实验

实 验 ① 茶叶中水分的测定——直接干燥法

一、引言

茶叶水分的多少是影响茶叶加工、贮藏过程的一个重要指标。茶叶水分含量的高低不仅会影响到茶叶的弹性、单位体积质量等物理性状，还会影响到茶叶内含物质的化学变化、生物化学变化以及微生物的生长。测定茶叶水分对指导茶叶加工技术、评价茶叶品质具有重要作用。

二、实验原理

茶叶中水分测定参照 GB 5009.3—2016《食品安全国家标准　食品中水分的测定》进行，本实验采用其直接干燥法。

利用食品（茶叶）中水分的物理性质，在 101.3kPa（一个标准大气压）、温度 101～105℃条件下采用挥发方法测定样品中干燥减失的质量，包括吸湿水、部分结晶水和该条件下能挥发的物质，再通过干燥前后的称量数值计算出水分含量。

三、实验目的

通过本实验学习茶叶中水分测定的方法与原理，为茶叶品质评价、茶叶加工、贮藏和贸易提供技术参考。

四、材料与设备

扁形铝制或玻璃制称量瓶、电热恒温干燥箱、干燥器（内附有效干燥剂）、天平（感量为 0.1mg）。

五、方法与步骤

取洁净铝制或玻璃制的扁形称量瓶，置于 101～105℃干燥箱中，瓶盖斜置于瓶边，加热 1.0h，取出盖好，置干燥器内冷却 0.5h，称量，并重复干燥至前后两次质量差不超过 2mg，即为质量恒定。将混合均匀的试样迅速磨细至颗粒小于 2mm，不易研磨的样品应尽可能切碎，称取 2～10g 试样（精确至 0.0001g），放入此称量瓶中，试样厚度不超过 5mm，如为疏松试样，厚度不超过 10mm，加盖，精密称量后，置于 101～105℃ 干燥箱中，瓶盖斜置于瓶边，干燥 2～4h 后，盖好取出，放入干燥器内冷却 0.5h 后称量。然后再放入 101～105℃ 干燥箱中干燥 1h 左右，取出，放入干燥器内冷却 0.5h 后再称量。并重复以上操作至前后两次质量差不超过 2mg，即为质量恒定。

六、结果与讨论

（1）记录实验条件及测量数据。

（2）试样中的水分含量，按式 7－1 进行计算：

$$X = \frac{m_1 - m_2}{m_1 - m_3} \times 100 \tag{7-1}$$

式中　X——试样中水分的含量，g/100g

　　　m_1——称量瓶和试样的质量，g

　　　m_2——称量瓶和试样干燥后的质量，g

　　　m_3——称量瓶的质量，g

　　　100——单位换算系数

水分含量 ≥1g/100g 时，计算结果保留三位有效数字；水分含量 <1g/100g 时，计算结果保留两位有效数字。

七、注意事项

（1）两次质量恒定值在最后计算中取质量较小的一次称量值。

（2）试样应迅速研碎至颗粒（小于 2mm），磨碎后应妥善保存，防止暴露在空气中吸水。

（3）试样放入称量瓶中时，厚度不宜太厚。

实 验 二　茶叶水浸出物含量的测定

一、引言

茶叶中水浸出物是指能溶解于水，在冲泡过程中能进入茶汤的无机和有机化合物，其含量的多少决定了茶汤的口感和汤色。因此，测定茶叶中水浸出物含量很有必要，是评价茶叶品质的一个重要指标。

二、实验原理

用沸水回流提取茶叶中的可溶性物质，再经过滤、冲洗、干燥、称量浸提后的茶渣，计算出水浸出物含量。

三、实验目的

通过本实验学习茶叶水浸出物含量的测定方法和原理，为茶叶品质评价、茶叶加工、贮藏和贸易提供技术参考。

四、材料与设备

电子天平（感量 0.001g）、鼓风电热干燥箱［控温（120 ± 2）℃］、铝质或玻璃烘皿（具盖，内径 75 ~ 80cm）、干燥器（内装有效干燥剂）、水浴锅、锥形瓶（500mL）、布氏漏斗连同减压抽滤装置、磨碎机（装有孔径为 3mm 的筛子）。

五、方法与步骤

1. 试样制备

先用磨碎机将少量试样磨碎，弃去，再磨碎其余部分。

2. 烘皿准备

将烘皿连同 15cm 定性快速滤纸置于（120 ± 2）℃的干燥箱内，皿盖打开斜置于皿边，加热 1h，加盖取出，于干燥器内冷却至室温，称量（准确至 0.001g）。

3. 测定

称取 2g（准确至 0.001g）磨碎试样于 500mL 锥形瓶中，加沸蒸馏水 300mL，立即移入沸水浴中，浸提 45min（每隔 10min 摇动一次）。浸提完毕后立即趁热减压过滤（用已干燥的定性滤纸）。用约 150mL 沸蒸馏水洗涤茶渣数次，将茶渣连同已知质量的滤纸移入烘皿内，然后移入（120 ± 2）℃的恒温干燥箱中，皿盖打开斜置于皿边，加热 1h，加盖取出，冷却 1h 后再烘 1h，立即移入干燥器内冷却至室温，称量（准确至 0.001g）。

六、结果与讨论

（1）记录实验条件及测量数据。

（2）茶叶中水浸出物以干态质量分数（%）表示，按式 7 - 2 计算：

$$水浸出物含量 = \frac{1 - m_1}{m_0 \times \omega} \times 100\% \tag{7 - 2}$$

式中　m_0——试样的质量，g

　　　m_1——干燥后的茶渣质量，g

　　　ω——试样干物质含量，%

七、注意事项

（1）试样应研碎至颗粒（粒径约 3mm），以保证内含物充分浸出。

（2）减压过滤时，定性滤纸应提前置烘箱中干燥。

实 验 三　茶叶中茶多酚类含量的测定——福林酚法

一、引言

茶多酚是茶叶中多酚类物质的总称，具有苦涩味，对茶汤的滋味和茶叶保健功能有非常重要的影响。药理学研究表明，茶多酚对心血管系统疾病、癌症等具有一定的防治效果。因此，检测茶多酚总量对评价茶叶品质具有非常重要的作用。同时，对于茶叶深加工产品如速溶茶、茶饮料、茶叶功能性提取物等的品质评价也有重要作用。

二、实验原理

本法采用 GB/T 8313—2008《茶叶中茶多酚和儿茶素类含量的检测方法》进行。本法由于采用没食子酸为标准品，适用范围较宽，不仅可以用于测定茶叶中茶多酚类含量，而且还可适用于茶叶深加工产品如茶叶提取物、速溶茶等。

茶叶磨碎试样中的茶多酚用 70% 的甲醇在 70℃水浴上提取，在碱性条件下，福林酚试剂可氧化茶多酚中的—OH 基团并显示蓝色，最大吸收为 765nm，用没食子酸作校正标准，根据标准曲线定量茶多酚。

三、实验目的

通过本实验学习茶叶中茶多酚类含量的测定方法和原理，为茶叶及茶叶深加工产品品质评价提供技术参考。

四、材料与设备

1. 材料

重蒸水、甲醇（分析纯）、碳酸钠（分析纯）、70%甲醇水溶液（体积比 7:3）、福林酚试剂（分析纯）。

7.5% Na_2CO_3 溶液（质量分数）：称取 37.50g Na_2CO_3，加适量水溶解，转移至 500mL 容量瓶中，定容至刻度，摇匀（室温下可保存 1 个月）。

没食子酸标准贮存溶液（1mg/mL，现配）：称取 0.110g 没食子酸（GA，相对分子质量 188.14）于 100mL 容量瓶中溶解，定容至刻度，摇匀，避光保存。

没食子酸工作液：用移液管分别移取 1.0、2.0、3.0、4.0、5.0mL 的没食子酸标准贮存液于 100mL 容量瓶中，分别用水定容至刻度，摇匀，质量浓度分别为 10、20、30、40、50μg/mL。

2. 设备

电子天平（感量分别为 0.0001g 和 0.01g）、分光光度计、恒温水浴锅、低速离心机、移液管、容量瓶（10、100、250、500mL）、10mL 离心管、10mL 具塞刻度试管。

五、方法与步骤

1. 试样含水率测定

按 GB 5009.3—2016《食品安全国家标准 食品中水分的测定》进行。

2. 供试液的制备

称取 0.2g（精确至 0.0001g）磨碎试样于 10mL 离心管中，加入在 70℃水浴中预热过的 70%甲醇溶液 5mL，用玻璃棒充分搅拌均匀湿润，立即移入 70℃水浴中，浸提 10min（每隔 5min 搅拌一次），浸提后冷却至室温，转入离心机在 3500r/min 转速下离心 10min，将上清液转移至10mL容量瓶。残渣再用5mL的70%甲醇溶液提取一次，重复以上操作。合并提取液定容至10mL，摇匀备用，即为母液（该提取液在4℃下可保存24h）。

移取定容后的母液1.0mL于100mL容量瓶中，用水定容至刻度，摇匀，即为测试液。

3. 测定

用移液管分别移取系列没食子酸工作液、水（作空白对照）及测试液各1.0mL于10mL具塞刻度试管中，在每个试管内分别加入5.0mL 10%福林酚试剂，摇匀。反应3~8min内，加入4.0mL 7.5% Na_2CO_3溶液，摇匀。室温下放置60min。用10mm比色皿，在765nm波长处测定吸光度（A）。

4. 标准曲线的制作

根据没食子酸工作液的吸光度（A）于各工作液的没食子酸浓度，制作标准曲线。以没食子酸浓度（μg/mL）为横坐标，对应的吸光度（A）为纵坐标，求得线性回归方程和相关系数。

六、结果与讨论

1. 含量计算

样品中茶多酚含量按式7-3计算：

$$茶多酚含量(\%) = \frac{A \times V \times d}{SLOPE_{std} \times m \times 10^6 \times \omega} \times 100 \tag{7-3}$$

式中　A——样品测试液吸光度

V——样品提取液体积，10mL

d——稀释因子（通常为1mL稀释成100mL，则其稀释因子为100）

$SLOPE_{std}$——没食子酸标准曲线的斜率

ω——样品干物质含量，%

m——样品质量，g

2. 重复性

同一样品的两次测定值之差，每100g试样不得超过0.5g，若测定值相对误差在此范围，则取两次测定值的算术平均值为结果，保留小数点后一位。

七、注意事项

样品吸光度应在没食子酸标准工作曲线的标准范围内，若样品吸光度高于50μg/mL浓度的没食子酸标准工作液的吸光度，则应重新配制高浓度没食子酸标准工作液进行校准。

实 验 ④ 茶叶中游离氨基酸总量的测定

一、引言

茶叶中游离氨基酸是茶汤的主要成分，它对茶汤的鲜甜味有重要作用，且与茶叶品质成高度的正相关。此外，在茶叶加工过程中氨基酸在热力等作用下，通过美拉德反应，Strecker 降解等形成醛类等香气物质，从而影响茶叶品质。因此，氨基酸是评判茶叶品质的一个重要指标。

二、实验原理

氨基酸、多肽或蛋白质，一般是无色物质，需用适当的试剂，使鉴定物质显出一定的颜色，借以测定其含量。氨基酸为水溶性物质，可用沸水浸提。氨基酸显色剂的种类很多，其灵敏度也不相同，有的用于纸上显色，有的则适用于溶液显色，有些显色剂与氨基酸、多肽、蛋白质所生成的有色物质与其含量成正比，如茚三酮、吲哚醌，因此可作定量测定。

茚三酮比色法是茶叶经浸提后，氨基酸溶于水，在缓冲液中与茚三酮同时加温时，α-氨基酸可与茚三酮形成紫色的缩合物，紫色的深浅与氨基酸含量成正相关。然后用分光光度法或比色法直接测定吸光度，根据吸光度大小折算成氨基酸的含量。

三、实验目的

通过学习茶叶游离氨基酸含量的测定方法和原理，为茶叶品质评价、茶叶加工、贮藏和贸易提供技术参考。

四、材料与设备

1. 材料

（1）pH8.04 磷酸缓冲液

①A 液：称取磷酸二氢钾（KH_2PO_4）2.268g 用水溶解定容至 250mL；或（9.073g 溶于 1000mL）中。

②B 液：称 $Na_2HPO_4 \cdot 2H_2O$ 11.878g，或无水 Na_2HPO_4 称 9.467g 溶于 1000mL 水中。

取 A 液 0.5mL 加 B 液 9.5mL 即配成 pH 约 8.04 的缓冲液。具体用量可按此比例配制。

（2）3.2% 茚三酮试剂　称取 1g 茚三酮加 25mL 水和 40mg 氯化亚锡（$SnCl_2 \cdot 2H_2O$），溶解后摇匀过滤，滤液置暗处一夜，定容至 50mL，置暗处可用数月。

2. 设备

电子天平（感量为 0.001g）、分光光度计、吸滤装置、恒温水浴锅。

五、方法与步骤

1. 标准曲线的制作

称取茶氨酸 100mg（或谷氨酸 147.13mg）溶于 100mL 水中，然后用水稀释成如下浓度：40、80、160、240、320μg/mL。分别移取以上浓度溶液 1.0mL 置于 25mL 容量瓶中，加 0.5mL 缓冲液，再加茚三酮显色剂 0.5mL，在沸水浴中加热 15min，待冷却后加水定容至 25mL。放置 10~15min，于波长 570nm 处，用 10mm 比色皿，测定其吸光度（A）。以 A 值为纵坐标、氨基酸质量浓度（μg/mL）为横坐标作图，得标准曲线并求可求得线性回归方程。

2. 试样的制备

准确称取 3.00g 茶样于 500mL 锥形瓶中，加沸水 450mL，在沸水浴中浸提 45min（每 10min 摇一次）趁热过滤，冷却后定容至 500mL，得供试液（或称取茶样 1.00g，加沸水 80mL，沸水浴浸提 30min，趁热过滤，定容至 100mL）。

3. 比色

吸取试液 1.0mL 置于 25mL 容量瓶中，再加 0.5mL 磷酸盐缓冲液，加 2% 茚三酮水溶液 0.5mL，在沸水浴中加热 15min，冷却后，加水定容至 25mL，放置 10～15min，于波长 570nm 处，用 10mm 比色皿。空白用 1mL 蒸馏水作同样处理。

六、结果与讨论

（1）记录实验条件及测量数据。

（2）根据式 7-4 求得茶叶中氨基酸总量：

$$氨基酸(\times 10\mu g/g) = \frac{\dfrac{c}{1000} \times \dfrac{V}{V_1}}{m} \times 100 \tag{7-4}$$

式中　c——根据 A 值由线性回归方程求得的质量浓度，μg/mL

　　　V——样品总体积，mL

　　　V_1——被测液体积，mL

　　　m——样品干质量，g

七、注意事项

（1）在水浴中加热时，必须将容器绝大部分浸在水浴中，严格控制时间与温度。

（2）沸水中取出后，必须待冷至室温后，方可用水定容至刻度。

（3）比色时间必须在 1～2h 内完成，否则，将影响显色结果。

（4）标准曲线的制作，必须重复数次，无茶氨酸时，可用谷氨酸代替（谷氨酸称取 147.13mg）。

（5）严格注意缓冲液 pH。

实验 五　茶叶中黄酮类化合物总量的测定

一、引言

黄酮类化合物是茶多酚的重要组分，含量高低直接影响茶叶品质。利用它与某些物质的颜色反应可测定茶叶中含量，鉴定其品质。常用的测定方法有三氯化铝比色法、硼酸、柠檬酸比色法等，本实验采用三氯化铝比色法测定黄酮类总量。

二、实验原理

茶叶中黄酮类化合物与三氯化铝作用后，生成黄酮的铝络合物，为黄色，且颜色的深浅与黄酮含量成一定比例关系，与标准曲线比较，可作定量分析。茶叶中黄酮类物质大部分是以糖苷的形式存在的，因此可采用黄酮苷为基准物质作定量标准曲线。

三、实验目的

通过学习茶叶黄酮类化合物含量的测定方法，为茶叶品质评价、茶叶加工、贮藏和贸易提供技术参考。

四、材料与设备

1. 材料

磨碎茶样、1%三氯化铝溶液（称取 $AlCl_3 \cdot 6H_2O$ 1.7567g，加水溶解后，定容至100mL）。

2. 设备

分光光度计、烧杯、容量瓶、移液管、水浴锅等。

五、方法与步骤

1. 供试液制备

称取茶叶磨碎干样 2.00g 于 100mL 三角瓶，加沸蒸馏水 80mL，置沸水浴中提取30min，过滤于 100mL 容量瓶，滤液加水定容至 100mL，摇匀即为供试液。

2. 比色测定

吸取供试液 0.5mL，加 1% $AlCl_3$ 水溶液 10mL，摇匀，10min 后，用 721 型分光光度计，用 10mm 比色杯在 420nm 波长处比色，蒸馏水做空白，测定吸光度（A），根据吸光度等于 1.00 时相当于 320mg 黄酮苷计算含量。

六、结果与讨论

茶叶中黄酮苷的含量，按式 7 - 5、式 7 - 6 计算：

$$黄酮苷(mg/g) = \frac{A \times 320}{1000} \times \frac{供试液总体积(mL)}{吸取试液量(mL) \times 样品干质量(g)} \qquad (7-5)$$

将本实验数据代入，即：

$$黄酮苷(mg/g) = \frac{A \times 320}{1000} \times \frac{100}{0.5 \times 2} = A \times \frac{3200}{1000} = 32A \qquad (7-6)$$

七、注意事项

（1）浸提时每隔 10min 摇动三角瓶，以使茶样中黄酮类物质充分浸出。

（2）320 为经验系数。

实 验 ⑥ 茶叶中儿茶素总量的测定——香荚兰素比色法

一、引言

儿茶素类物质是茶多酚的主要成分，也是茶叶中含量最高的生物活性物质，与茶叶品质呈正相关。儿茶素的氧化程度是茶叶分类的一个重要依据，它的含量高低是茶鲜叶适制性的重要判断指标之一。

二、实验原理

儿茶素和香荚兰素在强酸条件下产生橘红至紫红色产物，红色的深浅和儿茶素的含量成一定的比例关系。该反应不受花青素和黄酮苷的干扰，在某种程度上可以说，香荚兰素是儿茶素的特意显色剂，显色灵敏度高，最低检出量可达 $0.5\mu g$。本方法适用于茶鲜叶、成品茶以及茶叶制品中儿茶素总量的测定。

三、实验目的

通过学习茶叶黄酮类化合物含量的测定方法，为茶叶品质评价、茶叶加工、贮藏和贸易提供依据。

四、材料与设备

1. 设备

电子天平（感量 0.01g）、分光光度计、恒温水浴锅、蛇形或直形冷凝管、100mL磨口锥形瓶、$5\sim20\mu L$ 可调微量移液器、10mL 具塞刻度试管。

2. 材料

1%香荚兰素盐酸溶液（现配现用）：称取 1.0g 香荚兰素溶于 100mL 浓盐酸（36%，相对密度 1.1789）中，溶液呈淡黄色，若变红或变蓝绿色均属变质，不宜使用。

五、方法与步骤

1. 茶叶含水率的测定

按 GB 5009.3—2016《食品安全国家标准 食品中水分的测定》进行。

2. 供试液的制备

称取磨碎茶样 1g（绿茶）或 2g（红茶）（精确至 0.01g）至 100mL 磨口锥形瓶中，加95%乙醇20mL，在 $80\sim85℃$ 水浴上回流提取 30min，提取过程中保持提取溶液微沸。提取完毕后过滤，冷却后用95%乙醇定容至25mL。

3. 测定

吸取试液 $10\mu L$ 或 $20\mu L$，注入盛有 1mL 95%乙醇的具塞刻度试管中，摇匀，再加入 1% 香荚兰素盐酸溶液 5mL 加塞后摇匀显红色。放置 40min 后，用 10mm 比色皿，在波长 500nm 处，以试剂空白作参比，测吸光度值（A）。

六、结果与讨论

茶叶中儿茶素的含量以干态质量分数表示，按式 7 - 7 计算：

$$儿茶素含量(mg/g) = \frac{A \times 72.84}{1000} \times \frac{L_1}{L_2 \times m \times \omega} \tag{7-7}$$

式中　L_1——样品供试液的总量，mL

　　　L_2——测定时的用液量，mL

　　　m——试样的质量，g

　　　ω——试样的干物质含量，%

　　　A——试样的吸光度

　72.84——用 10mm 比色皿，当吸光度等于 1.00 时，被测液中儿茶素含量为 72.84μg

七、注意事项

香荚兰素盐酸溶液应现配现用，正常溶液呈淡黄色，若变红或变蓝绿色均属变质，不宜使用。

实 验 七　茶叶中咖啡碱含量的测定

一、引言

咖啡碱是茶汤中苦味的重要物质基础，它具有兴奋神经中枢、利尿等药理作用，对茶叶品质有非常重要的影响。因此，测定其含量是化学评价茶叶品质的需要。此外，老人、儿童以及一些不适应咖啡碱人群需要引用低（或无）咖啡碱茶叶及其制品，对它们进行咖啡碱含量测定也是必需的。

二、实验原理

咖啡碱易溶于水，在波长 274nm 左右有强烈的吸收。由于茶叶中儿茶素、没食子酸等多酚类物质在同一波长范围内也有很强的吸收，因此需要用碱式醋酸铅等先除去茶汤中多酚等干扰物质，然后再用紫外 - 可见分光光度计在 274nm 测定咖啡碱的吸光度值。

三、实验目的

通过学习茶叶中咖啡碱含量的测定方法，理解实验原理，为茶叶品质评价、茶叶加工、贮藏和贸易提供依据。

四、材料与设备

1. 材料

所用试剂均为分析纯，水为蒸馏水。

（1）碱性乙酸铅溶液 称取50g碱性乙酸铅，加水100mL，静置过夜，倾出上清液过滤。

（2）0.01mol/L盐酸溶液 取0.9mL盐酸，用水稀释1L，摇匀。

（3）4.5mol/L硫酸溶液 取浓硫酸250mL，用水稀释至1L，摇匀。

（4）咖啡碱标准液 称取咖啡碱（纯度不低于99%）100mg，用超纯水溶解后定容于1000mL，此溶液咖啡碱质量浓度为100μg/mL。

2. 设备

紫外分光光度计、分析天平（感量0.0001g）。

五、方法与步骤

1. 供试液的制备

称取3g（准确至0.001g）磨碎试样于500mL锥形瓶中，加沸蒸馏水450mL，立即移入沸水浴中，浸提45min（每隔10min摇动一次）。浸提完毕后立即趁热减压过滤。滤液移入500mL容量瓶中，残渣用少量热蒸馏水洗涤2~3次，冷却后用蒸馏水稀释至刻度。

2. 测定

用移液管准确吸取茶汤25mL于250mL容量瓶中，加入0.01mol/L盐酸10mL和碱性乙酸铅溶液2.5mL，加水定容，混匀，静置过滤。准确吸取滤液50mL于100mL容量瓶中，加入4.5mol/L硫酸溶液0.2mL，加水定容，摇匀，静置过滤。用10mm比色皿，于波长274nm处，以试剂空白溶液作参比，测定吸光度值（A）。将所测吸光度值代入回归方程计算出茶汤中咖啡碱的浓度。

3. 咖啡碱标准曲线的制作

分别吸取0、1、2、5、10、12mL咖啡碱标准液于一组100mL容量瓶中，各加入0.01mol/L盐酸溶液4.0mL，加水定容，混匀。用10mm石英比色皿，于波长274nm处，以试剂空白溶液作参比，测定吸光度值（A）。以质量浓度为横坐标、吸光度为纵坐标绘制标准曲线，并求出回归方程。

六、结果与讨论

茶叶中咖啡碱含量，以干态质量分数（%）表示，按式7-8计算：

$$咖啡碱（\%）= \frac{c \times 10^{-6} \times 100 \times \frac{250}{50} \times \frac{500}{25}}{m \times \omega} \times 100 \qquad (7-8)$$

式中 c——根据回归方程计算出的咖啡碱质量浓度，μg/mL

　　　m——称取的茶叶量，g

　　　ω——试样干物质含量，%

七、注意事项

浓硫酸稀释时,应将浓硫酸沿器壁慢慢注入水中(用玻璃棒引流),并不断搅拌,使稀释产生的热量及时散出。浓硫酸密度比水大,直接将水加入浓硫酸会使水浮在浓硫酸表面,大量放热而使酸液沸腾溅出,造成事故。

实 验 八 茶叶中可溶性糖总量的测定

一、引言

茶叶中的可溶性糖不仅能使茶汤滋味甜醇,而且在加工过程中通过美拉德反应以及焦糖化反应产生一些香气物质和有色物质,从而影响茶叶品质。因此,测定茶鲜叶以及在制品和成品茶中可溶性糖含量对于评价茶叶的适制性、控制茶叶的加工条件以及提高成品茶品质具有重要意义。

二、实验原理

茶汤中的可溶性糖类在硫酸作用下脱水生成糠醛或羟甲基糠醛,然后蒽酮与糠醛或羟甲基糠醛经脱水、缩合,产生蓝绿色的糠醛衍生物,其颜色深浅与茶汤中的糖的浓度成正比,可比色定量。

三、实验目的

通过学习茶叶中可溶性糖含量的测定方法,理解实验原理,为茶叶品质评价、茶叶加工、贮藏和贸易提供依据。

四、材料与设备

电子天平(感量 0.0001g)、分光光度计、抽滤装置、恒温水浴锅、葡萄糖。

蒽酮试剂(现配现用):取 0.6g 蒽酮于 100mL 浓硫酸中,混匀后再缓慢滴加 33mL 蒸馏水至蒽酮浓硫酸溶液中。

五、方法与步骤

1. 标准曲线的制作

用无水葡萄糖配成 25、50、100、150、200g/mL 的标准葡萄糖水溶液,分别吸取 1mL 不同浓度标准葡萄糖液滴入预先装有 8mL 蒽酮试剂的容量瓶中,边滴边摇匀。用水作空白对照,在沸水浴上准确加热 7min 立即取出置于冰浴中冷却至室温,移入 10mm 比色皿中于 620nm 波长处测定吸光度,以浓度为横坐标,吸光度为纵坐标绘制标准曲线并求得回归方程。

2. 供试液制备

称取磨碎茶样 1g(精确至 0.0001g),加沸水 80mL 于沸水浴上浸提 30min,立即过滤。用沸水洗涤残渣数次，合并滤液加水定容至 500mL，摇匀备用。

3. 测定

取干燥的 25mL 容量瓶 4 只，每只容量瓶中准确移入 8mL 蒽酮试剂，在 1~3 号容量瓶中分别逐滴加入 1.0mL 茶汤，在 4 号容量瓶中加入 1.0mL 蒸馏水。摇匀后置于沸水浴中准确加热 7min，立即取出置于冰浴中冷却至室温，移入 10mm 比色皿中于 620nm 波长处测定吸光度。

六、结果与讨论

根据式 7-9 求得茶叶中可溶性糖总量：

$$可溶性糖含量（\%）= \frac{\dfrac{c}{1000} \times L_1}{m \times \omega} \times 100 \tag{7-9}$$

式中　c——从回归方程中计算出的葡萄糖质量浓度，$\mu g/mL$

L_1——试液总体积，mL

m——试样量，mg

ω——试样干物质含量，%

七、注意事项

（1）加热时要注意下反应液是否浸入水中，控制加热条件的一致性。

（2）加试剂时尽量避免挂在杯壁上，以免影响测验结果。

实 验 ⑨　红茶中茶黄素、茶红素、茶褐素含量的测定——系统分析法

一、引言

茶黄素（Theaflavins，TFs）、茶红素（Thearubigins，TRs）、茶褐素（Theabrownins，TBs）都是茶多酚的氧化产物，茶黄素、茶红素含量高低与红茶品质密切相关，品质优良的红碎茶，就有较高比例的茶黄素和茶红素。茶褐素是造成茶汤发暗的成分，与品质成负相关。

二、实验原理

利用茶黄素（Theaflavins，TFs）、茶红素（Thearubigins，TRs）、茶褐素（Theabrownins，TBs）能溶于不同有机溶剂或溶液来实现三者的分离，该三类物质在波长 380nm 处有吸收。茶黄素、茶红素、茶褐素均溶于热水，存在于茶汤中，茶黄素和 SⅠ 型茶红素易溶于乙酸乙酯、正丁醇；SⅡ 型茶红素易溶于正丁醇，而茶褐素不溶。

红茶茶汤中先用乙酸乙酯将茶黄素萃取分离出来，同时有部分茶红素（SⅠ 型茶红素）也随之被提出，这部分茶红素可利用其溶于碳酸氢钠溶液进一步从乙酸乙酯层中

分离除去。SⅡ型茶红素留在乙酸乙酯萃取后的水层，且SⅡ型茶红素更易溶于正丁醇中。茶褐素不溶于正丁醇，茶汤用正丁醇萃取后，茶黄素和茶红素都转溶到正丁醇当中，茶褐素留在水层。这样各种成分分离后，可用分光光度计进行比色测定。

此法仅适用于红茶中茶黄素、茶红素、茶褐素的总量测定。

三、实验目的

茶黄素、茶红素、茶褐素统称红茶色素，研究这些色素成分在制茶过程中的变化，了解不同品种三素的比例，有助于进一步提高茶叶品质和掌握品质变化规律。本实验采用系统分析法，该法简便、快速。

四、材料与设备

1. 材料

茶叶（成品红茶）、乙酸乙酯，正丁醇，95%乙醇、蒸馏水。

2.5%碳酸氢钠：2.5g碳酸氢钠加水溶解后，定容至100mL。

饱和草酸溶液：气温20℃时，100mL水中可溶解10.2g草酸，可根据温度不同配制成饱和溶液。

2. 设备

电子天平（感量0.001g、0.01g）、分光光度计、抽滤装置、恒温水浴锅，分液漏斗（100mL、250mL）、三角瓶（500mL）、具塞三角瓶（100mL或250mL）、胖肚吸管（50mL、25mL）、量筒（500mL）、恒温水浴、容量瓶（25mL）、烧杯（800mL或500mL）。

五、方法与步骤

1. 供试液制备

准确称取3g磨碎茶样（精确至0.01g），加入沸水125mL，摇匀后在沸水浴中浸提10min，浸提中搅拌2~3次，浸提完毕，取出摇匀，趁热用滤纸过滤于干燥的三角瓶中（残渣不需用水冲洗），滤液浸放在冷水中冷至室温后，即可进行萃取和分光光度计测定。

2. 萃取

（1）吸取25mL茶汤液至100mL的分液漏斗中，加入25mL经水预饱和的乙酸乙酯，振荡萃取5min，静置分层后，将乙酸乙酯（上层）和水层（下层）分别置于100mL的具塞三角瓶中，将瓶塞塞好备用。

（2）吸取乙酸乙酯萃取液2mL，放在25mL的容量瓶中，加入95%乙醇稀释到刻度，得A溶液（$TFs + TR_{SI}$）。

（3）吸取乙酸乙酯萃取液15mL，加入2.5% $NaHCO_3$ 水溶液15mL，在500mL分液漏斗中迅速强烈振荡30s（注意振荡时，必须准确，不得超过，否则造成茶黄素的损失），静置分层后，弃去 $NaHCO_3$ 水层。吸取乙酸乙酯上层液4mL，放入25mL容量瓶中，并用95%乙醇定容至刻度，得C溶液（TFs）。

（4）吸取第一次水层待用液 2mL，放入 25mL 的容量瓶中，加入 2mL 饱和草酸溶液和 6mL 水，并用 95% 乙醇定容至刻度得 D 溶液（$TR_{SII} + TBs$）。

（5）茶褐素的分离　用移液管分别吸取 25mL 的茶汤滤液和 25mL 正丁醇放入 100mL 分液漏斗中，振摇 3min，待分层后将水层（下层）放于 50mL 的三角瓶中，取水层液 2mL 于 25mL 容量瓶中，分别加 2mL 饱和草酸溶液和 6mL 蒸馏水，再用 95% 乙醇定容至刻度得 B 溶液（TBs）。

3. 比色测定

用分光光度计在 380nm 波长处，用 10mm 比色杯，以 95% 乙醇作空白参比，分别测定溶液 A、B、C、D 的吸光度（A）。

六、结果与讨论

红茶中茶黄素、茶红素、茶褐素含量按式 7 – 10、式 7 – 11、式 7 – 12 计算：

$$茶黄素(\%) = \frac{A_C \times 2.25}{m \times W} \times 100 \tag{7 – 10}$$

$$茶红素(\%) = \frac{7.06 \times (2A_D + 2A_A - A_C - 2A_B)}{m \times W} \times 100 \tag{7 – 11}$$

$$茶褐素(\%) = \frac{2A_B \times 7.06}{m \times W} \times 100 \tag{7 – 12}$$

式中　m——试样的质量，g

W——试样的干物质含量，%

A_A——溶液 A 的吸光度

A_B——溶液 B 的吸光度

A_C——溶液 C 的吸光度

A_D——溶液 D 的吸光度

七、注意事项

（1）制备好的茶汤供试液必须冷却，否则影响色素成分的分配比例。

（2）吸取茶黄素溶液时，注意不要带入 $NaHCO_3$ 溶液，否则加乙醇会出现紫色，影响比色结果。

（3）A、B、C、D 溶液制成后，应立即进行比色测定，否则会影响结果。

（4）茶黄素是以茶黄素没食子酸酯为代表，其在 380nm 和 460nm 处吸光度之比，必须为 2.98∶1。如果过大，则表示 SI 茶红素未被 $NaHCO_3$ 洗净。

实 验 十　茶叶叶绿素的含量及组分测定

一、引言

叶绿素是茶叶中的一类重要的脂溶性色素，其在茶叶加工过程中发生脱镁和水解反应，形成水溶性叶绿素衍生物。叶绿素及其衍生物不仅影响茶叶外形色泽和叶底色泽，而且是绿茶汤色的重要组成部分。

二、实验原理

叶绿素是一种脂溶性色素，可用丙酮提取，溶于丙酮的茶多酚及其他杂质，可用乙醚进一步提取分离除去。所获得的叶绿素提取液在 650～660nm 波长处有特异性吸收光谱，吸光度与浓度符合朗伯－比尔定律。对照标准曲线可计算出叶绿素含量。

叶绿素由叶绿素 a 和叶绿素 b 组成，它们在 400～700nm 有各自特征吸收波长。利用等吸光点波长处可以测定其总含量，选择叶绿素 a 和叶绿素 b 的合适吸收波长，测定两波长的总吸光度，列出联立方程，求解，就可得到叶绿素 a 和叶绿素 b 的含量，预先不需a、b 两组分化学分离。本实验采用乙醚浸提液比色法测定叶绿素 a 和叶绿素 b。

三、实验目的

掌握叶绿素总量及组分的测定分离方法，可以比较不同茶类和品种之间叶绿素含量的差异，了解光合作用强度，鲜叶的试制性及红茶、绿茶制造、贮藏过程中叶绿素转化的程度。

四、材料与设备

1. 材料

茶鲜叶或成品茶、丙酮、碳酸钙、石英砂。

2. 设备

电子天平、分光光度计、烘箱、抽滤装置、分液漏斗、研钵、100mL 容量瓶等。

五、方法与步骤

1. 取样

茶鲜叶、茶叶加工在制品或成品茶 5g（测定含水率后，折算成干质量），加入50mL 丙酮中密封备用。

2. 叶绿素的提取

存放于 50mL 丙酮中的样品倒入研钵中，加 0.1g $CaCO_3$ 及适量石英砂研磨成匀浆，然后减压抽滤。残渣转移至研钵中，加入适量 80% 丙酮继续研磨抽提至无色，最后用少量 80% 丙酮洗涤残渣、漏斗及研钵、将洗涤液、滤液用 80% 丙酮定容至 100mL备用。

3. 测定

取上述叶绿素提取液 4mL，转入比色皿，以 80% 丙酮为对照，分别在波长 663nm、645nm 处测吸光度值。

六、结果与讨论

茶叶叶绿素含量按式 7－13、式 7－14、式 7－15 计算：

$$c_a = 12.7 \times A_{663} - 2.59 \times A_{645} \tag{7-13}$$

$$c_b = 22.9 \times A_{645} - 4.67 \times A_{663} \qquad (7-14)$$

$$c_T = c_a + c_b = 8.04 \times A_{663} + 20.3 \times A_{645} \qquad (7-15)$$

式中　c_T——叶绿素总质量浓度，mg/mL

　　　c_a——叶绿素 a 质量浓度，mg/mL

　　　c_b——叶绿素 b 质量浓度，mg/mL

再根据稀释倍数分别计算出每克干茶叶中叶绿素的含量。

七、注意事项

提取样品叶绿素前，样品应用丙酮密封备用。

实 验 十一　茶叶中茶多糖含量的测定

一、引言

茶多糖是茶叶中一类重要的生理活性成分，具有降血糖、降血脂、增强免疫力等生物学作用。目前，茶多糖的研究与开发是茶叶研究的热点领域之一。准确测定茶多糖含量是茶叶资源开发利用和评价茶多糖提取、纯化工艺的基础。

二、实验原理

茶叶中茶多酚、单糖、双糖等成分会对茶多糖含量测定形成干扰，首先利用80%乙醇回流提取除去单糖、双糖、低聚糖、苷类、生物碱、茶多酚、氨基酸及醇溶性蛋白等干扰性成分，然后利用水提取其中的可溶性多糖。茶多糖可与硫酸反应，脱水生成羟甲基糠醛，它与蒽酮缩合形成蓝色化合物，其颜色深浅与糖的浓度成正比。

三、实验目的

通过本实验，掌握茶叶中茶多糖含量的测定方法，指导茶多糖提取原料的选择及提取、纯化工艺。

四、材料与设备

1. 材料

葡糖糖蒽酮试剂（现配现用）：称取 0.33g 蒽酮于棕色瓶中，加 100mL 浓硫酸，混匀后摇匀置于冰箱内。

2. 设备

电子天平（感量 0.0001g）、分光光度计、抽滤装置、恒温水浴锅。

五、方法与步骤

1. 标准曲线的制作

精密称取 105℃ 干燥至质量恒定的葡萄糖标准品 0.25g（精确至 0.0001g），置于

250mL 容量瓶中，加蒸馏水溶解并稀释至刻度，配成 1mg/mL 的标准溶液，然后分别移取 2.5、5、10、15、20mL 标准溶液，置于 100mL 容量瓶中，稀释至刻度，摇匀，配成系列标准溶液。分别准确移取 1mL 系列标准溶液于具塞试管中，以 1mL 蒸馏水作空白，每管再加入 4mL 蒽酮 – 硫酸试液，立即摇匀，置于冰水浴中，然后仪器置于沸水浴中准确加热 7min，立即取出置于冰浴中冷却至室温，移入 10mm 比色皿中，于 620nm 波长处测定吸光度。以质量浓度为横坐标，吸光度为纵坐标绘制标准曲线，并求得回归方程。

2. 供试液的制备

精密称取磨碎试样 1g（精确至 0.0001g），加 80% 乙醇 40mL，95℃ 水浴回流 1h，趁热抽滤，滤渣用 80% 热乙醇洗涤 2 次（每次 10mL）。挥干溶剂后，滤渣连同滤纸置于烧瓶中，加 100mL 蒸馏水，100℃ 水浴浸提 1h，趁热过滤，滤渣用热蒸馏水洗涤 2 次（每次 10mL），合并滤液，于 4000r/min 离心分离 10min，上清液置于 100mL 容量瓶中，以蒸馏水定容至刻度，摇匀备用。

3. 测定

取干燥的具塞试管 4 支，每支准备移入 4mL 蒽酮 – 硫酸试剂。在 1～3 号试管中分别滴加 1mL 已制备的茶汤，在 4 号试管中滴加 1mL 蒸馏水，摇匀后均置于沸水浴中准确加热 7min，立即取出置于冰浴中冷却至室温，移入 10mm 比色皿中，于 620nm 波长处测定吸光度，由回归方程计算供试液中葡萄糖质量浓度（c）。

六、结果与讨论

根据式 7 – 16 求得茶叶中茶多糖含量：

$$茶多糖(\%) = \frac{\frac{c}{1000} \times L_1}{m \times \omega} \times 100 \qquad (7-16)$$

式中　c——从回归方程中计算出的葡萄糖质量浓度，$\mu g/mL$

L_1——试液总体积，mL

m——试样量，mg

ω——试样干物质含量，%

七、注意事项

葡萄糖标准溶液配制前，葡萄糖标准品应在 105℃ 干燥至质量恒定后再称量使用。

实 验 十二 茶鲜叶多酚氧化酶的活力测定

一、引言

茶叶多酚氧化酶是茶树体内最重要的酶类之一，它不仅在茶树生理代谢过程中起着重要作用，而且在茶叶加工中，尤其是在红茶制造过程中催化多酚类物质的氧化发挥着主导作用。通过测定该酶的活性，可了解茶树代谢状况以及茶叶加工过程中物质转化情况，指导茶叶加工工艺。

二、实验原理

多酚氧化酶是一种含铜的氧化酶，在一定的温度、pH 条件下，有氧存在时，能催化邻苯二酚氧化生成有色物质，单位时间内有色物质在 460nm 处的吸光度与酶活力强弱成正相关，即可计算出多酚氧化酶的活力和比活力。

三、实验目的

（1）通过实验，掌握茶叶多酚氧化酶活力的测定方法。
（2）理解酶活力测定常规方法及一般原理。

四、材料与设备

1. 材料

茶树鲜叶，不溶性聚乙烯吡咯烷酮（PVPP）、石英砂、1% 邻苯二酚溶液、0.1% 脯氨酸溶液、6mol/L 尿素溶液、pH6.5 柠檬酸 – 磷酸缓冲液。

pH6.5 柠檬酸 – 磷酸缓冲液的制备：

A 液：0.1mol/L 柠檬酸溶液，称取 $C_6H_8O_7 \cdot H_2O$（相对分子质量为 210.14）21g，加水溶解至 1L；B 液：0.2mol/L 磷酸氢二钠溶液，称取 $Na_2HPO_4 \cdot 2H_2O$（相对分子质量为 178.05）35.61g，加水溶解稀释至 1L；取 A 液 84mL 与 B 液 116mL 混合，即为 pH6.5 柠檬酸 – 磷酸缓冲液。

2. 设备

分光光度计、离心机、恒温水浴、研钵或匀浆机、试管、移液管、纱布袋。

五、方法与步骤

1. 丙酮粉提取酶

称取洗净茶树鲜叶或发酵叶 10.00g，置于组织捣碎机内，加入 80mL 冷丙酮、2g PVPP，捣碎 5min（分 3min + 2min 两次进行，中间停 5min），或者用研钵快速磨成匀浆，然后抽滤，滤渣用 80% 冷丙酮反复淋洗，洗至滤出液无色为止。所得的滤渣即为丙酮粉，置于冰箱中备用。

2. 匀浆

将丙酮粉置于研钵中，加入 1:3（体积比）的 pH6.5 柠檬酸 – 磷酸缓冲液和少许石英砂，在冰箱中研磨匀浆 20min，然后用挤压法和抽滤得粗酶液，在 4000r/min 离心 15min，得清酶液，调至一定体积，供活力测定。

3. 酶活力的测定

取酶液 1mL 于离心管中，加入 3mL 反应混合液（按照 pH6.5 磷酸缓冲液：0.1% 脯氨酸：1% 邻苯二酚为 10:2:3，体积比）配制，在 37℃ 恒温水浴中保温 10min，立即加入 6mol/L 尿素溶液 3mL（或 20% 三氯乙酸 1mL）终止反应，4000r/min 离心 10min，取上清液，用 10mm 比色皿在 460nm 波长处，在 1～2min 内测定吸光度值（A），空白对照的反应混合液中的邻苯二酚用缓冲液代替，其他条件相同。酶活力以每克样每分钟 A_{460} 增加 0.1 为一个活力单位。

六、结果与讨论

茶鲜叶多酚氧化酶活力按式 7–17 计算：

$$酶活力(U) = \frac{A_{460}}{0.1 \times m \times t}$$

（7–17）

式中　A_{460}——反应中止时以空白为对照在 460nm 处的吸光度

　　　　m——样品干质量，g

　　　　t——反应时间，min

七、注意事项

（1）反应混合液必须现配现用，否则会因邻苯二酚自动氧化而失效；邻苯二酚还可用儿茶素代替。

（2）脯氨酸是用作有色氧化产物形成的稳定剂和加速剂。

实 验 十三　茶叶过氧化物酶的活性测定

一、引言

过氧化物酶是茶树体内的一种重要的氧化酶，它与呼吸作用、光合作用及生长素的氧化等都有关系。

二、实验原理

在过氧化物酶存在下，愈创木酚（邻甲氧基苯酚）能被 H_2O_2 氧化成红棕色的四愈创木酚（4–邻甲氧基苯酚），用分光光度计在 470nm 处测定红棕色物质的吸光度值，即可求出酶的活性。以不加愈创木酚（或不加过氧化氢）为空白，以每克干样品每分钟 A_{470} 增加 0.1 为一个酶活力单位。

三、实验目的

（1）通过实验，掌握茶叶多酚氧化酶的活性测定方法。

（2）理解酶活性测定常规方法及一般原理。

四、材料与设备

1. 材料

茶鲜叶或在制品、石英砂、不溶性聚乙烯吡咯烷酮（PVPP）、0.3% 愈创木酚的乙醇溶液（保存于棕色瓶中）、0.3% 过氧化氢溶液（现配现用）、0.05mol/L、pH4.75 醋酸盐缓冲液。

2. 设备

分光光度计。

五、方法与步骤

1. 酶液制备

取茶鲜叶或茶叶加工在制品 1.0g（测含水率后，折算成干重），加 PVPP 0.5g，石英砂 2g，预冷的 pH4.75 醋酸盐缓冲液 5mL，在冰冷的研钵中迅速研磨匀浆，再加醋酸盐缓冲液 15mL，放置于 4℃ 冰箱中浸提 12h，于 4℃ 低温下以 4000r/min 离心 15min，上清液即为粗酶液，定容至一定体积后保存于 4℃ 冰箱中。

2. 酶的活性测定

吸取 1.0mL、0.3% 愈创木酚于 10mL 试管中，加入 0.05mol/L、pH4.75 醋酸盐缓冲液 1.5mL，加酶液 0.5mL，混匀后加 0.3% 过氧化氢溶液 1.0mL，在 35℃ 水浴中准确保温 4min，立即取出，用 10mm 比色皿，在 470nm 波长处测定反应 5min 时的吸光度值（A_{470}），空白以 1mL 水代替 1mL、0.3% 愈创木酚。

六、结果与讨论

按照式 7-18 计算酶活性：

$$\text{酶活性}[U/(g \cdot min)] = \frac{A_{470} \times \frac{V_1}{V_2}}{0.1 \times m \times t} \qquad (7-18)$$

式中　V_1——酶液总体积，mL

　　　V_2——测定用酶液体积，mL

　　A_{470}——反应中止时以空白为对照在 470nm 处的吸光度

　　　m——样品干质量，g

　　　t——反应时间，min

　　0.1——每克干样品每分钟 A_{470} 增加 0.1 为一个酶活力单位

七、注意事项

（1）酶液的提取要尽量在低温条件下进行，过氧化氢要新鲜配制，而且要在反应开始前加入，不能直接加入。

（2）酶液用量应通过预备实验依具体情况而定，如酶的活性过高可做适当稀释。

（3）准确掌握反应时间是使本方法重演性好的关键，因在反应开始的 15min 以内，A_{470} 是呈直线上升的，几秒钟之差都将造成误差。

实 验 ⑭ 绿茶加工过程中叶绿素的变化

一、引言

绿茶加工过程中伴随着叶绿素及其衍生物的降解。叶绿素不溶于水，且对光敏感，在绿茶加工过程中主要发生水解和脱镁两种作用，受热水解后的叶绿素衍生物具有一定的水溶性。因此，叶绿素及其衍生物不仅影响干茶及叶底色泽，而且是绿茶汤色的重要组成部分。

二、实验原理

见实验十"茶叶叶绿素的含量及组分测定"。

三、实验目的

通过本实验，掌握叶绿素的测定方法，了解绿茶加工过程中叶绿素的转化情况。

四、材料与设备

1. 材料

绿茶加工过程各工序的茶叶在制品。

2. 设备

见实验十"茶叶叶绿素的含量及组分测定"。

五、方法与步骤

见实验十"茶叶叶绿素的含量及组分测定"。

六、结果与讨论

见实验十"茶叶叶绿素的含量及组分测定"。

七、注意事项

提取茶叶加工过程在制品中叶绿素前，样品应用丙酮密封备用。

实 验 十五 红茶发酵过程中多酚类物质的变化及其对红茶品质的影响

一、引言

茶叶中的多酚类物质是形成红茶品质最重要的物质，其在鲜叶中的含量及加工过程中的变化是红茶制造中品质形成的关键。多酚类物质在红茶制造中变化复杂，特别是发酵工序，大致可分为以下三个部分：未被氧化的多酚类物质，主要是儿茶素类；水溶性氧化产物，主要是茶黄素、茶红素、茶褐素；非水溶性转化物。

二、实验原理

茶黄素、茶红素、茶褐素均溶于水，在380nm和460nm处有最大吸收峰，用乙酸乙酯可以将茶黄素和部分茶红素SI分离出来，乙酸乙酯萃取物中的茶红素SI部分可溶于 NaHCO₃，因此可将这部分茶红素 SI 分离出来，而 SⅡ 型和 TB 留在水层中。TB 不溶于正丁醇，水层用正丁醇萃取后，其中的 SI 和 SⅡ 型茶红素溶于正丁醇溶液中，TB 留在水中，各成分分离和合并后用分光光度计测定。

三、实验目的

掌握红茶发酵过程中水溶性氧化产物的测定方法，了解红茶加工过程中多酚类物质的转化情况。

四、材料与设备

1. 材料

红茶发酵工序前后茶叶在制品。

2. 设备

见实验九"红茶中茶黄素、茶红素、茶褐素含量的测定——系统分析法"。

五、方法与步骤

见实验九"红茶中茶黄素、茶红素、茶褐素含量的测定——系统分析法"。

六、结果与讨论

计算方法见实验九"红茶中茶黄素、茶红素、茶褐素含量的测定——系统分析法"。

将实验结果填入表 7 – 1。

表 7 – 1　　　　　　　　红茶发酵过程中多酚类物质含量的变化

测定项目	萎凋叶	发酵早期	发酵中期	发酵后期	干茶
儿茶素含量/%					
茶黄素含量/%					
茶红素含量/%					
茶褐素含量/%					

七、注意事项

见实验九"红茶中茶黄素、茶红素、茶褐素含量的测定——系统分析法"。

实 验 ⑯ 红茶加工过程中多酚氧化酶活力的分析

一、引言

多酚氧化酶（PPO）是红茶品质形成的关键酶。在红茶加工过程中，PPO 将儿茶素类氧化成邻醌，后者再经氧化缩合成更复杂的发酵产物，如茶黄素、茶红素、茶褐素，这些色素类物质对红茶的色泽和滋味品质有重要影响。此外，邻醌类物质可进一步引起茶叶中氨基酸、胡萝卜素、亚麻酸等不饱和脂肪酸的氧化降解而形成挥发性香气化合物。

二、实验原理

见实验十二"茶鲜叶多酚氧化酶的活力测定"。

三、实验目的

了解红茶加工过程中多酚氧化酶活力的变化情况，分析 PPO 活力变化与红茶品质形成的关系，为红茶品质调控提供技术参考。

四、材料与设备

1. 材料

红茶加工过程各工序的茶叶在制品。

2. 设备

见实验十二"茶鲜叶多酚氧化酶的活力测定"。

五、方法与步骤

见实验十二"茶鲜叶多酚氧化酶的活力测定"。

六、结果与讨论

计算方法见实验十二"茶鲜叶多酚氧化酶的活力测定"。

将实验结果填入表 7 - 2。

表 7 - 2　　　　　　　　　　红茶加工过程中多酚氧化酶活力分析

加工工艺	鲜叶	萎凋/h				揉捻/min		发酵/min			毛火	足火
		4	8	12	16	30	60	50	100	150		
PPO 活力/U												
各工序相对变化率/%												

七、注意事项

见实验十二"茶鲜叶多酚氧化酶的活力测定"。

实　验 十七　乌龙茶加工过程中过氧化物酶活力分析

一、引言

乌龙茶属于半发酵茶，在乌龙茶加工过程中，过氧化物酶（POD）参与发酵过程中多酚类物质的氧化反应，对乌龙茶色素物质的形成起到非常重要的作用。

二、实验原理

见实验十三"茶叶过氧化物酶的活力测定"。

三、实验目的

掌握茶叶中过氧化物酶活力测定的原理及方法，了解乌龙茶加工过程中过氧化物酶活力的变化情况及其与乌龙茶特征品质的形成的关系。

四、材料与设备

1. 材料

乌龙茶加工过程各工序的茶叶在制品。

2. 设备

见实验十三"茶叶过氧化物酶的活力测定"。

五、方法与步骤

见实验十三"茶叶过氧化物酶的活力测定"。

六、结果与讨论

计算方法见实验十三"茶叶过氧化物酶的活力测定"。

将实验结果填入表 7 – 3。

表 7 – 3　　　　　　　　乌龙茶加工过程中过氧化物酶活力的变化

加工工艺	鲜叶	晒青	凉青	做青			杀青	揉捻	毛火	足火
				整叶	叶缘	叶心				
POD 活力/U										
各工序相对变化率/%										

七、注意事项

见实验十三"茶叶过氧化物酶的活性测定"。

实 验 ⑱ 不同品种茶树叶片中苯丙氨酸解氨酶活力的比较

一、引言

苯丙氨酸解氨酶（PAL）广泛存在于高等植物和部分微生物中，是植物次生代谢产物，特别是苯丙酸盐途径的关键酶和限速酶，与植物的抗病性直接相关。在茶树体内，PAL 催化 L–苯丙氨酸脱氨形成肉桂酸，后者在肉桂酸–4–羟基化酶作用下形成对香豆酸，对香豆酸在 4–香豆酸 CoA 连接酶作用下形成反式香豆酰 CoA。在查尔酮合成酶催化下，1 分子香豆酰 CoA 和 3 分子丙二酰 CoA 缩合形成查尔酮，查尔酮是儿茶素生物合成途径中的第一个中间产物。可见，PAL 对茶树体内多酚类物质的形成具有十分重要的意义。

二、实验原理

苯丙氨酸解氨酶催化 L–苯丙氨酸脱氨形成肉桂酸和氨，由于催化形成的反式肉桂酸在 290nm 处具有最大吸收，因此根据肉桂酸的形成量可以测定酶的活力。以每克鲜重每分钟 A_{290} 值增加 0.01 为一个酶活力单位。

三、实验目的

掌握茶树叶片中苯丙氨酸解氨酶活力的测定方法，比较不同茶树品种苯丙氨酸解氨酶活力的差异。

四、材料与设备

1. 材料

不同茶树品种的鲜叶（宜选用幼嫩芽叶）、不溶性聚乙烯吡咯烷酮（PVPP）、0.02mol/L L–苯丙氨酸、0.1mol/L pH 8.8 硼酸缓冲液［内含 5m mol/L 巯基乙醇、1m mol/L EDTA、5% 甘油（体积比）］、6mol/L HCl、蒸馏水、石英砂等。

2. 设备

紫外分光光度计、低温高速冷冻离心机、恒温水浴锅、电子天平、冰箱、研钵、10mL 试管等。

五、方法与步骤

1. 酶液制备

取幼嫩芽叶 1.0g，用不锈钢剪刀剪碎，放入预冷的研钵中，加入 0.5g PVPP、5mL 0.1mol/L pH8.8 硼酸缓冲液及少量石英砂，在冰浴中研磨匀浆，于 4℃ 低温下以 10000r/min 离心 15min，上清液即为粗酶液，用硼酸缓冲液定容至一定体积，置于 4℃ 冰箱中保存备用。

2. 酶活力的测定

在试管中加入1mL酶液，1mL、0.02mol/L L-苯丙氨酸、2mL蒸馏水，总体积为4mL；对照不加底物，多加1mL蒸馏水，将反应管置于30℃恒温水浴中保温60min，立即加入0.2mL、6mol/L HCl终止反应。随后测定A_{290}值。

六、结果与讨论

按照式7-19计算酶活力，并将测定结果填入表7-4。

$$酶活力[U/(g \cdot min)] = \frac{A_{290} \times \frac{V_1}{V_2}}{0.01 \times m \times t} \qquad (7-19)$$

式中　V_1——酶液总体积，mL

V_2——测定用酶液体积，mL

A_{290}——反应中止时以空白为对照在290nm处的吸光度

m——样品干质量，g

t——反应时间，min

0.01——每克干重样品每分钟A_{290}增加0.01为一个酶活力单位

表7-4　　　　　　　　不同品种茶树体内苯丙氨酸解氨酶活力的比较

品种编号	1	2	3	4	5	……
酶活力/［U/（g·min）］						
酶活力相对差异/%						

七、注意事项

（1）研究表明，茶树PAL活力随着叶片成熟度的增加而降低，因此，对不同茶树品种的PAL活力进行比较时，应选取相同嫩度的材料进行测定。

（2）酶液制备的全过程应在0~4℃低温下进行，如不能马上进行活力测定，应将酶液放置于4℃冰箱中保存。

（3）苯丙氨酸解氨酶是诱导酶，测定前可进行光诱导以提高酶活力。切割受伤、感染病害也能诱导提高PAL的活力。

（4）鉴于茶树植物的特性，在测定其PAL活力时，建议先做预备实验，以优化确定能保持PAL最大酶活力的酶液制备条件和PAL活力测定时的最适反应条件。

实 验 十九　茶多酚的分离制备——直接萃取法

一、引言

茶多酚是茶叶中酚类物质的总称，是茶叶中含量最丰富的物质。从茶叶中分离制备茶多酚，可用于茶叶深加工产品的开发。

二、实验原理

茶多酚有广义和狭义之分，广义上的茶多酚指来源于茶的多酚类物质，包括绿茶、红茶、乌龙茶、黑茶等来源的多酚类物质；狭义上的茶多酚即通常所指的茶多酚，是指从绿茶中提取的以儿茶素特别是酯型儿茶素为主体的多酚类物质。

茶多酚包括儿茶素类、黄酮及黄酮醇、花青素及花白素、酚酸及缩酚酸四类组分。茶多酚主体成分儿茶素为白色固体，亲水性极强，易溶于热水、含水乙醇、甲醇、乙酸乙酯等溶剂，但在苯、氯仿、石油醚等溶剂中很难溶解。黄酮及黄酮醇一般难溶于水，较易溶于有机溶剂，如甲醇、乙醇、乙酸乙酯及冰醋酸等溶剂，但在苯、氯仿等溶剂中难溶或不溶。相对于儿茶素的溶解性，花青素、花白素和酚酸、缩酚酸均较易溶于水。可采用安全廉价的热水、含水乙醇等溶剂从茶叶中浸提茶多酚。采用氯仿作为茶多酚分离制备中脱除咖啡碱和脂溶性色素等物质的脱除剂。

三、实验目的

掌握从茶叶中萃取分离茶多酚的原理与方法。

四、材料与设备

1. 材料

绿茶磨碎样、乙醇、氯仿、乙酸乙酯。

2. 设备

恒温水浴锅、分液漏斗、抽滤装置、旋转蒸发仪、真空干燥箱等。

五、方法与步骤

1. 浸提

绿茶磨碎样加入 15 倍量 85% 乙醇，在 35~40℃ 水浴中提取 20min，抽滤，滤渣再加入 10 倍量 85% 乙醇重复浸提 1 次。合并浸提液，在 40~45℃ 减压浓缩，直至基本除去乙醇。

2. 氯仿萃取去杂

将浓缩液置于分液漏斗中，加入等体积氯仿萃取，连续萃取 3 次。萃余水相，用热风或减压浓缩除去残余氯仿。

3. 乙酸乙酯萃取

将上述水相转入分液漏斗，加入等体积乙酸乙酯，连续萃取 3 次，合并有机相。

4. 干燥

有机相在 50~60℃ 减压浓缩，浓缩至黏稠状后在 50~60℃ 进行真空干燥，成品茶多酚为棕黄色或橙黄色粉末，称量，低温避光保存。

六、结果与讨论

$$茶多酚得率（\%，质量分数）= \frac{茶多酚成品质量（g）}{茶样质量（g）\times（1-含水率）}\times100 \qquad (7-20)$$

茶多酚纯度测定参照 GB/T 8313—2008《茶叶中茶多酚和儿茶素类含量的检测方法》进行测定。

七、注意事项

（1）茶多酚具有多个酚羟基，容易发生氧化，在提取过程中应尽量避免高温、碱性环境、重金属离子等因素引起的氧化褐变。

（2）由于茶多酚可与 Ca^{2+}、Mg^{2+}、Fe^{3+} 等络合，因此茶多酚分离制备中所用水建议采用去离子水、蒸馏水。

（3）茶叶原料应进行粗粉碎，一般在 30~80 目，粉碎过细会使后续过滤较为困难。

（4）当用氯仿萃取脱除咖啡碱或脂溶性色素时，振摇应均匀适度，以免产生乳浊而导致两相不能分层。如出现乳浊可采用温浴或离心等方法破除乳浊。

实 验 二十 咖啡碱的分离制备——升华法

一、引言

咖啡碱是茶叶中特征性成分之一，与茶叶品质密切相关。咖啡碱是茶叶重要的滋味物质，本身味苦，但咖啡碱与茶黄素以氢键缔合后形成的复合物则具有鲜爽味。咖啡碱具有兴奋神经中枢、利尿、解毒等药理作用，是一种重要的食品添加剂和药用原料。从茶叶中分离制备茶多酚，可用于茶叶深加工产品的开发。

二、实验原理

咖啡碱为具有绢丝光泽的白色针状结晶体，失去结晶水或成白色粉末。无臭，有苦味。咖啡碱能溶于水，易溶于 80℃ 以上的热水，其水溶液成中性至弱碱性。咖啡碱熔点为 235~238℃，在 120℃ 以上开始升华，到 180℃ 可大量升华成针状结晶。因此可利用咖啡碱的升华特性来制备或提纯咖啡碱。

三、实验目的

通过本实验，了解咖啡碱分离制备的基本情况，掌握咖啡碱常规分离制备方法的基本原理和操作方法。

四、材料与设备

1. 材料
磨碎茶样。

2. 设备

电热套、坩埚、滤纸、玻璃漏斗、温度计、旋转蒸发仪等。

五、方法与步骤

1. 浸提

取茶叶 10g，研碎，加蒸馏水 150mL，用电热套加热煮沸 30min，倒出溶液，再加 100mL 蒸馏水同样煮沸 2 次，提取时间 10min，倾出提取液，将 3 次提取液合并，浓缩至 30mL。

2. 升华

将浓缩液转移至坩埚中，加入 CaO 4g 或 NaAc 8g，不断搅拌，将水分蒸干，焙炒，冷却，研碎。在坩埚上加一张穿有很多小孔的滤纸，然后将大小合适的玻璃漏斗倒扣在上面，插入温度计，控制温度在 238℃ 以下，咖啡碱升华并凝集在滤纸上，冷却后收集咖啡碱。

六、结果与讨论

$$咖啡碱得率（\%，质量比）= \frac{咖啡碱成品质量（g）}{茶样质量（g）\times（1-含水率）} \times 100 \qquad (7-21)$$

咖啡碱纯度测定采用分光光度法，参照实验七"茶叶中咖啡碱含量的测定"中的方法。

七、注意事项

（1）当滤纸上出现白色针状结晶时，要控制温度，缓慢升华。

（2）升华时，可采用砂浴加热。

参 考 文 献

［1］GB 5009.3—2016 食品安全国家标准 食品中水分的测定［S］.

［2］GB/T 8305—2013 茶　水浸出物测定［S］.

［3］GB/T 8313—2008 茶叶中茶多酚和儿茶素类含量的测定方法［S］.

［4］陈然，孟庆佳，刘海新，等. 不同种类茶叶游离氨基酸组分差异分析［J］. 食品科技，2017，42（6）：258 – 263.

［5］崔峰，骆耀平. 茶叶贮藏过程中品质变化及其影响因素研究进展［J］. 茶叶，2008（1）：2 – 5.

［6］党法斌，高峰，郭磊，等. 茶多酚含量测定方法研究综述［J］. 食品工业科技，2012（5）：410 – 412.

［7］丁阳平，陆昌琪，侯宏晓. 儿茶素氧化产物及形成机制研究［J］. 中国中药杂志 2017（2）：239 – 253.

［8］方世辉，徐国谦，夏涛，等. 茶叶水浸出物、茶汤和水对香气吸附影响的研

究［J］．安徽农业大学学报，2003（2）：151－156.

［9］丰金玉，刘昆言，秦昱，等．红茶加工中多酚氧化酶、过氧化物酶和β－葡萄糖苷酶活性变化［J］．农学学报，2014，4（11）：96－99；113.

［10］胡善国，苏有键，罗毅，等．茶红素研究进展［J］．中国农学通报，2014，30（18）：283－290.

［11］黄意欢．茶学实验技术［M］．北京：中国农业出版社，1995.

［12］李大祥，王华，宛晓春，等．茶红素化学及生物学活性研究进展［J］．茶叶科学，2013，33（4）：327－335.

［13］李立祥，吴红梅．提取方法对茶多酚氧化酶活性的影响［J］．中国茶叶加工，2001（4）：26－31.

［14］廖珺．摊放（萎凋）技术对茶鲜叶游离氨基酸影响的研究进展［J］．氨基酸和生物资源，2016（4）：15－19.

［15］刘鸿年，刘发敏．茶鲜叶苯丙氨酸解氨酶的提取及其活性测定［J］．中国茶叶，1989（1）：4－5.

［16］刘伟，周洁，龚正礼．茶黄素的功能活性研究进展［J］．食品科学，2013，34（11）：386－391.

［17］刘月新，叶良金．茶多糖的研究进展［J］．茶业通报，2016，38（1）：38－43.

［18］刘忠英，潘科，沈强，等．茶褐素的组成结构与功能活性研究进展［J］．食品工业科技，2017，38（5）：396－400.

［19］倪德江，陈玉琼，袁芳亭，等．绿针茶加工过程中叶绿素的变化与色泽品质的形成［J］．华中农业大学学报，1996（6）：96－99.

［20］普冰清，徐怡，杜春华，等．不同茶叶中茶多酚类成分及咖啡碱含量研究［J］．食品工业，2017，38（2）：301－303.

［21］阮宇成．茶叶品质劣变的生化原因［J］．中国茶叶，1998（2）：9.

［22］石玉涛．茶多糖抗氧化和降血糖作用研究［D］．武汉：华中农业大学，2010.

［23］田野，王梦馨，王金和，等．茶鲜叶可溶性糖和氨基酸含量与低温的相关性［J］．茶叶科学，2015，35（6）：567－573.

［24］宛晓春．茶叶生物化学［M］．3版．北京：中国农业出版社，2003.

［25］王伟伟，江和源，张建勇，等．茶褐素的提取纯化与生理功效研究进展［J］．食品安全质量检测学报，2015，6（4）：1187－1192.

［26］吴琼，方吴云，王文杰．机械损伤对茶树苯丙氨酸解氨酶活性及茶多酚含量的影响［J］．安徽农业科学，2016，44（5）：11－14.

［27］夏涛，方世辉，陆宁，等．茶叶深加工技术［M］．北京：中国轻工业出版社，2011.

［28］夏新奎，杨海霞，宋清猛．不同品种茶叶黄酮类化合物含量的比较分析［J］．信阳农业高等专科学校学报，2008（3）：113－115.

［29］肖伟祥，吴雪原，万玉霞．茶叶中叶绿素及其在制茶过程中的变化［J］．中国茶叶，1989（1）：8－10.

［30］徐斌，薛金金，江和源．茶叶中聚酯型儿茶素研究进展［J］．茶叶科学，2014（4）：315－323.

［31］叶美君，周卫龙，徐建峰，等．不同茶类中茶黄素类含量的测定与分布探讨［J］．农产品加工，2015（4）：49－53.

［32］俞露婷，袁海波，王伟伟，等．红茶发酵过程生理生化变化及调控技术研究进展［J］．中国农学通报，2015，31（22）：263－269.

［33］张梁，韩煜晖，秦金花．发酵茶叶水浸出物对 PC12 神经细胞保护作用［J］．食品研究与开发，2014（4）：1－4.

［34］张正竹．茶叶生物化学实验教程［M］．北京：中国农业出版社，2009.

［35］赵卉，杜晓．低咖啡碱茶的研究进展［J］．华中农业大学学报，2008（4）：564－568.

［36］赵磊，高民，马燕芬．茶多酚的抗氧化作用及其机制［J］．动物营养学报，2017（6）：1861－1865.

［37］赵淑娟，王坤波，傅冬和，等．茶多酚氧化酶酶学性质研究［J］．湖南农业大学学报：自然科学版，2008（1）：84－86.

［38］钟兴刚，刘淑娟，李维，等．茶叶中黄酮类化合物对羟自由基清除实现抗氧化功能研究［J］．茶叶通讯，2009，36（4）：16－18.

第八章 茶叶生物技术实验

实 验 一 茶树单细胞分离及培养方法

一、引言

茶树属于山茶科山茶属，为多年生木本植物，有悠久的栽培历史，是重要的饮料植物。与其他植物相比，茶树芽叶中含有极其丰富的儿茶素、茶氨酸等特征性次生代谢产物，使得茶叶具有独特的色、香、味、品质，同时也利于人体健康。

目前，从高等植物中分离得到的原生质体，大多是草本植物，而木本植物很难分离得到原生质体。茶树原生质体制备研究鲜有报道，用茶树叶片分离原生质体通常存在得率低，完整性也低的缺陷，满足不了后续实验的要求。本实验用茶树花瓣为研究材料进行酶解，释放得到原生质体，纯化后获得了数量多、纯度高的原生质体。

二、实验原理

植物原生质体是指除去了全部细胞壁后质膜包裹的细胞，原生质体不仅具有活细胞的性质，而且可以融合形成杂种细胞，它可直接摄取外源的 DNA，是进行遗传转化和基因功能研究的理想受体。离体的原生质体具有细胞全能性，在适宜的无菌条件下可以生长、分化、再生成完整植株。茶树基因功能的研究需要借助于原生质体来实现茶树基因的亚细胞定位、蛋白的相互作用等，另外，利用原生质体融合进行体细胞杂交，可以打破茶树有性杂交不亲和的生殖障碍等，这些都需要得到高制备率和高活性的茶树原生质体。

三、实验目的

（1）了解茶树原生质体分离的基本原理及方法。
（2）了解茶树原生质体的分离特点及其应用。

四、材料与设备

1. 器材

三角瓶、离心管、烧杯、200 目滤网、解剖刀、长短镊子、培养皿、滤纸、0.2 μm

的滤膜、滤器、培养瓶、台式离心机、高压灭菌锅。

2. 实验材料

茶树嫩叶、花瓣等不同组织的幼嫩材料。

3. 试剂

纤维素酶（Cellulase R-10）、离析酶（Macerozyme R-10）、MES（吗啉乙磺酸）、牛血清蛋白、甘露醇、葡萄糖、β-巯基乙醇、KCl、NaCl、CaCl$_2$、MgCl$_2$、KOH 等试剂。

五、方法与步骤

（1）酶液的配制

①酶解液配制：0.5mol/L 甘露醇，1.5% 纤维素酶 R-10，0.3% 离析酶 R-10，0.3mol/L 甘露醇，20mmol/L 氯化钾，加入以上试剂后先55℃水浴加热 10min，冷却至室温后再加入 9mmol/L 氯化钙，4mmol/L β-巯基乙醇，0.8% 牛血清蛋白，定容后调 pH 至 5.7，0.45μm 过滤灭菌，现用现配。

②洗涤缓冲液配制：2mmol/L 2-（N-吗啉代）乙磺酸，154mmol/L 氯化钠，125mmol/L 氯化钙，5mmol/L 氯化钾，定容后调 pH 至 5.5，0.45μm 过滤灭菌。

③渗透保护剂配制：4mmol/L 2-（N-吗啉代）乙磺酸中包含 0.4mol/L 甘露醇，15mmol/L 氯化镁，定容后调 pH 至 5.5，0.45μm 过滤灭菌。

（2）选取春夏季节采长势良好，无病虫害的茶树一芽一叶或一芽二叶为材料；或者在茶花盛开季节选取长势较好、无病虫害的茶树花朵为材料。

（3）将所选择的材料铺平（可以多个花瓣或嫩叶叠放在一起），用新手术刀片快速将整理好的材料切成 0.5~1mm 宽的细条，并快速、轻柔地转移到盛有 15mL 酶液的培养皿中，要使所有切好的材料完全沉浸于酶解液中。

（4）盖上皿盖，置于真空泵中于黑暗条件下抽真空 40min，抽真空后，继续置于黑暗条件下，在转速为 50r/min 的 20℃恒温的摇床中裂解培养 3.5h，若看到材料呈透明状并已萎蔫，说明原生质体已经基本释放完全，将培养皿置于显微镜下观察释放情况。

（5）用洗涤缓冲液稀释上述原生质体溶液，轻轻晃动混匀。

（6）用水清洗 70μm 的尼龙网，晾干后用洗涤缓冲液润湿尼龙网，过滤步骤（5）中的酶解液，再用洗涤缓冲液洗培养皿 2 次，洗涤缓冲液的用量和所用酶解液等体积。

（7）将原生质体悬浮液移至 50mL 离心管，室温 100×g 离心 3.5min，离心机升速和降速的制动设为 1~2，以防止原生质体在离心过程中出现机械破损，弃上清液，收集原生质体。

（8）向上述原生质体中加入 10mL 冰浴过的洗涤缓冲液，冰浴 28min，在此期间取少量原生质体在显微镜下用细胞计数器进行计数。

（9）100×g 离心 2min，弃上清液，将原生质体转移至 2mL 离心管，用适量渗透保护剂重悬原生质体后用于后续实验。

六、结果与讨论

（1）选取不同的茶树组织部位、不同发育阶段的同一组织部位为原始材料分离获得的原生质体的浓度与质量是不同的，其分离的难易程度也不同，影响因素有很多，主要因素是不同组织部位的次生代谢物质的含量不同，会影响分离过程。

（2）分离过程中裂解酶的组成成分及其比例也会决定分离获得原生质的数量与质量。

（3）分离过程中使用的摇床的转速和离心收集原生质体时离心机的转速过快，会造成原生质的破裂，造成大量的碎片。

七、注意事项

（1）茶树为多酚类物质含量高的植物，在原生质体分离过程中材料及分离液容易出现褐化现象，应该尽量在低于28℃环境中进行茶树原生质体分离试验的所有操作。

（2）原生质体是没有细胞壁的细胞，非常容易破裂，所以操作过程中动作要轻柔，离心速度要特别小，移液枪转移原生质体时要将所用枪头做特殊化处理。

实 验 二 茶树外植体的组织培养及快速繁殖方法

一、引言

茶树具有很高的经济价值，所以近年来对优质茶苗的需求日趋增加，而传统的繁育措施难以缩短优质茶苗的繁育时间，组织培养技术使获得优质良种茶苗及大规模人工栽培成为可能。组织培养对实现茶树品种的多样化、优质化有着极大裨益，从而可以提高生态效益，经济效益和市场效益，使得茶树资源保护及利用走上可持续发展道路，也能够促进我国优质茶树栽培种植的发展。

二、实验原理

植物组织培养的原理是建立在植物细胞的全能性基础上的，所谓全能性是指任何有完整的细胞核的植物细胞拥有形成一个完整植株所必需的遗传信息，理论上都能发育成为一棵植株。除受精卵能发育成胚外，植物的体细胞和雌配子、雄配子体都能发育成胚，最终发育成完整的植株。组织培养基于此原理就可以将已处于分化终端或正在分化的植物组织脱分化，诱导形成愈伤组织，再在愈伤组织上形成新的丛生芽。

植物组织培养的过程如图8-1所示。

三、实验目的

（1）熟悉茶树组织培养实验技术。

（2）掌握茶树组织培养的基本流程。

图 8-1　植物组织培养的一般步骤

四、材料与设备

1. 器材

三角瓶、烧杯、解剖刀、长短镊子、培养瓶、滤纸、高压灭菌锅、超净工作台、恒温光照培养箱或人工气候培养室。

2. 实验材料

茶树幼嫩种子、泥炭土、蛭石和黄沙泥。

3. 试剂

MS 培养基、乙醇、升汞、洗衣粉。

诱导培养基筛选：MS + 0.1mg/L NAA + 1mg/L 6 - BA + 1mg/L GA$_3$

ER + 0.1mg/L NAA + 1mg/L 6 - BA + 1mg/L GA$_3$

B5 + 0.1mg/L NAA + 1mg/L 6 - BA + 1mg/L GA$_3$

分化、壮苗培养基筛选：MS + 0.1mg/L IBA + 2mg/L 6 - BA + 1mg/L GA$_3$

ER + 0.1mg/L IBA + 2mg/L 6 - BA + 1mg/L GA$_3$

B5 + 0.1mg/L IBA + 2mg/L 6 - BA + 1mg/L GA$_3$

生根培养基筛选：1/2MS + 0.2mg/L IBA + 1.0mg/L 6 - BA

MS + 0.2mg/L IBA + 1.0mg/L 6 - BA

五、方法与步骤

1. 种子消毒

选择 8~9 月份底未成熟茶果，去叶后于洗衣粉水浸泡 10~30min，刷净后自来水冲洗 1~2h，取出尚未成熟的乳白或略带棕色的种子，在超净工作台中，剥去种皮，选取完整的、带有胚的剥去种皮的茶树籽，先用 75% 乙醇消毒 5~30s 后用无菌水洗 3~5次，再用 0.1% 升汞溶液消毒 10~25min，用无菌水冲洗 4~6 次后备用。

2. 胚愈伤组织诱导

将经步骤 1 处理后未成熟种胚切成 0.5cm×0.5cm×0.5cm 接种到诱导培养基上，先在 25~28℃ 条件下全暗培养 30~45d，然后置于每天光照 10~12h，光照强度为 1500~3000lx，直至诱导形成胚性愈伤组织。

3. 分化培养

将步骤 2 培养获得的呈绿色的子叶愈伤组织转入分化培养基上进行分化培养，接种后先在 25~28℃ 条件下全暗培养 7~14d，然后置于每天光照 12~16h，光照强度为 3000~5000lx，置于培养温度为 25~28℃ 的条件下培养直至形成丛生芽；每 21d 更换一次新鲜培养基；培养 3 周，得到鲜重可以增殖为原来的 1.8~2.2 倍的增殖愈伤组织；在此条件下，该愈伤组织可以稳定继代 4 年。

4. 生根培养

将步骤 3 过程获得的高度为 2.5~3.5cm 的丛生芽分切接种到生根培养基上进行生根培养，接种后先在 25~28℃ 条件下全暗培养 7~14d，然后置于每天光照 14~16h，光照强度为 2000~3000lx，培养温度为 25~28℃ 的条件下培养至生根。

5. 炼苗移栽

将步骤 4 获得的高 6~8cm 的生根试管苗去瓶盖置于自然光照下炼苗 5~7d 后，将试管苗从培养瓶中取出，洗掉根部培养基，栽入由泥炭土和黄沙泥混合成的基质中并定植于大田中，培养条件为 12h 光照和 12h 黑暗交替，温度为 25℃，光强为 3000~6000lx；移栽初期，每日 3 次进行叶面喷水；培养 8 周，存活率为 41.64%，所有存活的茶苗均生根，所述生根土壤配方为泥炭土与蛭石按质量比 1:1 均匀混合。

六、结果与讨论

（1）考虑供体的生理状况及所取的部位，成功的难易程度有所不同。较大的外植体有较强的再生能力，易污染；快速繁殖，可以相对大一些；太小多形成愈伤组织，甚至难以成活。田间生长的茶树、扦插苗、室内培养的实生苗、组织培养苗等均可以作为培养材料的来源。

（2）选择培养基时，要考虑外植体能够存活和能够较快生长。根据培养基作用，分为诱导产生愈伤组织的诱导培养基和促使愈伤组织分化成苗的分化培养基，它们都是由基本培养基加上植物激素等成分组成。

（3）接种后，其表面开始褐变，有时甚至会使整个培养基褐变的现象。多酚氧化酶被激活，使细胞的代谢发生变化。在褐变过程中，会产生醌类物质，抑制其他酶的活力，影响所接种外植体的培养。产生褐变的原因主要有：

①基因型：不同植物、不同品种间的褐变现象是不同的；

②生理状态：外植体的生理状态不同，在接种后褐变程度也不同；

③培养基成分：浓度过高的无机盐或细胞分裂素可使褐变现象加深；

④培养条件不当：如果光照过强、温度过高、培养时间过长等。

改善培养条件可以降低褐化率，例如，外植体接种后可先将其置于低温或黑暗（不利于酚类物质合成）下预培养几天后再进行正常的培养可以减少褐化现象的发生。培养过程中要及时转瓶，试验证明：接种后，每隔 3~5d 转瓶一次，可以减少酚类物质在培养基中的积累、降低褐化程度；取材前对母株进行遮光处理，操作过程中尽量减少对外植体的损伤，避免用温度过高的接种器具接触外植体等。

（4）茶树自身携带较多的内生菌，在对其进行室内组织培养时极易发生内生菌污染。指针对不同类型的外植体选择的消毒剂应该不同，材料消毒要彻底，实验人员在操作过程中要严格按照要求进行操作来降低污染率。

（5）茶树组织培养过程中的再生能力还比较低，生根能力也很低，是目前茶树组织培养亟待解决的问题。

七、注意事项

（1）茶树的外植体培养的过程中存在褐变、污染、畸形及生根难的问题，要注意外植体消毒的程度，材料的幼嫩程度、培养基的组成成分的配比等问题，来减少以上问题的产生。

（2）茶树外植体的组织培养过程中要全程无菌操作，操作者要采取相应的保护措施，如穿实验服、戴口罩和帽子等。

实 验 三 茶树原生质体融合

一、引言

有性杂交在作物品种改良和性状遗传规律研究中发挥重要作用，茶树的品种选育过程中较为常用的是扦插等无性繁殖方式，有性繁殖获得的新品种并不多，而且茶树的许多优良品种间存在生殖隔离，很难进行有性杂交，比如说三倍体茶树品种等；亲缘关系较远的茶树群体间也很难进行有性杂交，而利用原生质体融合技术可克服这些障碍并获得新的种质资源。原生质体间可以发生自发融合，但频率很低，聚乙二醇（polyethyleneglycol，PEG）诱导法是目前植物中诱导原生质体融合时应用最广泛的方法，其诱导融合频率高，无种属特异性要求，不需要特殊的仪器，操作简单。不同物种的细胞进行 PEG 诱导融合时所需要的 PEG 的分子质量和浓度均不同，研究表明，拟南芥叶肉细胞 PEG-4000 介导的最适浓度为 20%；转化水稻栽培品种的愈伤组织原生质体，其最适浓度为 40% 的 PEG-6000。本研究发现 40% 的 PEG-6000 可诱导茶树幼嫩叶和胚根的原生质体的融合。

二、实验原理

原生质体融合（protoplast fusion）指通过人为的方法，使遗传性状不同的两个细胞的原生质体进行融合，借以获得兼有双亲遗传性状的稳定重组子的过程。原生质体是去掉细胞壁的植物细胞，原生质体融合就是植物细胞的融合。常用的方法有振动、电击、离心、聚乙二醇（PEG）处理等。先用纤维素酶和果胶酶处理原植物细胞，得到原生质体，再在培养液中使用上述方法进行融合。这种方法的原理是细胞的流动性。当细胞核完成融合，并且重组细胞重生出细胞壁后，就表明杂种细胞已成功得到。之后利用植物的组织培养技术用得到的细胞就可以培养出完整个体，得到一株具有新形状的植物个体。

原生质体诱导融合普遍采用的化学方法是聚乙二醇（PEG）法，该方法是 Kao 等（1974）建立的。其原理是 PEG 分子带负电荷的醚键具有轻微的负极性，故可以与具有正极性基团的水、蛋白质和碳水化合物等形成氢键，在原生质体之间形成分子桥，其结果是使原生质体发生黏连。当用高 Ca^{2+} 和高 pH 溶液清洗后 Ca^{2+} 和 PEG 被清洗掉。打破了电荷平衡，使原生质的某些正电荷与另一些原生质体的负电荷连接起来，实现原生质体的融合。PEG 相对分子质量的大小与融合效率有一定的关系，目前市售的 PEG 相对分子质量一般有 1500、4000、6000、8000 等，所以在使用 PEG 的时候一定要根据所用的方法来选择合适的 PEG。随着 PEG 分子质量的增加，可溶性减少，同时黏性加大，在配制溶液的时候可以适当加热。所配的溶液最好采用过滤灭菌的方法。因为高温灭菌会降低 pH，并会分解 PEG，从而加大对细胞的毒害作用。

三、实验目的

（1）了解茶树原生质体融合技术的原理。

（2）学习并掌握以茶树为材料的原生质体融合技术。

四、材料与设备

1. 器材

培养皿、移液管、试管、容量瓶、锥形瓶、烧杯、离心管、吸管、显微镜、台式离心机、721 比色计、细菌过滤器。

2. 实验材料

茶树嫩叶及花瓣等幼嫩组织。

3. 试剂

20%、30%、40%、50% PEG－6000、0.1mol/L $CaCl_2$、0.1mol/L 山梨醇、1mol/L Tris 等，pH 9.5。

高 pH 高钙溶液：0.1mol/L $CaCl_2$、0.1mol/L 山梨醇、1mol/L Tris，pH 9.5。

五、方法与步骤

（1）参照"茶树单细胞分离及培养方法"分离获得不同品种茶树的原生质体，置于冰上待用。

（2）将制备好的 10mL 获得的原生质体纯化，浓缩至 1mL。

（3）将需要融合的两个不同品种的茶树亲本的原生质体等体积混匀，用移液枪头吸取 40μL 加到无菌的培养皿（5cm）中，每个培养皿均匀放置 7 滴，静置 15min，目的是让原生质体贴紧培养皿底壁。

（4）分别添加等体积的不同浓度的 PEG – 6000 溶液到混合原生质体中，诱导原生质体间的融合（可以设置不同的 PEG 浓度，例如 20％、30％、40％、50％），静置于室温（20℃）条件下，融合作用 20min。

（5）加 0.125mL 高 pH 高钙溶液（0.1mol/L CaCl₂、0.1mol/L 山梨醇、1mol/L Tris，pH9.5）稀释 PEG 诱导融合后的原生质体溶液，静置 5min。

（6）再次加入 0.25mL 高 pH 高钙溶液（0.1mol/L CaCl₂、0.1mol/L 山梨醇、1mol/L Tris，pH9.5），静置 5min。

（7）第三次加 0.5mL 高 pH 高钙溶液（0.1mol/L CaCl₂、0.1mol/L 山梨醇、1mol/L Tris，pH9.5），静置 5min。

（8）第四次加 1.25mL 高 pH 高钙溶液（0.1mol/L CaCl₂、0.1mol/L 山梨醇、1mol/L Tris，pH9.5），静置 5min。

（9）轻轻吸去上清液，直至剩余 0.5mL 左右的溶液。

（10）吸取 0.05mL 融合后的原生质体于凹型载玻片的凹槽中，盖上盖玻片，用吸水纸吸去多余的溶液即成临时装片，用显微镜观察细胞融合，统计融合百分数，并用数码照相机在显微镜下拍照。

六、结果与讨论

（1）茶树原生质体融合实验能够顺利完成的前提是要有质量好的原生质体，所以在进行融合之前，先要确保原生质的质量。

（2）茶树原生质的融合可以选择 PEG 融合法，PEG 的相对分子质量可以是 4000，也可以是 6000，融合的效率会有所不同。对于茶树来说，PEG – 6000 的诱导效率要高于 PEG4000。

（3）有条件时茶树原生质的融合也可以尝试使用电融合的方法进行。

（4）茶树原生质融合后，需要进行融合细胞的培养，融合细胞的培养方法需要进一步探索。

七、注意事项

（1）40％浓度的 PEG – 6000 能使原生质体融合具有较大的几率，同时原生质体不易破裂，是茶树 PEG – 6000 – 高 pH 高钙法诱导原生质体融合的适宜的浓度。在融合过程中发现原生质体粘底现象对原生质体成对融合具有较大的影响，采用将原生质体尽量释放在融合液的液面处的操作方法有利于一定程度避免粘底现象的发生。

（2）不同品种、不同发育时期和不同生理状态的茶树为材料分离到的原生质体的质量不同，融合率也会不同，最佳融合条件也有差异。

实验 ④ 茶树多酚氧化酶的提取、纯化与固定

一、引言

茶树多酚氧化酶（polyphenol oxidase，PPO）是一类重要的末端氧化酶，PPO作为红茶发酵中的关键酶，对茶叶品质的形成至关重要，对茶叶适制性有很大的影响。茶叶中PPO含量高、活力大，有利于红茶品质形成与积累，适制红茶；反之则适制绿茶。红茶在发酵过程中利用茶叶自身酶系发生一系列化学反应，形成红茶特有的色、香、味。绿茶加工需要杀青，要高温使PPO迅速失活，失去酶促氧化功能以生产优质绿茶；而在红茶加工中则需要PPO充分发挥其酶促氧化功能，催化儿茶素类物质氧化形成茶色素类物质。儿茶素类底物氧化触发了一些香气前体物质的偶联氧化，生成各种各样的香气成分，从而形成红茶特有的品质。从茶树中提取出多酚氧化酶是研究茶树多酚氧化酶及其同工酶酶学性质、结构、细胞定位及作用机理等相关内容的前提。

二、实验原理

多酚氧化酶在茶树细胞内广泛分布，一般所说的多酚氧化酶多指儿茶酚氧化酶，也是茶树中的关键酶类，PPO在茶树体内有两种存在形式：游离于细胞液中的可溶态和与细胞器膜特异结合的不可溶态。PPO具有多种同工酶形式，其数量和分布受茶树生长条件的影响处于动态变化中。它是一种含铜的氧化酶，在有氧的条件下，能使一元酚和二元酚氧化产生醌。用分光光度光度法在525nm波长处可测其吸光度，即可计算出多酚氧化酶的活力和比活力。

目前从茶树中提取PPO的方法主要为冷丙酮法和匀浆浸提法，解决了提取时存在的酶不溶、活力低、易受干扰等诸多问题，发现添加聚乙烯吡咯烷酮（PVP）等多酚吸附剂可以消除酚类物质对酶蛋白的干扰，调节提取介质、低温处理、添加表面活性剂如吐温80等方法能提高粗酶活力。冷丙酮法提取得到的粗酶纯度较高，但不如匀浆浸提法得到的酶蛋白保留量多，因此提取PPO粗酶时多使用匀浆浸提法。

不同茶树品种PPO的最适提取条件不尽相同，差异主要体现在多酚吸附剂和缓冲液的选择上。许雷等认为龙井43号PPO的最佳提取条件为：柠檬酸-磷酸盐缓冲液（pH7.2，0.15mol/L，料液比1:2），PVP（5%，质量体积比）；刘琨等认为碧螺春PPO最佳提取条件为：磷酸盐缓冲液（pH5.6，0.1mol/L，料液比1:4.5），PVP（0.16%，质量体积比）；虞昕磊等认为凤庆大叶种PPO的最佳提取条件为：柠檬酸-磷酸盐缓冲液（pH7.2，0.1mol/L，料液比1:3），PVP（5%，质量体积比）。

采用硫酸铵分级沉淀、阴离子交换层析、凝胶过滤层析等多方法结合的方式，纯化效果大大增强，但不可避免地会导致酶蛋白量和酶活力大量损失。许雷等通过利用经30%~80%硫酸铵分级沉淀、DEAE Sepharose CL-6B阴离子交换层析、Sephadex G-150凝胶过滤层析的方法，纯化得到3条电泳纯的PPO单一同工酶。刘琨等采用30%~70%硫酸铵分级沉淀、DEAE Sepharose Fast Flow阴离子交换层析、Superdex75

凝胶过滤层析，纯化得到两种同工酶 PPO Ⅰ 和 PPO Ⅱ，分别纯化了 154 倍及 28.7 倍。

三、实验目的

（1）了解茶树中多酚氧化酶的分离原理。
（2）掌握茶树多酚氧化酶的分离方法及操作步骤。

四、材料与设备

1. 实验材料

试验用茶树一芽二叶鲜叶，或者贮存于 -80℃ 超低温冰箱冻存备用的茶树鲜样。

2. 主要试剂

聚乙烯砒咯烷酮（PVP）、磷酸氢二钠、磷酸二氢钠、硫酸铵、邻苯二酚、三羟甲基氨基甲烷（Tris）、甘油、丙烯酰胺、考马斯亮蓝 R - 250、柠檬酸、脯氨酸、尿素、甲醇、冰醋酸、乙醇、β - 巯基乙醇、3 - 环己氨基丙磺酸（CAPS）、Marker、DEAE Sepharose CL - 6B、Sephadex G - 150。

3. 主要仪器

冷冻离心机、制冰机、超低温冰箱、电泳仪、垂直板电泳、水平摇床、电子天平、移液枪、核酸蛋白检测仪、电脑层析采集仪、数显恒流泵、自动部分收集器、酶标仪、全自动蛋白质多肽测序仪。

五、方法与步骤

1. 茶叶 PPO 粗取

取冻存茶叶样本 20g 于预冷的研钵中，加入 40mL 0.05mol/L pH7.2 的磷酸盐缓冲液（料液比 1∶2），加入预先冰浴冷却的含 5% PVP、pH7.2 的柠檬酸 - 磷酸盐缓冲液（0.05mol/L），冰浴研磨，待匀浆液 4℃ 浸提 12h 后，4℃ 9000r/min 离心 30min，取上清液，滤纸过滤后，即制得粗酶液。

2. 硫酸铵分级沉淀

PPO 粗酶液按 10%、20%、30%、30%、80%、90% 饱和度依次递加硫酸铵，4℃ 静置，10%~30% 的硫酸铵分别静置 3h，30%~90% 的硫酸铵分别静置 6h。每个梯度静置后于 4℃，90000r/min 离心 30min，上清液加硫酸铵至下一饱和度，各浓度沉淀加适量缓冲液溶解保存，测定沉淀物中酶活，确定硫酸铵分级沉淀的最佳条件。沉淀 6h 后，9000r/min 离心 30min，将所得沉淀用适量 0.02mol/L、pH7.2 磷酸盐缓冲液溶解后，用 4 倍体积同样缓冲液脱盐后浓缩，制得上样液约 4mL。以上操作均在 4℃ 条件下进行。

3. 离子交换层析

将 DEAE - Sepharose CL - 6B 材料装柱，用 2 倍柱体积的 0.02mol/L、pH7.2 的磷酸盐缓冲液平衡。平衡结束后，上样，使之结合 20min，分别选用含 0、0.05、0.1、0.2、0.3、0.4、0.5、0.6mol/L NaCl 的 0.02mol/L、pH7.2 的磷酸盐缓冲液各 2 倍柱体积依次进行梯度洗脱，流速 1mL/min。于 280nm 波长处测定吸光度，直至吸光度平稳后换下个梯度，各梯度洗脱 2～3 个柱体积。收集峰值附近洗脱液，超滤浓缩至 0.5mL 后贮存于于 4℃备用，测定酶活力并进行凝胶电泳分析。

4. 凝胶过滤层析

将 Sephadex G-150 材料装柱，用 2 倍柱体积的 0.02mol/L、pH 7.2 的磷酸盐缓冲液平衡。平衡结束后，上样，使样品与柱子结合 20min，选用含有 0.1mol/L NaCl 的 0.02mol/L、pH 7.2 的磷酸盐缓冲液等梯度洗脱，流速 0.2mL/min。于 280nm 波长处检测吸收峰并收集、脱盐、浓缩至 250μL。重复上述过程，收集足量样品，4℃保存备用。

5. 酶活力测定

取酶液 10μL 于 96 孔板中，加入 0.1mol/L pH 5.6 的柠檬酸磷酸盐缓冲液 50μL 和 75μL 反应混合液 [0.1mol/L 柠檬酸磷酸盐缓冲液：0.1% 脯氨酸：1% 邻苯二酚 = 10：2：3（体积比），现配现用]，置于酶标仪中 37℃控温反应 30min，410nm 波长处每间隔 1min 测 1 次吸光度，根据 30min 连续测定得来的吸光度曲线计算酶活力。将活性测定反应液的吸光度每分钟增加 0.001 定义为 1 个酶活力单位（U）。

6. 蛋白质浓度测定

依据 Bradford 法（Bradford 1976），使用蛋白质定量试剂盒测定蛋白质含量。

（1）配制一组质量浓度分别为 0.10、0.08、0.06、0.04、0.02、0mg/mL 的牛血清蛋白（BSA）溶液，测定这组溶液的吸光度，得到蛋白质浓度对吸光度的一条标准曲线。测定未知蛋白质浓度样品的吸光度，根据标准曲线得到蛋白质的浓度。

（2）计算所需配制的溶液的量（表 8-1） 先配制 1mg/mL 的牛血清蛋白（BSA）母液，再往母液中加入磷酸缓冲溶液（PBS）配制一组浓度分别为 1.0、0.8、0.6、0.4、0.2mg/mL 的 BSA 溶液，再将这组溶液稀释 10 倍，得到一组浓度分别为 0.10、0.08、0.06、0.04、0.02mg/mL 的 BSA 溶液。计算第一步稀释各组需要的 BSA 溶液及 PBS 溶液的体积。

表 8-1　　　　　　　　　　　蛋白质浓度测定所需配制溶液的量

BSA 体积/μL	100	80	60	40	20
PBS 体积/μL	900	920	940	960	980
BSA 质量浓度/（mg/mL）	1.0	0.8	0.6	0.4	0.2

（3）具体操作过程 用天平称量 1.0g 牛血清蛋白（BSA），溶于去离子水中，配成 100mL 的溶液，溶液的浓度为 10mg/mL。用移液枪分别取 100、80、60、40、20μL 的 BSA 溶液，置于 1.5mL 的 EP 管中，再分别加入 900、920、940、960、980μL 的磷酸缓冲溶液（PBS）配成 1mL 的溶液，振荡使溶液混合均匀。得到一组质量浓度分别为 1.0、0.8、0.6、0.4、0.2mg/mL 的 BSA 溶液。

移液枪分别移取 100μL 刚配好的一组 BSA 溶液，置于 1.5mL 的 EP 管中，各加入 900μL 的 PBS 溶液，振荡使溶液混合均匀。得到一组浓度分别为 0.10、0.08、0.06、0.04、0.02mg/mL 的 BSA 溶液。另外量取 1mL 的 PBS 溶液（BSA 溶液质量浓度为

0mg/mL）作对照试验。用移液枪分别移取 50μL 配好的一组 BSA 溶液，滴加到孔板中，再分别加入 200μL 的考马斯亮蓝（CBB）。静置 10min 后，用酶标仪测得这组 BSA 溶液的吸光度。

六、结果与讨论

（1）在分离纯化过程中，必然会导致酶蛋白量和酶活力大量损失。但经过分离纯化后，酶的比活力和纯化倍数应该明显增加。

（2）不同 PPO 同工酶之间，无论是反应底物、pH、反应温度等均有所差异，完全按照粗酶的测定条件可能并不适宜 PPO，从而会导致测定的酶活力有所差异。

七、注意事项

（1）因茶叶中含有高含量的茶多酚，在进行酶蛋白提取时，需尽可能地减少茶多酚的干扰，需加入其他去除茶多酚的成分，为此比较了当前提取茶叶酶蛋白常用的茶多酚去除物质 PVP、PVPP 对 PPO 提取活力的影响。

（2）茶叶富含茶多酚，而茶多酚物质具有螯合蛋白质和抑制酶活性等作用。要保证提取 PPO 的效果，去除茶多酚是必须的步骤。当前在富含多酚类成分的材料中提取蛋白时，常用 PVP、PVPP 作为多酚类物质去除剂，在茶叶 PPO 提取也如此。

（3）浸提时间、不同鲜叶嫩度、浸提缓冲液 pH、料液比过高或者过低均会影响 PPO 的提取，不同品种、不同季节以及不同鲜叶标准为原料进行提取 PPO 时，都非常有必要进行 PVP 添加量的优化，以确保获得最佳提取效果。

实 验 五 茶叶中微生物的接种与培养

一、引言

微生物对茯砖茶的作用主要体现在渥堆和发花阶段，渥堆从理化本质上来说，是以茶多酚为主的化学物质在微生物的酶促作用下发生的一系列化学变化，还包括水热作用等对茶叶纤维素与角质层的软化以及粗青气的去除，从而使得茶的品质与风味得到改善。发花是黑茶同其他发酵茶最大的区别之一，因其产品具有独特的菌花香，"金花"菌的数量与质量常作为黑茶品质好坏的判断标准。发花的实质是通过控制一定外部条件促使金花菌在茯砖茶内部生长繁殖的过程。

在毛茶原料中含有少量的金花菌，很可能是自然界中的金花菌在茶树植株上生长遗留下来的孢子，但毛茶原料中金花菌的含量非常少，通过高温汽蒸之后更是难以检出，在经过了 24h 的渥堆之后，茶叶中的金花菌数量仅达到 2.0×10^4 CFU/g，而金花菌从生长到开始快速产孢一般需要 48h 以上，由此可推断茶叶中的金花菌有一部分是来自于茶厂自然环境当中。渥堆后的茶叶经过加浆与第二次汽蒸后压制成茯砖，刚刚压制完的茯砖内部温度在 70℃以上，要经过风冷将温度降低到 40℃左右后开匣退砖，在这段时间里高温杀死了茶叶中微生物的营养体，而茯砖外部的茶叶冷却干燥后如同一层保护壳般阻止了外来微生物的污染，因此压制好的茶坯内残存的微生物较少。金花菌孢子耐高温的特性使其在茯砖茶内仍保持着一定的活性，而茯砖茶内部的低水分活度、营养条件以及人工对烘房温度、湿度的调控则为金花菌的生长创造了得天独厚的环境，使其在茶叶中快速繁殖并从发花的第 5 天左右起呈几何级数增加，并大量产生有性生殖孢子"金花"，使得茯砖茶内微生物总量达到第二个高峰期。渥堆时期大量存在的黑曲霉、青霉等均在茯砖茶内活动较弱，也是茯砖茶特定的内部环境所致，茶叶中金花菌对其他霉菌的抑制作用还需要进一步研究。

二、实验原理

在自然界中，各种微生物是在互为依赖的关系下共同生活的。因此，为了取出特定的微生物进行纯培养，必须从中把他们分离出来。微生物接种技术是进行微生物实验和相关研究的基本操作技能。无菌操作是微生物接种技术的关键。接种是将微生物或微生物悬液引入新鲜培养基的过程。由于实验目的、培养基种类及实验器皿等不同，所用接种方法不尽相同。斜面接种、液体接种、固体接种和穿刺接种操作均以获得生长良好的纯种微生物为目的。

分离培养微生物时，要考虑微生物对外界的物理、化学等因素的影响。即选择该类微生物最适合的培养基和培养条件。在分离、接种、培养过程中，均需严格的无菌操作，防止杂菌侵入，所用的器具必须经过灭菌，接种工具无论使用前后都要经过灭菌，且在无菌室或无菌箱中进行。

三、实验目的

（1）掌握茶叶微生物的接种和分离纯化技术。
（2）掌握茶叶微生物的无菌培养操作技术。

四、材料与设备

1. 仪器与设备

超净工作台、恒温生化培养箱、压力蒸气锅、粉碎机、扫描电子显微镜。手术剪、酒精灯、烧杯（25mL）、天平、三角烧瓶（50、250、1000mL）、培养皿、移液管、吸液球、试管、载玻片、盖玻片、胶头吸管、接种环、玻棒、量筒、漏斗、滤纸、脱脂棉、纱布、温度计。

2. 培养基的选择

（1）基础培养基　PDA 培养基、察氏培养基等固体培养基。用于茶叶中微生物，如曲霉、青霉等的培养与计数。

（2）鉴定与诱导培养基　20% 蔗糖察氏培养基（含蔗糖的质量分数为 20%，用于金花菌的鉴定分类与有性生殖结构诱导培养，简称为 C20）；60% 蔗糖察氏培养基（提高蔗糖质量分数到 60%，用于金花菌无性生殖结构诱导培养，简称为 C60）。

（3）发酵培养基　液体马铃薯蔗糖培养基。

五、方法与步骤

（1）茶叶样品中微生物多样性的培养将茶叶样品用微型粉碎机粉碎过筛后备用。

（2）称取粉碎后的样品25g，放置在含225mL无菌生理水与玻璃珠的500mL三角瓶内，盖上封口膜，在振荡仪上以200r/min振摇30min，使其中微生物充分分散。

（3）将分散后的微生物培养液制成10^{-1}倍样品稀释液。在超净工作台上用梯度稀释法得到10^{-2}、10^{-3}、10^{-4}、10^{-5}、10^{-6}倍样品稀释液，取稀释度10^{-4}、10^{-5}、10^{-6}样液。

（4）将稀释液各1mL涂布于PDA与察氏平板上并用涂布器涂布均匀，放置在恒温箱（28～37℃）内倒置培养。

（5）从平板长出菌落开始进行观察与记录，依据微生物平板计数方法对各种微生物的数量进行统计。

（6）不同的微生物种群鉴定依据食品微生物学标准鉴定图谱进行分类，将各个样品中微生物种类与数量记录下来。

（7）茯砖茶内金花菌的分离、纯化　选择长有金花菌的平板，用接种针挑取长势较好的金花菌菌落，于PDA培养基上进行划线分离，这样反复3～4次后获得纯培养的菌株，转接斜面，将其置4℃冰箱内保存。

（8）金花菌的有性和无性孢子诱导培养与形态学观察　取4℃保存的冠突散囊菌菌株在常温下复苏24h后，转接于C20平板和C60平板上诱导培养有性和无性孢子，分别置于恒温培养箱内培养，C60平板培养温度为37℃，C20平板培养温度为28℃，每天观察菌落的生长情况并作好记录。

（9）金花菌的光学显微镜观察　采用直接制片观察的方法，将在平板上生长的金花菌制成水浸片，在光学显微镜下观察其菌丝、闭囊壳、子囊、子囊孢子、分生孢子头的形态并拍照。

（10）金花菌的电子显微镜观察　挑取C20平板与C60平板上生长到适宜大小的菌落制成标本并固定，常规法制片后，在扫描电子显微镜下观察并拍照。

六、结果与讨论

（1）"金花"是茯砖茶中冠突散囊菌产生的金黄色闭囊壳，"金花"的多少是衡量茯砖茶品质好坏的重要指标。

（2）金花菌接种到C20平板上生长7d时，菌落直径达21～24mm，菌落呈较规则的圆形，质地比较紧密，有黄色晕圈，菌落边缘呈橄榄黄色，往中央颜色逐渐加深，中央部分颜色为橄榄褐色，生长时间较长的部位有少许黑褐色香油状渗出液，未发现分生孢子。变老后的菌落完全变成深褐色，培养基也被扩散出的色素染成茶褐色。

（3）金花菌接种到C60平板上的生长照片，7d时菌落直径达15～18mm，颜色为米黄色，大量浅黄色菌丝呈辐射状由中央向四周分布，分生孢子头为灰绿色，在菌落上分布以周围多于中央，在菌丝中仍可观察到少量闭囊壳，分生孢子头大量生长在菌落外圈，培养到15d时菌落直径达到35～38mm，颜色略有加深。

七、注意事项

（1）鉴于"金花"菌受茶叶产地、培养基种类、培养条件等因素影响，加上以往对"金花"菌的形态学描述掺有主观因素，对"金花"菌的分离鉴定造成一定的干扰，此次从菌落色泽、质地、表面形态及边缘情况综合分析，对"金花"菌在14种培养基上的表征形态进行差异性比较。

（2）微生物在不同培养基上生长的速度差异较大，形成孢子颜色和分泌色素差异较大，培养早期相似度稍微大些，但培养时间越长，孢子色泽、分泌物情况差异较大，并且由于培养时间较长，该菌耐干性较强，这也验证了砖茶发酵过程中存放还有金花菌生长的可能性。

实 验 六 茶树 DNA 提取

一、引言

茶树是富含酚类物质的植物，并含有大量的生物碱及其他多种次生物质，从植物组织中提取 DNA 较难。植物 DNA 的提取和纯化是植物基因工程研究的基础操作。进行分子标记、基因文库构建、基因克隆及其遗传转化等都以提取 DNA 为前提。有效地提取高质量、纯净的 DNA 是生物技术工作者一直关注的问题。从植物材料中提取 DNA，尤其是从富含酚类的木本植物中提取 DNA 有较大难度。茶叶富含酚类物质，鲜叶中酚类物质含量可达干物质总量的 18%～36%，且含有大量的生物碱及其他多种次生物质。采用常规的 DNA 提取方法和处理过程获得的 DNA 质量往往不能获得满意的效果。由于多酚被氧化成棕褐色，多糖、酚类等物质与 DNA 会结合成黏稠的胶状物，影响了 DNA 纯度，不能作为 PCR 模板供进一步分析使用，且会影响试验结果的重复性。

随着分子生物学的发展，使用分子标记技术获得物种间 DNA 水平上的多态性资料，进行统计分析，可以了解它们的主要遗传物质 DNA 之间的同源程度，从而进行分子标记、基因库构建、基因克隆等。如 RAPD、ISSR、扩增片段长度多态性（AFLP）标记技术等已经在茶树品种鉴别、遗传多样性分析、分类演化、遗传稳定性和遗传作图等研究领域得到了广泛的应用。而在这些标记技术的操作过程中，DNA 的提取质量是影响实验结果的最为关键因素。有效、快速地提取高质量、高纯度的 DNA，特别是从富含多糖、多酚等多种次生代谢物质的茶叶中提取高纯度的 DNA，一直都是广大生物技术工作者关心的问题。

二、实验原理

利用含高浓度 SDS 的抽提缓冲液在较高温度（55～65℃）条件下裂解植物细胞，使染色体离析，蛋白质变性，释放出核酸，然后提高盐浓度（KAc）和降低温度（冰上保温）的办法沉淀除去蛋白质和多糖（在低温条件下 KAc 与蛋白质及多糖结合成不溶物），离心除去沉淀后，上清液中的 DNA 用酚/氯仿抽提，反复抽提后用乙醇沉淀水相中的 DNA。

三、实验目的

学习和掌握茶树基因组 DNA 提取方法。

四、材料与设备

1. 材料

液氮、提取缓冲液［500mmol/L NaCl、100mmol/L Tris – HCl pH8、50mmol/L EDTA pH8、10mmol/L 2 – 巯基乙醇（用前加入）］、20% SDS pH 7.2、5mol/L KAc，氯仿：异戊醇（24∶1，体积比）、异丙醇、70% 乙醇、TE 缓冲液（10mmol/L Tris – HCl、1mmol/L EDTA、pH8.0）。

2. 耗材与设备

移液枪、离心管（15、2.0、1.5mL）、枪头、离心管架、离心管盒、水浴泡沫、研钵及小药勺、棉手套、薄膜手套、透明胶布、剪刀、离心机、水浴锅、液氮罐、冰箱。

五、方法与步骤

1. 基因组 DNA 的提取

（1）改良的 SDS 法（方法一）　　DNA 的提取按下列步骤进行：

①称取新梢上幼嫩的鲜叶 1g，用液氮磨成粉末。

②将干燥的粉末转入 10mL 的离心管中，待液氮挥发尽，加 3.5mL DNA 提取缓冲液 Ⅰ（100mmol/L Tris – HCl pH8.0、50mmol/L EDTA pH8.0、500mmol/L NaCl、10mmol/L 巯基乙醇、3% PVP）和 0.5mL 20% SDS，混匀。

③65℃水浴箱温浴 20min，不时轻轻旋转混匀，然后加 1.25mL KAc（5mol/L），混匀，0℃冰浴中放置 20min。

④离心（25000×g，4℃）20min，弃沉淀，取上清液移至新离心管，加 2.5mL 异丙醇，轻轻上下颠倒混匀；-20℃冰柜中放置 40min，沉淀核酸。

⑤离心（20000×g，4℃）20min，弃上清液，加 700μL TE 缓冲液（50mmol/L Tris – HCl pH8.0，10mmol/L EDTA pH8.0）溶解 DNA 沉淀。

⑥离心（15000×g，4℃）15min，沉淀不溶性杂质；弃沉淀，取上清液移至新离心管，加入预冷的 75μL NaAc（3mol/L），再加预冷的 500μL 异丙醇，轻轻混匀，室温放置 5min。

⑦离心（15000×g，15℃）15min，沉淀 DNA；弃上清液，沉淀用 500mL 80% 冰乙醇洗脱，晾干后用 200μL TE 缓冲液（10mmol/L Tris – HCl pH8.0，1mmol/L EDTA pH8.0）溶解，-20℃中保存备用。

（2）改良的 SDS 法（方法二）　　方法同方法一，在 DNA 提取缓冲液 Ⅰ 中添加 LiCl 至终浓度 0.1mol/L。

（3）LiCl 沉淀法（方法三）　　在方法一的基础上加以改进。步骤①至步骤⑤同方法一。

①离心（$15000 \times g$，4℃）15min，沉淀不溶性杂质；弃沉淀，取上清液移至新离心管，加入同体积的 4mol/L LiCl，于 5℃冰箱中放置过夜沉淀 RNA。

②离心（$15000 \times g$，4℃）30min，弃沉淀，取上清液移至新离心管，加入预冷的 75μL NaAc（3mol/L），再加预冷的 500μL 异丙醇，轻轻混匀，放置 5min（室温）。

③离心（$15000 \times g$，15℃）15min，沉淀 DNA；弃上清液，沉淀用 500μL 80% 冰乙醇洗脱，晾干后用 200μL TE 缓冲液（10mmol/L Tris – HCl pH8.0，1mmol/L EDTA pH8.0）溶解，–20℃中保存备用。

2. 基因组 DNA 纯度及浓度测定

采用上述三种方法提取的铁观音茶树基因组 DNA，各取 30μL 稀释 100 倍，在紫外分光光度计测定 A_{260} 和 A_{280}。

$$DNA 的浓度（ng/μL）= A_{260} \times 50 \times 稀释倍数$$

A_{260}/A_{280} 可估测所提取的 DNA 的纯度。

3. 基因组 DNA 电泳

取 10μL 样品于 1.0% 琼脂糖凝胶上电泳，检查样品 DNA 的质量。

六、结果与讨论

（1）茶树是富含酚类物质的植物，并含有大量的生物碱及其他多种次生物质，从植物组织中提取 DNA 较难。同一植物不同提取方法所获得的 DNA 性质明显地不同，方法一、方法二提取基因组 DNA 凝胶电泳后，有弥散的荧光区出现，纯度较差，含有 RNA；用 4mol/L LiCl 沉淀的方法三所提取的基因组 DNA 电泳后呈现出一条迁移率很小的整齐条带，无弥散的荧光区出现，DNA 样品纯，无 RNA 污染，能满足对 DNA 纯度要求较高的分子生物学实验，可用于 RAPD、AFLP、RFLP 以及 DNA 序列分析等，也会具有更加稳定的 PCR 扩增效果和较好的重复性。

（2）提取茶树的 DNA 后，要结合琼脂糖凝胶电泳及分光光度测量的方法进行 DNA 质量的检验。

七、注意事项

（1）裂解液要预热，以抑制 DNase，加速蛋白变性，促进 DNA 溶解。

（2）酚一定要碱平衡。苯酚具有高度腐蚀性，飞溅到皮肤、黏膜和眼睛会造成损伤，因此应注意防护。氯仿易燃、易爆、易挥发，具有神经毒作用，操作时应注意防护。

（3）各操作步骤要轻柔，尽量减少 DNA 的人为降解。

（4）取各上清液时，不应贪多，以防非核酸类成分干扰。

（5）异丙醇、乙醇、NaAc、KAc 等要预冷，以减少 DNA 的降解，促进 DNA 与蛋白等的分相及 DNA 沉淀。

（6）提取 DNA 过程中所用到的试剂和器材要通过高压烤干等办法进行无核酸酶化处理。

（7）所有试剂均用高压灭菌双蒸水配制。

实 验 七 茶树 PCR 扩增技术

一、引言

聚合酶链式反应（PCR）是一种根据生物体内 DNA 复制的特点而设计的在体外对特定 DNA 序列进行快速扩增的新技术。随着重复多轮 DNA 合成技术的进步与具热稳定性的 TaqDNA 聚合酶的发现和应用，PCR 技术不断完善，尤其是自动化 PCR 仪的设计成功，使 PCR 技术的操作程序大大简化，目前在分子生物学及其生命科学学科中已得到广泛应用，PCR 技术在茶学研究中的发展也相当迅速。

二、实验原理

聚合酶链式反应，简称 PCR（polymerase chain reaction），又称多聚酶链式反应。PCR 是体外酶促合成特异 DNA 片段的一种方法，其基本原理类似于 DNA 的天然复制过程，其特异性依赖于与靶序列两端互补的寡核苷酸引物，是一种体外 DNA 扩增技术，是在模板 DNA、引物和 4 种脱氧核苷酸存在的条件下，依赖于 DNA 聚合酶的酶促合反应，将待扩增的 DNA 片段与其两侧互补的寡核苷酸链引物经"高温变性—低温退火—引物延伸"三步反应的多次循环，使 DNA 片段在数量上呈指数增加，从而在短时间内获得所需的大量的特定基因片段，具有特异性强、灵敏度高、操作简便、省时等特点。它不仅可用于基因分离、克隆和核酸序列分析等基础研究，还可用于疾病的诊断或任何有 DNA、RNA 的地方。因此，PCR 又称无细胞分子克隆或特异性 DNA 序列体外引物定向酶促扩增技术。

1. PCR 反应五要素

参加 PCR 反应的物质主要有五种即引物、酶、dNTP、模板和 Mg^{2+}。

（1）引物　引物是 PCR 特异性反应的关键，PCR 产物的特异性取决于引物与模板 DNA 互补的程度。设计引物应遵循以下原则。

①引物长度：15～30bp，常用为 20bp 左右。

②引物碱基：GC 含量以 40%～60% 为宜，ATGC 四种核苷酸最好随机分布，避免 5 个以上的嘌呤或嘧啶联系排列。

③避免引物内部出现二级结构，避免两条引物间互补，特别是 3′端的互补，否则会形成引物二聚体，产生非特异的扩增条带。

④引物中有可以加入酶切位点等特异的修饰位点，用于后续的实验操作。

⑤引物的特异性：引物应与除目的基因序列之外的其他核酸序列无明显同源性。

⑥引物量：每条引物的浓度 0.1～1μmol 或 10～100pmol，引物浓度偏高会引起错配和非特异性扩增，且可增加引物之间形成二聚体的机会。

（2）酶及其浓度　催化一典型的 PCR 反应约需酶量为 2U（总反应体积为 50μL 时），浓度过高可引起非特异性扩增，浓度过低则合成产物量减少。

（3）dNTP 的质量与浓度　dNTP 的质量与浓度和 PCR 扩增效率有密切关系，在 PCR 反应中，dNTP 浓度应为 50～200μmol/L，尤其是注意 4 种 dNTP 的浓度要相等（等摩尔配制），如其中任何一种浓度不同于其他几种时（偏高或偏低），就会引起错配。浓度过低又会降低 PCR 产物的产量。

（4）含目的基因片段的模板 DNA　模板 DNA 的量与纯化程度会影响 PCR 的成功与否以及产物的量及纯度。模板 DNA 的浓度过高，纯度不够，会造成非特异性扩增以及产物的纯度；模板过低会影响产物的量。

（5）Mg^{2+} 对 PCR 扩增的特异性和产量有显著的影响，在一般的 PCR 反应中，Mg^{2+} 浓度为 1.5～2.0mmol/L 为宜。Mg^{2+} 浓度过高，反应特异性降低，出现非特异扩增，浓度过低会降低 TaqDNA 聚合酶的活力，使反应产物减少。

2. PCR 扩增

（1）模板 DNA 的变性　模板 DNA 经加热至 94℃左右一定时间后，使模板 DNA 双链或经 PCR 扩增形成的双链 DNA 解离，使之成为单链，以便它与引物结合，为下轮反应作准备。

（2）模板 DNA 与引物的退火（复性）：模板 DNA 经加热变性成单链后，温度降至 56℃左右，引物与模板 DNA 单链的互补序列配对结合。

（3）引物的延伸　DNA 模板—引物结合物在 TaqDNA 聚合酶的作用下，以 dNTP 为反应原料，靶序列为模板，按碱基配对与半保留复制原理，合成一条新的与模板 DNA 链互补的半保留复制链，重复循环"变性—退火—延伸"三个过程，就可获得更多的"半保留复制链"，而且这种新链又可成为下次循环的模板。

（4）温度与时间的设置　基于 PCR 原理三步骤而设置"变性—退火—延伸"三个温度点。在标准反应中采用三温度点法，双链 DNA 在 90～95℃变性，再迅速冷却至 40～60℃，引物退火并结合到靶序列上，然后快速升温至 70～75℃，在 TaqDNA 聚合酶的作用下，使引物链沿模板延伸。

①变性温度与时间：变性温度低，解链不完全是导致 PCR 失败的最主要原因。一般情况下，94～95℃条件下 1min 足以使模板 DNA 变性，若低于 94℃则需延长时间，但温度不能过高，因为高温环境对酶的活力有影响。

②退火（复性）温度与时间：退火温度是影响 PCR 特异性的较重要因素。变性后温度快速冷却至 40～60℃，可使引物和模板发生结合。退火温度与时间，取决于引物的长度、碱基组成及其浓度，还有靶基序列的长度。对于 20 个核苷酸，GC 含量约 50% 的引物，55℃为选择最适退火温度的起点较为理想。引物的复性温度可通过式 8－1、式 8－2 帮助选择合适的温度：

$$T_m 值（解链温度）= 4(G + C) + 2(A + T) \tag{8－1}$$

$$复性温度 = T_m 值 -（5～10℃）\tag{8－2}$$

在 T_m 值允许范围内，选择较高的复性温度可大大减少引物和模板间的非特异性结合，提高 PCR 反应的特异性。复性时间一般为 30～60s，足以使引物与模板之间完全结合。

③延伸温度与时间：TaqDNA 聚合酶的生物学活力：70～80℃ 150 核苷酸/（s·酶

分子），高于90℃时，DNA 合成几乎不能进行。

PCR 反应的延伸温度一般选择在 70～75℃，常用温度为 72℃，过高的延伸温度不利于引物和模板的结合。PCR 延伸反应的时间，可根据待扩增片段的长度而定，一般 1kb 以内的 DNA 片段，延伸时间 1min 是足够的。3～4kb 的靶序列需 3～4min；扩增 10kb 需延伸至 15min。延伸时间过长会导致非特异性扩增带的出现。

（5）循环次数决定 PCR 扩增程度　PCR 循环次数主要取决于模板 DNA 的浓度。一般的循环次数选在 30～40 次，循环次数越多，非特异性产物的量也随之增多。

三、实验目的

（1）掌握聚合酶链式反应的原理。
（2）掌握移液枪和 PCR 仪的基本操作技术。

四、材料与设备

模板 DNA、2.5mmol/L dNTP、*Taq*DNA 聚合酶（5U/μL）、SSR 引物、10×buffer、15mmol/L Mg^{2+}、重蒸水（ddH$_2$O）、PCR 板或管、移液枪及配套枪头、PCR 仪、制冰机。

五、方法与步骤

（1）根据实验需要设计好引物，选择并准备好扩增需要的模板，准备好所需要的其他试剂。

（2）配制 20μL 反应体系，在 PCR 板中依次加入下列溶液：

模板 DNA（0.1～2μg）；

引物 1（10～100pmol）；

引物 2（10～100pmol）；

*Taq*DNA 聚合酶（2.5U）；

dNTPs（1.5μL）；

MgCl$_2$（2μL）；

10×扩增缓冲液（2μL）；

加 ddH$_2$O 至总体积 20μL。

（3）按照说明书启动 PCR 仪，设置 PCR 反应程序：PCR 程序由"预变性—变性—退火—延伸"四个基本反应步骤构成：

94℃，3~5min 预变性 ⎤
94℃，30~45s（变性）⎥
56℃，30~45s（退火）⎬ 30~40 个循环
72℃，1~2min（延伸）⎦
72℃，5min（延伸）

（4）设置好 PCR 程序后，按照 PCR 仪器说明书，启动反应程序。
（5）琼脂糖凝胶电泳检测 PCR 扩增产物。

这是实验室最常用的方法，简便易行，只需少量 DNA 即可进行实验。其原理是不同大小的 DNA 分子通过琼脂糖凝胶时，由于泳动速度不同而被分离，经溴化乙锭（EB）染色，在紫外光照射下 DNA 分子发出荧光而判定其分子的大小。

用于电泳检测 PCR 产物的琼脂糖浓度常为 1% ~2%，应该使用纯度高的电泳纯级琼脂糖，这种琼脂糖已除去了荧光抑制剂及核酸酶等杂质。

①制胶：琼脂糖凝胶厚度 3~5mm。过薄则加样孔样品会溢出来，过厚观察时荧光穿透不强以至有些小片段 DNA 带型不易分辨。如配制 2% 凝胶 100mL，称取琼脂糖 2g 于三角瓶中，加入 100mL 0.5×TBE 液，微波炉加热 2~5min，使琼脂糖完全溶解（注意不要暴沸），置室温等温度下降至 60℃ 时，加入终质量浓度为 0.5μg/mL 的 EB 液，充分混匀后倒板（注意排除气体）。

②加样和电泳：上样时一般取 PCR 反应液 5~10μL，加入 3μL 溴酚蓝液，充分混匀，加入凝胶加样孔中。电泳仪可用一般稳压可调中压电泳仪，电泳工作液为 0.5×TBE 液，接通电源，使样品由负极向正极移动。60~100V 恒压电泳 30~60min。

③检测：将凝胶板放在紫外透射仪的石英玻璃台上进行检测，DNA 产物与荧光染料 EB 形成橙黄色荧光复合物。观察各泳道是否有橙黄色荧光带出现，并与扩增时所设的阳性对照比较，判断阳性或阴性结果。也可在电泳时以标准分子质量作对照，判断其扩增片段是否与设计的大小相一致。

六、结果与讨论

1. 无条带

（1）反应体系错误　重新配制反应体系确保各种试剂加入的量没有问题。

（2）PCR 程序出错　检测 PCR 仪程序是否正确。

（3）DNA 胶问题　DNA 凝胶电泳时加入阳性对照。

（4）退火温度不合适　以 2℃ 为梯度设计梯度 PCR 反应优化退火温度。

（5）DNA 模板量太少　增加 DNA 模板量。

（6）引物错误　利用 BLAST 检查引物特异性或重新设计引物。

（7）DNA 模板中存在抑制剂　确保 DNA 模板干净。

（8）模板有复杂结构　加入二甲基亚砜（DMSO）、BSA 或者甜菜碱。可尝试递减 PCR。

2. PCR 产物量过少

（1）退火温度不合适　以 2℃ 为梯度设计梯度 PCR 反应优化退火温度。

（2）DNA 模板量太少　增加 DNA 模板量。

（3）PCR 循环数不足　增加反应循环数。

（4）引物量不足　增加体系中引物含量。

（5）延伸时间太短　以 1kb/min 的原则设置延伸时间。

（6）变性时间过长　变性时间过长会导致 DNA 聚合酶失活。

（7）DNA 模板中存在抑制剂　确保 DNA 模板干净。

3. 有杂带

（1）复制提前终止　使用非热启动的聚合酶时常有发生。冰上准备反应体系或采用热启动聚合酶。

（2）引物退火温度过低　以2℃为梯度设计梯度PCR反应优化退火温度。

（3）反应缓冲液未完全融化或未充分混匀　确保反应缓冲液融化完全并彻底混匀。

（4）引物特异性差　利用BLAST检查引物特异性或重新设计引物。

（5）引物量过多　减少反应体系中引物的用量。

（6）模板量过多　质粒DNA的用量应小于50ng，而基因组DNA则应小于200ng。

（7）外源DNA污染　确保操作的洁净。

4. 条带弥散

（1）复制提前终止　使用非热启动的聚合酶时常有发生。冰上准备反应体系或采用热启动聚合酶。

（2）模板量过多　质粒DNA的用量应<50ng，而基因组DNA则应<200ng。

（3）酶量过多　减少DNA聚合酶的使用量。

（4）循环数过多　减少反应循环数至30。

（5）引物浓度不够优化　对引物进行梯度稀释重复PCR反应。

（6）引物错误　利用基本局部比对检索工具（BLAST）检查引物特异性或重新设计引物。

5. 阴性对照出现条带

（1）试剂、枪头、工作台污染　使用全新的试剂和枪头，对工作台进行清洁。

（2）条带大小与理论不符。

（3）污染　使用全新的试剂和枪头，对工作台进行清洁。

（4）模板或引物使用错误　更换引物和模板。

（5）基因亚型　对研究的基因进行序列分析和BLAST研究。

七、注意事项

（1）PCR实验一定要保管好试剂，避免交叉污染，吸取试剂前不必每次都混匀，离心是为了把粘在壁上和盖上的试剂离下来，配制的时候需要充分混匀，比如溶解引物，需要先混匀再分装。

（2）所有缓冲液吸头、离心管等用前必须高压处理，常规消耗用品用后作一次性处理，避免反复使用造成污染。

（3）引物设计大小和方向要正确，选择可靠的生物公司合成引物。

（4）要保证模板DNA的质量和浓度。

（5）引物和模板在体系中所加的比例要合适，模板过量会抑制体系的反应，引物过多会形成引物二聚体。

（6）跑胶时注意区分开EB污染区和清洁区，操作过程中要穿实验服，戴手套和口罩。

（7）PCR实验过程中要设置阳性和阴性对照，重复实验，验证结果，慎下结论。

实 验 ⑧ 茶树 RNA 提取方法

一、引言

从茶树组织中提取出纯度高、完整性好的 RNA 是进行茶树分子生物学研究的必要前提和关键条件。进行茶树基因体外转录翻译、Northern 杂交分析、cDNA 文库构建、cDNA 末端快速扩增（rapid amplification of cDNA ends，RACE）、差异显示反转录 PCR（differential display reverse transcription – PCR，DDRT – PCR）等研究时均需要高质量的 RNA。茶树叶片中含有丰富的茶多糖、茶多酚及萜类化合物，茶多酚会被氧化成能与 RNA 结合的醌类物质，茶多糖因具有与 RNA 相似的理化性质而与 RNA 形成很难分开的沉淀，在对茶叶进行研磨时还会产生茶黄素、茶红素等氧化产物，这些都增加了茶树 RNA 提取的难度。

二、实验原理

茶树因含有较多的茶多酚、多糖类物质，在提取过程中添加 PVPP 和 β – 巯基乙醇，能有效抑制酚类物质对 RNA 提取的影响。在改进的 SDS – 酸酚法中，加入了络合物和强还原剂以有效抑制茶多酚被氧化。液氮研磨时加入不溶性 PVPP，防止材料在研磨过程中被氧化，同时在提取液中加入水溶性 PVP。聚乙烯吡咯烷酮是多酚类化合物的螯合剂，可与多酚络合形成复合物，以阻止醌类物质的形成，有效防止总RNA 被裹挟损失。提取缓冲液中还加入了强还原剂 β – 巯基乙醇，既可提供强还原条件防止多酚被氧化，同时可打断多酚氧化酶的二硫键使之失活，从而有效地提高了 RNA 的完整性。与常规的核酸提取方法不同，改进的 SDS – 酸酚法中，未向组织匀浆液中加入水饱和酚进行抽提，而是在 DNase 酶解除去 DNA 后加入酚，这是因为 PVP 在结合多酚类物质的同时，也与水饱和酚发生不可逆的结合，产生白色絮状物，裹挟大量的 RNA，降低产率，因此待除去 DNA 后再用水饱和酚抽提，就可完全除去残余蛋白质了。

Tripure isolation reagent 试剂盒提取原理（图 8 – 2）：通过一步法裂解样本后，Tripure isolation reagent 能够分解细胞并使内源性核酸酶变性。然后通过添加氯仿混合并离心，整个样本被分离成三个相：无色的上层（RNA）、白色的中层和红色的有机底层（DNA 和蛋白质）。最后通过乙醇沉淀将 RNA 分离出来。

异硫氰酸胍/苯酚法（TRIZOL）是一种传统的 RNA 提取方法，适用

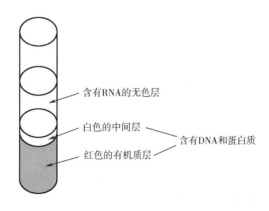

含有RNA的无色层

白色的中间层

含有DNA和蛋白质

红色的有机质层

图 8 – 2 Tripure isolation reagent 试剂盒提取原理

于大部分动植物材料，但对于次生代谢产物较多的植物材料，提取 RNA 效果较差。异硫氰酸胍能使核蛋白复合体解离，并将 RNA 释放到溶液中，采用酸性酚 – 氯仿混合液抽提，低 pH 的酚将使 RNA 进入水相，而蛋白质和 DNA 仍留在有机相，从而可以完成 RNA 的提取工作。该法应用非常广泛，适用于包括动物组织、微生物、培养细胞等在内的各类动物性材料，同时还适用于次生代谢物较少的植物性材料，如幼苗、幼叶等。该法主要用于动物组织和培养细胞的 RNA 提取。

三、实验目的

（1）了解茶树 RNA 提取的特点、难点及改进措施。
（2）掌握提取茶树 RNA 的原理及方法。
（3）了解茶树 RNA 提取过程中的各种注意事项。

四、材料与设备

1. 材料

选取铁观音（或者其他茶树品种）单芽、顶芽下第二片嫩叶、顶芽下第四片成熟叶、二年生老叶，经过液氮速冻处理后贮存于 −80℃ 冰箱中备用。

2. 主要试剂

Tripure 裂解液、申能博彩试剂盒（内含 RW Solution，RPE Solution，3S 柱，DEPC – H_2O）、异硫氰酸胍、十二烷基硫酸钠、β – 巯基乙醇、变性液（含 4mol/L 异硫氰酸胍、25mmol/L 枸橼酸钠、0.5% 十二烷基硫酸钠及 0.1mol/L 二硫基乙醇）、2mol/L 醋酸钠和水饱和酚组成的体积比为 10∶1∶10 的混合物、Trizol、液氮、氯仿、异丙醇、70% 无水乙醇［焦碳酸二乙酯（DEPC）水配制］。

3. 仪器设备

分光光度计、电泳仪、台式离心机、手提式紫外监测仪、恒温水浴、凝胶成像系统、研钵、RNA 提取专用离心管及枪头。

五、方法与步骤

1. RNA 酶（RNase）活力的去除

试验所用玻璃器皿、研钵均以 180℃ 烘烤过夜；所有塑料制品均以蒸馏水冲洗，烘干，0.1% DEPC 处理水浸泡过夜，再于高压灭菌锅中处理 30min（1.1MPa，121℃）以去除残留的 DEPC；所需试剂均用高压处理过的 0.1% DEPC 水配制；电泳槽用蒸馏水洗净，再以 H_2O_2 浸泡 6h，最后以高压处理过的 0.1% DEPC 水彻底冲洗，待用。

2. Tripure 试剂法提取叶片总 RNA

（1）取 0.2g 鲜叶，加 0.1g 聚乙烯吡咯烷酮（PVPP），加液氮研磨后迅速转移到离心管中。

（2）在加有样本的离心管中加入 1.2mL Tripure 试剂，5μL β – 巯基乙醇，充分振荡，静置 5min。

（3）再继续加入 200μL 氯仿，充分振荡，静置 3min，于 4℃，12000r/min 离

心 10min。

（4）取上清液，重复步骤（2）和步骤（3），加入 TriPure 试剂、β-巯基乙醇、氯仿，于 4℃、12000r/min 离心 15min。

（5）离心后转移上清液，加入等体积异丙醇，混匀后静置 10min。于 4℃、12000r/min 离心 15min。

（6）离心后小心去上清液，用 75% 乙醇洗涤沉淀，于 4℃、8000r/min 离心 5min。弃上清液。

（7）重复步骤（6）一次，弃上清液，待乙醇挥发殆尽。

（8）加入 40μL 的去 RNase 水（DEPC - H_2O）溶解沉淀。提取的 RNA 在 -80℃ 冰箱中保存备用。

3. 结合法提取叶片总 RNA

（1）称取 0.2g 鲜叶，加 0.1g PVPP，液氮研磨后，加入 1.2mL 的 TriPure 试剂，5μL β-巯基乙醇，充分振荡，静置 5min。

（2）静止后于 4℃ 12000r/min 离心 10min。

（3）取上清液，加 0.5 倍无水乙醇，混匀，倒入有 3S 柱的 2mL 收集管中高速离心 1min。

（4）取出柱子，倒去废液，将柱子置于收集管中，加 200μL RW Solution，于 42℃ 水浴 2min，于 12000r/min 离心 1min。

（5）离心后取出柱子，弃废液，加 300μL RW 溶液。于 42℃ 水浴 2min，于 12000r/min 离心 1min，取出柱子，弃废液。

（6）加 500mL RPE 离心 1min，弃废液，再离心 2min，除去 RPE。

（7）然后将 3S 柱子放到无 RNase 污染的离心管中，添加 50μL DEPC - H_2O，42℃ 水浴 2min，高速离心 1min，收集 RNA 样品，于 -80℃ 冰箱中保存备用。

4. 改良 Tri - Reagent 法提取茶树 RNA

（1）将研钵置于冰上预冷。

（2）快速取茶树冰冻材料（越冬老叶或一芽二叶嫩梢，约 0.2g）置于研钵中，并迅速加入液氮研磨，研磨过程中及时补充液氮，迅速将材料研磨成细粉，快速分装于 2 个冰上预冷的 1.5mL 去 RNase 的离心管中。

（3）每管中迅速加入 1mL Tri - Reagent 试剂，混匀，注意样品总体积不超过所用 Tri - Reagent 体积的 10%，室温放置 5min，使其充分裂解。

（4）加入 200μL 氯仿，振荡混匀后室温放置 15min；于 4℃、12000 × g 离心 15min。

（5）小心吸取上清液于另一新的预冷的 1.5mL 去 RNase 的离心管中，加入 250μL 高盐（0.8mol/L 柠檬酸钠和 1.2mol/L 氯化钠），轻轻混匀，再加入 250μL 异丙醇，室温放置 10min。

（6）于 4℃、12000 × g 离心 8min；弃上清，加入 1mL 体积分数为 75%（去 RNase 水配制）的乙醇洗涤沉淀；于 4℃、7500 × g 离心 5min。

（7）弃上清液，沉淀干燥 5min；加入 40μL 去核酸酶水溶解沉淀，轻轻振荡，使其充分溶解；取部分用于浓度和质量的检测，其余样品保存于 -20℃ 备用。

5. 改良 Tri‐Reagent + PVP（不溶性聚乙烯吡咯烷酮）法

先在研钵中加入适量水不溶性 PVP，再按照步骤 4 的方法进行抽提。

6. RNA 样品质量检测

RNA 样品的完整性通过 1% 琼脂糖凝胶电泳检测，经 EB 染色后在凝胶成像系统下拍照。

取 1μL RNA 样品，测定 260nm 和 280nm 波长处的 OD 值，RNA 含量用 $A_{260} \times 40$ 计算，A_{260}/A_{280} 用于纯度分析；取 2μL RNA 样品，加入 2μL 溴酚蓝混匀，点样于 1% 琼脂糖凝胶上，70V 电泳 25min，于凝胶成像系统中照相检测。

六、结果与讨论

（1）在除去蛋白质杂质时，可以先用提取液将蛋白质与核酸分离，再加入酚‐氯仿‐异戊醇（25∶24∶1，体积比），酚可以使释放出的内源酶迅速变性，氯仿异戊醇，可以有效去除蛋白质。

（2）在洗涤时，采用乙醇洗涤两次，洗涤时用枪头吹打沉淀，使之悬浮于乙醇，这样可以充分洗去残留的盐离子、多糖等杂质。PVPP 和 β‐巯基乙醇，可以排除多酚氧化酶对 RNA 质量的影响。

（3）提取的茶树总 RNA 的 A_{260}/A_{280} 值为 2.0 时，说明鲜叶的总 RNA 纯度好，无蛋白质、酚类物质、β‐巯基乙醇等污染，且产率最高，可达 300~1500ng/μL。

（4）不同的实验方法均可提取获得一定质量的总 RNA，但不同方法的效果会有差异，根据不同的茶树品种的特点，所用的不同组织部位，选用的方法可有所不同。

七、注意事项

RNA 提取的过程中，还有些值得注意的事项，具体如下：

（1）所有试剂、玻璃器皿、塑料制品等应严格按要求处理，灭活 RNase，操作过程中尽可能防止外源性的 RNase 污染。

（2）加入材料后应立即振荡混匀，保证 RNase 抑制剂发挥作用。

（3）涡旋振荡应有足够的力度，以充分变性蛋白质，将 RNA 提取到水相。

（4）操作尽量在冰上进行，避免 RNA 的降解。

（5）尽量选取新鲜的材料（或采摘的新鲜材料立即加入液氮，再 ‐70℃ 保存），且材料与提取液之间存在一定的比例，材料不能过多。

（6）在添加饱和酚‐氯仿‐异戊醇混合液时，一定要使用酸性饱和酚，以促进水相中的蛋白质和 DNA 向有机相分配，从而最大限度地除去总 RNA 中的蛋白质和 DNA。

（7）在使用 Trizol 的时候要戴手套和眼罩，避免接触到皮肤和衣服，使用化学通风橱，防止蒸汽吸入。

（8）除非特别说明，所有的操作均在 15~30℃ 进行，所用的试剂均放置于 15~30℃。

实 验 九 茶树 Southern 杂交技术

一、引言

Southern 印迹杂交（Southern Blot）是 1975 年由英国人 Southern 创建，是研究 DNA 图谱的基本技术，利用 Southern 印迹法可进行克隆基因的酶切、图谱分析、基因组中某一基因的定性及定量分析、基因突变分析及限制性片断长度多态性分析（RFLP）等。

二、实验原理

Southern 杂交是分子生物学的经典实验方法，其基本原理是将待检测的 DNA 样品固定在固相载体上，与标记的核酸探针进行杂交，在与探针有同源序列的固相 DNA 的位置上显示出杂交信号（图 8 - 3）。通过 Southern 杂交可以判断被检测的 DNA 样品中是否有与探针同源的片段以及该片段的长度。Southern 印迹杂交是进行基因组 DNA 特定序列定位的通用方法。具有一定同源性的两条核酸单链在一定的条件下，可按碱基互补的原则特异性地杂交形成双链。一般利用琼脂糖凝胶电泳分离经限制性内切酶消化的 DNA 片段，将胶上的 DNA 变性并在原位将单链 DNA 片段转移至尼龙膜或其他固相支持物上，经干烤或者紫外线照射固定，再与相对应结构的标记探针进行杂交，用放射自显影或酶反应显色，从而检测特定 DNA 分子的含量。

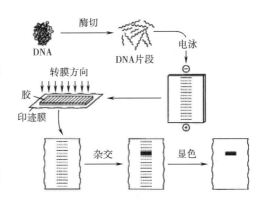

图 8 - 3 Southern 杂交流程图

Southern 印迹杂交的显色，由于核酸分子的高度特异性及检测方法的灵敏性，综合凝胶电泳和核酸内切限制酶分析的结果，便可绘制出 DNA 分子的限制图谱。但为了进一步构建出 DNA 分子的遗传图，或进行目的基因序列的测定以满足基因克隆的特殊要求，还必须掌握 DNA 分子中基因编码区的大小和位置。有关这类数据资料可应用 Southern 印迹杂交技术获得。

三、实验目的

（1）熟悉 Southern 印迹法的基本操作方法及主要步骤的工作原理。
（2）了解 Southern 印迹杂交在茶树研究中的应用。

四、材料与设备

1. 试剂
丙烯酰胺、SDS、Tris - HCl、β - 巯基乙醇、重蒸水（ddH$_2$O）、甘氨酸、甲醇、

PBS、NaCl、KCl、Na_2HPO_4、KH_2PO_4、考马斯亮蓝、乙酸、脱脂奶粉、硫酸镍胺、H_2O_2、DAB 试剂盒、变性液（0.5mol/L NaOH；1.5mol/L NaCl）、中和液［1mol/L Tris-HCl（pH 7.4）、1.5mol/L NaCl］、转移液（20×SSC：NaCl 175.3g，柠檬酸三钠 82.2g，NaOH 调 pH 至 7.0，加 ddH_2O 至 1000mL）。

2. 仪器与耗材

电泳仪、电泳槽、离心机、离心管、硝酸纤维素膜、匀浆器、剪刀、移液枪、刮棒。

五、方法与步骤

1. 基因组 DNA 的限制酶切

（1）在 1.5mL 离心管中，加入基因组 DNA（1μg/mL）20μg、10×酶切缓冲液 5.0μL、限制性内切酶（10U/μL）5.0μL，加 ddH_2O 至 50μL，置于最适的恒温（28～37℃，按照所用的限制性内切酶的最适温度选择）条件下消化 1～3h。

（2）消化结束后，可取 2～5μL 电泳检测消化效果，看消化后的 DNA 片段的大小和分布是否与预期的一致。如果消化效果不好，可以适当延长消化时间，但不要超过 6h。

（3）在消化后的 DNA 样本中加入 1/10 体积的 0.5mol/L EDTA，以终止消化反应。

（4）消化终止后，在消化液内加入 350μL ddH_2O，使总体积为 400μL 后，加入等体积的酚，混匀，于 4℃、12000×g 离心 8min，将上清转移到新的 1.5mL 离心管中。

（5）加入等体积的氯仿，混匀，于 4℃、12000g 离心 8min，将上清转移到新的 1.5mL 离心管中。

（6）加入 2.5 倍体积乙醇（或者 0.6 倍体积的异丙醇）沉淀 1h 以上，于 4℃、12000×g 离心 8min，弃上清液。

（7）在沉淀中加入 1mL 70% 的乙醇，用移液枪上下吹打，将沉淀从管底吹起，漂洗后，于 4℃、12000×g 离心 8min，弃上清液。

（8）重复步骤（7）。

（9）将沉淀放于通风处吹干，或者离心干燥后，加入 30～50μL TE 或者 ddH_2O 溶解 DNA，继续下一步实验或者放于 -20℃ 冰箱备用。

2. 基因组 DNA 消化产物的琼脂糖凝胶电泳

（1）制备 0.8% 凝胶　一般用于 Southern 杂交的电泳胶取 0.8%。

（2）电泳　电泳样品中加入 6×Loading 上样缓冲液，混匀后上样，留 1～2 泳道加 DNA Marker。DNA 将以 1～2V/cm 的速度从负极泳向正极。电泳至溴酚蓝指示剂接近凝胶另一端时，停止电泳。

（3）取出凝胶，紫外灯下观察电泳效果。在胶的一边放置一把刻度尺，拍摄照片。正常电泳图谱呈现一连续的涂抹带，照片加入刻度尺是为了以后判断信号带的位置，以确定被杂交的 DNA 片段的长度。

3. DNA 从琼脂糖凝胶转移到固相支持物

（1）切胶并作标记（左下角切除），以便于定位，然后将凝胶置于一容器中。

（2）将凝胶浸泡于适量的变性液中，室温下放置 1h 使之变性，不间断地轻轻摇动。

（3）将凝胶用去离子水漂洗 1 次，然后浸泡于适量的中和液中 30min，不间断地轻轻摇动。更换中和液，继续浸泡 15min。

（4）将滤纸，硝酸纤维素膜（以下简称 NC 膜）剪成与胶同样大小，NC 膜浸入转移缓冲液中平衡 30min。剪一张比膜稍宽的长条定性滤纸 3mm 作为盐桥，再按凝胶的尺寸剪 3~5 张滤纸和大量的纸巾备用。

（5）按图 8-4 操作，逐层铺平，各层之间勿留有气泡和皱褶，转移过程一般需要 8~24h，每隔数小时换掉已经湿掉的纸巾。转移液用 20×SSC。注意在膜与胶之间不能有气泡。整个操作过程中要防止膜上沾染其他污物。

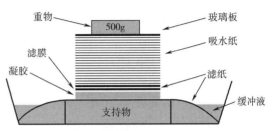

图 8-4　**Southern 杂交装置示意图**

（6）虹吸转移 12~16h。

（7）转移结束后取出 NC 膜，浸入 6×SSC 溶液数分钟，洗去膜上沾染的凝胶颗粒，置于两张滤纸之间，80℃烘 1~2h，然后将 NC 膜夹在两层滤纸间，保存于干燥处。

4. 探针标记

（1）取 25~50ng 模板 DNA 于 0.5mL 离心管中，100℃变性 5min，立即置于冰浴中。

（2）在另一个 0.5mL 离心管中加入：Labeling 5×buffer 10μL（含有随机引物），dNTP mix 2μL（含 dCTP、dGTP、dTTP 各 0.5mmol/L），BSA（小牛血清白蛋白）2μL，[α-^{32}P] dATP 3μL，Klenow 酶 5U。

（3）将变性模板 DNA 加入到上管中，加双蒸水至 50μL，混匀。于室温或 37℃保温 1h。

（4）加 50μL 终止缓冲液终止反应。标记后的探针可以直接使用或过柱纯化后使用。由于 α-^{32}P 的半衰期只有 14d，以标记好的探针应尽快使用。探针的比活性最好大于 10^9计数/（分·μL）。

5. 杂交

（1）预杂交 NC 膜浸入 2×SSC 液中 5min，在杂交瓶中加入杂交液（8cm×8cm 的膜加 5mL 即可），根膜的背面贴紧杂交瓶壁，正面朝向杂交液。放入 42℃杂交炉中，使杂交体系升到 42℃。取经超声粉碎的鲑鱼精 DNA（已溶解在水或 TE 中）100℃加热变性 5min，迅速加到杂交瓶中，使其质量浓度达到 100μg/mL。杂交 4h。

（2）杂交倒出预杂交的杂交液，换上等量新的已升温至 42℃的杂交液，同样加入变性的鲑鱼精 DNA。将探针 100℃加热 5min，使其变性，迅速加到杂交瓶中，42℃杂交过夜。

6. 洗膜与检测

取出 NC 膜，在 2×SSC 溶液中漂洗 5min，然后按照下列条件洗膜：

2×SSC/0.1%SDS，42℃，10min；

1×SSC/0.1%SDS，42℃，10min；

0.5×SSC/0.1%SDS，42℃，10min；

0.2×SSC/0.1%SDS，56℃，10min；

0.1×SSC/0.1%SDS，56℃，10min。

在洗膜的过程中，不断振摇，不断用放射性检测仪探测膜上的放射强度。实践证明，当放射强度指示数值较环境背景高 1~2 倍时，是洗膜的终止点。洗完的膜浸入 2×SSC 液中 2min，取出膜，用滤纸吸干膜表面的水分，并用保鲜膜包裹，注意保鲜膜与 NC 膜之间不能有气泡。将膜正面向上，放入暗盒中（加双侧增感屏），在暗室的红光下，贴覆两张 X 线片，每一片都用透明胶带固定，合上暗盒，置 -70℃ 低温冰箱中曝光。根据信号强弱决定曝光时间，一般在 1~3d。洗片时，先洗一张 X 线片，若感光偏弱，则再多加 2d 曝光时间，再洗第二张片子。洗出片子后，观察比较杂交结果。

六、结果与讨论

（1）需要用不同的胶浓度来分辨这个范围内的不同的 DNA 片段。原则是分辨大片断的 DNA 需要用浓度较低的胶，分辨小片段 DNA 则需要浓度较高的胶。经过一段时间电泳后，DNA 按分子大小在凝胶中形成许多条带，大小相同的分子处于同一条带。另外，为了便于测定待测 DNA 分子质量的大小，往往同时在样品邻近的泳道中加入已知分子质量的 DNA 样品即标准分子质量 DNA（DNA marker）进行电泳。

（2）于 Southern 印迹杂交的探针可以是纯化的 DNA 片段或寡核苷酸片段。探针可以用放射性物质 ^{32}P 标记或用地高辛标记，放射性标记灵敏度高、效果好；地高辛标记没有半衰期，安全性好。人工合成的短寡核苷酸可以用 T4 多聚核苷酸激酶进行末端标记。探针标记的方法有随机引物法、切口平移法和末端标记法。

（3）转膜过程中要注意保持各 DNA 片段的相对位置不变。DNA 是沿着与凝胶平面垂直的方向移出并转移到膜上的，因此，凝胶中的 DNA 片段虽然在碱变性过程已经变性成单链并已断裂，转移后各个 DNA 片段在膜上的相对位置与在凝胶中的相对位置仍然一样，故而称为印迹。

（4）影响 Southern 杂交实验的因素很多，主要有 DNA 纯度、酶切效率、电泳分离效果、转移效率、探针比活性和洗膜终止点等。

（5）鲑鱼精 DNA 的作用是封闭 NC 膜上没有 DNA 转移的位点，降低杂交背景、提高杂交特异性。

（6）预杂交液实际上就是不含探针的杂交液，可以自制或从公司购买，不同的杂交液配方相差较大，杂交温度也不同。

（7）杂交是在相对高离子强度的缓冲盐溶液中进行。杂交过夜，然后在较高温度下用盐溶液洗膜。离子强度越低，温度越高，杂交的严格程度越高。也就是说，只有探针和待测顺序之间有非常高的同源性时，才能在低盐高温的杂交条件下结合。

七、注意事项

（1）要取得好的转移和杂交效果，应根据 DNA 分子的大小，适当调整变性时间。对于分子质量较大的 DNA 片段（大于 15kb），可在变性前用 0.2mol/L HCl 预处理 10min 使其脱嘌呤。

（2）转移用的 NC 膜要预先在双蒸水中浸泡使其湿透，否则会影响转膜效果；不可用手触摸 NC 膜，否则影响 DNA 的转移及与膜的结合。

（3）转移时，凝胶的四周用蜡膜封严，防止在转移过程中产生短路，影响转移效率，同时注意 NC 膜与凝胶及滤纸间不能留有气泡，以免影响转移。

（4）注意同位素的安全使用。

实 验 ⑩ 茶树 Northern 杂交技术

一、引言

Northern 印迹杂交是一种将 RNA 从琼脂糖凝胶中转印到硝酸纤维素膜上的方法。RNA 印迹技术正好与 DNA 相对应，故被称为 Northern 印迹杂交。Northern 印迹杂交的 RNA 吸印与 Southern 印迹杂交的 DNA 吸印方法类似，只是在上样前用甲基氢氧化银、乙二醛或甲醛使 RNA 变性，而不用 NaOH，因为它会水解 RNA 的 2'-羟基基团。RNA 变性后有利于在转印过程中与硝酸纤维素膜结合，它同样可在高盐中进行转印，但在烘烤前与膜结合得并不牢固，所以在转印后用低盐缓冲液洗脱，否则 RNA 会被洗脱。在胶中不能加 EB，因为它会影响 RNA 与硝酸纤维素膜的结合。为测定片段大小，可在同一块胶上加分子质量标记物一同电泳，之后将标记物切下、上色、照相，样品胶则进行 Northern 转印。标记物胶上色的方法是在暗室中将其浸在含 5μg/mL EB 的 0.1mol/L 醋酸铵中 10min，光在水中就可脱色，在紫外光下用一次成像相机拍照时，上色的 RNA 胶要尽可能少接触紫外光，若接触太多或在白炽灯下暴露过久，会使 RNA 信号降低。

二、实验原理

Northern 杂交是 RNA 定量测定的一种检测方法，主要利用碱基配对原则，利用特性的 DNA 探针与其杂交，经过显影技术分析 RNA 的量和大小。Northern 杂交是用来测量真核生物 RNA 的量和大小估计其丰度的实验方法，可以从大量的 RNA 样本同时获得这些信息。其基本步骤包括：

（1）完整 mRNA 的分离。

（2）根据 RNA 的大小通过琼脂糖凝胶电泳对 RNA 进行分离。

（3）将 RNA 转移到固相支持物上，在转移的过程中，要保持 RNA 在凝胶中的相对分布。

（4）将 RNA 固定到支持物上。

（5）固相 RNA 与探针分子杂交。

（6）除去非特异结合到固相支持物上的探针分子。

（7）对特异结合的探针分子的图像进行检测、捕获和分析 Northern 杂交的实验方法。

三、实验目的

（1）熟悉 Northern 印迹法的基本操作方法及主要步骤的工作原理。

（2）了解 Northern 印迹杂交在茶树研究中的应用。

四、材料与设备

1. 仪器

恒温水浴箱、电泳仪、凝胶成像系统、真空转移仪、真空泵、UV 交联仪、杂交炉、恒温摇床、脱色摇床、漩涡振荡器、分光光度计、微量移液器、电炉（或微波炉）、离心管、烧杯、量筒、三角瓶等。

2. 材料

总 RNA 样品或 mRNA 样品、探针模板 DNA（25ng）、尼龙膜。

3. 试剂

Northern Max Kit（Cat. #1940，Ambion 公司）、琼脂糖、DEPC、X 光底片、底片暗盒、随机引物、dNTP 混合物、111TBq/mmol（$\alpha-^{32}P$）dCTP、无外切酶活力的 Klenow 片段和 10 × Buffer、Sephadex G – 50、SDS、双氧水、10 × MSE 缓冲液、0.2mol/L 吗啉代丙烷磺酸（MOPS）、50mmol/L 醋酸钠（pH7.0）、1mmol/L EDTA（pH8.0）、5 × 载样缓冲液（50% 甘油、1mmol/L EDTA、0.4% 溴酚蓝）、12.3mol/L 甲醛（用水配成浓度 37%，在通风柜中操作，pH 高于 4.0）、20 × SSC、去离子甲酰胺、50mmol/L NaOH（含 10mmol/L NaCl）、0.1mol/L Tris（pH7.5）、无菌水等。

五、方法与步骤

1. 用具的准备

三角锥瓶、量筒、镊子、刀片等：于 180℃ 烤 4h。电泳槽：清洗梳子和电泳槽，并用双氧水浸泡过夜，用 DEPC 水冲洗，干燥备用。处理 DEPC 水（2L）备用。

2. 用 RNAZap 去除用具表面的 RNase 酶污染

用 RNAZap 擦洗梳子、电泳槽、刀片等，然后用 DEPC 水冲洗两次，去除 RNAZap。

3. 制胶

（1）称取 0.36mg 琼脂糖加入三角锥瓶中，加入 32.4mL DEPC 水后，微波炉加热至琼脂糖完全熔解。60℃ 空气浴平衡溶液（需加 DEPC 水补充蒸发的水分）。

（2）在通风橱中加入 3.6mL 的 10 × 变性凝胶电泳缓冲液，轻轻振荡混匀。注意：尽量避免产生气泡。

（3）将熔胶倒入制胶板中，插上梳子 如果胶溶液上存在气泡，可以用热的玻璃棒或其他方法去除，或将气泡推到胶的边缘（注：胶的厚度不能超过 0.5cm）。

（4）胶在室温下完全凝固后，将胶转移到电泳槽中，加入 1 × MOPS 凝胶电泳缓冲液盖过胶面约 1cm，小心拔出梳子。配制 250mL、1 × MOPS 凝胶电泳缓冲液，在电泳过程中补充蒸发的缓冲液。

（5）检查点样孔。

4. RNA 样品的制备

在 RNA 样品中加入 3 倍体积的含甲醛上样缓冲液和适当的 EB（终浓度为 $10\mu L/mL$）。混匀后，65℃ 空气浴 15min。短暂低速离心后，立即放置于冰上 5min。

5. 电泳

（1）将 RNA 样品小心加到点样孔中。

（2）在 5V/cm 跑胶（5cm × 14cm）。在电泳过程中，每隔 30min 短暂停止电泳，取出胶，混匀两极的电泳液后继续电泳。当胶中的溴酚蓝（500bp）接近胶的边缘时终止电泳。

（3）紫外灯下，检验电泳情况，并用尺子测量 18S、28S、溴酚蓝到点样孔的距离（注意：不要让胶在紫外灯下曝光太长时间）。

6. 转膜

（1）用 3% 双氧水浸泡真空转移仪后，用 DEPC 水冲洗。

（2）用 RNAZap 擦洗多孔渗水屏和塑胶屏，用 DEPC 水冲洗两次。

（3）连接真空泵和真空转移仪，剪取一块适当大小的膜（膜的四边缘应大于塑胶屏孔口的 5mm），膜在转移缓冲液浸湿 5min 后，放置在多孔渗水屏的适当位置。

（4）盖上塑胶屏，盖上外框，扣上锁。

（5）将胶的多余部分切除，切后的胶四边缘要能盖过塑胶屏孔，并至少盖过边缘约 2mm，以防止漏气。

（6）将胶小心放置在膜的上面，膜与胶之间不能有气泡。

（7）打开真空泵，使压强维持在 5 ~ 5.8MPa，立即将转移缓冲液加到胶面和四周。每隔 10min 在胶面加上 1mL 转移缓冲液，真空转移 2h。

（8）转膜后，用镊子夹住膜，于 1 × MOPS 凝胶电泳缓冲液中轻轻泡洗 10s，去除残余的胶和盐。

（9）用吸水纸吸取膜上多余的液体后，将膜置于紫外交联仪中自动交联。

（10）将胶和紫外交联后的膜，在紫外灯下检测转移效率（避免太长的紫外曝光时间）。

（11）将膜在 –20℃ 保存。

7. 探针的制备

（1）在 1.5mL 离心管中配制以下反应液：模板 DNA（25ng）$1\mu L$，随机引物 $2\mu L$，灭菌水 $11\mu L$，总体积：$14\mu L$。

（2）95℃ 加热 3min 后，迅速放置于冰中冷却 5min。

（3）在离心管中按下列顺序加入以下溶液：10 × 缓冲液 $2.5\mu L$，dNTP 混合物 $2.5\mu L$，111TBq/mmol $[\alpha - ^{32}P]$ dCTP $5\mu L$，无外切酶活性 Klenow 片段 $1\mu L$。

（4）混匀后（25μL），37℃反应30min。短暂离心，收集溶液到管底。

（5）65℃加热5min使酶失活。

8. 探针的纯化及比活力测定

（1）准备凝胶　将1g凝胶加入30mL的DEPC水中，浸泡过夜。用DEPC水洗涤膨胀的凝胶数次，以除去可溶解的葡聚糖。换用新配制的TE（pH7.6）。

（2）取1mL一次性注射器，去除内芯推扞，将注射器底部用硅化的玻璃纤维塞住，在注射器中装填交联葡聚糖G－50凝胶。

（3）将注射器放入一支15mL离心管中，注射器把手架在离心管口上。1600×g离心4min，凝胶压紧后，补加交联葡聚糖G－50凝胶悬液，重复此步直至凝胶柱高度达注射器0.9mL刻度处。

（4）100μL STE缓冲液洗柱，1600g离心4min。重复三次。

（5）倒掉离心管中的溶液后，将一去盖的1.5mL离心管置于管中，再将装填了交联葡聚糖G－50凝胶的注射器插入离心管中，注射器口对准1.5mL离心管。

（6）将标记的DNA样品加入25μL STE，取出0.5μL点样于DE8－paper上，其余上样于层析柱上。

（7）1600×g离心4min，DNA将流出被收集在去盖的离心管中，而未掺入DNA的dNTP则保留在层析柱中。取0.5μL已纯化的探针点样于DE8－paper。

（8）测比活性（试剂比活要求：10^6cpm探针/mL）。

9. 预杂交

（1）将预杂交液在杂交炉中68℃预热，并漩涡使未溶解的物质溶解。

（2）加入适当的ULRAhyb到杂交管中（以100cm²膜面积加入10mL ULRAhyb杂交液），42℃预杂交4h。

10. 探针变性

（1）用10mmol/L EDTA将探针稀释10倍。

（2）90℃热处理稀释后探针10min后，立即放置于冰上5min。

（3）短暂离心，将溶液收集到管底。

11. 杂交

（1）加入0.5mL ULTRAhyb到变性的探针中，混匀后，将探针加到预杂交液中。

（2）42℃杂交过夜（14~24h）。

杂交完后，将杂交液收集起来于－20℃保存。

12. 洗膜

（1）低严紧性洗膜　加入Low Stringency Wash Solution 1（100cm²膜面积加入20mL洗膜溶液），室温下摇动洗膜5min两次。

（2）高严紧性洗膜　加入High Stringency Wash Solution 2（100cm²膜面积加入20mL洗膜溶液），42℃摇动洗膜20min两次。

13. 去除膜上的探针

将200mL、0.1% SDS（由DEPC水配制）煮沸后将膜放入，室温下让SDS冷却到室温，取出膜，去除多余的液体，干燥后，可以保存几个月。

14. 曝光及杂交结果检测

（1）将膜从洗膜液中取出，用保鲜膜包住，以防止膜干燥。

（2）检查膜上放射性强度，估计曝光时间。

（3）将 X 光底片覆盖到膜上，曝光。

（4）冲洗 X 光底片，扫描记录结果。

六、结果与讨论

（1）Northern 印迹杂交成功与否的关键在于是否分离到完成的 mRNA，且在合适的琼脂糖凝胶中把 mRNA 清楚的分离。

（2）RNA 变性后有利于在转印过程中与硝酸纤维素膜结合，它同样可在高盐中进行转印，但在烘烤前与膜结合得并不牢固，所以在转印后用低盐缓冲液洗脱，否则 RNA 会被洗脱。在胶中不能加 EB，因为它会影响 RNA 与硝酸纤维素膜的结合。

（3）在紫外光下用一次成像相机拍照时，上色的 RNA 胶要尽可能少接触紫外光。若接触太多或在白炽灯下暴露过久，会使 RNA 信号降低。琼脂糖凝胶中分离功能完整的 mRNA 时，甲基氢氧化银是一种强力、可逆变性剂，但有毒，因而许多人喜用甲醛作为变性剂。

（4）变性探针时加入一定量的封阻剂鲑鱼精 DNA 可减少核素探针的非特异性结合而降低杂交背景；此外通过微波炉变性探针可增加杂交信号强度。

七、注意事项

（1）实验中所有的试剂的配制都要使用无 RNase 的水。

（2）Northern 杂交所用到的仪器和实验试剂必须均用 RNASe 酶处理避免 RNA 样品的降解。

（3）转膜时膜和胶之间不能存在气泡。

（4）转膜必需充分，要保证 DNA 已转到膜上。杂交条件及漂洗是保证阳性结果和背景反差对比好的关键。洗膜不充分会导致背景太深，洗膜过度又可能导致假阴性。若用到有毒物质，必需注意环保及安全。

（5）严格遵守试验规则，务必准确。由于好多药品是有毒的，对人体有害，请注意自身安全，做好防护。琼脂糖凝胶中分离功能完整的 mRNA 时，甲基氢氧化银是一种强力、可逆变性剂，但是有毒，因而许多人喜用甲醛作为变性剂。所有操作均应避免 RNase 的污染。

实 验 十一 茶树 Western 杂交技术

一、引言

Western 免疫印迹（Western blotting）是一种检测固定在基质上的蛋白质的免疫化学方法，也称为蛋白印迹或免疫印迹（Immuno－blotting），是将蛋白质转移到膜上，然后利用抗体进行检测。对已知表达蛋白，可用相应抗体作为一抗进行检测，对新基因的表达产物，可通过融合部分的抗体检测。它是根据蛋白质分子质量进行电泳分离，可以有效地用来鉴定某一蛋白质的性质、定量分析小分子抗原、筛选及纯化抗体、分析蛋白质的结构域、检测（转）基因表达结果等。

二、实验原理

与 Southern 或 Northern 杂交方法类似，但 Western blot 采用的是聚丙烯酰胺凝胶电泳，被检测物是蛋白质，"探针"是抗体，"显色"用标记的二抗。经过 PAGE 分离的蛋白质样品，转移到固相载体（如硝酸纤维素薄膜）上，固相载体以非共价键形式吸附蛋白质，且能保持电泳分离的多肽类型及其生物学活性不变。以固相载体上的蛋白质或多肽作为抗原，与对应的抗体起免疫反应，再与酶或同位素标记的第二抗体起反应，经过

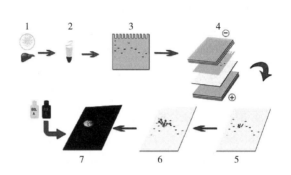

图 8 - 5　Western 杂交步骤
1—组织采集　2—样品制备　3—SDS - PAGE 电泳
4—转膜　5——抗孵育　6—二抗孵育　7—显影

底物显色或放射自显影以检测电泳分离的特异性目的基因表达的蛋白成分（图 8 - 5）。该技术也广泛应用于检测蛋白水平的表达。

Western 显色的方法主要有以下几种：①放射自显影；②底物化学发光 ECL；③底物荧光 ECF；④底物 DAB 呈色。

三、实验目的

（1）熟悉 Western 印迹法的基本操作方法及主要步骤的工作原理。
（2）了解 Western 印迹杂交在茶树研究中的应用。

四、材料与设备

1. 主要试剂

（1）丙烯酰胺和 N, N' - 亚甲双丙烯酰胺　应以温热（以利于溶解双丙烯酰胺）的去离子水配制含有 29%（m/V）丙烯酰胺和 1%（m/V）N, N' - 亚甲双丙烯酰胺贮存液的丙烯酰胺 29g，N, N' - 亚甲基二丙烯酰胺 1g，加 H_2O 至 100mL。贮存于棕色瓶，4℃避光保存。严格核实 pH 不得超过 7.0，因可以发生脱氨基反应是光催化或碱催化的。使用期不得超过两个月，隔几个月必须重新配制。如有沉淀，可以过滤。

（2）十二烷基硫酸钠 SDS 溶液［10%（m/V）］　0.1g SDS，1mL H_2O 去离子水配制，室温保存。

（3）分离胶缓冲液　1.5mmol/L Tris - HCl（pH8.8）：18.15g Tris 和 48mL 1mol/L HCl 混合，加水稀释到 100mL 终体积。过滤后 4℃保存。

（4）浓缩胶缓冲液 0.5mmol/L Tris–HCl（pH6.8）：6.05g Tris 溶于 40mL H_2O 中，用约 48mL 1mol/LHCl 调至 pH6.8 加水稀释到 100mL 终体积。过滤后 4℃保存。这两种缓冲液必须使用 Tris 碱制备，再用 HCl 调节 pH，而不用 Tris–HCl。

（5）TEMED 原溶液 N，N，N'，N'–四甲基乙二胺催化过硫酸铵形成自由基而加速两种丙烯酰胺的聚合。pH 太低时，聚合反应受到抑制。10%（质量浓度）过硫酸胺溶液。提供两种丙烯酰胺聚合所必须的自由基。去离子水配制数毫升，临用前配制。

（6）SDS–PAGE 加样缓冲液 0.5mol/L Tris 缓冲液（pH6.8）8mL，甘油 6.4mL，10%SDS 12.8mL，巯基乙醇 3.2mL，0.05%溴酚蓝 1.6mL，H_2O 32mL 混匀备用。按体积比 1:1 或 1:2 与蛋白质样品混合，在沸水终煮 3min 混匀后再上样，一般为 20 ~ 25μL，总蛋白量 100μg。

（7）Tris–甘氨酸电泳缓冲液 30.3g Tris、188g 甘氨酸、10g SDS，用蒸馏水溶解至 1000mL，得 0.25mol/L Tris、1.92mol/L 甘氨酸电极缓冲液。临用前稀释 10 倍。

（8）转移缓冲液 配制 1L 转移缓冲液，需称取 2.9g 甘氨酸、5.8g Tris 碱、0.37g SDS，并加入 200mL 甲醇，加水至总量 1L。

（9）丽春红染液贮存液 丽春红 2g、三氯乙酸 30g、磺基水杨酸 30g 加水至 100mL 用时上述贮存液稀释 10 倍即成丽春红使用液。使用后应予以废弃。

（10）脱脂奶粉 5%（m/V）、NaN_3 0.02%叠氮钠（有毒，戴手套操作），溶于磷酸缓冲盐溶液（PBS）、Tris 缓冲盐溶液（TBS） 20mmol/L Tris/HCl（pH7.5），500mmol/L NaCl、Tween–20（15）鼠抗人–MMP–9（16）鼠抗人–TIMP–1、过氧化物酶标记的第二抗体、NBT（溶于 70%二甲基甲酰胺，75mg/mL）、BCIP（溶于 100%二甲基甲酰胺，50mg/mL）、100mmol/L Tris–HCL（pH9.5）、100mmol/L NaCl、50mmol/L Tris–HCL（pH7.5），5mmol/L EDTA。

2. 仪器设备及耗材

垂直电泳仪及制胶槽、离心机、转膜仪、干燥箱、自动洗片机、真空泵、摇床、冰箱、滤纸、各种规格的枪头及离心管、滴管、暗盒、硝酸纤维素膜（NC 膜）和海绵、塑料盘、塑料袋、剪刀。

五、方法与步骤

1. SDS–PAGE 凝胶配制

（1）注意一定要将玻璃板洗净，最后用 ddH_2O 冲洗，将与胶接触的一面向下倾斜置于干净的纸巾晾干。

（2）分离胶及浓缩胶均可事先配好［除过硫酸铵（AP）及四甲基乙二胺（TEMED）外］，过滤后作为贮存液避光存放于 4℃，可至少存放 1 个月，临用前取出室温平衡（否则凝胶过程产生的热量会使低温时溶解于贮存液中的气体析出而导致气泡，有条件者可真空抽吸 3min），加入 10% AP［（0.7 ~ 0.8）:100，分离胶浓度越高 AP 浓度越低，15%的分离胶可用到 0.5:100］及 TEMED（分离胶用 0.4:1000，15%的可用到 0.3:1000，浓缩胶用 0.8:1000）即可。

（3）封胶 灌入 2/3 的分离胶后应立即封胶，胶浓度 <10% 时可用 0.1% 的 SDS

封，浓度 >10% 时用水饱和的异丁醇或异戊醇，也可以用 0.1% 的 SDS。封胶后切记，勿动。待胶凝后将封胶液倒掉，如用醇封胶需用大量清水及 ddH$_2$O 冲洗干净，然后加少量 0.1% 的 SDS，目的是通过降低张力清除残留水滴。

（4）灌好浓缩胶后 1h 拔除梳子，注意在拔除梳子时宜边加水边拔，以免有气泡进入梳孔使梳孔变形。拔出梳子后用 ddH$_2$O 冲洗胶孔两遍以去除残胶，随后用 0.1% 的 SDS 封胶。若上样孔有变形，可用适当粗细的针头拨正；若变形严重，可在去除残胶后用较薄的梳子再次插入梳孔后加水拔出。30min 后即可上样，长时间有利于胶结构的形成，因为肉眼观的胶凝时其内部分子的排列尚未完成（表 8 - 2）。

表 8 - 2　　　　　　　　　　SDS 聚丙烯酰胺凝胶的有效分离范围

丙烯酰胺浓度/%	线性分离范围/（kD）	丙烯酰胺浓度/%	线性分离范围/（kD）
15	12 ~ 43	7.5	36 ~ 94
10	16 ~ 68	5.0	57 ~ 212

2. 样品处理

参考实验"茶树多酚氧化酶的提取纯化和固定"的方法，提取茶树的总蛋白或者目标蛋白，并在收集的所要检测的蛋白样品中加入适量浓缩的 SDS - PAGE 蛋白上样缓冲液，100℃ 或沸水浴加热 3 ~ 5min，以充分变性蛋白。

3. 蛋白的上样与电泳

冷却到室温后，把蛋白样品直接上样到 SDS - PAGE 胶加样孔内即可。为了便于观察电泳效果和转膜效果，以及判断蛋白分子质量大小，最好使用预染蛋白质分子质量标准。

电泳时通常推荐在上层胶时使用低电压恒压电泳，而在溴酚蓝进入下层胶时使用高电压恒压电泳。对于 Bio - Rad 的标准电泳装置或类似电泳装置，低电压可以设置在 80 ~ 100V，高电压可以设置在 120V 左右。SDS - PAGE 可以采用普通的电泳仪就可以满足要求。为了电泳方便起见，也可以采用整个 SDS - PAGE 过程恒压的方式，通常把电压设置在 100V，然后设定定时时间为 90 ~ 120min。设置定时可以避免经常发生的电泳过头。通常电泳时溴酚蓝到达胶的底端处附近即可停止电泳，或者可以根据预染蛋白质分子质量标准的电泳情况，预计目的蛋白已经被适当分离后即可停止电泳，获得的 SDS - PAGE 分离的蛋白凝胶，备用，注意保持水分。

4. 转膜（Transfer）

用一张滤纸，剪成与胶同样大小，在转移电泳缓冲液中预湿，放在 Scotch - BritPad 上，在胶的阴性端放上滤纸，胶的表面用该缓冲液浸湿，排出所有气泡。

转移（半干式）　将 3mm 滤纸、硝酸纤维素膜（NC 膜）和海绵在转移缓冲液中浸泡 1h。SDS - PAGE 电泳完毕后取下另一块凝胶，将滤纸与硝酸纤维素膜剪成与凝胶大小一样，然后按一层海绵、三层滤纸、凝胶、NC 膜、三层滤纸、一层海绵的顺序依次放入塑料夹（滤纸和 NC 膜不能大于凝胶），并在与凝胶接触的 NC 膜表面一角作一标记，用玻棒赶出气泡。将以上"三明治"样装置放入一个塑料支撑物中间，将支撑物放入电转移装置中，凝胶置于负极，NC 膜在正极，加入电转移缓冲液。接通电源，使胶上的蛋白转移到硝酸纤维素膜上，电压为 80～140V，4℃转移 4h 或过夜。常用固相支持物见表 8 - 3。

表 8 - 3　　　　　　　　　　　　　常用固相支持物

指标	硝酸纤维素（NC）膜	尼龙膜	聚偏二氟乙烯（PVDF）膜
灵敏度和分辨率	高	高	高
背景	低	较高	低
结合能力	$80～110\mu g/cm^2$	$>400\mu g/cm^2$	$125～200\mu g/cm^2$（适合于 SDS 存在下与蛋白质的结合）
材料质地	干的 NC 膜易脆	软而结实	机械强度高
溶剂耐受性	无	无	有
操作程序	缓冲液润湿，避免气泡	缓冲液润湿	使用前 100% 甲醇润湿
检测方式	常规染色，可用于放射性和非放射性检测	不能用阴离子染料	常规染色，可用考马斯亮蓝染色，可用于 ECL 检测，快速免疫检测
适用范围	$0.45\mu m$：一般蛋白　$0.2\mu m$：<20kD 蛋白　$0.1\mu m$：<7kD 蛋白	低浓度小分子蛋白、酸性蛋白、糖蛋白和蛋白多糖（主要用在核酸检测中）	糖蛋白检测和蛋白质测序
价格	较便宜	便宜	较贵

5. 封闭

（1）转膜完毕后，立即把蛋白膜放置到预先准备好的 Western 洗涤液（P0023C）中，漂洗 1～2min，以洗去膜上的转膜液。从转膜完毕后所有的步骤，一定要注意膜的保湿，避免膜的干燥，否则极易产生较高的背景。

（2）将滤膜放在塑料袋中，每 3 张加入 5mL Western 封闭缓冲液（1g 速溶去脂奶粉溶于 100mL PBS 中），封闭特异性抗体结合位点，在摇床上缓慢摇动，室温封闭 1h，倒出封闭缓冲液。对于一些背景较高的抗体，可以 4℃封闭过夜。

6. 一抗孵育杂交

参考一抗的说明书，按照适当比例用 Western 一抗稀释液（P0023A）稀释一抗。

（1）用微型台式真空泵或滴管等吸尽封闭液，立即加入稀释好的一抗，室温或 4℃在侧摆摇床上缓慢摇动孵育 1h，也可 4℃缓慢摇动孵育杂交过夜或根据所使用抗体的说明选择合适的孵育杂交温度和时间。

（2）孵育杂交后，回收一抗，加入 Western 洗涤液（P0023C），在侧摆摇床上缓慢摇动洗涤 5～10min。吸尽洗涤液后，再加入洗涤液洗涤 5～10min。共洗涤 3 次。如果结果背景较高可以适当延长洗涤时间并增加洗涤次数。

7. 二抗孵育杂交

（1）参考二抗的说明书，按照适当比例用 Western 二抗稀释液（P0023D）稀释辣根过氧化物酶（HRP）标记的二抗。二抗需根据一抗进行选择，例如，一抗是小鼠来源的 IgG，则二抗需选择抗小鼠 IgG 的二抗，如辣根过氧化物酶标记山羊抗小鼠 IgG（H + L）（A0216）。碧云天有多种二抗提供。

（2）用微型台式真空泵或滴管等吸尽洗涤液，立即加入稀释好的二抗，室温或 4℃ 在侧摆摇床上缓慢摇动孵育 1h。

（3）回收二抗　加入 Western 洗涤液（P0023C），在侧摆摇床上缓慢摇动洗涤 5 ~ 10min。吸尽洗涤液后，再加入洗涤液洗涤 5 ~ 10min。共洗涤 3 次。如果结果背景较高可以适当延长洗涤时间并增加洗涤次数。

8. 蛋白质检测

参考相关说明书，使用 Beyo ECL Plus（P0018）等 ECL 类试剂来检测蛋白质。压片可以采用专用的压片暗盒（FFC58/FFC83）进行。

洗片时可以使用 X 光片自动洗片机。如果没有自动洗片机，可以用显影定影试剂盒（P0019/P0020）自行配制显影液和定影液进行手工洗片。

9. 膜的重复利用

如果蛋白样品非常宝贵，可以使用 Western 一抗和二抗去除液（P0025）处理蛋白膜，以重复利用蛋白膜。

六、结果与讨论

（1）Western blot 采用的是聚丙烯酰胺凝胶电泳，被检测物是蛋白质。"探针"是抗体，"显色"用标记的二抗。经过 PAGE 分离的蛋白质样品，转移到固相载体（如硝酸纤维素膜）上，固相载体以非共价键形式吸附蛋白质，且能保持电泳分离的多肽类型及其生物学活性不变。

（2）尽可能提取完全或降低样本复杂度只集中于提取目的蛋白，并保持蛋白的处于溶解状态（通过裂解液的 pH、盐浓度、表面活性剂、还原剂等的选择）；提取过程防止蛋白降解、聚集、沉淀、修饰等（低温操作，加入合适的蛋白酶和磷酸酶抑制剂）；尽量去除核酸、多糖、脂类等干扰分子（通过加入核酸酶或采取不同提取策略）；样品分装，长期于 −80℃ 中保存，避免反复冻融。

（3）分析阳性（显色）条带的分子量大小，而且根据信号（颜色）强弱分析蛋白表达量。

（4）电转移缓冲液中 SDS 与甲醇的平衡、蛋白的大小、胶的浓度都会影响转膜效果，如下调整可以增加转膜效率。

①大蛋白质分子（大于 100kD）：

a. 对于大蛋白质分子而言，其在凝胶电泳分离迁移较慢，而从凝胶转出也非常慢，因此对于这种大分子质量蛋白应该用低浓度的凝胶，8% 或更低，但因低浓度的胶非常易碎，所以操作时需十分小心。

b. 大蛋白质分子易在凝胶里形成聚集沉淀，因此转膜时在电转移缓冲液加入终浓度为 0.1% 的 SDS，以避免出现这种情况，甲醇易便 SDS 从蛋白上脱失，因此应降低电转移缓冲液中甲醇的浓度至 10% 或更低，以防止蛋白沉淀。

c. 降低电转移缓冲液中甲醇的比例以促进凝胶的膨胀，易于大蛋白质分子的转出。

②小蛋白质分子（小于100kD）：

a. SDS 妨碍蛋白与膜的结合，特别是对小蛋白质分子更是如此，因此，对于小分子的蛋白质，电转移缓冲液中可以不加 SDS。

b. 保持20%的甲醇浓度。

（5）为防止一抗或/和二抗与膜的非特异性结合产生的高背景，因此需要进行膜的封闭。传统上有两种封闭液：脱脂奶粉或 BSA，脱脂奶粉成本低但不能用于磷酸化蛋白（因脱脂奶粉含有酪蛋白，该蛋白质本身就是一种磷酸化蛋白），使用脱脂奶粉会结合磷酸化抗体从而易产生高背景。

（6）Western blot 常见问题及解决办法见表8-4。

表8-4   **Western blot 常见问题及解决办法**

问题	可能原因	验证或解决办法
背景高	封闭不充分	延长封闭时间，更换合适的封闭剂（脱脂奶粉、BSA、血清等）
	一抗浓度过高	增加一抗稀释倍数
	抗体孵育温度过高	4℃孵育
	二抗非特异性结合或与封闭剂交叉反应	设置二抗对照（不加一抗），降低二抗浓度
	一抗或二抗与封闭剂有交叉反应	在孵育和洗涤液中加入 Tween-20 以减少交叉反应
	洗膜不充分	增加洗涤次数
	膜不合适	NC 膜比 PVDF 膜背景低
	膜干燥	保证充分的反应液，避免出现干膜现象
没有阳性条带或很弱	一抗、二抗等不匹配	订购试剂时认真选取一抗与组织种属，一抗与二抗或/和底物与酶系统之间相匹配的抗体及底物。可通过设置内参可以验证二级检测系统的有效性
	一抗或/和二抗浓度低	增加抗体浓度，延长孵育时间
	封闭剂与一抗或二抗有交叉反应	封闭时使用温和的去污剂，如 Tween-20，或更换封闭剂（常用的脱脂奶、BSA、血清或明胶）
	一抗不识别目的物种的靶蛋白	检查说明书，或做 ClustalW 比对，设阳性对照
	样本中无靶蛋白或靶蛋白含量过低（抗原无效）	设置阳性对照，如果阳性对照有结果，但标本没有则可能是标本中不含靶蛋白或靶蛋白含量太低。后者可增加标本上样量至少每孔 20~30μg 蛋白，样本制备时使用蛋白酶抑制剂，或分级提取目的蛋白
	转膜不充分，或洗膜过度	使用丽春红检测转膜效果，PVDF 膜需浸透，需正确的转膜操作，勿过度洗膜

续表

问题	可能原因	验证或解决办法
没有阳性条带或很弱	过度封闭	使用含0.5%脱脂奶或无脱脂奶的抗体稀释液，或更换封闭剂，减少封闭时间
	一抗失效	使用有效期内抗体，分装保存，避免反复冻融取用，工作液现配现用
	二抗受叠氮钠抑制	所用溶液和容器中避免含有叠氮钠（HRP的抑制剂）
	酶和底物失效	直接将酶和底物进行混合，如果不显色则说明酶失活了。选择在有效期内、有活性的酶联物，使用新鲜的底物
	曝光时间过短	延长曝光时间
多非特异性条带或条带位置不对	细胞传代次数过多，使其蛋白表达模式的分化	使用原始或传代少的细胞株，或平行实验
	体内表达的蛋白样本具有多种修饰形式：乙酰化、磷酸化、甲基化、烷基化、糖基化等	查文献，使用去修饰的试剂使蛋白恢复其正确的大小
	蛋白样本降解	使用新鲜制备的标本，并使用蛋白酶抑制剂
	新蛋白或同族蛋白的分享同种表位的不同剪接方式	查其他文献报道，或BLAST搜寻，使用说明书报导的细胞株或组织
	一抗浓度过高	降低抗体浓度，可以减少非特异性条带
	二抗浓度过高产生非特异性结合	降低抗体浓度，增加二抗对照选择特异性更强，只针对重链的二抗
	抗体未纯化	使用单克隆或亲和纯化的抗体，减少非特异条带
	蛋白存在二聚体或多聚体	SDS-PAGE电泳上样前，煮沸10min，以增强蛋白质解聚变性
背景有白色/黑色斑点	转膜时有气泡或抗体分布不均	尽量去除气泡，抗体孵育时保持摇动
	抗体与封闭剂结合	过滤封闭剂
暗片现白条带	一抗或二抗加入过多	稀释抗体的浓度
目的条带过低/过高	SDS-PAGE胶浓度选择不合适	调整胶浓度，分子质量大的蛋白用低浓度胶，分子质量小的蛋白用高浓度胶
"微笑"条带	迁移过快电泳温度过高	降低电泳速度，低温电泳（冷室）
转膜不充分	膜没有完全均匀湿透	使用100%甲醇浸透膜
	靶蛋白相对分子质量小于10000	选择小孔径的膜，缩短转移时间
	靶蛋白等电点等于或接近转移缓冲液pH	可尝试使用其他缓冲液如CAPS缓冲液（pH10.5）或使用低pH缓冲液如乙酸缓冲液
	甲醇浓度过高	过高甲醇浓度会导致蛋白质与SDS分离，从而沉淀在凝胶中，同时会使凝胶收缩或变硬，从而抑制高分子量蛋白的转移。降低甲醇浓度或者使用乙醇或异丙醇代替
	转移时间不够	对于厚的胶以及高分子量蛋白需要延长转移时间

七、注意事项

（1）把聚丙烯酰胺凝胶中的蛋白质电泳转移到硝酸纤维膜上，转移缓冲液洗涤凝胶和硝酸纤维素膜，将硝酸纤维素膜铺在凝胶上，用 5mL 移液管在凝胶上来回滚动去除所有的气泡。

（2）在凝胶/滤膜外再包一张 3mm 滤纸（预先用转移缓冲液浸湿），将凝胶夹在中间，保持湿润和没有气泡，转移结束后，取出薄膜和凝胶，弃去凝胶。

（3）将薄膜漂在氨基黑中快速染色，直至分子量标准显现时取出，记录下标准位置。

（4）Western blot 中转移在膜上的蛋白处于变性状态，空间结构改变，因此那些识别空间表位的抗体不能用于 Western blot 检测。这种情况可以将表达目的蛋白的细胞或细胞裂解液中的所有蛋白先生物素化，再用酶标记亲和素进行 Western blot。实验中取胶和膜需戴手套。

实 验 十二 茶树 Eastern 杂交技术

一、引言

Eastern blotting 是 Western blotting 的变形，对双向电泳后蛋白质分子的印迹分析称为 Eastern 印迹法。所谓的双向电泳是先用等电聚焦 - 聚丙烯酰胺凝胶电泳（IEF - PAGE）分离蛋白质，然后也是将蛋白质的分离区带、以电驱动转移方式进行了印迹。

二、实验原理

Eastern blotting 是一种检测蛋白质翻译后修饰的技术，其检测目标是蛋白质上特定的修饰基团或部位，如脂肪酸链、糖基、磷酸化的氨基酸等。在 Eastern blotting 实验中，通常要先用 2D 电泳将蛋白质分离，然后转到膜上，再用特异的探针去检测。蛋白质的翻译后修饰是蛋白质执行功能过程中普遍存在的调控手段。

三、实验目的

（1）熟悉 Eastern 印迹法的基本操作方法及主要步骤的工作原理。

（2）了解 Eastern 印迹杂交在茶树研究中的应用。

四、材料与设备

1. 仪器设备

pH 计、电子天平、PCR 扩增仪、超低温冰箱、高压灭菌锅、超净工作台、电泳检测仪、恒温培养箱、WB 显影仪器、显影仪器、双垂直电泳槽（DYCZ - 24DN）。

2. 试剂

（1）30%（m/V）丙烯酰胺　称取 290g 的丙烯酰胺和 10g N，N′ - 亚甲双丙烯酰胺于烧杯中，加入 600mL 的去离子水，充分搅拌溶解，补水至终体积 1L。以滤器（0.45μm 孔径）过滤除菌，置于棕色瓶或包有锡箔纸的瓶中，4℃保存。

（2）10%（m/V）过硫酸铵　称取 1g 的过硫酸铵，放入离心管中，以 10mL 的去离子水溶解，而后放置于 4℃保存。

（3）5×Tris-甘氨酸缓冲液　称取 Tris-base 15.1g、甘氨酸 94g、SDS 5.0g，置于 1L 烧杯中，量取 800mL 的双蒸水加入向烧杯中，等溶解后，以去离子水将所配溶液定容到 1L 后，放置常温待用。

（4）5×SDS-PAGE 上样缓冲液　量取 1.25mL 的 1mol/L Tris-HCl（pH6.8）、SDS 0.5g、溴酚蓝 25mg、甘油 2.5mL，将之放于 10mL 的离心管中，加入去离子水溶解后定容至 5mL，以 500μL/份的小份分装，放室温保存待用。每次使用前在每小份中加入 25μL 的巯基乙醇。

（5）膜转移缓冲液　称取甘氨酸 2.9g、Tris-base 5.8g、SDS 0.37g 置于 1L 烧杯中，量取约 600mL 的去离子水，加入到烧杯中，搅拌使之溶解。加去离子水将溶液定容至 980mL 后，使用前加入 20mL 的甲醇，放入冰箱中预冷待用。

（6）TBST 缓冲液　称取 8.8g 的 NaCl、20mL 的 1mol/L Tris-HCl，放置于 1L 烧杯中，向烧杯中加入约 800mL 的去离子水，充分搅拌溶解。移液枪取 0.5mL Tween-20 加入溶液中，混匀，最后以去离子水定容至 1L，放入 4℃冰箱中保存待用。

（7）封闭缓冲液（Western 杂交用）　量取 20mL 的 TBST 缓冲液置培养皿中，将称取的 1g 脱脂奶粉加进去，充分搅拌溶解待用，需要现配现用。

（8）封闭缓冲液（Eastern 杂交用）　称取 0.6g 牛血清白蛋白加入到 20mL 的 Eastern 缓冲液中，充分搅拌溶解，现配现用。

（9）封闭缓冲液（点杂交用）　称取 0.5g 的奶粉加入到 6×SSC 中，充分搅拌溶解，现配现用。

（10）Eastern 缓冲液　称取 Tris-base 2.4228g、NaCl 5.85g、1mol/L KCl 5mL、1mol/L MgCl$_2$ 2mL、1mol/L CaCl$_2$ 1mL 和 1mL NP-40 置于 1L 烧杯中，加入 800mL 的去离子水，搅拌溶解后，加 HCl 溶液将之调 pH 到 7.5，最后加 ddH$_2$O 将溶液定容至 1L。

（11）20×SSC　称取 175.2g 氯化钠、88.2g 柠檬酸钠，溶解于 800mL 去离子水中，以 10mol/L 氢氧化钠溶液将之 pH 调节至 7.0，而后加去离子水定容至 1L。

五、方法与步骤

1. 电泳

准备好制胶的装置，配制 15% 的分离胶和 5% 的浓缩胶，准备蛋白样品（1.75、3.5、7.0、14、28μg），阴性对照为 28μg 的 BSA，加入 2μL 的 5×上样缓冲液，煮沸 5min，电泳，首先 80V 电泳 30min，而后 100V 再电泳 90min。

2. 转膜

提前准备好转膜缓冲液，剪取合适大小的 PVDF 膜，放入甲醇中浸泡几分钟，转膜条件为电流 200mA，50min，冰浴。

3. 封闭

配 3% 的 BSA 封闭液，称取 0.6g BSA 加入 Eastern 缓冲液中，常温振荡 1h。

4. 加生物素化适体

取 300pmol 的生物素化适体，95℃，4min 处理，自然降温 1h。加到 1.5mL 的 Eastern 缓冲液中，混匀，孵育 2h。

5. 漂洗

将 Eastern 缓冲液将膜振荡漂洗，每次 10min，总共洗三次。

6. 加链霉亲和素标记的 HRP

用 Eastern 缓冲液将链霉亲和素 – HRP 稀释 1500 倍，混匀后，常温孵育 2h。

7. 漂洗

将 Eastern 缓冲液将膜振荡漂洗，每次 10min，总共洗三次。

8. 显色

将辣根过氧化物酶的底物以 1:1 比例混匀，均匀加入到膜上，曝光 60s。

六、结果与讨论

（1）Eastern blot 是 Western blot 的变形，对双向电泳后蛋白质分子的印迹分析称为 Eastern 印迹法。所谓的双向电泳是先用等电聚焦 – 聚丙烯酰胺凝胶电泳（IEF – PAGE）分离蛋白质，然后也是将蛋白质的分离区带，以电驱动转移方式进行了印迹。

（2）蛋白的双向电泳参考本章"茶树蛋白质的双向凝胶电泳"的方法，电泳的效果也会影响 Eastern blot 的结果。

七、注意事项

（1）蛋白双向电泳的注意事项参考本章"茶树蛋白质的双向凝胶电泳"的内容。

（2）蛋白杂交及转膜过程的注意事项参考本章"茶树 Western 杂交技术"的内容。

实 验 十三 茶树 RFLP 分析技术

一、引言

基于 PCR 的限制性片段长度多态性（restriction fragment length polymorphism，RFLP）分析技术，建立在已知生物体某些基因部分序列的基础上，即利用已知序列设计引物，来扩增出特异片段，而生物群体的不同个体之间在此特异片段的核苷酸序列上存在差异，因此，用一定的限制性核酸内切酶消化处理这些特异片段，经电泳分析后可得不同的酶切图谱，表现出 RFLP 的特征，可应用于作物遗传多样性研究与分类、品种鉴别、遗传图谱构建和基因定位等方面，还可应用于研究基因变异与生产性能的关系。

二、实验原理

RFLP 技术是分子生物学的重要分析方法之一，用于检测 DNA 序列多态性。PCR –

RFLP 是将 PCR 技术、RFLP 分析与电泳方法联合应用，先将待测的靶 DNA 片段进行复制扩增，然后应用 DNA 限制性内切酶对扩增产物进行酶切，最后经电泳分析靶 DNA 片段是否被切割而分型。

聚合酶链式反应 - 限制性片段长度多态（PCR - RFLP）分析技术是在 PCR 技术基础上发展起来的。DNA 碱基置换正好发生在某种限制性内切酶识别位点上，使酶切位点增加或者消失，利用这一酶切性质的改变，PCR 特异扩增包含碱基置换的这段 DNA，经某一限制酶切割，再利用琼脂糖凝胶电泳分离酶切产物，与正常比较来确定是否变异。

三、实验目的

（1）了解 PCR - RFLP 技术在茶学研究中的应用。

（2）了解 PCR - RFLP 技术的原理及操作步骤。

四、材料与设备

1. 试剂

不同品种茶树 DNA（50ng/μL）、引物Ⅰ和Ⅱ（20μmol/L）、*Taq*DNA 聚合酶（5U/μL）10×PCR 反应缓冲液、dNTP（2.5mmol/L）、灭菌蒸馏水、液体石蜡、限制性内切酶 MspⅠ（20U/μL）、10×酶切缓冲液、2% 的琼脂糖凝胶、5×TAE、6×上样缓冲液、DNA Marker、溴化乙啶贮存液（EB，10mg/mL）。

2. 试剂及耗材

PCR 自动热循环仪、紫外透射仪、微量加样器（20、200μL）、枪头（20、200μL）及离心管（1、0.5mL）、容器盒、恒温水浴箱、琼脂糖凝胶电泳装置、烧杯、保鲜膜、封口膜、浮漂、微波炉、250mL 三角烧瓶、透明胶带、托盘天平、台式高速离心机。

五、方法与步骤

1. PCR 反应

PCR 反应体系 20μL，其成分如下：基因组 DNA 100ng，10×PCR buffer 2μL，10μmol/L 的正、反向引物各 1μL，1.5μL 10mmol/L dNTPs，1μL 15mmol/L $MgCl_2$，1U *Taq*DNA polymerase，最后加入灭菌的超纯水至总体积 20μL。

按以上次序，将各物质加入到一只无菌的 0.5mL 离心管中。轻轻混匀后，离心 5s，加入一滴液体石蜡盖于反应混合液的表面，然后放入 PCR 仪中进行循环反应。

PCR 反应循环温度：94℃预变性 3min，然后进行以下循环 30 次，最后经 72℃再充分延伸 7min。反应结束后置 4℃冰箱保存。

2. PCR 产物的 MspⅠ酶切

反应体系 20μL 其成分如下：PCR 产物 5~10μL，内切酶 MspⅠ 5~10U，10×Buffer（含 BSA）2μL，加灭菌超纯水至总体积 20μL。

置 37℃水浴消化 1h，4℃保存。

3. 琼脂糖凝胶电泳检测

（1）胶板的准备　取有机玻璃内槽，洗净晾干。取透明胶带将有机玻璃内槽的两端边缘封好（注意，将透明胶带紧贴于有机玻璃内槽的两端边上，不要留空隙）。将有机玻璃内槽置于一水平位置，在距离底板 0.5～1.0mL 的位置放入梳子。

（2）2% 的琼脂糖凝胶的制备　称取 1g 琼脂糖，置于锥形瓶内，加入 50mL 1 × TAE，瓶口用保鲜膜封盖，在微波炉中加热直至琼脂糖全部溶解，得到 2% 琼脂糖凝胶液，待其冷却至 65℃ 左右，加入 2.5μL 溴化乙啶贮存液（10mg/mL），使溴化乙啶终质量浓度为 0.5μg/mL。小心混匀并倒在有机玻璃内槽中，控制灌胶速度，使胶液缓慢展开，避免产生气泡，直到在整个有机玻璃板表面形成均匀的胶层。

室温下静置 1h 左右，待胶凝固完全后，轻轻拔出梳子，在胶板上即形成相互隔开的样品槽。

（3）将凝胶放入电泳槽中，加入恰好没过胶面 1mm 深的足够电泳缓冲液，预电泳 10min。

（4）每份限制酶切产物取 10μL，加 2μL 6 × 上样缓冲液，混匀后加入到样品孔中，以 100V 电泳 50min。

（5）断电后取出凝胶，放在紫外透射仪中观察并记录 PCR – RFLP 结果。

六、结果与讨论

根据所要分析的茶树品种及其相关成员的亲属关系绘制遗传系谱图，观察并记录琼脂糖凝胶电泳分离的 DNA 片段长度，绘制出不同茶树品种的 RFLP 等位片段与系谱相关图，进行连锁分析，判断不同茶树品种间的差异及亲缘关系。

PCR – RFLP 反应涉及诸多因素，每一个因素的反应参数对整个体系的稳定性和重复性都有影响，确定合适的反应参数是确保茶树叶绿体 DNA 的 PCR – RFLP 分析准确的前提。为了减少实验次数、节约试剂用量、降低实验成本，本研究采用正交设计对各主要影响因素（*Taq*DNA 聚合酶、dNTPs 浓度、引物浓度、扩增产物量、内切酶酶量、酶切时间）进行优化。在 PCR – RFLP 的反应体系中，DNA 模板质量是保证PCR – RFLP 扩增的重要因素，各茶树总 DNA 样本均能得到良好扩增；*Taq*DNA 聚合酶量要适量，小于 1U 时无扩增条带，大于 4U 使产生非特异性条带；dNTPs 浓度或引物量不易过大，过大会产生非特异性条带；扩增产物量过少酶切条带不清晰，过多会影响酶活力；限制性内切酶的量过少达不到酶切的效果，过多会造成浪费；酶切时间过短反应不完全，过长会造成时间浪费。总之，茶树 DNA 的 PCR – RFLP 反应体系的优化既要保证扩增图谱的清晰和酶切片段多态性，重复性和稳定性好，又要兼顾节约成本和尽量缩短实验周期的原则。

七、注意事项

（1）靶片段的扩增产物要纯，如有非特异产物（特别是大片段可能含有酶识别序列）将竞争酶活力，使样品消化不完全或及出现酶消化杂带。

（2）酶消化过程要充分（即底物与酶的比例要合适，消化时间要保证），避免假阴性结果。

（3）酶切阳性结果可以确定所检测具体序列，阴性结果仅可说明非酶识别序列，但不能准确判定具体序列。

（4）酶识别序列如有甲基化之核苷酸将不被切割。

（5）该方法操作简单，结果容易判定。

实 验 十四 茶树 RAPD 分析技术

一、引言

RAPD 标记是由美国科学家 Wiilimas 和 Welhs 等（1990）利用 PCR 的方法建立起来的，因其简便快捷，多态检出率高，所需 DNA 样品量少和不需杂交等优点，很快受到科学家们的重视，并在遗传分析中得到较为广泛应用。目前已经普遍应用于大豆、小麦、玉米、烟草等植物种质资源的鉴定和分类、分子遗传图谱的构建、亲缘关系研究、遗传稳定性研究等，并收到了很好的效果。RAPD 技术在茶树遗传育种研究中已得到一定的应用，如亲子鉴定的研究，品种识别，连锁遗传图谱构建以及茶树品种资源的评价等。

二、实验原理

随机扩增多态性 DNA（RAPD）是以 PCR 为基础，利用一系列不同的随机引物（通常是 10 个核苷酸的寡聚核苷酸），对所研究的基因组 DNA 进行 PCR 扩增，扩增产物通过 PAGE 或琼脂糖凝胶电泳分离，经 EB 染色或放射自显影来检测扩增产物 DNA 片段的多态性。这些扩增产物（DNA 片段）的多态性反映了基因组相应区域的 DNA 多态性，RAPD 技术具有快速、简便、高效、大容量等优点。其不足之处是每个标记提供的信息量少，检测受反应条件的影响较大，小片段的重复性和可靠性差等。

三、实验目的

（1）了解 RAPD 技术在茶学研究中的应用。

（2）了解 RAPD 技术的原理及操作步骤。

四、材料与设备

1. 材料

选择需要进行鉴定的茶树群体。

寡核苷酸引物、dNTPs、*Taq*DNA 聚合酶、PCR 缓冲液、TAE 缓冲液。

2. 设备

PCR 扩增仪、电泳装置、微量离心机、微量移液器、Eppendorf 管、紫外线观察装置及照相设备。

五、方法与步骤

1. DNA 的提取

参考本章"茶树 DNA 提取方法"提供的方法提取茶树基因组 DNA。

（1）称取 40～100mg 的鲜叶，用液氮快速研磨，并转移至 1.5mL 离心管中。

（2）加入 65℃预热的 2×CTAB 50μL 混匀，65℃水浴 3～5min。

（3）随后加入等量的氯仿－异戊醇（24∶1，体积比）混合液，充分混匀，于 12000r/min 离心 10min，转移上清液至新的离心管。

（4）加入 2 倍体积无水乙醇，静置，待白色絮状沉淀出现，勾出白色沉淀，移入新的离心管中，加入 1mL 的 70% 乙醇清洗。

（5）沉淀再经氯仿－异戊醇－乙醇混合液重悬和洗涤一次，于空气中晾干，溶于 40μL TE 缓冲液中，保存于 -20℃冰箱备用。

2. PCR 反应体系

（1）反应总体积为 25μL，其中 ddH₂O 17.8μL，10×缓冲液 2.5μL，25mmol/L Mg^{2+} 2.5μL，10mmol/L dNTPs 0.5μL，随机引物 0.33μL，100μg/mL DNA 1.2μL，*Taq* DNA 聚合酶 0.17μL。

（2）PCR 反应程序　94℃预变性 5min；94℃变性 30s，56℃退火 1min，72℃延伸 2min，循环 40 次；72℃延伸 10min。

3. 电泳分析

PCR 产物经 1.5% 的 Agrose 凝胶电泳（恒压 100V），凝胶在紫外透射分析仪上照射，摄像分析。

六、结果与讨论

（1）RAPD 因技术简单，分析速度快而被广泛应用。然而不同的物种、不同仪器设备、不同的提取基因组 DNA 的质量及浓度、所选用的引物种类及使用浓度、dNTP 的使用浓度、*Taq* 酶的商品型号及使用单位、Mg^{2+} 浓度以及 PCR 扩增的循环、反应温度、时间及操作技术对 RAPD 扩增效果均有不同程度的影响。

（2）基因组 DNA 要求纯度高，质量好，这是保证扩增效果佳、重复性好的先决条件。在 DNA 提取过程中，既要去除蛋白质、茶多酚、色素等物质；而且更要尽量除尽模板中的一些小分子物质，如苯酚、氯仿、SDS、异戊醇等，因为这些物质直接影响 *Taq* DNA 聚合酶的活力，模板使用质量浓度一般为 0.67～2.67mg/L 反应液。

（3）引物的浓度也需适量，过低时扩增的带较少，过量会出现非特异性谱带异常增加。在试验过程中，引物的筛选十分重要。

七、注意事项

（1）扩增偏差或无扩增

①在部分或全部管中缺少一个组分。重复少量几个反应以确定所有的 PCR 组分是否都已加入。

②PCR 抑制物可能与 DNA 一起纯化，改变 DNA 的浓度。

（2）遗传图谱构建的问题 RAPD 是一种显性标记，符合孟德尔遗传定律，不能区分杂合型和纯合型，因此在遗传分析及遗传图谱的构建等一些方面受到限制。

（3）每一种技术和方法都有其优势和缺陷，只有仔细研究，在实际运用中注意取长补短，就会发挥出其最大的作用，RAPD 技术也是如此。

实 验 十五 茶树原位杂交技术

一、引言

采用地高辛（digoxigenin，DIG）标记和体外转录方法合成了反义和正义 RNA 探针，用原位杂交技术在显微水平上对茶树体内咖啡碱合成酶基因 mRNA 表达进行了研究，探索茶树体内重要基因在生长发育过程，以及不同加工技术对表达的影响，为今后深入探讨咖啡碱合成酶作用的部位以及在次生代谢中的作用提供参考。

二、实验原理

原位杂交组化，简称原位杂交（in situ hybridization histochemistry，ISHH）属于分子杂交的一种，是一种应用标记探针与组织细胞中的待测核酸杂交，再应用标记物相关的检测系统，在核酸原有的位置将其显示出来的一种检测技术。原位杂交（图 8-6）的本质就是在一定的温度和离子浓度下，使具有特异序列的单链探针通过碱基互补规则与组织细胞内待测的核酸复性结合而使得组织细胞中的特异性核酸得到定位，并通过探针上所标记的检测系统将其在核酸的原有位置上显示出来。

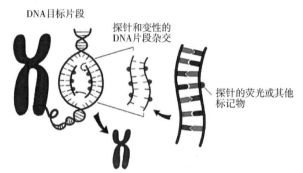

图 8-6 原位杂交示意图

当然杂交分子的形成并不要求两条单链的碱基顺序完全互补，所以不同来源的核酸单链只要彼此之间有一定程度的互补顺序（即某种程度的同源性）就可以形成杂交双链。

探针的种类按所带标记物可分为同位素标记探针和非同位素标记探针两大类。目前，大多数放射性标记法是通过酶促反应将标记的基因掺入 DNA 中，常用的同位素标记物有 ^3H、^{35}S、^{125}I 和 ^{32}P。同位素标记物虽然有灵敏性高，背底较为清晰等优点，但是由于放射性同位素对人和环境均会造成伤害，近来有被非同位素取代的趋势。非同位素标记物中目前最常用的有生物素、地高辛和荧光素三种。

探针的种类按核酸性质不同又可分为 DNA 探针、cDNA 探针、cRNA 探针和合成寡核苷酸探针。cDNA 探针又可分为双链 cDNA 探针和单链 cDNA 探针。

原位杂交又可分为菌落原位杂交和组织原位杂交。

菌落原位杂交（colony in situ hybridization）菌落原位杂交是将细菌从培养平板转移到硝酸纤维素滤膜上，然后将滤膜上的菌落裂菌以释出 DNA。将 DNA 烘干固定于膜上与 ^{32}P 标记的探针杂交，放射自显影检测菌落杂交信号，并与平板上的菌落对位。

组织原位杂交（tissue in situ hybridization）组织原位杂交简称原位杂交，指组织或细胞的原位杂交，它与菌落的原位杂交不同。菌落原位杂交需裂解细菌释出 DNA，然后进行杂交。而原位杂交是经适当处理后，使细胞通透性增加，让探针进入细胞内与 DNA 或 RNA 杂交。

1. 探针的选择

根据不同的杂交实验要求，应选择不同的核酸探针。在大多数情况下，可以选择克隆的 DNA 或 cDNA 双链探针。但是在有些情况下，必须选用其他类型的探针如寡核苷酸探针和 RNA 探针。例如，在检测靶序列上的单个碱基改变时应选用寡核苷酸探针，在检测单链靶序列时应选用与其互补的 DNA 单链探针（通过克隆人 M13 噬菌体 DNA 获得）或 RNA 探针，寡核苷酸探针也可。长的双链 DNA 探针特异性较强，适宜检测复杂的靶核苷酸序列和病原体，但不适宜于组织原位杂交，因为它不易透过细胞膜进入胞内或核内。在这种情况下，寡核苷酸探针和短的 PCR 标记探针（80~150bp）具有较大的优越性。

在选用探针时经常会受到可利用探针种类的限制。如在建立 DNA 文库时，手头没有筛选特定基因的克隆探针，这时就可用寡核苷酸探针来代替。但必须首先纯化该基因的编码蛋白，并测定 6 个以上的末端氨基酸序列，通过反推的核苷酸序列合成一套寡核苷酸探针。如果已有其他动物的同种基因克隆，因为人类和动物间在同一基因的核苷酸顺序上存在较高的同源性，因此可利用已鉴定的动物基因作探针来筛选人类基因克隆。对于基因核苷酸序列背景清楚而无法获得克隆探针时，可采用 PCR 方法扩增某段基因序列，并克隆人合适的质粒载体中，即可得到自己的探针。这种方法十分简便，无论基因组 DNA 探针还是 cDNA 探针都可以容易地获得，而且可以建立 PCR 的基因检测方法，与探针杂交方法可作对比，可谓一举两得。

2. 探针的标记方法

在选择探针类型的同时，还需要选择标记方法。探针的标记方法很多，选择什么标记方法主要视个人的习惯和可利用条件而定。但在选择标记方法时，还应考虑实验的要求，如灵敏度和显示方法等。一般认为放射性探针比非放射性探针的灵敏度高。放射性探针的实际灵敏度不依赖于所采用的标记方法，如随机引物延伸法往往得到比缺口平移法更高的比活性。在检测单拷贝基因序列时，应选用标记效率高、显示灵敏的探针标记方法。在对灵敏度要求不高时，可采用保存时间长的生物素探针技术和比较稳定的碱性磷酸酶显示系统。

3. 探针的浓度

总的来说，随探针浓度增加，杂交率也增加。另外，在较窄的范围内，随探针浓度增加，敏感性增加。依经验，要获得较满意的敏感性，膜杂交中 ^{32}P 标记探针与非放射性标记探针的用量分别为 5～10ng/mL 和 25～1000ng/mL，而原位杂交中，无论应用何种标记探针，其用量均为 0.5～5.0μg/mL。探针的任何内在物理特性均不影响其使用浓度，但受不同类型标记物的固相支持物的非特异结合特性的影响。

4. 杂交率

在探针过量的条件下，杂交率主要依赖于探针长度（复杂度）和探针浓度。

5. 杂交最适温度

杂交技术最重要的因素之一是选择最适的杂交反应温度。若反应温度低于 T_m 10～15℃，碱基顺序高度同源的互补链可形成稳定的双链，错配对减少。若反应温度再低（T_m −30℃），虽然互补链之间也可形成稳定的双链，但互补碱基配对减少，错配对增多、氢键结合的更弱。如两个同源性在 50% 左右或更低些的 DNA，调整杂交温度可使它们之间的杂交率变化 10 倍，因此在实验前必须首先确定杂交温度。通常有三种温度可供试验，即最适复性温度、苛刻复性温度及非苛刻复性温度。最适复性温度（optimum renaturation temperature，T_{OR}）：$T_{ot} = T_m − 25℃$；苛刻复性温度：$T_s = T_m −$（10℃ 或 15℃）；非苛刻复性温度：$T_{ns} = T_m −$（30℃ 或 35℃）。

6. 杂交的严格性

影响杂交体稳定性的因素决定着杂交条件的严格性。一般认为在低于杂交体。

7. 杂交反应时间

在条件都得到满足的情况下，杂交的成败就取决于保温时间。时间短了，杂交反应不完成；时间长了也无益，会引起非特异结合增多。一般杂交反应要进行 20h 左右。1966 年 Britten 和 Kohne 推荐用 Cot 值来计算杂交反应时间。Cot 值实际上是杂交液中单链起始浓度（Co）和反应时间（t）的乘积。实验表明 Cot = 100 时，杂交反应基本完成。Cot = 0，基本上没有杂交。例如在液相杂交中未标记的 DNA 400μg/mL（按单股 DNA 每微克紫外吸收值为 0.024 计算，总的吸收值为 9.6），如果反应时间为 21h，那么对于未标记的 DNA 来说，Cot = 9.6/21 = 100.8，杂交完成了。对标记 DNA（质量浓度为 0.1μg/mL）来说 Cot 值为 0.05，这就充分排除了标记 DNA 的自我复性。T_m 值 25℃ 时杂交最佳，所以首先要根据公式计算杂交体 T_m 值，$T_m = 49.82 + 0.41$（% G + C）$−$（600/1）（1 = 杂交片段长度有碱基对数）。由此式可见，通过调节盐浓度、甲酰胺浓度和杂交温度来控制所需的严格性。

8. 杂交促进剂

惰性多聚体可用来促进 250 个碱基以上的探针的杂交率。对单链探针可增加 3 倍，而对双链探针、随机剪切或随机引物标记的探针可增加高达 100 倍。而短探针不需用促进剂，因其复杂度低和分子质量小，短探针本身的杂交率就高。硫酸葡聚糖是一种广泛用于较长双链探针杂交的促进剂。这是一种多聚胺，平均相对分子质量为 500000。另一种常见的促进剂是聚乙二醇（PEG），PEG 相对分子质量小（6000～8000）、黏度低、价格低廉，但它不能完成取代硫酸葡聚糖。在某些条件下 5%～10% 硫酸葡聚糖效果较好，若用 5%～10% PEG 则可产生很高的本底。因此，使用促进剂时有必要优化条件。另一种多聚体促进剂是聚丙烯酸，用其钠盐，浓度为 2%～4%。与硫酸葡聚糖相比，其优点是价格低廉，黏度低（$M_w = 90000$）。小分子化学试剂酚和硫氰酸胍也能促进杂交，它们可能是通过增加水的疏水性和降低双链和单链 DNA 间的能量差异而发挥作用。酚作为杂交促进剂，只能在低 DNA 浓度的液相杂交中观察到，该方法曾被称为酚乳化复性技术，该法不能用于固相杂交，因酚可引起核酸与膜的非特异吸附作用，即使在液相杂交中的应用也是有限的。而硫氰酸胍可通过降低双链 DNA 的 T_m 值而起作用。此外，该分子还可以促进 RNA 的杂交，有裂解细胞而抑制 RNase 的作用。总之，硫酸葡聚糖和聚乙二醇因能用于固相杂交是目前最常用的杂交促进剂。

三、实验目的

（1）了解茶树原位杂交的实验方法及步骤。

（2）了解各种原位杂交的基本原理及优缺点。

四、材料与设备

1. 试剂

（1）2.5mL/L 醋酸酐　三乙醇胺 13.2mL，氯化钠 5g，浓盐酸 4mL，醋酸酐（用前加）2.5mL；20×SSC（pH7.0），氯化钠 175.3g，柠檬酸钠 88.2g，双蒸水定容至 1L；

（2）杂交液（50mL）　50% 去离子甲酰胺，10% 葡聚糖硫酸脂，1×Denhard's，10mmol/L Tris-HCl（pH8.0），0.3mol/L NaCl，1mmol/L EDTA（pH8.0），100μg/mL 变性鱼精 DNA，ddH$_2$O 定容至 25mL。

（3）0.1mol/L 甘氨酸/PBS　7.5g 甘氨酸，30.8g Na$_2$HPO$_4$，2.8g NaH$_2$PO$_4$，8.5g NaCl，溶于 800mL ddH$_2$O，定容至 1000mL，高压，室温贮存。

（4）抗体稀释液（100mL）　1.0g BSA，0.4mL Tris X-100，0.4g 叠氮钠，0.05mol/L PBS（pH7.2）调至 100mL；0.05mol/L PBS（pH7.2）（1000mL）：15.4g Na$_2$HPO$_4$，1.4g NaH$_2$PO$_4$，4.25g NaCl。

（5）去内源性酶液（40mL）　0.3%~0.5% 甲醛，25.0% 冰醋酸，加 0.05mol/L PBS 至 40mL，0.4% Triton-X 100。

2. 仪器设备

冷冻离心机、杂交炉、-20℃ 冰箱、干燥箱、石蜡切片机、恒温培养箱、PCR 仪、显微镜、盖玻片、载玻片、杂交盒、培养皿及各种规格枪头及离心管等。

五、方法与步骤

1. RNA 探针制备

（1）重组质粒载体的制备

①按照重组质粒构建的方法将目的基因的 cDNA 或者 DNA 片段重组到目的质粒中，构建重组质粒载体，并选择合适的酶切位点，两端分别含有 T7 和 SP6 启动子。

②重组质粒载体的提取及纯化按碱裂解法进行。

（2）反义 RNA 探针合成

①质粒 DNA 线性化：试管中加入 8μL 质粒 DNA、2μL 10×Buffer、1μL 相应的限

制性内切酶、9μL ddH₂O，37℃酶解 3h，酶解液用等体积酚（pH8.0）、氯仿 - 异戊醇（24∶1，体积比）抽提，然后 12000r/min 离心 2min，上清液用 0.1 倍 3mol/L 的乙酸钠（pH5.2）和 2 倍体积无水乙醇于 -20℃，30min 沉淀 DNA；12000r/min 离心 5min，70% 乙醇洗涤一次，最后将线性化质粒 DNA 沉淀溶于 20μL DEPC—H₂O 中，-20℃保存；电泳，检测结果。

②地高辛标记的体外转录：试管中加入 4μL 线性化质粒 DNA、2μL 10×转录缓冲液、1μL RNase 抑制剂、2μL dNTP（含 DIG - 11 - UTP）、2μL T7 RNA 聚合酶、DEPC - H₂O 定容至 20μL，于 37℃保持 2h，加入 2μL 无 RNase 的 DNase I，于 37℃保持 15min，用 2μL 0.2mol/L EDTA（pH8.0）终止反应。加入 2.5μL 4mol/L LiCl 和 75μL 冰冷的无水乙醇，-20℃浓缩过夜，于 4℃、13000r/min 离心 15min，用 100μL 70% 冷乙醇漂洗，沉淀溶于 40μL DEPC - H₂O 中，-20℃保存。

正义 RNA 探针合成：质粒 DNA 线性化采用 Xba I 酶切，体外转录采用 SP6 RNA 聚合酶，其余步骤同上。

2. 石蜡切片

（1）载玻片硅化处理　载玻片用洗涤剂清洗，180℃干烤 8h，浸入多聚赖氨酸中（多聚赖氨酸与 DEPC - H₂O 按体积比 1∶10 稀释），室温浸泡 20min，37℃晾干，密封于杯中，室温保存备用。

（2）取材　选取合适的茶树品种，当年秋季至翌年春季分期取每个品种的第一叶和幼茎。

（3）固定（以下配制的试剂所用重蒸水均为加 DEPC 处理并以高压灭菌去除了 DEPC 的重蒸水）　用 FAA 固定液（70% 乙醇、冰乙酸、37%~40% 甲醛的混合液），4℃固定过夜。

（4）样品脱水、透明和透蜡　70% 乙醇，3h→80% 乙醇 3h→90% 乙醇 2h→95% 乙醇 2h→无水乙醇 2h（中间换液一次）→无水乙醇 - 二甲苯（3∶1，体积比）1h→无水乙醇 - 二甲苯（1∶3，体积比）1h→二甲苯 2h（中间换液一次）→二甲苯 - 石蜡（1∶1，体积比）59℃，2h，熔蜡 2 次，每次 1h。

（5）包埋。

（6）切片　样品切片厚度 8μm。

（7）贴片　用 DEPC - H₂O 展片、贴片，48℃烘烤 2d 左右。

（8）脱蜡　石蜡切片在二甲苯中脱蜡 20min→二甲苯 - 无水乙醇（1∶1，体积比）→无水乙醇→95% 乙醇→90% 乙醇→80% 乙醇→70% 乙醇→30% 乙醇→DEPC - H₂O，每级 1~2min。

3. 杂交

（1）石蜡切片经常规脱蜡至水，3% H₂O₂室温处理 10min，DEPC - H₂O 洗 2 次。

（2）暴露 mRNA 核酸片段　切片上滴加 3% 柠檬酸稀释的胃蛋白酶，室温消化 10~15min。0.5mol/L TBS 洗 3 次每次 5min，DEPC - H₂O 洗 1 次。

（3）预杂交　用培养皿作为杂交盒，底部加 20mL 20% 甘油以保持湿度。每张切片加 20μL 预杂交液，0.6μL RNase 抑制剂，40℃保持 3h，吸取多余液体，不洗。

（4）杂交　2μL 转录探针中加 60μL 杂交液稀释，1μL RNase 抑制剂，使探针质量浓度为 0.5～2μg/mL。每张载玻片加 20μL RNA 探针杂交液，以覆盖组织为标准。盖上专用盖玻片，揭去盖玻片保护膜，于 40℃ 杂交过夜。

（5）杂交后洗涤　漂洗盖玻片，30～37℃ 的 2×SSC 洗涤 5min，洗涤 2 次，0.5×SSC 洗涤 15min，再以 0.2×SSC 洗涤 15min。

（6）滴加封闭液　37℃ 保持 20min，吸取多余液体，不洗。

（7）滴加碱性磷酸酶标记小鼠抗地高辛　用 0.5mol/L TBS 按体积比 1∶200 稀释，于 37℃ 静置 60min 或室温静置 2h。0.5mol/L TBS 洗 4 次，每次 5～10min。

（8）BCIP/NBT 显色　BCIP-NBT 按体积比 1∶20 用 0.01mol/L TBS（pH9.5）稀释，显色液加至标本上，室温避光显色 12h 左右，直至结果镜检时阳性信号为紫蓝色即可停止，进行拍照。

（9）封片观察　至需要终止着色时，用水冲洗，核固红复染 5～15min，水洗。并经 30%、70%、95%、100% 乙醇、二甲苯-乙醇（1∶1，体积比）、二甲苯系列脱水透明，用阿拉伯胶封片，观察摄影。

（10）设对照　在上述程序杂交中用含有正义探针或不含探针的杂交液杂交，其余步骤同上。

六、结果与讨论

（1）样品的固定步骤是为了保持样品的原有形态学。样品固定是原位杂交中必不可少的步骤，从化学反应角度来看，固定剂的使用和选择对后续杂交的影响不会太大，因为核酸杂交的功能分子基团被安全地包裹在 DNA 双螺旋结构中，而交联剂的使用对 RNA 基本没有影响。

（2）在进行研究前，确定应用的探针类型，DNA 探针的制备包括了前期的 DNA 片段分离纯化（或 cDNA 的克隆）和酶促探针标记，可选随机引物标记法和缺口平移法等；RNA 探针的制备包括了转录载体克隆和转录法探针标记。寡核苷酸探针的制备要求先获得合成的寡核苷酸片段，再进行末端标记或加尾法探针标记。但无论采用何种标记探针及标记方法，对探针标记效果需进行最终的评估，并准确计算探针浓度。

（3）杂交前可进行预杂交，以防止较高的背景染色。预杂交条件与杂交条件相同，只是预杂交液中不含探针和硫酸葡聚糖。

（4）杂交后进行非特异结合探针的洗脱，同时也可进行单链核酸链的酶消化。洗脱的严谨性可通过调节洗脱液中的甲酰胺浓度、盐浓度和洗脱温度。

七、注意事项

（1）作为 DNA-RNA 的杂交，需防止 RNase 的污染。

（2）cDNA 探针在杂交时必须变性解链，具体方法是：将探针于 100℃ 加热 5min，冰浴骤冷。

实 验 十六 茶树基因芯片技术

一、引言

基因芯片技术是同时将大量的探针分子固定到固相支持物上，借助核酸分子杂交配对的特性对 DNA 样品的序列信息进行高效的解读和分析。基因芯片可以快速高效地获取大量基因在 mRNA 水平的表达信息，从而能够进行整个基因组范围的基因表达并行分析，适用于大规模基因功能研究。目前基因芯片被广泛应用于基因表达谱研究，通过对在不同条件下的大量基因表达情况的平行分析，从而获得基因的初步功能信息。在基础研究中还可用于基因鉴别筛选及功能研究、快速 DNA 序列再测定、基因突变多态性的研究和基因表达测定等多个领域。

二、实验原理

基因芯片（gene chip）是目前生物芯片家族中最完善、应用最广泛的芯片，将许多特定的寡聚核苷酸或 DNA 片段（称为探针）固定在芯片的每个预先设置的区域内，将待测样本标记后同芯片进行杂交，利用碱基互补配对原理进行杂交，通过检测杂交信号并进行计算机分析，从而检测对应片段是否存在、存在量的多少，以用于基因的功能研究和基因组研究、疾病的临床诊断和检测等众多方面。运用缩微技术，基因芯片能够同时分析成千上万个生物样本，将许多不连续的分析过程集成于玻璃介质上，使这些分析过程连续化、微型化、集成化和自动化。其中最成功的典型基因芯片是在介质表面有序地点阵排列 DNA，因此又称 DNA 微阵列（DNA microarray）。

基因芯片的基本原理是利用杂交的原理，即 DNA 根据碱基配对原则，在常温下和中性条件下形成双链 DNA 分子，但在高温、碱性或有机溶剂等条件下，双螺旋之间的氢键断裂，双螺旋解开，形成单链分子（称为 DNA 变性，DNA 变性时的温度称 T_m 值）。变性的 DNA 黏度下降，沉降速度增加，浮力上升，紫外吸收增加。当消除变性条件后，变性 DNA 两条互补链可以重新结合，恢复原来的双螺旋结构，这一过程称为复性。复性后的 DNA，其理化性质能得到恢复。利用 DNA 这一重要理化特性，将两个以上不同来源的多核苷酸链之间由于互补性而使它们在复性过程中形成异源杂合分子的过程称为杂交（hydridization）。杂交体中的分子不是来自同一个二聚体分子。由于温度比其他变性方法更容易控制，当双链的核酸在高于其变性温度（T_m 值）时，解螺旋成单链分子；当温度降到低于 T_m 值时，单链分子根据碱基的配对原则再度复性成双链分子。因此通常利用温度的变化使 DNA 在变性和复性的过程中进行核酸杂交。

核酸分子单链之间有互补的碱基顺序，通过碱基对之间非共价键的作用即出现稳定的双链区，这是核酸分子杂交的基础。杂交分子的形成并不要求两条单链的碱基顺序完全互补，所以不同来源的核酸单链彼此之间只要有一定程度的互补顺序就可以形成杂交双链，分子杂交可在 DNA 与 DNA、RNA 与 RNA 或 RNA 与 DNA 的两条单链之间。利用分子杂交这一特性，先将杂交链中的一条用某种可以检测的方式进行标记，再与另一种核酸（待测样本）进行分子杂交，然后对待测核酸序列进行定性或定量检测，分析待测样本中是否存在该基因或该基因的表达有无变化。通常称被检测的核酸为靶序列（target），用于探测靶 DNA 的互补序列被称为探针（probe）。在传统杂交技术如 DNA 印迹（Southern bloting）和 RNA 印迹（Northern bloting）中通常标记探针，被称为正向杂交方法；而基因芯片通常采用反向杂交方法，即将多个探针分子点在芯片上，样本的核酸靶标进行标记后与芯片进行杂交。这样的优点是同时可以研究成千上万的靶标甚至全基因组作为靶序列。

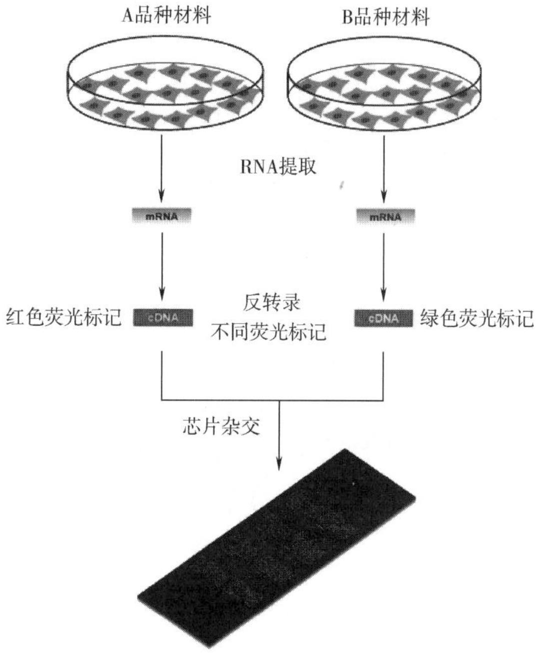

具体地讲，利用核酸的杂交原理，基因芯片（图 8 – 7）可以实现两大类的检测：RNA 水平的大规模基因表达谱的研究和检测 DNA 的结构及组成。

图 8 – 7　基因芯片

三、实验目的

（1）学会茶树 cDNA 芯片的使用方法。

（2）了解各种基因芯片的基本原理和优缺点。

四、材料与设备

1. 材料

选取某茶叶品种的一芽二叶，在茶园采摘后，将样品用液氮迅速冷冻处理，然后保存于 –80℃冰箱中备用。基因芯片，每张芯片由 48 个矩阵组成。

2. 仪器设备

电动玻璃匀浆机、电子天平、低温高速离心机、低温高速台式离心机、超净工作台、制冰机、电热恒温水槽、电泳槽、电泳仪、微波炉、凝胶成像仪、台式离心机、核酸定量分析仪、移液枪、可调电炉旋涡混合器、杂交箱杂交舱、S – 200 纯化柱、真空浓缩仪、盖玻片、芯片扫描仪。

五、方法与步骤

1. 芯片靶基因制备

制备芯片选用的 cDNA 克隆，用经过氨基修饰的通用引物进行 PCR 扩增，产物长度为 1.5kb 左右，引物序列为正向：5′＞NH₂ CTCCGA GAT CTG GAC GAG CT＜3′；反向为：5′＞ AGCGGATAACAATTTCACACAGGA＜3′，PCR 反应条件为：94℃ 预变性 3min，94℃ 变性 30s，58℃ 复性 30s，72℃ 延伸 45s，35 个循环，72℃ 延伸 10min。通过 0.8% 琼脂糖凝胶电泳检测 PCR 产物质量，PCR 产物纯化采用乙醇沉淀法纯化，测量浓度后，统一稀释为 250ng/μL。定量后将 cDNA 从 96 孔板转到 384 孔板，经过冷冻抽干后溶解于 10μL、50% 的 DMSO 中。

2. 芯片点制

用 Omnigrid Genemachine 接触式基因点样仪，使用 8 根针同时进行点样。点样前用氮气吹净玻片表面。点样环境：相对湿度为 55%；温度为室温。芯片基本参数：基因芯片片基为 Fullmoon 醛基修饰玻片（25mm×75mm）；每个基因设置一个重复，芯片上共含有 6912 个点，其中 6720 个待检测序列，160 个阳性对照，32 个阴性对照。4×4 矩阵点制，共两个区域，每个区域的芯片密度为 1037 点/cm²，每张芯片可进行两次杂交。将点制完毕的芯片经过交联、干燥后备用。

3. 总 RNA 提取及纯化

各样品一芽二叶 500mg，分成 5 份，每份迅速加液氮冷冻研磨成细粉末状，加入 2mL Trizol 试剂（GibcoBRL）提取总 RNA，最后每份用 20μL 经 DEPC 处理过的 ddH₂O 溶解沉淀，测定 RNA 浓度及 A_{260} 与 A_{280} 值，总 RNA 用 eZNA 纯化试剂盒（OMEGA）进行纯化。

4. 荧光探针制备

（1）cDNA 的合成　用微量紫外检测仪 NanoDrop 测定 RNA 样品浓度，取总 RNA 作为合成第一链的模板，反转录引物为 T7 – Oligo（dT），具体反应体系为：总 RNA 5μg，T7 – Oligo（dT）Primer 1μL，加水调整体积到 12μL，70℃ 反应 10min；反应结束后冰浴冷却 5min，然后向混合液中依次加入 10×第一链缓冲液 2μL，dNTP Mix 4μL，RNase 抑制剂 1μL，Cbcscript 1μL，混匀溶液后 42℃ 反应 2h，即得到第一链 cDNA。随后在装有第一链 cDNA 的离心管中分别加入 10×第二链缓冲液 10μL，dNTP Mix 4μL，DNA 聚合酶 2μL，RNase 1μL，补水至终体积 100μL，混匀后 16℃ 反应 2h。反应结束后使用 Nucleospin® Extract Ⅱ 试剂盒纯化 cDNA。

（2）体外转录合成 cRNA　将纯化后的 cDNA 真空浓缩至 16μL，之后向离心管中加入 dNTP Mix 16μL，T7 10×反应缓冲液 4μL 和 T7 混合酶 4μL，混匀后 37℃ 反应 12h，反应结束后使用 Nucleospin® Extract Ⅱ 试剂盒纯化 cRNA。

（3）反转录及标记　取 2μg 的 cRNA 纯化产物，加水调整体积至 7.5μL，再加入 4μL 随机引物，混匀后 65℃ 反应 10min，随后加入 4×Cbcscript Ⅱ 缓冲液 5μL，0.1mol/L DTT 2μL，Cbcscript Ⅱ 1.5μL，混匀后 25℃ 反应 10min，37℃ 反应 1.5h；反应结束后加入终止液 5μL，65℃ 反应 10min，冰浴 5min，最后加入 1μL 中和液，使用 Nucleospin® Extract Ⅱ 试剂盒纯化反转录得到的 DNA，并真空浓缩至 14μL。随后加入 4μL 随机引物，混匀后 95℃ 反应 3min，冰浴 5min，依次加入试剂 5×Klenow 缓冲液 5μL，Cy5/Cy3 – dCTP 1μL，Klenow 片段 1.2μL，37℃ 反应 1.5h，70℃ 反应 5min，冰浴 5min。反应结束后，用 Nucleospin® Extract Ⅱ 试剂盒纯化标记产物。

5. 荧光探针纯化及定量

使用 QIAquick Nucleotide Removal Kit（QIAGEN）进行探针的纯化，具体操作参照试剂盒操作手册进行。纯化后的探针加入酶标板，测定 A_{260}、A_{550}、A_{650} 进行定量。

6. 芯片杂交及洗涤

取 30pmol 的标记探针不同茶树品种的混合样本，30pmol 的标记探针不同茶树品种混合，两个混合物同时进行以下步骤：94℃ 变性 3min，70℃ 保温 10min 后加入杂交液混匀滴加于芯片上，用盖玻片封片放于杂交盒中 42℃ 避光杂交 16～18h。再揭开盖玻片，先后用 1×SSC/0.2%SDS、0.1×SSC/0.2%SDS 和 0.1×SSC 洗涤 10min，最后以 1500r/min 离心 5min 干片。

7. 荧光扫描和结果分析

用 LuxScan 10KA 双通道激光扫描仪对芯片进行扫描，采用 LuxScan 3.0 图像分析软件对扫描图进行分析，采用 Lowess 方法对芯片数据进行归一化。并删除了荧光信号弱的基因以及芯片上的阴性对照、内标、外标等冗余数据。两组样品的基因表达差异直接从两种染料的比值中得到，即 Ratio = 紫芽标记荧光/绿芽标记荧光。根据归一化后的结果得到每张芯片中基因的 Ratio 值，再将两张荧光交换芯片的 Ratio 值整合，Ratio = Ratio1 Ratio2×，用 SAM 软件进行分析，将 FDR（false discovery rate）控制在 5% 以内，再以上调或下调 2 倍标准筛选差异表达基因，即 Ratio ≥ 2.0 和 ≤ 0.5。最后将筛选到的差异表达基因与 NCBI 的蛋白数据库进行 Blast X 比对，确定基因功能。

8. 实时荧光定量 PCR 验证

选取不同茶树样本中差异表达明显的基因，采用绝对定量的方法测定表达量，验证芯片杂交结果。

六、结果与讨论

（1）基因芯片技术是一种快速、高效的核酸分析手段，它的出现给分子生物学领域带来了新的革命，成为后基因组时代最重要的基因功能分析技术之一。基因芯片使数个、数十个乃至成千上万个基因的核酸杂交同时在一张玻璃片上的相同条件下完成，其高效、快捷的特点是传统的研究单基因技术无法比拟的，在医学上应用已经相当广泛，在植物中的应用也有大量的应用报道，为快速筛选抗性基因以及特异基因提供了便利工具。

（2）在基因芯片杂交中，RNA 的质量直接影响标记效率和实验的成功率。

（3）实验前样本的选择及处理是能否成功获得较多差异表达基因的芯片的关键步骤。

（4）利用基因芯片筛选到差异表达基因后，要与 NCBI 蛋白质数据库进行 Blast X 比对，对差异表达的基因进行相应的功能注释，才能够真正发挥基因芯片的功能。

七、注意事项

（1）基因芯片的结果会受到诸多因素的影响，所以要进行 3 次以上的重复实验验证。

（2）目前，基因芯片的测序结果的获得已经比较容易，关键是对数据结果的分析及分析结果与其生物学功能和意义的关联分析。

（3）基因在植物中的表达有时间特异性和组织特异性，所以在利用基因芯片时必须了解在什么时间取材和取什么组织进行检测的问题。

实 验 十七 茶树蛋白质的双向凝胶电泳

一、引言

随着多个物种基因组测序完成，生命科学研究已进入功能基因组时代。蛋白质是基因功能的执行者，许多蛋白质是经过翻译后修饰及蛋白质之间的相互作用而发挥一定的生物功能，在 mRNA 水平所获得的基因表达信息并未能揭示这些过程及其确切的生物功能，因而在基因组学研究的基础上，全方位研究细胞内全部蛋白质的动态表达的蛋白质组学应运而生。因此，越来越多的学者更重视蛋白质组学的研究。双向凝胶电泳技术是蛋白质组研究的三大关键核心技术之首。

植物组织中由于含有诸多干扰因素，双向电泳往往不易得到满意的结果，茶树是多酚、色素含量特别高的植物，在叶片研磨时，茶多酚又极易氧化，形成大量的氧化产物，这些物质严重干扰着电泳过程。根据茶树材料的特异性，着重研究并改进样品制备、电泳及染色的方法，探索适合茶树材料的蛋白质双向电泳技术。

二、实验原理

双向电泳是将等电聚焦（IEF）和十二烷基硫酸钠－聚丙烯酰胺凝胶电泳（SDS－PAGE）结合起来，依据蛋白质不同的等电点和相对分子质量分离生物体中复杂蛋白组分、观察蛋白组成的变化及检测特异蛋白是否存在的电泳技术。

双向电泳是在第一向用等电聚焦将不同等电点的蛋白分离，在第二向用聚丙烯酰胺凝胶将不同分子量的蛋白进行再次分离的技术。凝胶经染色、成像后，用软件进行对比，可实现对蛋白的定量研究。双向电泳具有较高的分离能力，兼容性强，适用于动物、植物、细胞、微生物等各类生物样本，后期与质谱鉴定相结合，可实现蛋白的定性分析，是最经典的蛋白质组学研究方法。

三、实验目的

（1）了解茶树蛋白质提取方法及双向电泳样品准备方法。
（2）掌握茶树蛋白双向电泳的方法及操作步骤。

四、材料与设备

1. 材料及试剂

茶树一芽二叶、Acr、Bis、TEMED 原液、过硫酸铵、两性电解质载体、尿素、NP－40、NaOH、H_3PO_4、SDS、Tris－HCl、2－巯基乙醇、SDS－PAGE、甘氨酸、溴酚

蓝、琼脂、$MgCl_2$、抗坏血酸、PVPP、苯甲基磺酸氟（PMSF）、甘油、2 - 疏基乙醇、丙酮、醋酸、液氮、考马斯亮蓝、二硫苏糖醇（DTT）、蔗糖、碘乙酰胺、戊二醛、甲醛、甘油。

2. 仪器与设备

超低温冰箱、研钵、石英砂、烧杯、试管、玻璃棒、量筒、双向电泳槽、离心机、漩涡振荡器、真空干燥仪、蛋白电泳制胶槽、移液器、各种规格的离心管及枪头。

五、方法与步骤

1. 蛋白质丙酮干粉制备

（1）研钵用适量的液氮预冷后，加入 0.4g 的水不溶性 PVP，0.1g DTT 和茶叶样品 2.0 ~ 2.5g，在液氮中研磨成粉末。

（2）将液氮研磨获得的粉末快速转入 10mL 离心管，悬浮于 8 倍体积的 -20℃预冷丙酮［含质量分数为 10% 的 TCA 和体积分数为 0.07% 的 β - 疏基乙醇（β - Me）］，漩涡振荡后于 -20℃静置 1h。

（3）4℃ 15000 × g 离心 15min，弃上清液，取沉淀，加入 6 倍体积的 -20℃预冷丙酮（含 0.07% β - Me），漩涡后于 -20℃静置 2 ~ 3h。

（4）离心方法同上，弃上清液，取沉淀，重复两次。

（5）最后取沉淀，用封口膜封住管口，于 -20℃放置 3h，挥发去丙酮，真空干燥，在未充分干燥前，不断搅拌蛋白沉淀，以免结块，使之成粉末状，即成蛋白质丙酮干粉，置于 -20℃保存备用。

2. 蛋白质提取

（1）TCA/丙酮沉淀法

①取 -80℃冷冻叶片 3.0g 剪碎后加入 10% PVP 和 0.1g DTT 液氮研磨成粉末后加 15mL -20℃预冷的 10% TCA 丙酮溶液（含 0.07% β - 疏基乙醇、1mmol/L 的 PMSF），漩涡混匀，-20℃沉淀 3h。

②4℃ 12000r/min 离心 5min，弃上清液。

③重悬沉淀于等体积预冷丙酮（含 0.07% β - 疏基乙醇、1mmol/L 的 PMSF），再于 -20℃沉淀 3h。

④重复此步骤③两次之后冷冻真空干燥，置 -80℃保存。

（2）改良 Tris - HCl 抽提法

①取 -80℃冷冻叶片 3.0g 剪碎后加入 0.15g 水不溶性 PVPP，液氮研磨成粉末后加入 3 倍体积的蛋白质提取缓冲液（65mmol/L Tris - HCl pH6.8，0.5% SDS，5% 水不溶性 PVPP，10% 甘油，5% β - 疏基乙醇），混匀。

②将离心管置于温控摇床，4℃振荡浸提 1h；于 4℃、12000r/min 离心 5min；取上清液，加入 3 倍体积的 -20℃预冷的 10% TCA 丙酮溶液，混匀后置 -20℃沉降蛋白质 1h。

③4℃ 12000r/min 离心 15min，弃上清液；沉淀用预冷丙酮和 80% 预冷丙酮各洗涤 2 次。

④4℃ 12000r/min 离心 15min；真空冷冻干燥，置 -80℃ 保存。

（3）酚 - 甲醇/醋酸铵沉淀法

①取 -80℃ 冷冻叶片 3.0g 剪碎后加入液氮研磨成粉末，然后加入 15mL -20℃ 预冷的 10% TCA 丙酮溶液（含 0.07% β - 巯基乙醇、1mmol/L PMSF），漩涡混匀；4℃ 12000r/min 离心 10min，弃上清液。

②沉淀加入 80% 甲醇（含 0.1mol/L 醋酸铵）溶液，漩涡混匀；4℃ 12000r/min 离心 10min，弃上清液。

③沉淀加入 80% 丙酮，涡旋混匀；4℃ 12000r/min 离心 10min，弃上清液；室温干燥 30min 或 50℃ 干燥 10min 去除丙酮残留。

④沉淀按体积比 1:1 加入 Tris 饱和酚（pH8.0）和浓 SDS 缓冲液（30% 蔗糖，2% SDS，0.1mol/L Tris - HCl pH8.0，5% β - 巯基乙醇），涡旋混匀，室温放置 5min，4℃ 12000r/min 离心 10min。

⑤吸取上层酚相加入 5 倍体积 -20℃ 放置的甲醇（含 0.1mol/L 醋酸铵）溶液，-20℃ 沉淀蛋白质 1h。

⑥4℃ 12000r/min 离心 10min，弃上清液；沉淀用甲醇和 80% 丙酮各洗涤 1 次，冷冻真空干燥，置 -80℃ 保存。

3. 蛋白质上样

将 3 种方法提取的蛋白质粉末按 1:20（m/V）的比例加入裂解液（7mol/L 尿素、2mol/L 硫脲、4% CHAPS、65mmol/L DDT、0.2% Bio - Lyte ampholyte），4℃，过夜溶解，12000r/min，离心 5min，取上清液；采用 Bio - rad 公司的 RC DC 蛋白定量试剂盒对蛋白质浓度定量。采用 12% 的分离胶，5% 浓缩胶，上样量 800μg，按《分子克隆指南》进行 SDS - PAGE 电泳分析。

4. 双向电泳分析

（1）第一向固相 pH 梯度等电聚焦（IEF 电泳）　取事先配制好存于 -20℃ 的水化液（8mol/L 尿素、4% CHAPS、65mmol/L DDT、0.2% Bio - Lyte ampholyte、0.001% 溴酚蓝）700μL，室温下恢复温度，干胶条取出室温下平衡 30min 后使用，称取 2.0mg DTT 溶于 700μL 的水化液中，再加入 8μL 溴酚蓝和 3.5μL Bio - Lyte ampholyte，振荡混匀，12000r/min 离心 5min，去除不溶物；取出样品，每管中加入水化液至总体积 350μL，振荡混匀，样品管 12000r/min 室温离心 10min；取上清液，加入聚焦盘，将 pH 调为 4~7，17cm 长的 IPG 干胶条去保护膜，胶面朝下，小心放入聚焦盘，胶条的酸性端接触正极，慢慢把胶条放入胶条槽中，并与聚焦盘的电极紧密接触，来回慢慢拖动胶条，使样品均匀分布，覆盖矿物油防止样品蒸发；最后置于 PROTEAN IEF System（Bio - rad）进行等点聚焦。聚焦程序：20℃，每根胶条极限电流 0.05mA；[50V，被动水化 15h；或 250V，30min；或 1000V，1h；或 10000V，0.5h]。

（2）第二向 SDS - PAGE 电泳　等电聚焦完成后，从聚焦盘中取出胶条，放入水化盘，胶面朝上，加入 5mL 平衡液 I（尿素 6mol/L，SDS 2%，Tris - HCl 0.375mol/L，pH8.8，甘油 20%，2% DTT）振荡 15min，弃平衡液 I；加入平衡液 II（尿素 6mol/L，SDS 2%，Tris - HCl 0.375mol/L，pH8.8，甘油 20%，2.5% 碘乙酰胺）振荡 15min；

用 1×电泳缓冲液漂洗后滤纸吸干。将 IPG 胶条转移至 200mm×200mm×1mm 的 12% 胶上方，排尽气泡，用低熔点琼脂糖封胶。10℃ 循环水浴冷却，25mA 恒流至溴酚蓝跑出胶条，改用 50mA 恒流至溴酚蓝到达胶底。

5. 染色

凝胶染色采用考马斯亮蓝和银染相结合的方法，在摇床上进行。

第二向 SDS－PAGE 电泳完毕，首先将凝胶用考马斯亮蓝染色液（0.3% 考马斯亮蓝 R250，50% 甲醇，10% 冰醋酸；39.7% H_2O）固定染色 6h，凝胶用双蒸水漂洗两次，每次 3min，再放入脱色液（2.5% 甲醇，7.5% 冰醋酸）中脱色至底色褪去。紧接着进行银染，银染所用的培养皿必须洗净后再用 8% 硝酸淋洗一次。银染方法稍作改进，整个过程只需要 2h。

具体方法为：考马斯亮蓝脱色后，用重蒸水淋洗 10min，然后敏化液（400mL 乙醇，20mL 37% 甲醛，2mL 50% 戊二醛，重蒸水定容至 1000mL）处理 5min，接着 40% 乙醇处理 20min 后，用 0.6mmol/L $Na_2S_2O_3$ 还原 1min，重蒸水淋洗 2min，再用 6mmol/L $AgNO_3$ 染色后，用重蒸水淋洗 1min，接着用 240mmol/L Na_2CO_3 溶液［内含 14.8‰（体积比）37% 的甲醛，现用现加］显色完毕，用 5%（体积比）冰醋酸定影即可。这两种方法结合起来使用，可显著提高凝胶染色效果。

蛋白质分子质量和等电点采用二维校正法（ID－Calibralion）确定。

6. 干胶制备

将 2 张 25cm×25cm 的玻璃纸用体积分数为 20% 的甘油浸湿，一张平放于玻璃板（18cm×18cm）上，玻璃纸与玻璃板间无气泡。在玻璃纸上滴 10 滴体积分数为 50% 的甘油，并将胶板放在玻璃纸上，在膜上再滴 10 滴体积分数为 50% 的甘油。用另一张玻璃纸覆盖胶板，除去玻璃纸与胶板之间气泡，将玻璃纸折于玻璃板后，充分干燥后，即制成干胶。

六、结果与讨论

该改良方法是针对茶树材料特性，综合了前人的研究结果，并进行了如下技术改进：

1. 蛋白质提取

用液氮研磨，同时加入 PVP 和 DTT，并用预冷丙酮［含 0.07%（体积比）β－Me］反复沉淀数次，直至色素完全去除干净；样品与丙酮的比例（体积比）由 1:4 提高到 1:（6~8）。

2. IEF 电泳

蛋白质的裂解与水化分别吸取了方法 1 和方法 3 的优点，用方法 3 的裂解液，用方法 1 的水化液，并将二者有机结合。同时，裂解液的两性电解质载体增加了两种 pH 范围（pH4~7，pH6~9），它们的总量在裂解液中比例由 2.5% 降低至 0.5%；水化液中添加 0.5% 的 TritonX－100。

3. SDS－PAGE 电泳

提高平衡液总量，使凝胶与平衡液体积比由 1:10 提高到 1:20。

4. 染色

将单一的染色方法改为考马斯亮蓝染色和银染相结合，并对银染方法稍作改进，缩短时间，提高银染效果。

七、注意事项

（1）8mmol/L PMSF 必须在添加还原剂之前用，否则 PMSF 会失去活力。

（2）40mmol/L 浓度以下的 Tris 可使有些蛋白酶在高 pH 下失活。

（3）过高浓度的盐离子存在增加了胶条的导电性，引起电内渗，进而干扰蛋白质的等电聚焦，在双向电泳图谱中造成水平方向的纹理。

（4）在裂解液中增加 2mol/L 的硫脲能显著提高蛋白质的溶解性，使一部分难溶蛋白质很好地溶于裂解液中。

（5.）Tris – 饱和酚毒性较大，易对环境造成污染，注意选择合理的方式处理废液。

参 考 文 献

［1］杨子银，梅鑫，周瀛，等．一种茶树花原生质体及其制备方法和应用：CN105670985A［P］．2016 – 06 – 15.

［2］王璐，钱文俊，王新超，等．一种茶树原生质体的提取方法：CN105695391A［P］．2016 – 06 – 22.

［3］中村顺行，叶乃兴．茶树原生质体的分离［J］．茶叶科学简报，1985（1）：46 – 47.

［4］赖钟雄，何碧珠，陈振光．茶树花粉管亚原生质体的分离［J］．福建农业大学学报，1998，27（增刊1）：41 – 44.

［5］刘木娇．一种茶树组织培养再生体系构建方法：CN201510085922.1［P］．2015 – 02 – 22.

［6］孙威江，吴婉婉，陈志丹，等．一种茶树离体再生体系的构建方法：CN103609453A［P］．2103 – 12 – 04.

［7］田丽丽，黄建安，刘仲华，等．一种茶树组织培养的方法：CN105494107A［P］．2016 – 02 – 25.

［8］王幼平，吴晓霞．PEG 介导的原生质体融合方法的改进及注意事项［J］．生物学通报，2009，44（1）：51.

［9］彭章，童华荣，梁国鲁，等．茶树叶片和胚根原生质体的分离及 PEG 诱导融合［J］．作物学报，2018，44（3）：463 – 470.

［10］KAO K N，MICHAYLUK M R. A method for high – frequency intergeneric fusion of plant protoplasts［J］．Planta，1974，1（15）：355 – 367.

［11］毕云枫，姜仁凤，刘薇薇，等．一种多酚氧化酶提取新方法与几种常规方法的比较研究［J］．安徽农业科学．2013（22）：9418 – 9420.

［12］刘琨．茶叶多酚氧化酶酶学特性及红外对其活力与构象的影响［D］．无锡：

江南大学，2013.

［13］涂晓欧，王守生，刘霞林. 茶树多酚氧化酶活性比色测定中抑制剂的选择和应用［J］. 茶叶通讯，1996（1）：24－26.

［14］王敦元，叶银芳，肖伟祥. 茶叶中多酚氧化酶同工酶分析方法的研究［J］. 安徽农学院学报，1983（1）：17－23.

［15］许雷. 茶树多酚氧化酶的提取、分离纯化及其部分酶性质研究［D］. 武汉：华中农业大学，2014.

［16］许雷，张书芹，黄友谊，等. 茶树多酚氧化酶同工酶的分离纯化［J］. 华中农业大学学报，2015（6）：114－118.

［17］虞昕磊. 云南大叶种茶树多酚氧化酶的分离纯化与性质研究［J］. 武汉：华中农业大学，2015.

［18］张莉，陈乃富. 多酚氧化酶的酶学性质及其应用研究［J］. 安徽农学通报，2006（12）：29－30.

［19］张书芹. 龙井43号多酚氧化酶同工酶质谱鉴定与酶性质研究［D］. 武汉：华中农业大学，2014.

［20］JYOTSNABARAN H，PRODIP T，BHADURI A N. Isolation and characterization of polyphenol oxidase from Indian tea leaf（Camellia sinensis）［J］. The Journal of Nutritional Biochemistry，1998，9（2）：75－80.

［21］ÜMIT Ü M，YABACI N，SENER A. Exraction partial purification and characterisation of polyphenol oxidase from tea leaf（Camellia sinensis）［J］. GIDA，2011，36（3）：137－144.

［22］胡治远，刘素纯，赵运林，等. 茯砖茶生产过程中微生物动态变化及优势菌鉴定［J］. 食品科学，2012，33（19）：244－248.

［23］温琼英，刘素纯. 茯砖茶发花中优势菌的演变规律［J］. 茶叶科学，1991（11）：10－16.

［24］温琼英，刘素纯. 黑茶握堆（堆积发酵）过程中微生物种群的变化［J］. 茶叶科学，1991（增刊1）：10－16.

［25］温琼英. 茯砖茶中优势菌的种名鉴定［J］. 中国茶叶，1990（6）：2－3.

［26］周杨艳，李雨枫，朱海燕，等. 茯砖茶中优势微生物在不同培养基的差异性比较［J］. 中国酿造，2014，33（9）：75－80.

［27］朱李丽，谭玉梅，葛永，等. 茯砖茶生产过程中"金花"菌的检测［J］. 基因组学与应用生物学，2016，35（1）：124－129.

［28］郭玉琼，孙云，赖钟雄，等. 一种新的茶树DNA提取方法——LiCl沉淀法［J］. 福建茶叶，2005（4）：15－16.

［29］黄建安，黄意欢，罗军武，等. 茶树基因组DNA的高效提取方法［J］. 湖南农业大学学报，2003，29（5）：402－407.

［30］朱旗，任春梅，洪亚辉，等. 茶树叶片DNA提取、纯化与检测［J］. 湖南农学院学报，1994，20（2）：114－117.

［31］游小妹，林郑和，陈常颂，等．茶树基因组 DNA 提取方法的研究［J］．江西农业学报，2008，20（2）：34－37．

［32］谭和平，余桂容，徐利远，等．茶树基因组 DNA 提纯与 RAPD 反应系统建立［J］．西南农业学报，2001，14（1）：99－101．

［33］姚明哲，王新超，陈亮，等．茶树 ISSR－PCR 反应体系的建立［J］．茶叶科学，2004，24（3）：172－176．

［34］段新华，刘诚明．关于 PCR 扩增体系优化的实验研究［J］．现代肿瘤学，2004，12（4）：294－297．

［35］陈盛相，齐桂年，李欢．茶树叶绿体 DNA 的 PCR－RFLP 反应体系优化［J］．食品科学，2013，34（6）：73－76．

［36］黄建安，黄意欢，刘仲华，等．茶树多酚氧化酶基因的 PCR－RFLP 多态性分析［J］．茶叶科学，2008，28（5）：370－378．

［37］江昌俊，王朝霞，李叶云．茶树中提取总 RNA 的研究［J］．茶叶科学，2000，20（1）：27－29．

［38］李娟，刘仲华，黄建安，等．一种改良的茶树高质量 RNA 快速提取方法［J］．福建茶叶，2007（4）：34－35．

［39］杨冬青，韦朝领，夏涛，等．茶树不同器官组织总 RNA 提取方法的研究［J］．激光生物学报，2011，20（1）：108－115．

［40］林金科，开国银．茶树 RNA 的提纯与鉴定［J］．福建农林大学学报，2003，32（1）：70－73．

［41］赵姗姗，郭玉琼，赖钟雄，等．铁观音茶树叶片总 RNA 提取方法研究［J］．龙岩学院学报，2015，33（2）：78－81．

［42］王梦娜，武艳，程国山，等．茶树叶片总 RNA 提取方法的比较研究［J］．植物生理学报，2013，49（1）：95－99．

［43］朱华晨，许新萍，李宝健．一种简捷的 Southern 印迹杂交方法［J］．中山大学学报：自然科学版，2004（4）：128－130．

［44］ANGELETTI B，BATTILORO E，PASCALE E，et al. Southern and northern blot fixing by microwave oven［J］．Nucleic Acids Res，1995，23：879－880．

［45］李季，鲁旭，黄天带，等．橡胶树转基因植株 Southern 杂交体系的优化［J］．生物技术通报，2014（8）：76－81．

［46］崔学强，张树珍，沈林波，等．转基因甘蔗植株 Southern 杂交体系的优化［J］．生物技术通报，2015，31（12）：105－109．

［47］刘立鸿，许璐，汪凯，等．地高辛标记探针 Southern 印迹杂交技术要点及改进［J］．生物技术通报，2008（3）：57－59．

［48］刘禄，牛焱焱，雷昊，等．基于地高辛标记对小麦进行 Southern 杂交分析主要影响因素的优化和验证［J］．植物遗传资源学报，2012，13（2）：182－188．

［49］胡盛平，陈强锋，罗金成．Northern 印迹方法的改良及其应用［J］．汕头大学医学院学报，2004，17（4）：212－215．

［50］J 萨姆布鲁克，EF 弗里奇，T 曼尼阿蒂斯．分子克隆实验指南［M］．黄培堂，等译．北京：科学出版社，2002：304－330；362－371．

［51］郭兴中．Northern 印迹法的改进［J］．第二军医大学学报，1999，20（3）：195－196．

［52］李艳丽，安梦楠，王冠中，等．烟草花叶病毒辽宁分离物 Northern 杂交检测体系的建立［J］．生物技术通报，2017，33（4）：137－142．

［53］张年辉．植物 RNA 分离与 Northern 杂交方法的改进及质体信号对核基因表达和叶片形态建成的影响［D］．成都：四川大学，2005．

［54］邱志刚，刘沛，翟朝增，等．小麦 TaBS1 转录因子基因的克隆、原核表达及 Western blot 检测［J］．麦类作物学报，2011，31（2）：189－193．

［55］蛋白质免疫印迹（Western Blot）［E］．中华结直肠疾病电子杂志，2015，4（4）：85．

［56］龙火生，杨公社，庞卫军．一种改进的 Western 杂交方法［J］．畜牧兽医杂志，2003，22（3）：11－13．

［57］汪家政，范明．蛋白质技术手册［M］．北京：科学出版社，2001：77－110．

［58］马静．基于适体技术体外检测血管内皮生长因子 165［D］．泉州：华侨大学，2014．

［59］陈盛相，齐桂年，李欢．茶树叶绿体 DNA 的 PCR－RFLP 反应体系优化［J］．食品科学，2013，34（6）：73－76．

［60］黄建安，黄意欢，李家贤，等．刘仲华茶树多酚氧化酶基因的 PCR－RFLP 多态性分析［J］．茶叶科学，2008，28（5）：370－378．

［61］黄福平，梁月荣，陆建良，等．乌龙茶种质资源种群遗传多样性 AFLP 评价［J］．茶叶科学，2004，24（3）：183－189．

［62］吴敏生，戴景瑞．扩增片段长度多态性（AFLP）：一种新的分子标记技术［J］．植物学通报，1998，15（4）：68－74．

［63］PAUL S，WACHIRA F N，POWELL W，et al. Diversity and genetic differentiation among populations of India and Kenyan tea（Camellia sinensis（L.）O. Kuntze）revealed by AFLP markers［J］. Theor Appl. Genet，1997，94：255－263．

［64］VOS P，HOGERS R，BLEEKER M，et al. AFLP：a new technique for fingerprinting［J］. Nucleic Acids research，1995，23（21）：4407－4414．

［65］CHEN S X，QI G N，LI H，et al. PCR－RFLP analysis of cpDNA in tea cultivars（Camellia sinensis L.）in Sichuan of China［J］. Journal of Agricultural Science. 2012，4（5）：25－30．

［66］MATSUMOTO S，KIRIIWA Y，TAKEDA Y. Differentiation of Japanese green tea cultivars as revealed by RFLP analysis of phenylalanine ammonia－lyase DNA［J］. Theor Appl Genet，2002，104：998－1002．

［67］陈亮，高其康，杨亚军，等．茶树 RAPD 反应系统和扩增程序优化［J］．茶叶科学，1998，18（1）：16－20．

［68］梁月荣，田中淳一，武田善行．应用 RAPD 分子标记分析"晚绿"品种的杂交亲本［J］．茶叶科学，2000，20（1）：22－26．

［69］WACHIRA F N，WAUGH R，HACKETT C A，et al. Detection of genetic diversity in tea［Camellia sinensis］using RAPD makers［J］．Genome，1995，38：201－210．

［70］WACHIRA F，TANAKA J，TAKEDA Y. Genetic variation and differentiation in tea（Camellia sinensis）germplasm revealed by RAPD and AFLP variation［J］．Journal of Horticultural Science & Biotechnology，2001，76（5）：557－563．

［71］刘锴栋，袁长春，黎海利，等．杨桃遗传多样性的形态特征与 RAPD 标记的相关性分析［J］．果树学报，2013，30（1）：69－74．

［72］李娟，江昌俊，王朝霞．中国茶树初选核心种质遗传多样性的 RAPD 分析［J］．遗传，2005 27（5）：765－771．

［73］陈亮，杨亚军，虞富莲．应用 RAPD 标记进行茶树优异种质遗传多态性、亲缘关系分析与分子鉴别［J］．分子植物育种，2004，2（3）：385－390．

［74］沈程文，罗军武，刘春林，等．茶树 RAPD 分析体系的优化［J］．生命科学研究，2002，6（2）：179－182．

［75］罗军武．茶树种质资源遗传亲缘关系及分类的 RAPD 分析［D］．长沙：湖南农业大学，2001：18－19．

［76］谭和平，余桂容，徐利远，等．茶树基因组 DNA 提纯与 RAPD 反应系统建立［J］．西南农业学报，2014，14（1）：99－101．

［77］李远华，江昌俊，宛晓春．茶树咖啡碱合成酶基因 mRNA 表达的研究［J］．茶叶科学，2004，24（1）：23－28．

［78］关鹤，赵泓，云兴福，等．基因组原位杂交技术在植物研究中的应用［J］．分子植物育种，2006，43（3）：99－105．

［79］陈绍荣，杨弘远．原位杂交技术及其在植物基因表达研究中的应用［J］．武汉植物学研究，2000，18（1）：57－63．

［80］吴刚，崔海瑞，夏英武．原位杂交技术在植物遗传育种上的应用［J］．植物学通报，1999，16（6）：625－630．

［81］关鹤，赵泓，云兴福，等．基因组原位杂交技术在植物研究中的应用［J］．分子植物育种，2006，4（3）：99－105．

［82］王燕，陈清，陈涛，等．基因组原位杂交技术及其在园艺植物基因组研究中的应用［J］．西北植物学报，2017，37（10）：2087－2096．

［83］李洁，于明，邴杰，等．RNA 原位杂交技术在玉米研究中的应用［J］．植物生理学报，2015，51（12）：2280－2286．

［84］赵丽萍，高其康，陈亮，等．茶树基因芯片的研制和初步应用［J］．茶叶科学 2006，26（3）：166－170．

［85］马春雷，姚明哲，陈亮，等．利用基因芯片筛选茶树芽叶紫化相关基因［J］．茶叶科学，2011，31（1）：59－65．

［86］李劲平．使用基因芯片时应注意的几个问题［J］．生物技术通讯，2001，2

（4）：332.

[87] 于凤池. 基因芯片技术及其在植物研究中的应用 [J]. 中国农学通报2009，25（6）：64 – 65.

[88] 许志茹，李玉花. 基因芯片技术在植物研究中的应用 [J]. 生物技术，2004，14（7）：70 – 72.

[89] RAMSAY R. DNA chips：state – of – the – art [J]. Nat Biotechnol，1998，16（1）：40 – 44.

[90] SEKI M，NARUSAKA M，ABE H，et al. Monitoring the expression pattern of 1300 Arabidopsis genes under draught and cold stresses by using a full – length cDNA microarray [J]. The Plant Cell，2001，13：61 – 72.

[91] NARUSAKA Y，NARUSAKA M，SEKI M，et al. The cDNA microarray analysis using an Arabidopsis PAD3 mutant reveals the expression profiles and classification of genes induced by Alternaria brassicicola attack [J]. Plant and Physiology，2003，44：377 – 387.

[92] 逯斌，林兵. 一种改良的植物蛋白质双向电泳方法 [J]. 生物化学与生物物理进展，1989，16（6）：480 – 481.

[93] 魏磊，丁毅，胡耀军，等. 紫稻细胞雄性不育系叶片全蛋白质双向电泳分析 [J]. 遗传学报，2002，29（8）：696 – 699.

[94] 陈伟，黄春梅，吕柳新. 顽拗植物荔枝蛋白质双向电泳的改良方法 [J]. 福建农业大学学报，1999，6（2）：142 – 145.

[95] 林金科，郑金贵，袁明，等. 茶树蛋白质提取及双向电泳的改良方法 [J]. 茶叶科学，2003，23（1）：16 – 20.

[96] 何瑞锋，丁毅，张剑锋，等. 植物叶片蛋白质双向电泳技术的改进与优化 [J]. 遗传，2000，22（5）：319 – 321.

[97] 陈晶瑜，郭宝峰，何付丽，等. 适合双向电泳的植物全蛋白提取方法比较 [J]. 中国农学通报，2010，26（23）：97 – 100.

[98] 彭存智，李蕾，刘志昕. 红树叶蛋白质样品制备方法的比较及其双向电泳分析 [J]. 热带生物学报，2010，1（1）：12 – 16.

[99] MALDONADO A M，ECHEVARRÍA – ZOME O S，BAPTISTE S J，et al. Evaluation of three different protocols of protein extraction for *Arabidopsis thaliana* leaf proteome analysis by two – dimensional electrophoresis [J]. Journal of Protemics，2008，71：461 – 472.

[100] WEI W，RITA V，MONICA S，et al. A universal and rapid protocol for protein extraction from recalcitrant plant tissues for proteomic analysis [J]. Electrophoresis，2006，27：2782 – 2786.

[101] 李远华. 茶叶生物技术 [M]. 北京：中国轻工业出版社，2017.

第九章　茶叶机械实验

实 验 一　茶叶采茶机与修剪机的操作

一、引言

作为劳动密集型的茶产业，茶叶修剪、采摘和茶叶加工生产季节性强，生产期集中、周期短，劳动强度大。茶叶采摘与修剪是茶叶生产过程中用工最多的一项田间作业，其用工量一般占全年茶园管理用工的 75% 以上。使用采茶机、修剪机，不仅能提高工效、降低成本，适时采摘与修剪，还能保证品质稳定。目前我国生产的采茶机类型很多，从大的类型来分，有单人采茶机和双人采茶机，均属于切割式采茶机。实现机械化采茶就要保证树冠整齐，采摘面理想。因此对茶树进行合理修剪是十分必要的。目前我国茶树修剪机的种类繁多，有单人的，也有双人的；切割器有平形的，也有弧形的，但大部分都是采用双动刀片往复切割式的；动力有汽油机的，也有蓄电池电动机的，但大多数都是汽油机的。

二、内容说明

1. 采茶机

（1）单人采茶机　单人采茶机由背负动力、软轴组件、采茶机头及集叶袋四个部分组成。

①背负动力：由汽油机、背负架、减振垫和背带等部分组成。汽油机有国产型和进口型，由飞快摩擦式离合器输出，背负架由圆钢弯制并镀铬；减振垫用海绵与人造革制成，背负时贴附于操作者背上，以减轻劳动强度。

②软轴组件：由软轴和软管组成。软管是用来支承和固定软轴的，软轴两端用螺纹和半圆插头分别与机头减速器蜗杆和动力离合器输出从动轴连接，把动力由汽油机传给采茶机机头。

③采茶机头：由减速箱、切割器、风机、机架及集叶袋等组成。减速箱为蜗杆涡轮传动，涡轮轴下端装有双偏心轮，通过两套连杆带动上、下刀片作相对往复运动；在蜗杆一端（另一端与软轴连接）装有传动齿轮，经齿轮传动、V 带传动驱动风机。切割器是采茶机的关键工作部件，由上下刀片及压刃板组成，刀片用 T8 钢材经机械加

工、热处理制成，韧性好，切割锋利。上下刀片用螺钉与压刃板连接，刀片间隙（0.2mm）可用螺钉螺母来松紧。在压刃板盖板上有三个加油孔，加入机油润滑上下刀片，以减少磨损和功率消耗。风机产生一定风压的风量，及时把切割下的茶芽到集叶袋。

④集叶袋：集叶袋是用轻、薄、耐磨的尼龙布纱网制成，靠近采茶机附近的上方装有尼龙纱网，便于集叶袋中气流分压。

（2）双人抬式采茶机　双人采茶机由汽油机、风机风管、减速机构（离合器）、偏心轮箱体与切割器、机架五部分组成。

①汽油机：双人采茶机选用单缸风冷二行程汽油机，旋向与通用汽油机相反，顺时针旋转（从输出端看），这是为驱动集叶风机的需要，输出轴轴上直接装有风机叶轮。汽油机和急停开关按钮位于副机手位置，汽油机油门手柄和主开关按钮位于主机手位置。

②风机风管：风机由汽油机直接驱动，产生适量的风压和风量的气流，通过总风管均匀分配各处支管，及时干净地收集切割器切割下的茶芽并送入集叶袋，风机的压力为 1863.3Pa，风量为 $0.6m^3/s$ 左右。

③减速机构（离合器）：由三角皮带和张紧轮组成，离合器操作手柄位于主机手位置。它分为两级，第一级为 V 带传动，减速比为 2，主动带轮与风机轮连成一体，V 带传动装置有张紧轮，起离合器作用；第二级是闭式齿轮传动，由一对圆柱齿轮组成，减速比为 2。

④偏心轮箱体与切割器：动力经二级减速后传动偏心轴，经滑块（曲柄滑块机构）和框架（代替连杆销），将偏心轴的旋转运动变成了刀片往复运动，使切割器的上、下刀片做相对往复运动。偏心轮轴上有两个偏心轮，偏心距 8.75mm，刀片厚 2mm，用 65Mn 钢制成。

⑤机架：是安装汽油机、风机风管、减速机构和切割器的基础件，由左右拌板、压刃板、导叶板、助导板、纵横梁及主、副操作手板组成。在整个机架组件中，除压刃板是钢制外件，所有零件都由防锈铝、镁合金板和管材制成，重量轻，外形美观。偏心轮箱体和压刃板用螺钉固紧于左右拌板上，弧形刀片与刀片螺钉、弧形压刃板连接，刀片上开有长槽，可沿弧形压刃板做往复运动。刀片螺钉用锁止螺母固紧，可以调整刀片间隙和紧固。主、副两操作手柄偏心紧固器和伸缩涨套与机架纵梁连接，可依照茶园地形、行距、蓬面高低和操作手身材调节两手柄向间距、高低，到最佳操作位置。机架主操作手一端手柄上装有两只控制汽油机油门和传动 V 带张紧轮的小手柄。一般是先加大油门，使汽油机加速到工作转速（4000～5000r/min）后，再拨动张紧轮压紧 V 带，切割机工作；反之工作停止。

⑥集叶袋：除以上五部分外，另有集叶袋，同单人采茶机材质一样，靠近采茶机附近的上方装有尼龙纱网，以排气。采茶机工作时，将集叶袋（有松紧带）挂于机架的挂钩上，袋口下部夹于导叶板与助导板之间，防止漏叶。导叶板的作用是使采摘下的茶芽能顺利进入集叶袋。助导板的作用是使整个采茶机滑行于已采过的蓬面上，控制采摘面高低和支承部分机器重量，以减轻操作者的劳动强度。

2. 修剪机

茶树修剪机基本采用双动刀片往复切割原理，依靠上下刀片作相对往复运动来切割茶树枝条。切割器除双人弧形修剪机为弧形外，基本以平形为主。修剪机由汽油机、减速箱、切割器、机架和手柄等组成。

（1）汽油机　采用二行程风冷膜片式汽油机，功率为 0.8kW（单人）和 1.2kW（双人）。适合多角度下工作，具有低油耗、高输出、运转稳定、耐用性强等优点。飞块摩擦式离合器输出，利用油门控制切割器的工作和停止。当加大油门时，汽油机转速上升，离合器飞块因离心力与从动盘结合，将动力传递给减速箱，通过曲柄连杆机构驱动切割器工作；当关小油门时，汽油机转速下降，离合器飞块因弹簧拉力与从动盘分离，切割器工作停止。

（2）减速箱　减速箱齿轮与偏心机构设计在同一箱体内，通过一级齿轮减速，动力传到偏心机构，偏心机构上有偏心方向为 180° 的双凸台，带动双曲柄连杆驱动上、下刀片做相对往复运动。

（3）切割器　它是修剪机的核心部件，关系到机器质量和使用寿命。

（4）机架　它是切割器的支撑和固定装置，防锈铝合金机架质量轻、强度高。茶树单人修剪机机架呈平形，双人修剪机架呈弧形。单人茶树修剪机手柄结构简单，依靠橡胶减振圈与汽油机和减速箱连接。双人茶树修剪机有主、副两手柄，它们与机架连接，用端面齿结构调节与固紧，手柄处用海绵垫减振。

三、实验原理

采茶机主要通过汽油机动力经减速后传动偏心轴，经滑块（曲柄滑块机构）和框架将偏心轴的旋转运动变成刀片的往复运动，使切割器的上、下刀片做相对往复运动，从而利用刀片快速切割茶叶，通过集叶风管（也有用翻转的拨叶板进行推送茶叶进袋）的风力将切割断的茶叶吹进集叶袋中。茶树修剪机刀片运动原理类似采茶机、无风机。

四、实验目的

了解采茶机和茶树修剪机的基本结构，掌握采茶机和茶树修剪机的启动、运行、换行、停机、卸叶、保养等基本操作，熟悉修剪机、采茶机的工作原理及安全注意事项。对操作规范和采茶、修剪质量进行考核。与人工手工采茶、手工修剪进行效率、效果的综合对比。

五、材料与设备

1. 材料

套筒扳手、机油枪、黄油枪、卷尺、计时器、火花塞、汽油、二行程汽油机机油、黄油、擦布等。

2. 设备

单人采茶机、双人抬式采茶机；手动修剪刀、单人修剪机、双人修剪机。

六、方法与步骤

1. 使用前准备工作（以双人采茶机为例）

（1）检查　先检查各零部件有无松动，机件有否变形、化油器透明按钮是否破损等。

（2）装集叶袋　将集叶袋挂于机架的挂钩上，扣眼对准中间的挂钩，袋口下部夹于导叶板与助导板之间，使滤风朝上。

（3）调节操作手柄　松开主、副操作手柄的偏心紧固器和伸缩涨套，调整好手柄的最佳位置，再将其锁紧。

2. 操作使用

（1）严格按比例配制、使用混合燃油　新机使用 20h 内，汽油与机油的混合体积比是 20∶1，以后调至 25∶1，混合油要现配现用，不能长时间存放。

（2）启动程序　先往油箱中加注配制好的混合油，锁紧油箱开关。启动前反复按压化油器透明按钮，直至回油管无气泡充满混合油，离合器手柄放在"分离"位置，油门中小开度，阻风门关闭 2/3，拉动起动绳起动。

（3）工作运行　起动后，慢慢全打开阻风门，怠速（低速）运转 2～3min，然后逐渐开大油门。采茶作业时，将离合手柄放在"接合"位置，同时将油门手柄置于 3/5 开度，汽油机转速控制在 4000～5000r/min，这时刀片往复频率约 900 次/分。

行走方法是："主机手在前后退走，副机手在后前进走"。行走速度必须均匀，不可忽快忽慢。步速均匀，控制在 0.5～0.6m/s。为保证采摘质量，便于操作者行走，机子与茶行成 15～20° 夹角。1m 以下宽度的幼龄茶园，一次性完成采摘；1m 以上宽度的成龄茶园，来回两次完成采摘；先采靠近主机手一侧的半个蓬面，以便使汽油机远离副机手，减少噪音和废气的污染。

（4）换行、出叶　在转弯换行、采茶机出叶时，关小油门，放松离合器，使刀片停止运转，以保证人身安全，并可节省燃料。特别提醒，如果在机器运行时，刀片突然被粗枝条卡住一时无法取下时，应先停机后慢慢处理，切记不可直接在未停机下伸手处理。

（5）关停　停车时，关小油门，使汽油机低速运转 2～3min，按熄火按钮停车，切忌在高速时使用停车按钮。

七、结果与讨论

（1）掌握采茶机和茶树修剪机的基本结构及区别。

（2）掌握采茶机、修剪机的开机前准备、起动、采茶作业的操作方法。

（3）比较人工与机器采茶、修剪的综合能效。

八、注意事项

（1）刀片每工作 1～2 小时加油一次；曲轴箱每天 1～2 次加黄油，更换润滑脂。

（2）单人采茶机每班工作前，应在软轴和半圆插销上涂上少量黄油，起润滑和散热作用。加油时，应防止机子上的橡胶件和塑料件与汽油、机油接触，以免老化变质。

（3）集叶风管维护　忌受压，杂物清除时取下风管末端的橡皮塞，然后起动汽油机，将风管中的杂物吹掉后，重新安装调整好并紧固。

（4）采茶机、修剪机的清洗　每日机采结束，清洗刀片上积沉的茶汁、茶垢。清洗时，将减速器一端抬高，以免水流入减速箱体，造成润滑油变质降低润滑性能。

（5）采茶机、修剪机的存放　切割器平放，不允许切割器上部放置重物或在下部垫塞物体，以免造成切割器变形或刀片间隙改变。

实 验 ② 鲜叶预处理设备的使用

子实验一　鲜叶脱水机的操作

（一）引言

在采茶季节，特别是春茶期，茶叶发芽生长迅速，但常常会碰到连续下雨等恶劣天气，导致无法采茶或茶鲜叶质量低下。为了尽可能提高茶鲜叶利用率和产量，需对进厂的雨水叶或露水叶进行脱水处理。脱水处理能提高茶鲜叶香气，改善滋味，同时便于后续工艺的开展，提高茶叶品质。

（二）内容说明

以 6CXTS－60 型鲜叶脱水机为例，鲜叶脱水机主要结构：转筒（内筒）、外筒、减振坐垫、刹车装置、电动机及开关等部件组成。

该机配备 220V、0.55kW 的电动机，生产率为 200～250kg/h。设备由电器开关控制运行和停车，电动机通过 V 带驱动脱水桶的芯轴转动，由刹车装置使转筒克服惯性，快速停车。转筒是工作的主要部件，是高速回转体。其转筒直接为 600mm，由冲孔板制成，并与芯轴固定，电机启动后，带动脱水桶以 750r/min 速度高速旋转，鲜叶表面水在离心力作用下，被脱离脱水桶外，经外筒底部的出水口及管道流出，完成脱水。刹车装置的作用是制动脱水桶，当电机停止运转时，扳动离合器的手柄，制动片对主轴产生阻力，减少停车时间，提高生产率。

该机采用高速离心原理，因此平衡问题是能否正常工作的关键，安装时要保证整机水平度。工作时，投入的鲜叶要解团松散，以减少机械振动，提高脱水效果。

（三）实验原理

鲜叶脱水机能够将清洗的鲜叶或雨水叶、露水叶进行快速脱水处理。鲜叶脱水机工作原理：采用离心法，类似于洗衣机的脱水装置，雨水青叶在转筒内经高速旋转，在离心力作用下，快速将鲜叶表面附着的水分脱去。

（四）实验目的

在鲜叶验收时，往往遇到露水叶和雨水叶，这些表面水给正确计算鲜叶质量带来困难。因此，必须通过表面水分的测定，以计算鲜叶的实际质量。通过对鲜叶脱水机的原理、结构、使用方法、注意事项和维护保养等内容掌握，初步学会鲜叶脱水，以便后期工艺加工。

（五）材料与设备

1. 材料

不同等级的雨水青鲜叶若干、电子秤。

2. 设备

鲜叶脱水机。

（六）方法与步骤

1. 使用前准备工作

（1）加润滑油时，刹车装置不可加油。

（2）特别检查刹车是否灵活。

2. 操作使用

（1）将待脱水的鲜叶装入厚布袋后称量（m_1），并放脱水桶中，每袋装叶量 20kg 左右。脱水用的袋子应大于脱水桶直径，以便使茶叶紧贴桶壁。

（2）启动机器，脱水机运转 2～3min 后停机，停止电动机转动，待脱水桶速度降低后，扳动离合器，让脱水桶完全停止。切不可用力急刹，以免损坏机器。

（3）取出厚布袋后称量（m_2），倒出鲜叶，进行随后的工序处理。

（4）用完设备，进行卫生清理。

（5）鲜叶脱水率按式 9－1 计算：

$$鲜叶脱水率/\% = \frac{脱水前质量（m_1）- 脱水后质量（m_2）}{脱水前质量（m_1）} \times 100 \qquad (9-1)$$

（七）结果与讨论

（1）记录实验所见识茶机的型号名称、原理、结构及主要参数。

（2）学会开机运转，掌握所认识茶机的正确操作方法、操作顺序及使用保养技术。

（3）计算不同等级鲜叶原料的脱水率，并进行比较和分析。

（八）注意事项

鲜叶脱水机常见故障及解决方法见表 9－1。

表 9－1　　　　　　　　鲜叶脱水机常见故障及解决方法

序号	常见故障	故障原因	解决方法
1	脱水桶旋转速度降低	传动 V 带伸长或磨损	调节电动机与芯轴之间的距离或更换 V 带（不能新旧混用）
2	脱水桶噪声大，摇晃严重	机器机座不水平；主轴轴承磨损；茶叶填装不均匀	检查水平；更换轴承；均匀填装茶叶

子实验二　鲜叶分级机的操作

（一）引言

随着人力的缺乏及效率限制，越来越多的茶企茶农采用采茶机采茶，而采茶机采茶势必存在鲜叶等级参差不齐情况。为此，需对鲜叶原料进行适当分级分别付制，以便于加工工艺的控制及产品质量的统一。

（二）内容说明

以 6CFJ－70 型鲜叶分级机为例。鲜叶分级机主要由进料口、滚筒筛、电动机、托轮、机架组成。滚筒筛采用竹篾编成，呈锥桶形，长 1200mm，用 4 条加强筋强化滚筒筛的强度。进口端直径为 300mm，为传动端，铸铁外圈与滚筒筛连成一体；出口直径 700mm，用钢质十字架支撑筛圈，十字架中心为一短轴，安装在机架一边的轴承座上；筛子沿长度方向分为两个孔径区，靠进口的一段为 15mm×15mm，靠出口的一段为 20mm×20mm（孔径可按茶叶原料情况定制）；机架由角钢焊成，机架一端安装两只托轮，另一端安装轴承座。滚筒筛进口端安放在托轮上，减速电机通过链传动，驱动托轮转动。托轮靠摩擦力带动滚筒筛转动，为了增加摩擦力，通常要安装一只压紧轮。该机配备 220V、0.37kW 的电动机，生产率为 100kg/h，筛子的转速为 15～22r/min。

鲜叶从进料口端投入滑进滚筒筛，滚筒筛匀速转动，带动茶叶在筒内爬升，茶叶在重力作用下向下翻滚，细小的茶芽叶或碎茶片从前端小网眼中落下，为第一级分选；不能落下的茶叶随着筛体的转动，沿筛体的斜面前进，进入到大孔径区段，较大尺寸的鲜叶从此区段孔中下落，进行第二级分选；更大的茶叶从出口排出，故总共可以分出三级原料等级。

（三）实验原理

鲜叶分级主要采用物理方法，根据不同嫩度的鲜叶尺寸不同、重量不同的原理来分离茶叶。鲜叶分级一般采用圆筒筛进行分级。

（四）实验目的

衡量制茶原料质量的好坏，主要看其嫩度、新鲜度、匀度和净度等方面，其中以嫩度、新鲜度为主要指标。评定鲜叶品质的指标一般采用芽叶的组成比例，即计算鲜叶芽叶组成各分的百分数和相对重量。一般来说，含细嫩芽叶的百分数越高，鲜叶品质越好。通过对鲜叶分级机的原理、结构、使用方法、注意事项和维护保养等内容掌握，学会快速评定鲜叶嫩度和新鲜度的方法，并掌握原料验收和等级划分。

（五）材料与设备

1. 材料

不同品种鲜叶不同等级的鲜叶若干、天平、钢精盒、剪刀、镊子、篾盘。

2. 设备

鲜叶分级机。

（六）方法与步骤

1. 使用前准备工作

（1）检查滚筒筛是否破损、完整。

（2）托轮与轴套间切忌加润滑油（脂），以免污染茶鲜叶。

2. 操作使用

（1）启动机器，正常运行。

（2）先对总投叶量进行称量（m）记录，便于后期计算。鲜叶均匀从进料口投叶。投叶不宜过多，否则茶叶在筛体内会堆积成团，太多或太少的流量都会影响正常的分级效果。

（3）及时收走分级好的鲜叶，不要让鲜叶堆积在分级筛下面，以免发热，并对不同分级原料进行称量（m_1、m_2、m_3），最后进行鲜叶分级比例换算。

（4）分级好的鲜叶要及时付制，否则会有红变现象发生。

（5）工作结束，及时清理挂筛鲜叶，保证卫生清洁。

（七）结果与讨论

（1）记录实验所见识茶机的型号名称、原理、结构及主要参数。

（2）学会开机运转，掌握所认识茶机的正确操作方法、操作顺序及使用保养技术。

（3）计算鲜叶机械分级比例，并试分析鲜叶原料与分级机之间的影响关系。

（八）注意事项

鲜叶分级机常见故障及解决方法见表9-2。

表9-2 　　　　　　　　　　　　　鲜叶分级机常见故障及解决方法

序号	常见故障	原因	解决方法
1	滚筒筛转速较低	摩擦力不够；摩擦圈和托轮上有油类	调整紧压轮；清除油污，再用沙皮打磨
2	分级不均匀	投叶量不均匀；孔筛变形或破损	均匀投叶；调整筛孔，修护或更换滚筒筛
3	滚筒筛不转	传动链卡死或断裂；摩擦轮处于完全打滑状态	重置传动链或更换链条；清除油污

子实验三　贮青设备的使用

（一）引言

鲜叶进厂后要尽快付制，如果遇到鲜叶洪峰期或设备故障等其他种种原因不能及时付制的，必须进行合理的贮青。在鲜叶摊放储存过程中，为了保证新鲜度，主要保证鲜叶原料完好无损和降低温度，做到不损坏、不发热、不红边。

（二）内容说明

一般鲜叶贮青设备包括贮青槽、网架式贮青设备、网带式贮青机、车式贮青设备等。

1. 贮青槽

贮青槽由槽体、通风板、风机等组成，采用机械通风方式进行贮青。

（1）槽体　槽体起通风道的作用，空气通过槽体向上输送至叶层。在贮青间内，向地下挖一条矩形通风道（即贮青槽），通风道两侧和底面用水泥粉刷。槽底坡度为1%~2%，前部深，后部浅，其作用是使槽体内各点的风压相等。根据鲜叶贮量的多少，可以几条贮青槽并列，间距400mm。

（2）通风板　用于摊放鲜叶。通常采用厚度为 2 ~ 3mm 的金属冲孔板，孔径为 2mm，孔面积约为板面积的 1/3，通风板覆盖于槽面上。

（3）通风机　用于为空气提供动力，克服贮青叶层的阻力，并以一定的速度流动。贮青设备采用低压轴流通风机。将轴流风机安装在风机室内，空气通过斜向下弯的弯形管道，透过通风板均匀地吹向叶层。风机室与贮青间分开，并与外界保持良好的通风条件。

（4）风管　风管用于连接贮青槽体与轴流通风机，为一个渐变管，一端方形与槽体相接。另一端圆形与风机相接。风管的长度应大于 1.5m，以保证气流平稳流动。为控制和调节的需要，通常在风管上设置测量孔和阀门。

（5）时间继电器　用于间歇控制风机的启闭，间断通风，以适应不同摊叶量对不同风量的需要，避免因风量太大而使鲜叶萎凋。一般开始时连续通风 1.5 ~ 2h，待叶温降至室温后，进行间歇通风，即每通风 20min，停 40min，依此循环反复。

（6）超声波加湿器　用于增加空气相对湿度。采用超声波高频振荡，将水雾化为超微粒子，通过风扇将水雾扩散到空气中，湿润空气。超声波加湿具有加湿强度大、加湿均匀、加湿效率高、节能省电、使用寿命长等特点。

2. 网架式贮青设备

网架式贮青设备主要由支架、摊叶网盘等部分组成。

（1）支架　用于放置摊叶网盘，一般可放 5 ~ 8 层网盘，每层高度 300 ~ 400mm。支架可用木料或不锈钢金属材料制成。

（2）网盘　用于摊放鲜叶。网盘边框一般用木料制成，底部为不锈钢丝网或竹编，深度约 150mm，网盘为抽屉式，可自由推进和拉出，便于上叶和出叶。

可在贮青间内安装空调和通风设备，控制贮青间的温湿度，保证贮青质量。这种贮青设备结构简单、投资少、易于操作，在名优茶加工中应用较广。

3. 网带式贮青机

网带式贮青机主要由上料输送装置、箱体、送风加湿装置、电气自动控制系统等组成。该贮青机性能特点是实现贮青作业的机械化和连续化，节约劳动力，贮青量大，采用空调控制贮青温度，但设备成本较高。

4. 车式贮青设备

车式贮青设备由贮青小车、鼓风机、通风管等组成，具有结构简单，操作灵活的特点，常见于日本的绿茶贮青。

（1）贮青小车　车箱底部为冲孔钢板，板下设有风室，风室前后装有风管可与风机或其他小车风管相连。

（2）风机与通风管　两者均装于贮青小车上，风机吹出空气通过风管，进入串联起来的风室，透过金属冲孔板均匀进入叶层，吹散水汽，降低叶温。

（三）实验原理

贮青的影响因素主要有温度、相对湿度、通风条件和贮青时间。因此，采用机械通风贮青技术，通入低温潮湿的新鲜空气，降低鲜叶叶层的空气温度，提高空气相对湿度，稀释 CO_2 浓度，延缓鲜叶呼吸消耗，保持鲜叶新鲜度。

（四）实验目的

鲜叶从茶树上采摘下来后，到付制加工前，需要经过装盛运输、验收分级、摊放贮存等一系列过程，因此，如何在付制前保持加工工艺所需原料的质量尤为重要，通过本实验，要求正确掌握鲜叶原料的摊放贮存操作技术。

（五）材料与设备

1. 材料

鲜叶原料若干、竹筛、温湿度计、电子秤等。

2. 设备

贮青槽（槽式、车式）。

（六）方法与步骤（以车式贮青设备为例）

1. 使用前准备

检查风机通电情况、保证卫生清洁。

2. 操作使用

（1）铺设不同面积、不同厚度、不同位置的鲜叶原料堆块并记录各自原始质量（m），观察记录鲜叶贮青前叶态指标（新鲜度、均匀度、叶温、叶色、叶质、香气等），启动贮青设备风机。

（2）观察记录不同贮青时间下、各贮青茶堆叶态指标变化情况，并称量记录，计算鲜叶减重率，熟练掌握贮青技术。

（3）对不同贮青鲜叶付制加工，对比品质，总结贮青对茶叶品质的影响。

（七）结果与讨论

（1）掌握贮青槽的组成与设计。

（2）完成贮青实验设计与结果分析。

（3）掌握好贮青环境温湿度、通风时间、风量、摊叶厚度、摊青时间等贮青技术。

（八）注意事项

贮青设备维护主要是要保持贮青设备清洁和通风系统通畅。贮青完成后要及时青春设备上挂钩叶子，防止鲜叶发生变质而影响下次贮青品质。保持通风系统通畅，减少通风阻力，及时清楚通风道或通风孔的异物，保证吹入空气新鲜干净。常见故障及解决方法见表9-3。

表9-3　　　　　　　　　　　　贮青设备常见故障及解决方法

序号	常见故障	原因	解决方法
1	贮青叶失水不均匀	槽底坡度设计或建造不当、风管长度不够、槽面摊叶不均匀而有漏洞	调整贮青槽坡度角度，保证风力均匀
2	失水过快	摊叶厚度太薄；通风过大；时间过长	调整摊叶厚度；匹配合适风量的风机；控制贮青时间
3	茶叶堆温过高，出现酵味	摊叶太厚；风机匹配过小	适当摊薄茶堆；匹配更大风机

实 验 三 茶叶萎凋设备的使用

一、引言

萎凋是红茶、乌龙茶、白茶初加工的第一道工序。萎凋过程受温度、湿度、通风状况、光照、氧气等因素影响。特别是阴雨天气等环境条件无法满足萎凋工艺要求时，需要有专门的萎凋设备来处理。生产上常采用的萎凋形式有日光萎凋、热风萎凋、室内自然萎凋、复式萎凋等。这里主要介绍最常见的热风萎凋槽，一般其结构简单、造价低、操作方便，但热效率较低。

二、内容说明

萎凋槽萎凋系统包括槽体、萎凋帘架、热源、通风机、排湿装置等。

1. 槽体

槽体一般用砖砌成，或用木板或铁板制成。槽体前部为连接通风机的喇叭形风管，连接着倾斜的槽底，两侧垂直成槽壁，形成槽体。为了保证整个槽面能通风受热均匀，槽底须有一定的倾斜度，通常在进风口60cm内做成18°的斜坡，之后的部分做成3°~4°的斜坡。

2. 萎凋帘架

萎凋帘一般用金属丝网或尼龙丝网织成，简易的萎凋帘可用竹片做成。

3. 热源

萎凋时，鲜叶内水分的蒸发需要热空气。萎凋槽的热空气来源有以下四种形式。利用烘干机的废气余热、原煤热风发生炉、蒸汽散热器、电热管。其中电热管控温稳定，清洁干净。目前市面应用较多，其外壳用金属制作，管中放有电阻丝或电热管作发热元件，其空隙部分紧密填充具有良好绝缘性能和导热性能的结晶氧化镁。当发热元件接通电源即产生热量，再以空气作为介质进行热交换，热空气由轴流风机压入萎凋槽底，送入进入叶层，即达到萎凋的效果。现在基本可以用控温器设定所需温度后自动控制加热元件。

4. 低压轴流通风机

低压轴流通风机向萎凋槽提供一定风量和风压的空气，用来提高鲜叶与空气之间的湿热交换效率，散发叶层的水蒸气。

5. 排湿装置

及时排出萎凋车间内的潮湿空气，提高萎凋的效率。排湿装置有自然对流排湿和机械排湿两种。自然对流排湿是在萎凋车间设置气楼或天窗进行自然对流排湿，机械排湿是利用设在萎凋车间天窗处的若干台排风机进行间歇式强制排湿。

三、实验原理

萎凋指将鲜叶薄摊于"温、湿、风、光"适宜的环境条件下，使叶温升高并保持在一定温度内，叶内水分适度蒸发，鲜叶内含物自体分解作用逐渐加强，发生一系列色、香、味、形变化的过程。

四、实验目的

通过对萎凋设备的了解，更好地掌握萎凋工艺。

五、材料与设备

1. 材料

鲜叶、温湿度计、水筛等。

2. 设备

热风萎凋槽。

六、方法与步骤

1. 使用前准备工作

萎凋作业开始前，先将萎凋槽底的残留茶叶清理干净，再将萎凋帘摊放在搁条上。

2. 操作使用

（1）将鲜叶按一定的厚度均匀地摊于萎凋帘上。不可使叶层中留有空间，摊放厚度 18～20cm。

（2）开启热源，当达到要求温度时，开通风机，若有飘叶现象，可用手铺平。

（3）根据萎凋工艺要求，随时检查热风管和萎凋槽上的温度表，温度过高或过低，可通过百叶冷风门的开度来调节，若仍不达要求时，可降低或升高热源温度。

（4）根据萎凋工艺所规定的时间，翻拌萎凋叶，使萎凋均匀。

（5）槽萎凋作业完成后，及时做好清理和清洁工作。

七、结果与讨论

（1）掌握萎凋槽的结构，并分析可能造成萎凋不均匀的原因。

（2）试比较自然萎凋与热风萎凋优缺点。

八、注意事项

（1）时常检查电动机和鼓风机的轴承温升，若有过热现象，必须停止使用，待故障排除后方可继续工作。检查热空气发生炉的炉管和炉膛各部分有否烧裂，若发现，必须立即修补或调换。

（2）茶季结束后，对电动机、热空气发生炉、通风机进行全面检查。调换或修补烧裂的炉管、炉条、和炉壁。

（3）拆洗电动机和鼓风机的轴承，若遇到有深沟球或座圈坏者必须更换，并添加滑油。萎凋槽和萎凋帘若有损坏应修补。萎凋帘要卷好以便保管，以便下个茶季使用。

实 验 ④ 茶叶做青设备的使用

一、引言

在乌龙茶初加工过程中，做青是形成乌龙茶独特品质的关键工序。做青过程就是对萎凋叶采取摇青与晾青反复交替的工艺过程。做青包括摇青和晾青，其中以摇青为主要工序。目前的摇青方法有多种：手工旋转摇青、手工往复摇青以及摇青机摇青。手工摇青便于观察把控质量，但工效低、劳动强度大，难以适应大批量生产；摇青机摇青生产率高、劳动强度低，是茶区广泛使用的摇青方法。根据摇青和晾青的机械化程度，做青分为摇晾分置式和摇晾一体式两种方式。

1. 摇晾分置式做青

闽南乌龙茶、广东凤凰单丛、台湾冻顶乌龙等一般采用这种做青方式。对摇青与晾青两个工序在时间和空间上隔开。先利用摇青机对茶青进行摇青，再将茶青转移到晾青架上晾青。该做青方式工艺精细，灵活性和适应性较强，青叶通风条件好，但所占空间较大，机械化程度较低，传统人工搬运茶青劳动强度大，而且需要建造空调做青间。常见为竹木编制的竹笼滚筒摇青机，包括单转速摇青机、无级变速摇青机。因无级变速摇青机可根据不同阶段工艺调整转速高低而更被茶农选用。

2. 摇晾一体式做青

闽北乌龙茶、武夷岩茶普遍采用这种做青方式。对摇青与晾青两个工序仅在时间上隔开，空间不隔开，即摇青与晾青同时在做青机内进行。这种做青方式机械化程度高，占地面积小，便于局部调控做青环境，但青叶的通风性较差。一般常用综合做青机。

二、内容说明

1. 无级变速摇青机

无级变速摇青机可根据不同阶段的做青要求调节转速高低，构造由竹编滚筒、传动轴、机架、传动机构、电磁调速电动机、控制箱、时间继电器、报警器等组成。

（1）滚筒　用8mm宽的竹篾编织成网眼圆笼，长2000~3000mm，直径为800~1000mm。笼外壁沿轴向有8条木质骨架，径向有7~9条宽40mm、厚3mm的竹片箍紧，用来支护竹笼。笼体两端用十字撑固定，并与传动轴连接。在笼体的其中两条相邻骨架之间开有与竹笼等曲率、与筒体等长的竹编进出茶门，门关闭时摇青，开启时出茶、投叶。

（2）传动轴　一般为通轴式，整根轴贯穿于滚筒，传动轴两端的力矩通过辐条传给滚筒，使其转动，强度和刚度较好。

（3）机架　机架用木条和角钢制作，起支撑和固定作用。

（4）传动机构　一般是1台电动机带动一个或两个滚筒，功率为1.1~1.5kW，传动装置置于两个滚筒之间，电动机通过V带、蜗轮蜗杆、V带3级减速后带动滚筒旋转，无级变速式摇青机采用直流电动机或电磁调速电动机拖动，转速可在 6~16r/min 范围内任意调节，动力传动线路：电机→三角皮带→蜗轮蜗杆→链→竹编滚筒。随做青时间的推移其转速逐渐提高，以获取最佳摇青力。

（5）操作与控制装置 操作部件由闸刀开关，牙嵌离合器、操纵杆等部分组成。通过操纵杆控制滚筒的动力啮合和分离；加装摇青时间定时器的无级变速锯青机，则摇青时间可以利用时间继电器调节和自控，时间调控范围为 0~60min，到时可自动停机，报警器发出信号。

2. 综合做青机

综合做青机具有萎凋、摇青、晾青等多种功能。综合做青机可实现"温""湿""风""力"可调。能局部调节滚筒内的做青温、湿度和空气流量，适应不同季节、不同气候对做青环境的要求，通过提高做青温度，缩短做青时间，提高工效；滚筒转速可无级变速或两级可调，可适应不同品种、不同鲜叶嫩度以及不同的做青进程对摇青力变化的要求；做青机配以电子开关或可编程控制器，选择最佳工艺流程运转，实现乌龙茶做青的机械化和自动化。

做青机由滚筒、电磁调速电动机、通风管、风机、加热装置、传动装置、机架等组成。

（1）滚筒 按滚筒直径分为 90 型、100 型、110 型、120 型四种。滚筒容叶量 100~250kg。滚筒材料由厚度 0.8mm 的冲孔镀锌板围成。滚筒壁设一进茶门，端面设一出茶门。滚筒内壁钉有木质直线导叶板，起翻叶和促进出叶的作用。滚筒转速一般为 8~16r/min，由 2.2kW 的电磁调速电动机或双级三相异步电动机驱动。

（2）进气通风系统 用于做青机的强制通风。由离心风机、通风管等组成，通风管设在滚筒的中心线上，由冲孔镀锌板卷成，直径 260mm。

（3）加热装置 用于加热空气，提供萎凋和做青所需的热量。目前有炭炉加热和电加热两种。传统型做青机采用炭炉加热，简单易行，经济实用，但木炭燃烧的炉气和炭粒进入青叶，影响茶叶卫生质量；改进型做青机采用正温度系数（PTC）电加热或电热管加热，安全卫生，可实现自动控温。

（4）传动装置及机架 电动机通过蜗轮蜗杆传动和 V 带减速传动带动滚筒旋转，机架由角钢焊制而成，架上装有托轮组，支撑滚筒。

三、实验原理

青叶随着摇青机旋转而翻转，在滚筒体的摩擦力和导叶板作用下，青叶被带到一定高度后向下抛落，产生机械运动力，茶叶与筒壁、茶叶与茶叶之间产生轻微的摩擦碰撞，茶叶的叶缘细胞受到一定损伤，茶多酚适度酶促氧化，内含物质发生化学变化，香气逐渐形成，同时伴随青叶散发水分，进一步促进梗内水分及内含物向叶面输送，促进"走水"。

四、实验目的

掌握闽南、闽北乌龙茶做青设备的原理、基本结构、操作方法及注意事项等；通过对闽南、闽北乌龙茶做青设备的学习，进一步掌握两者做青工艺的不同点。

五、材料与设备

1. 材料

适制乌龙茶的萎凋叶、温湿度计、水筛等。

2. 设备

无级变速摇青机（闽南乌龙茶）、综合做青机（闽北乌龙茶）。

六、方法与步骤

1. 无级变速摇青机操作使用

（1）使用前对摇青机的竹编滚筒（即竹笼）进行防霉防蛀处理，以提高其使用寿命。

（2）进出茶门必须确认关紧后方可开机。

（3）电磁调速的摇青机转速不宜太低，最低限速为 6r/min，以延长电动机使用寿命。

（4）投叶量每笼 40~50kg，装叶高度一般以刚好盖过篷体中轴线为宜，依茶叶品种及等级的不同合理掌握，然后扣好进叶门。

（5）合上闸刀，让摇笼运转。摇青次数，转数及摊青时间，依季节，气候及茶叶品种而定，看青做青。

2. 综合做青机操作使用

（1）打开进茶门装叶　叶子的容装量以占滚筒容积的 70%~80% 为宜，以便使茶叶能在筒内翻动。装叶时应将茶叶抖散。叶子装好后将进茶门关紧。

（2）掌握好做青温度　如遇低温或阴雨天，可将加热炉生上火，并将炉子移近风机进风口，向通风管供送热风；当需要鼓冷风时，将炉子移开即可。

（3）做青时，要转动、鼓风、静置交替着进行，要"看青做青"。

（4）做青时滚筒正转　要出茶时先停机，待打开端盖后反转出茶。

（5）每次做青结束，要清理筒内余叶，方可进行下一次作业。

七、结果与讨论

（1）掌握闽南、闽北做青机的基本结构、工作原理及基本操作。

（2）结合做青工艺，解释两者设备的异同点。

八、注意事项

使用摇青机或做青机时，在启动前一定要确保进出茶门是关紧状态，否则一转动，容易将茶门卡坏或电机烧坏。

实 验 五 茶叶杀青机械的操作

子实验一 锅式杀青机的操作

（一）引言

锅式杀青是传统的杀青工艺，杀青质量较好，成品茶香味鲜爽，滋味浓烈。新中国成立前，我国手工制茶炒锅多采用柴、煤为能源，锅体大小、结构不一，所制茶叶烟、焦等现象严重，质量极不稳定。20 世纪 60 年代以来，随着远红外电炒锅的研发成功，我国许多名优茶手工加工质量得到了较为稳定的保障。目前，较常见的是电热炒茶锅（电炒锅），其具有升温快且温度能随意调节的特点，已经称为手工名优茶的主要工具。

（二）内容说明

电炒锅基本结构由桶身、隔热层、电炉盘、电热丝、炒茶锅和电源开关组成。

1. 炒茶锅

炒茶锅为铸铁锅。安装前钢壁需进行磨光处理，一般是先用砂轮磨，再进行抛光处理，使锅壁尽可能保持光滑。

2. 电热丝

电热丝嵌装固定在电炉盘的线槽内。由电路系统控制和提供电能，使电热丝发热，为炒茶锅提供热源。电热丝的总容量一般为 3kW，分 2 组或 3 组嵌装在电炉盘内，使用 220V 电源。目前，电热丝常见的配备形式是 2 组电热丝：一组 2kW 的电热丝装于电炉盘下部中心部位，另一组 1kW 的电热丝装于电炉盘上部；也有两组电热丝均从底部装起，以双头螺旋形式向上排装的。电热丝分别设 2~3 个开关（装在木桶上端锅边，便于操控），以控制通断电。

各茶叶机械厂生产电炒锅可选用的电热丝有两种：一种是以镍铬合金为原料的电热丝，这种电热丝电阻率较高，加工性能好，可拉成细丝，且耐高温强度好，用后不易变脆，使用寿命长，但价格较高。另一种是以铁铬铝合金为原料的电热丝，其电阻率比镍铬丝高，抗氧化性能比镍铬丝好，价格也便宜，但最明显的缺点是耐高温强度低用后易变脆，炒茶用力时，电热丝常因受振动而断裂，使用寿命短，一般不足镍铬丝的一半。因此，电炒锅生产中宜使用镍铬型电热丝。

3. 电炉盘

电炉盘也称远红外辐射器，以陶瓷材料添加碳化硅原料烧制而成，其远红外碳化硅材料产生远红外光谱，透过铁锅后使铸铁炒茶锅锅壁内部发热，从而获得比电热丝直接加热节电 30% 的效果。

4. 隔热层

一般用硅酸铝纤维棉或石棉充填，位于电炉盘和木桶之间，避免发热装置产生的热量传向木桶桶壁或散发到桶外。

5. 桶身

电炒锅外形是一个锥形木桶，上大下小，桶面和锅面水平，桶上口直径比锅口直径大 20cm。木桶和支架均用木料制成，桶内铺有玻璃布和石棉作为隔热保温层，隔热绝缘性能良好，价格低，重量轻。木桶和支架的木料要干燥、牢固。木桶最好用杉木板箍制，不能有缝隙。木架应强调使用搁置式，不能简单将三条腿钉在木桶桶壁上，以避免名茶炒制（尤其是龙井茶辉锅）等作业时出现电炒锅晃动，影响炒制。

（三）实验原理

电炒锅杀青主要是消耗电能来加热电热丝然后热能传递给锅壁，从而形成高温来达到杀青目的。接通电源，电热丝发出热量，一方面对远红外辐射器（电炉盘）进行加热，使其辐射出大量的远红外线，另一方面直接加热电炒锅。远红外线是一种波长比红外线更长的光波，它能穿透锅壁，使铸铁炒茶锅锅壁内部发热，锅温迅速升高。同时，远红外线还能使茶叶中的水分子极化，发生摩擦而生成热量，有利于叶温升高和蒸发水分。

（四）实验目的

通过实验，要求了解高温杀青的基本原理、了解不同杀青机械的结构，了解不同杀青机械的技术指标与杀青叶质量的关系，为更好地掌握杀青技术和研究改进杀青机械，提高茶叶品质。掌握手掌心判别温度。

（五）材料与设备

1. 材料

适制绿茶的鲜叶、点温计、电子秤等。

2. 设备

电热炒茶锅、烘干机等。

（六）方法与步骤

（1）检查电器接线柱、电炉盘、开关等电器部件是否安全、可靠，是否接地线，并配装触电保护器。

（2）光洁锅面　炒茶时，为防止加工叶粘锅，应在锅壁上涂抹适量的制茶专用油。

（3）插上插头，闭合开关，通电 5 ~ 8min 后，学会用手掌心在锅壁上方约 10cm 处感受判断大概温度，并用点温计测试温度确定偏差。锅内温度不应高于 400℃。

（4）待温度达到制茶工艺要求时，投叶操作。

（5）作业时，应根据炒制要求及时调整锅温，当锅温过高时，可关掉一个或两个开关，使锅温保持在所需范围内。当炒茶人员需要离开炒茶锅时，应及时切断电源，以免烧断电热丝，引起事故。

（6）完成制茶作业后，应关闭开关，拔出插头。清洁保养电炒锅。

（七）结果与讨论

（1）正确掌握电炒锅的基本结构。

（2）叙述红外线测温仪测得锅体底部加热处 5 点平均值，当锅温分别为 160、220℃和260℃时，手掌分别离锅底 10、20、30cm 时的感觉。

（八）注意事项

（1）电炒锅的电炉盘等为易碎部件，运输时电炒锅的下面要铺垫稻草等软质材料，锅口向上安放，捆扎牢固，装卸时轻抬轻放，防止受到冲击。

（2）使用时，电炒锅不需专门安装，按规定接线后即可投入使用，但一定要在干燥和通风良好处使用。接线时要核对电源为220V、50Hz。绝对禁止在未接保护零线状态下炒茶。

（3）经常查看，拧紧铜棒接头螺母及开关内螺母。此外，还要取下炒茶锅，检查电热丝在炉盘排线槽内是否平伏，以后每半个月定期检查一次。

（4）若发现只有锅底温度较高，应切断电源，待锅凉后，拆去锅子，检查上部电热盘是否被石棉闭塞及上部电热丝是否损坏。

（5）每年茶季结束，应对电炒锅进行一次全面保养，锅壁清扫后在加热情况下涂上制茶专用油，然后拆掉电源线用塑料布覆盖保存。在保存过程中，电炒锅上下得放置重物，并保证任何情况下不得让水进入炒茶锅内，以免生锈和破坏绝缘。

子实验二　连续式滚筒杀青机的操作

（一）引言

连续式滚筒杀青机是一种以炒青为主兼有闷杀作用的高效连续杀青机。连续式滚筒杀青机操作简便运行可靠生产效率高劳动强度低，杀青叶品质也较稳定。

（二）内容说明

连续式滚筒杀青机的性能特点是：①连续作业，单一转向；②叶量少，传热快，2～5min完成杀青，适合用于绿茶杀青；③生产率高；④杀青均匀一致，无焦边焦叶。滚筒杀青机由上叶装置、滚筒、导叶板、出叶和排湿装置、传动机构、加热装置等部分组成。

1. 上叶装置

由带贮叶挡条的输送带及机架、贮叶斗、传动装置等部分组成。机架安装倾角为35°～45°，贮叶斗位于地坪下，上口与地面齐平，输送带的线速度为28～30m/min。贮叶斗内装有防堵装置，起疏散鲜叶、防止"搭桥"作用。输送带上均匀地铆有薄铝板制成的贮叶挡条，中间安置一个可以调节鲜叶流量的匀叶轮，通过调节匀叶轮高度控制叶层厚度，使得滚筒进叶量保持稳定。

2. 滚筒

滚筒是杀青作业场所。常见的滚筒直径为0.3～0.8m，长度根据杀青机的具体型号不同而不等，如30型的筒体长度为1.6m，用厚4～6mm钢板卷或不锈钢板卷焊而成、由前后4个托轮支撑。进行杀青工作时筒内壁的温度达250℃以上，当鲜叶投入筒中，随着筒体的转动，茶叶在导叶板的作用下翻滚，抛散，交替接触筒壁。由于传导和辐射作用，叶温在迅速上升至80℃以上，使鲜叶内酶的活力迅速遭到破坏，防止多酚类的氧化，形成得名优绿茶的色、香、味品质。滚筒工作转速对杀青效果有明显作用。转速过低，杀青叶很难被带到高处，抛撒力度不足，而在滚筒内滚成一团，透气性差，易产生红梗红叶、水闷气或烟焦味。转速过高，由于离心力的作用，鲜叶贴附在筒壁上的时间过长，翻抛作用同样不好，因而不利水分蒸发和青气挥发，同时容易焦叶，影响杀青质量。标准转速为30r/min。

3. 导叶板

导叶板形状为螺旋形，共有 4~6 条，焊接在滚筒内壁上，起推送茶叶，增强茶叶翻抛的作用。导叶板有导叶角、螺旋角、后倾角等结构参数。导叶板的螺旋角在滚筒长度方向上分为三段：前段进口和后段出口的 400~500mm 长度内，前段称为推叶导板，使鲜叶迅速进入筒内的高温区（中段）；后段称为出叶导板，使杀青叶迅速推出筒外；中段导叶板称为工作导叶板。

4. 出叶和排湿装置

该装置是用薄钢板制成的圆柱形筒体，它的一端衔接滚筒出口，另一端安有观察门，上部是排湿管，在排湿管内装有排湿风量调节门，下部是出叶口。为了迅速降低叶温避免杀青叶闷黄，在出叶口下方装有风机；上部排湿管通过窗户或房顶将水蒸气用离心风机抽排到室外。排湿装置对筒内温度有很大影响，筒内的水蒸气对提高叶温、迅速破坏酶的活力起到重要作用。筒内水蒸气排出过快，能耗加大；排出过慢，杀青叶闷黄。所以正确调节排湿风门很重要，部分滚筒杀青机有变频调速装置。

5. 传动机构

滚筒杀青机一股采用 3 级减速。转速可在 25~30r/min 范围内调节。第一级为无级变速器变速，第二级为胶带轮减速，第三级为齿轮或链轮减速。两只被动链轮与两只主动托轮同轴，靠主动托轮与筒体上的筒箍的摩擦驱动滚筒旋转。滚筒另一边与筒箍相应地装有支撑托轮。由于滚筒在作业过程中，沿长度方向有明显胀缩现象，故四只托轮应有足够的宽度及其中两个托轮有防轴向移动挡圈。

6. 加热装置

加热类型主要有燃煤灶、燃柴灶、燃油灶、燃生物颗粒灶、电加热炉、液化石油气炉等；按结构分为连体式炉灶和分体式炉灶，连体式为目前广为采用。燃烧室是用耐火砖砌成拱形炉灶，下有条形炉栅，用煤或木柴加热，现在也有直接用铁铸成一体燃烧炉，便于整体安装。除了传统的柴、煤、油等燃料外，现在有一种新型的生物颗粒燃料，无烟少灰渣且可自动设置进料省工省力。随着清洁能源在茶叶加工中的广泛应用，杀青机热源也在发生着巨大的变化。目前，新型的杀青机能源有电源和燃气两大类型。一般使用交流电为能源的，可以在加热段滚筒外壁下方 2~3cm 处均匀分布环形电加热管，电热管间隔为 15~20cm，在距离滚筒 1cm 处有一红外温度传感器，并与旋转滚筒外部的温度自动控制机构连接，方便自动控制杀青机的温度。燃气型滚筒杀青机结构与之类似，只是在滚筒下方将电加热管改为特制的燃气灶，并有进气孔和观察孔，以保证燃气能够正常燃烧和不产生漏气现象。一般小型名优茶滚筒杀青机多采用电热型或燃气型，也有用传统的煤或木柴加热的。大型的滚筒杀青机仍以煤加热的为主，但在一些先进的大型茶叶初加工厂已开始使用燃气加热。

（三）实验原理

连续式滚筒杀青机的主要工作部件，是一个两端敞开的金属滚筒，筒内装有若干条螺旋导叶板，不同区段上的导叶板角度有所不同。工作时，当滚筒加热到一定温度后，即可通过输送装置向滚筒投放鲜叶，投入的鲜叶在螺旋导叶板作用下，边翻滚边向出口处移动。筒体转动时，将鲜叶带到一定高度后再均匀撒落在筒壁。在导叶板的作用下，鲜叶由进口端到出口端，在筒内不断滚翻、抛扬、前进，鲜叶通过吸收筒体的传导热和辐射热，迅速使叶温升高，使鲜叶在较短的时间内萎软，并破坏酶的活力，完成杀青作业。滚筒连续杀青机工效高，吞吐量大，在筒内蒸发的水分也多，茶叶在高温高湿度条件下，易产生香味淡薄、叶色变黄等问题。为此，在大型滚筒杀青机上必须配置排湿装置，以保证及时地将多余水蒸气排出筒外。杀青作业质量好坏很大程度上取决于滚筒杀青机排湿系统工作是否正常。

（四）实验目的

掌握连续式滚筒杀青机的基本结构、工作原理及基本操作，测定转速、并利用手掌与红外线测温仪测定适宜时的筒温。

（五）材料与设备

1. 材料

适制绿茶的鲜叶、点温计、计时器、电子秤等。

2. 设备

连续式滚筒杀青机。

（六）方法与步骤

（1）绿茶杀青时，将鲜叶适当摊放，使部分水分散失，叶子变软，一般摊青叶含水率达到70%左右进行杀青。

（2）先开动机器再开始加热，如若加热后开机，筒壁会因受热不均匀而变形，轻者会增大机器噪声，重者不能正常运转。燃气式的在打开燃气球阀总开关2s后按动点火按钮，点燃整个燃烧器。在点火器延时发火后，若燃烧器没点燃，应立即关闭球阀开关，再重新点火，加热的同时将鲜叶盛满储叶斗，待筒体呈暗红色即可上叶。

（3）杀青过程中应控制好杀青温度，可采用温度计测定距离出叶口筒壁5cm处的空气温度，再用手背反复感觉。

（4）应经常检查出叶质量，如果杀熟度不足，应适当减少进叶量，如焦叶较多，应适当增加进叶量，并适当降温，对于杀青时间的掌握，可在试机安装时反复调试鲜叶在筒内经过的时间，通过调节手轮调整滚筒倾斜角来调整合理的杀青时间。

（5）控制好鲜叶投叶量　投叶时应根据随时观察到的杀青叶质量灵活调节投叶量。当筒内空气温度达到要求时，开始投叶量应稍大一些，以充分吸收筒体的热量，否则会产生焦边焦叶，杀青快结束时投叶量要适当多些，否则，最后出锅的叶子容易干枯。杀青即将结束时（大型杀青机尚有25kg左右鲜叶时）即可开始退火，投叶量力求均匀一致。

（6）及时吹凉冷却　杀青叶出叶时，应开启风扇：一是为了吹散杀青叶，迅速降温；二是将黄片或焦片吹出，将杀青叶易地薄摊或通过摊凉回潮输送带，使其继续降温并产生回潮作用，然后进行下一道工序。

（7）杀青全部结束后，必须退尽炉内余火、余渣，勿切断电源或关闭气阀，滚筒应继续运转，至筒内温度降到50℃以下时方可断电关机；停机后应清除筒内残叶、焦叶，并清理机器工作面和周围环境，保持设备和场地的卫生清洁。

（七）结果与讨论

（1）掌握连续式滚筒杀青机的基本结构、工作原理及基本操作。

（2）测定转速并利用手掌与红外线测温仪测定适宜时的筒温。

（八）注意事项

（1）在杀青作业开始前（尤其在茶季开始前）应检查杀青机所有的传动部件和紧固件，使其处于完好状态，各润滑点应加足润滑油。

（2）清除筒内的焦叶和残叶及其他残物。

（3）不加热状态下开机试运转，如有异常情况，要及时排除。

（4）点火升温，随即开机转动滚筒，避免滚筒局部过热变形。同时将鲜叶盛满盛叶斗，待筒体达到设定温度即可上叶。

（5）应经常检查杀青机的出叶质量，如果杀熟度不足，应适当减少进叶量；如焦叶较多，应适当增加进叶量，并适当降温。

（6）作业过程中如遇异常事故（如停电等）应立即退火，并尽快设法取出筒内的茶叶。待恢复正常后，应先清除筒内残叶，然后再投叶杀青。

（7）杀青即将结束时（尚有 25kg 左右鲜叶时）即可开始退火，利用余温杀青即可。杀青全部结束后，须退尽炉内余火、余渣；清除筒内残叶、焦叶，并清理机器工作面和周围环境。

（8）每个茶季结束，均应对全机做一次检查和检修，磨损严重的零件要更换。

子实验三 间歇式滚筒杀青机的操作

（一）引言

间歇式滚筒杀青机不同于连续式滚筒杀青机主要是在于间歇式滚筒杀青机进叶与出叶都在同一端，通过筒体的正转与反转进茶和出茶（或下压倾倒方式出茶），呈半连续化状态。因其筒体较短，透气性能较好，因此又称为短滚筒杀青机。这些设备既可以作为杀青设备，也可以作为炒干设备使用，具有一机多能的特点。常见的有 6CST‐110 型滚筒杀青机和 6CST‐90 型燃气式滚筒杀青机、6CST‐100 型瓶式炒茶机等。6CST‐110 型滚筒杀青机常用于闽北乌龙茶杀青工序，6CST‐90 型燃气式滚筒杀青机常用于闽南乌龙茶炒青和复炒工序，6CST‐100 型瓶式炒茶机常用于绿茶的杀青和炒干。本次主要简单介绍 6CST‐110 型滚筒杀青机和 6CWS‐85/90 型燃气式滚筒杀青机两种机械。

（二）内容说明

1. 6CST‐110 型滚筒杀青机

该设备特点是：正反转向，正转炒茶，反转出叶，在滚筒同一端进叶和出叶，为间歇作业；叶量多时，升温和失水时间长，5～10min 才能完成杀青，滚筒由转动轴带动，噪声较小，适合于闽北乌龙茶炒青；生产效率为 150～180kg/h。

该杀青机主要由滚筒、传动轴、导叶板、轴流风扇、传动机构、炉灶等组成。

（1）滚筒 滚筒是该机的主要工作部件，筒体由 3mm 的不锈钢钢板卷焊而成，一端为圆柱体（炒茶部分），另一端为圆锥体（进出茶部分）所组成的大圆筒。圆柱体部分的直径为 1100mm，长度 1000mm。圆锥体部分和大端直径为 1100mm，小端直径为800mm，长为 300mm，总长为 1300mm。圆筒的另一端焊接有直径为 700mm、宽 150mm的风扇罩。风扇罩与筒的末端装有铁丝网，既可通风又可防止青叶外撒。在筒体的两端面，分别焊接有直径为 1100mm 和 950mm 的挡烟圈，以防止漏烟。筒内壁焊有 4 片导叶板，导叶角为 24°，出叶板 4 条，导叶角 45°，其作用是帮助快速喂入或推出茶叶。滚筒两端的外周设有挡烟圈。滚筒的中心有一心轴，通过两端的辐条与筒体相连接，转轴用轴承支撑在机架上，投叶量 40～50kg/筒。

（2）传动机构　采用 3 级减速（1 级 V 带减速，2 级 V 带或齿轮减速，3 级齿轮减速），电动机功率为 1.1kW，进、出茶停车都是利用倒顺开关来控制。传动装置的第 2 轴经过离合器和 V 带带动轴流风扇转动。滚筒转速为 20～26r/min。

（3）轴流风扇　装在滚筒的末端，可正反转，正转吹风用于吹净筒体内的茶叶，反转吸风用于排除筒内水蒸气。

（4）炉灶　由通风洞、炉栅、炉膛、烟囱等构成。通风洞高 500mm，宽 350mm，上部深 900mm。炉栅长 900mm，宽 350mm。滚筒体置于炉膛内，炉腔顶部有拔风口与烟囱相通。炉膛以滚筒为中心，以 620mm 半径砌成拱圆形内壁，筒体两端与炉膛壁的间隙尽可能缩小，以防漏烟。炉灶常以柴木、煤等为原料，现有新型生物颗粒燃料，可在传统炉灶改装进料装置，即可自动定时定量进料，且控温稳定，基本无烟少灰渣。

2. 6CST-90 型燃气式滚筒杀青机

该机主要性能特点是：滚筒转速无级变速；采用液化气作燃料，温度控制方便，升温快，热效率高；具有自动计时、温度显示、电磁调速等功能，清洁卫生，安全省电；适用于闽南乌龙茶杀青。

该杀青机主要由滚筒、燃烧器、排湿风机、电控箱、电动机、传动机构等组成。

（1）滚筒　采用不锈钢卷焊而成，滚筒体中部为圆筒结构，直径为 900mm，长 2000mm，进出叶端为锥形，直径为 600mm。滚筒内设直型导叶板（3 条）和炒手板（1 条）。导叶板起翻炒叶子的作用，炒手板起解团抖散的作用；滚筒可无级变速，转速一般控制在 22～26r/min 范围。炒青前期转速宜低些，使茶叶充分接触筒壁，快速升高叶温，后期转速宜高些，便于翻炒排湿。滚筒筒体下方安装直排式燃气炉，外设一个固定外筒，包容燃烧器、排烟窗等；排烟窗用于调节滚筒温度。整个滚筒体可绕支架转动 70° 使筒口朝下，方便出叶。

（2）燃烧器　用于加热滚筒。由排式燃烧器，液化气罐、总阀、调压阀、电磁气阀、点火开关等组成。排式燃烧器均匀分布燃烧火力点 22～24 个，采用电子点火，电磁阀受点火开关控制，断电时自动关闭熄火。

（3）排湿风机　用于杀青时根据情况排除水蒸气。一台排湿风机安装在滚筒尾端，由电控箱控制排湿风机的启闭。

（4）电控箱　包括电源开关、温度表、温控器、转速表、滚筒调速旋钮、计时器、排湿风机开关等。电控箱安装于滚筒前端，方便操作。

（5）电动机与传动机构　采用电磁调速电动机，功率 0.75kW。通过减速机构带动滚筒转动。

（三）实验原理

间歇式滚筒杀青机作业时，炉火直接加热转动的筒体，杀青叶靠导叶板和筒壁的摩擦力、筒体转动产生的离心力带至筒体的上部，然后掉下；茶叶通过吸收筒体的传导热及辐射热迅速提升叶温达到杀青目的。

（四）实验目的

掌握间不同歇式滚筒杀青机的基本结构、工作原理及基本操作，测定转速、并利用手掌与红外线测温仪测定适宜时的筒温。

（五）材料与设备

1. 材料

茶鲜叶若干、点温计、计时器、电子秤等。

2. 设备

6CST－110 型滚筒杀青机、6CST－90 型燃气式滚筒杀青机。

（六）方法与步骤

1. 6CST－110 型滚筒杀青机使用方法

（1）生火的同时开机让滚筒正转，使筒体均匀受热。

（2）达到所需温度时，开始快速投叶，投叶量 40～50kg/筒，因投叶量较大，杀青时间要控制好，保证杀透。

（3）筒内水蒸气较多时，操作倒顺开关，让风扇反转，将筒内水蒸气吸出筒外。

（4）随时检查杀青程度，杀青适度时即反转筒体出叶，同时风扇正转吹送茶叶。

（5）维护保养类似于滚筒连续杀青机。

2. 6CST－90 型燃气式滚筒杀青机使用方法

工作时，滚筒以一定转速旋转，当温度达到作业要求时，即可投叶杀青，同时开始清零计时。在杀青过程中，滚筒内水蒸气较多时，可打开排气风扇进行抽湿。茶叶杀青适度时，扳动倾倒手柄，让筒体出叶端向下倾斜，滚筒边转动边出叶。

（1）打开电控箱电源开关，设定所需温度，并将滚筒转速旋钮调整到适宜位置，前期转速 20～22r/min，后期转速 24～26r/min。

（2）打开液化气罐总阀、调压阀、点火气阀，电子点火，点燃燃烧器，加热滚筒，可根据炒青时的温度需要，通过调节气量和排烟窗开度调整筒温。

（3）当温度表显示温度 220～280℃时，即可投叶炒青；每筒投叶量 3～4kg，同时按计时器清零计时。

（4）在炒青过程中，当滚筒内水蒸气较多时，可打开排气扇进行抽湿。

（5）炒青结束，手动或气动倾倒滚筒，滚筒边转动边出叶。

（6）杀青结束后，打开筒顶排烟窗快速降温，要空转到滚筒温度下降到40℃以下，托起滚筒，关闭各开关。

（七）结果与讨论

（1）掌握对比两款不同的间歇式滚筒杀青机的基本结构、工作原理及基本操作。

（2）测定转速、并利用手掌与红外线测温仪测定适宜时的筒温。

（3）测试不同杀青机的杀青时间，投叶量对杀青叶品质的影响。

（八）注意事项

间歇式滚筒杀青机每次完成一批鲜叶杀青后，要等筒温重新上升到杀青适宜温度才可以进行投叶，确保杀青叶品质。其他注意事项同连续式滚筒杀青机。

实 验 六 茶叶揉捻机械的操作

一、引言

揉捻的目的是使茶叶的细胞破坏、卷紧条索，为形成茶叶外形打下基础。尤其是对红茶和绿茶来说，揉捻也是促使其发生化学变化、产生良好香气滋味的重要条件。

二、内容说明

揉捻机种类较多，按揉盖支承方式分为单柱式揉捻机和双柱式揉捻机；按回转方式分为单动式揉捻机和双动式揉捻机；按加压方式分为杠杆加压式揉捻机、螺旋加压式揉捻机、气动加压式揉捻机；按揉桶和揉盘结构不同分为桶式揉捻机和锅式揉捻机（台湾望月式揉捻机）；按揉捻机的自动化程度分为普通式和连续式等。

除大型（如90型）揉捻机的揉桶与揉盘同时相向回转外，其他揉捻机基本采用单动式；单机型揉捻机常采用螺旋加压式，其结构简单、操作方便，人工控制加压，灵活性和适应性较强，但该机只能间歇性作业，不能连续化生产；气动加压式揉捻机可实现自动化生产。一般45型以下的中小型揉捻机采用单柱式揉捻机，其结构简单，钢材用量较少，但加压机构的螺母易磨损，工作噪声较大；55型以上大中型揉捻机采用双柱式揉捻机结构刚性好，运行平稳无噪声，但成本较高。

6CH-45型揉捻机结构为单柱式揉捻机，由揉桶装置、揉盘装置、加压机构、传动机构等组成。

1. 揉桶装置

揉桶装置是茶叶揉捻的主要工作机构。包括揉桶、三脚架和双曲柄机构，揉桶在曲柄机构带动下作平面回转运动。三脚架通过曲柄销与曲柄活动连接。为防止"跑茶"，揉桶与揉盘内侧面的间隙、揉桶底平面与棱骨最高处的间隙都应小于5mm。

2. 揉盘装置

揉盘装置由揉盘、棱骨、出茶门、机架组成。揉盘盘面呈凹状，揉盘上镶嵌10~12条呈新月形外棱骨，棱骨断面为半圆形，且头部大尾部小可增加摩擦阻力，促使揉捻叶在揉桶内翻转并扭转成条。棱骨曲率、高低、断面形状、数量及排列偏移角均影响揉捻力系和揉捻效果。棱骨高而窄，茶叶受到的摩擦搓揉作用力大，揉捻效率高，挤出茶汁多；茶汤滋味浓棱骨低而阔，则茶汤滋味淡，香气高纯。揉盘中心是圆形出茶门。出茶门底板也用灰铸铁铸成或不锈钢板焊成，板面上装有5~6个眉毛形棱骨（称为内棱骨）。出茶门的启闭方式可采用滑动式或摆动式，其中以摆动式启闭装置较多。出茶门的锁紧装置，也有两种不同结构，一种是类似弹子门锁的自锁结构；另一种是用类似门闩的推杆锁紧出茶门。目前揉盘面和棱骨一般采用不锈钢材料，以避免重金属二次污染。

3. 加压机构

加压机构用于对揉盖产生加压，目前以手动加压为主。单臂式揉捻机加压机构的传动路线：手轮→锥齿轮→梯形螺杆→加压臂→加压杆→揉盖。揉盖上可下移动，从而改变加压弹簧对茶叶的压紧力。日常使用时应注意对加压机构的润滑。单臂式与双臂式揉捻机的加压原理是一样的，均采用螺旋机构控制加压盖的上下运动来完成加压，但两者在结构上有所区别。单臂式采用螺杆回转、螺母轴向移动带动加压盖上下运动，而双臂是采用螺母回转、螺杆轴向移动来带动加压盖达到加压目的。加压盖由铸铝，铸铁或不锈钢副成，盖上装有加压弹簧，可提供形成茶团所需的加压，又能起到缓冲作用。

4. 传动机构

起降速增扭和引导揉桶起平面回转的作用。传动机构的传动路线：电动机→三角皮带→蜗轮蜗杆→曲柄机构→揉桶，作低速平面回转运动。揉捻机曲柄回转速度为 50r/min 左右，而电动机的转速约在 1400r/min，总速比约为 28。常见的减速方法是采用一级胶带传动，二级齿轮传动；或一级胶带传动，二级涡轮蜗杆传动，从而达到变速要求。二级齿轮传动后一级通常采用圆锥齿轮以改变运转轴的方向。大圆锥齿轮装在垂直安装的主轴下端，主轴上端带动主动曲臂旋转，主动曲臂通过揉桶架带动另外两只从动曲臂，揉桶架在这里同时起着连杆的作用。

三、实验原理

揉捻是一种相当复杂的运动，当桶内装满茶叶，在揉盘上作水平回转运动，揉桶与揉盘上的各个区域（强压区、搓揉区、散落区）对茶叶作用力的大小、方向、速度都随着时间的变化而变化。茶叶揉捻工艺过程分为"空压起条、加压紧条、松压解团"三个阶段。其中，空压阶段是茶条形成条索的基础阶段，空压可减少茶叶的滚动摩擦阻力，便于片状叶子起条；加压阶段是茶条形成紧结外形的重要阶段，通过加压促使叶细胞破坏，条索卷紧；松压阶段随加压盖上移，叶层占有的空间增大，紧压的茶团受周期力的作用而被振松抖散。

四、实验目的

正确掌握揉捻机的基本结构与使用方法。测定揉捻机的转速、揉桶外径等技术参数。

五、材料与设备

1. 材料

三级或以上鲜叶、经杀青或萎凋的在制叶若干、计时器、电子秤等。

2. 设备

6CR－45 型揉捻机。

六、方法与步骤

揉捻机的型号虽然很多，但其使用方法都大同小异。

（1）揉捻作业开始前，先清除机上所有物品；检查各螺纹件是否紧固，曲柄紧定螺钉是否松动；试运转 10min，观察转向是否正确运转是否正常；各润滑点加注润滑油；若有卡阻、碰撞现象应立即停机检查。

（2）打开揉桶盖装叶，关闭出茶门，装叶量切勿过多或过少，一般低于揉桶 3~4cm 较为适宜。过多则造成揉捻叶在桶中压紧，不能产生揉捻运动；过少则正压力太小，又会影响揉捻运动的正常进行。

（3）关好揉桶盖，螺栓加压的揉捻机，加压时转动手轮，使桶盖下降进行加压揉捻。按揉捻工艺规定的时间和压力程度进行揉捻。空压起动，遵循"空压—加压—松压"的原则；加压揉捻结束，去压空揉 1min，起松团、理条、吸附茶汁等作用。

（4）当茶叶揉好后，即放茶筐于揉盘下，再启开出茶门出茶，揉桶边运动边卸叶。

（5）作业完成后，关闭开关，清扫盘内残留叶和茶汁，特别是揉桶和揉盘，最后清洁工作面。使用中要注意安全操作规程，防止意外事故的发生。

七、结果与讨论

（1）正确掌握揉捻机的基本结构、工作原理、基本操作。
（2）掌握揉捻机的维护与保养。

八、注意事项

（1）揉捻机在使用时，特别是启动后，要注意远离其旋转半径，以防受伤。
（2）在制茶季节，蜗杆箱使用 50~72h 需更换新油，检查减速箱有无漏油；定期给各润滑点加油，对主轴曲柄轴承、从动轴曲柄轴承等处添加润滑油一次，螺栓加压机构，每周添加润滑油一次。润滑油不可添加过多，否则容易外溢污染茶叶。
（3）定期检查揉捻机传动皮带的张紧度，如过松要及时调整，否则易打滑而影响传动效率。
（4）每年茶季结束后，对揉捻机（包括电动机）应进行一次全面清洗和维修，更换已经损坏或磨损的零件。卸下 V 带，妥善保管。

实 验 七　乌龙茶包揉设备的使用

一、引言

乌龙茶的外形主要有条形和颗粒形两大类，其中闽南乌龙茶（颗粒形）产量最多、产区最广、加工企业最多。包揉是铁观音等闽南乌龙茶、冻顶乌龙等台式乌龙茶造形的特殊工序。包揉的目的，一是塑造卷曲紧结美观的外形；二是进一步破坏叶细胞，产生非酶性化学作用，适度挤出茶汁使其黏附叶表。改革开放以前，闽南乌龙茶如铁观音的揉捻整形主要依靠手工包揉，存在劳动强度大、工效低、质量不稳定等问题。20 世纪 90 年代以来，随着台湾乌龙茶速包机和平板式包揉机的引进，极大地降低了劳动强度和劳动成本，提高了生产率。包揉工艺所需的设备一般由速包机、平板式包揉机、松包筛末机等组成。

二、内容说明

1. 6CSBG – 22 型速包机

该机由立辊、拖板、加压手柄、电器控制及传动机构组成。

（1）立辊 立辊左右各 1 对，共有 4 只，高度 220mm，由铝合金浇铸而成，呈内凹腰鼓形，表面布有凸起或棱条。以增大立辊与茶包之间的摩擦力。立辊矩形排列，作顺时针方向低速旋转，立辊安装在托板上，推板带动辊子作向内，向外直线移动，对茶包产生侧向与正向挤压力及圆周方向摩擦力。靠拢时挤压旋转茶球，外移时松开茶球。每支立辊的上下端各安装一个滚动轴承。

（2）拖板 左右各 1 个拖板，每个拖板上分别安装两只立辊，由双螺旋机构带动拖板及两对立辊做内、外相向移动，在拖板的运动极限位置上各安装行程开关限位。

（3）加压手柄 加压手柄为一铜锻件，有挂钩式和固定式。挂钩式手柄是一根光滑的不锈钢实心棍子，使用时，一头用挂钩挂住，茶球布巾缠绕在棍子中间位置，随着立辊旋转递进，茶球旋转，加压手柄产生正压力，布包头扭曲收紧，当茶球接近束紧时，用茶球布头缠绕两圈挂住挂钩，利用旋转力将布头勒住收紧后松手，完成速包后，撤立辊松压下球；固定式加压手柄长 1000mm 中部锻成弯扁形缺口，用以固定茶球的布巾头。手柄端连接拉力弹簧，另一端用来进行手工加压操作，成为两个承受相反作用力的杠杆；向下压时手柄紧压茶球，松手时手柄靠弹簧拉力抬起。产生正压力，固定布巾头，并与立混构成相反方向的力矩。

（4）传动机构 由两台电动机带动，功率均为 1.5kW。传动线路：

传动电动机→V 型三角皮带→蜗轮蜗杆→双螺旋机构→两个拖板→两对立辊相向移动；

工作电动机→V 型三角皮带→两套蜗轮蜗杆箱→左右摆轴（万向节）→链→4 只立辊转动。

（5）电器控制 由脚踏开关、行程开关等组成。由两只脚踏开关、两副行程开关、急停按钮及若干继电器组成，脚踏开关控制两台电动机，做开、停和正反转运动；行程开关控制齿辊移动的两个内外极限位置，确保使用安全。

（6）机架 做成箱体式，下装行走轮，内装传动机构和控制器，立辊和加压机构位于机架上方。

2. 6CWB – 75 型平板式包揉机

该机从台湾引进，是模仿人工包揉原理设计的，将茶球置于上下揉盘之间，通过下揉盘转动。茶球在棱骨和立柱作用下翻转卷紧。每批 1 ~ 3 个球，作业时间 5 ~ 15min。该机由上下揉盘、加压机构、传动机构等组成。

（1）上揉盘和下揉盘 上揉盘可上下移动，不转动，下揉盘作定轴转动，由 4 个塑料托轮轴向定位。上、下揉盘上设有 10 根双排双向粗棱骨，下揉盘还有若干根立柱，阻止茶包外滑。

（2）加压机构 采用机动或手动的螺旋机构加压或气动加压，类似揉捻机加压机构，4 根加压弹簧安装在上揉盘的上方，通过加压弹簧的变形产生向下反弹力施压于茶包。为使包揉时压力稳定，在手轮转动轴处设有一个棘轮棘爪止动销，可防止上揉盘因受外力作用而自动位移。手动加压传动线路：手轮→锥齿轮→丝杆机构→上揉盘上下移动。

（3）传动机构 下揉盘传动线路：电机（0.75kW）→三角皮带→蜗轮蜗杆→下揉盘转动。上揉盘传动线路为：电机（0.75kW）→锥齿轮→螺旋机构→揉盘上向移动。

（4）机架 用型钢焊制，装有行走轮。

3. 6CSS T-90 型松包筛末机

闽南乌龙茶经过揉捻、包揉后的条茶常结成团状，有的卷紧成为紧实的茶包，影响了后续工序的顺利进行，需要对茶团或茶包进行解散、筛分，并筛出茶末。有的松包筛末机还附带热风部件，及时调整在制叶的含水率，控制茶叶的品质。

松包筛末机由筒筛、打击杆、倾倒装置、操纵手柄、电机、传动机构、机架等组成。筒体为一端开口有底且中空的圆柱体，筛分筒体在机架上，内筛筒长度为600mm，外套筒长度约为800mm，内筒壁是由布满5mm冲击孔的不锈钢板卷焊而成，筒体底端部固定在传动机构的主轴上。转筒内壁设有 3~4 排搅拌齿，搅拌齿分若干列分布在筒体内壁，每一列上的搅拌齿一高一低交错排列分布。外筒体底部有一倒梯形的斜漏斗，用于集中收集筛下的茶末。机架底部装有行走轮。

三、实验原理

乌龙茶包揉工艺是一个循序渐进的过程，工艺流程为：

杀青叶→ 初揉 → 初烘 → 初包揉 → 复烘 → 复包揉 → 定型

包揉作业是利用茶坯在干燥时仍具的柔软性和可塑性，将其裹于布袋中并包成球，在滚、压、揉、转等不同方式的力的作用下，使茶条紧结卷曲成型，形成乌龙茶特有的外形特征。

（1）乌龙茶速包机是根据传统的手工滚、压、揉、转、包的作业原理而设计的。其作用是制备茶包，快速紧包，搓揉挤压茶叶。工作中，两对立辊横向相互靠拢时，旋转挤压茶球；外移时，松开茶球。在立辊的侧向转、搓、挤、压及加压手柄"轻—重—稍重"的正压力作用下，松散的茶包在两对立辊作用下做逆时针旋转，并随立辊间距的不断缩小，布包逐渐收紧，最后形成南瓜状茶球。

（2）平板式包揉机模仿人工包揉原理设计，将茶球置于上下揉盘之间，通过下揉盘转动，茶球在揉盘、棱骨和立柱作用下依次做圆周翻转运动，茶包内的茶叶受到搓揉挤压，使茶条卷紧，完成造型作业。

（3）松包筛末机的作用是将包揉后的茶团解散成松散颗粒，并借以散发热量和水汽，避免茶叶闷黄，以便下一道工序的继续造形。

四、实验目的

通过对包揉工艺所需的速包机、平板包揉机、松包筛末机等设备的了解，进一步加强对乌龙茶加工工艺的掌握。

五、材料与设备

1. 材料

乌龙茶杀青在制叶若干、计时器、电子秤等。

2. 设备

6CSBG-22型速包机、6CWB-75型平板式包揉机、6CSST-90型松包筛末机。

六、方法与步骤

1. 6CSBG-22型速包机操作使用

（1）工作时，将7kg左右的初烘叶置于包揉布中，将布巾的四角提起并拧成袋状，置于拖板上。

（2）包揉布头从加压手柄绕过，左手拉紧布头，脚踩左边的脚踏开关，速包机立辊开始旋转，之后点踩左脚踏开关，立辊间断地向内移动。松散的茶包在两对立辊作用下作顺时针旋转，并在立辊的侧向转、搓、挤、压及不断提压加压手柄，在"轻—重—稍重"的正压力作用下，迅速包紧，形成"南瓜"状茶球。

（3）速包成形后，脚踩右脚踏开关，立辊向外移动，完成速包过程，经速包后的茶球，送到平板式包揉机继续包揉或静置定型。

（4）速包时应掌握初期不宜过紧，以免产生扁条，团块。随炒热次数增加，速包程度渐紧，通常在茶条已紧结成球型或半球型，茶坯已冷却，可束紧包揉布静置定形30~60min，使其成为紧结的球型，而后即行解包，进入复烘，足干。

2. 6CWB-75/80型平板式包揉机操作使用

（1）将速包后的茶包放入包揉袋，拧转茶袋，使茶袋扭结扼住茶团，随即翻转茶袋，用上半截茶袋将茶球再包一层打结，扎紧袋口。

（2）将1~3个茶包置入平板机的下揉盘中，按升降按钮使上盘下移，当上盘接触茶包后，继续下移40~50mm，然后下"开"按钮，使下揉盘转动，上揉盘逐渐加压，在棱骨和立柱的共同作用下，茶球在翻转卷紧。包揉时间长短、加压轻重与次数，要根据茶球的含水率和紧实度灵活掌握，一般包揉时间5~15min。

（3）包揉结束，上揉盘自动上升，下揉盘停止，取出茶包，等待下一次作业。

3. 6CSST-90型松包筛末机操作使用

解块筛末机工作过程作业时，在出茶口处放好盛茶用具，将茶包扔进松包机的筒筛内，每次适合放8kg左右茶包。在筒筛旋转、翻抛和打击杆的解块作用下，使茶包松散，同时筛去茶末，从筒筛底部流出，松散完毕，通过操纵杆将滚筒出口下倾，将茶叶倒出。

七、结果与讨论

（1）掌握速包机、平板包揉机、松包筛末机的运行原理，熟悉它们的操作方法及安全注意事项。

（2）叙述速包机在速包过程的注意事项。

八、注意事项

1. 速包机注意事项

（1）速包过程危险程度较大，需要力量与技术的结合。新手操作请在专业师傅的指导监督下进行操作学习。

（2）将杀青叶或初烘叶用布包成茶球，通过滚压搓扭等作用力将茶叶塑造成紧结卷曲的颗粒状外形。包揉分初包揉和复包揉，包揉的加压原则为"轻—重—轻"，包揉前期，茶叶含水率较高，塑性大，须采用轻压作业，以防止出现扁条、团块以及茶汁溢出过多影响茶叶色泽；经过几次包揉特别是初烘之后，茶叶含水率降低，可采用重压包揉作业，茶球越紧结，造型效果越好；包揉后期，茶叶含水率已较低，此时包揉不可重压，否则会产生较多的碎茶末，影响效益。

2. 平板式包揉机注意事项

（1）光杆、加压丝杆、托轮等运动轴，每天作业前用压杆式油枪加注 40 号机械油 1 次。

（2）定期检查蜗轮蜗杆箱的油位，不足时应添加，减速箱应加注 20 号柴油或其他 100℃ 时的运动黏度为 22mm^2/s 以上的润滑油。如润滑油黏度偏小，将使蜗轮、蜗杆急速磨损而很快报废。

（3）新机使用半个月后应放空箱内存油，用柴油或煤油将箱内铜屑及杂物清洗后注入新油，以后除随时补足油位外，每年更换新油一次。

（4）各滚动轴承，使用钙基润滑脂，每年更换新脂一次。

（5）定期检查传动皮带的张紧度，一般用拇指按压三角带，胶带如下垂 10～30mm 则张紧度适宜，否则应移动电机、重新调整。

（6）每年茶季结束后，应进行一次全面拆洗和维护，更换已经损坏或已经过度磨损的零件。

3. 松包筛末机注意事项

打散松包后，在作业结束后，要及时清理茶末，若有辅助加热功能部件的，要注意使用时勿触碰热风管道，并保持加热部件及管道清洁干净，防止异味吸入。

实 验 八 茶叶干燥设备的使用

一、引言

干燥是茶叶加工过程中必不可少的步骤。干燥的目的是使茶脱去一定的水分，挥发出茶叶固有的香气。茶叶在受热、失水的情况下，内含物质起一系列化学变化，并呈现一定的外形。干燥的茶叶在贮藏、运输过程中不易发霉变质。目前常用的干燥方法有三种：一是焙笼干燥；二种是炒干；三是用烘干机烘干。其中，炒干和烘干机的应用范围是比较广泛的，焙笼干燥以手工茶为主，如武夷岩茶焙火提香时使用。

随着茶叶机械的不断发展与壮大，烘干机产品也发生了较大变化，产品性能有了新进展，并取得了引人注目的成绩。茶叶烘干机主机都采用常压式，热空气由下向上运动，顶部敞开。按设计不同可分为手拉百叶式、自动链板式和振动流化床式（也称沸腾式）、提香机等多种设备。

二、内容说明

1. 手拉百叶式烘干机

手拉百叶式烘干机的特点是间歇烘干作业，小巧灵便，价格低廉，适应小型茶叶加工厂。该机由烘箱、风柜、送风装置、热风炉等组成。

（1）烘箱 为角钢和钢板制成的长方形箱体，箱体的顶部是敞开的，便于上叶及水蒸气的逸出，箱内装有5~7层为网眼状的金属丝帘百叶板，每层由9~15块百叶烘板组成。相邻两层的百叶板重叠方向相反，使茶叶下落时水平方向不产生位移。每块百叶板小轴穿过箱体，一端与双摇杆机构的摇杆相连，每层的摇杆全部铰接在手拉杆上，手拉杆控制百叶板翻动。通过操作手柄，将小轴转动90°，使百叶板分别处于水平状态和垂直状态。水平状态可摊放茶叶，垂直状态茶叶便翻落到下一层百叶板上。箱体下部设有出茶口，茶叶落入底部的滑板式出茶斗出茶。

（2）风柜 用于均匀分配热风。风柜中装有可调的分风板，可以改变进入箱体上、下层的热风量，达到调整上、下层风温和风量的目的。

（3）热风炉 热风发生炉有金属热风炉、液化气燃烧炉等多种类型。

2. 自动链板式烘干机

自动链板式烘干机的特点是：分层进风，适合于任何茶类烘干；茶叶自上而下自动翻动下落，与热风形成交错式热交换；热输送带设计，快速提高叶温和烘干前期的失水速度；各组链板运动速度不同并且可调；烘箱体底部设自动清扫漏叶装置。

自动链板式烘干机由上叶输送带、烘箱、百叶链板、扫茶器、匀叶轮、传动机构与电机、送风装置、加热装置（热风炉）、无级变速器等组成。

（1）上叶输送装置 与百叶链板同规格的百叶输送链板，为热输送带，与地面成30°~45°倾角，前面设有上料工作台，湿物料由此处加入，前端设有可调节物料摊放厚度的反向翻转的匀叶轮，底部配置活动门，可及时将风道中积聚的物料排出机外，输送装置与烘干机最上一组烘板连成一个循环（也有不与烘干机最上层链板相连，独立设置上叶输送装置的），使茶叶在输送过程中就已进入预热阶段。

（2）烘箱 由钢板和角钢组成的长方形箱体，双层衬板隔热保温，箱体两侧装有检视门，门上镶有有机玻璃用于观察。烘箱内设置分流板和活动风门，将集中的热风分散开，并按比例送到烘箱各层中。箱体上叶端与输送装置相连接，箱体后端是热风进口。烘箱内上下层的进风量可以进行调节，使热风温度分布均匀合理。烘箱两侧壁上各有一条搁板，用于支撑百叶链水平滑动，在烘箱两端的搁板各留一段略大于百叶板宽度的缺口，搁板缺口前设置挡风器以减少百叶板翻转时热空气的逃逸。

（3）百叶链板 由大号的套筒滚子链和百叶链板组成，是一条循环回转链板，上下层都能摊放茶叶，百叶板由镀锌钢板制成，板上密布孔眼。每块百叶板套在心轴上，而轴颈两端伸出套在曳引链上，每组的烘板都套在联成环状的曳引链上，曳行链由链轮带动，带动链板移动。一条循环回转的百叶链之所以能摊放茶叶，主要是由于烘箱两侧壁上各有一条搁板，百叶链在搁板上水平滑动。烘干过程茶叶自上而下下落的原理：当百叶板运动到箱体另一端近链轮处，出现一个略大于百叶板宽度距离的搁板缺口，链板因失去支撑而掉落为垂直状态，茶叶也随之落到同一循环链的下层，如此一层层下落，直到最后一层链板的下层到烘箱前端，落入出茶轮而排出箱体外；箱体底部设有自动清扫装置，能自动不断地扫除漏下的碎末。

（4）传动装置　由电动机、无级变速器，减速传动机构组成。采用单调式无级变速器，通过改变单个皮带轮直径而改变传动比，调节百叶链板速度以及烘干时间。有的烘干机直接用变频调速电动机来拖动。

（5）送风装置　由离心式鼓风机、吸风管、调节风门、压风管组成。以送风式（风机位于热风炉前端）较为合理，使炉管保持正压，防止烟气窜入炉管内进入烘箱污染茶叶，而且风机轴承工作温度较低，使用寿命较长。吸风管上装有冷风门，调节冷空气的进风量，与热风混合后，达到烘干所需要的温度；风机出口到烘箱的连接管道为压风管。为了达到分层进风的目的而设计的压风管，外形仍采用方形喇叭口，其高度略低于烘箱的高度。在压风管内部设有三块分风板，分别连接在三根轴上。轴的一端伸出管外装有调节手柄，转动各手柄能分别调节烘箱内各组链板之间的风量，以达到向烘箱内均匀送风的目的，在喇叭口上装有一温度计，以测定烘箱的进口温度。

（6）加热装置（热风炉）有金属热风炉、蒸汽换热器、电加热等多种类型。

3. 提香机

提香机常用于闽南乌龙茶初烘，还常用于茶叶后期的提香，通过一定时间的烘烤，使茶叶发挥出香气。这种烘干机采用箱内全循环热风烘焙，风压平稳，操作简单，烘茶质量良好。由于透气性良好，烘干的茶叶外形完整紧结、色泽砂绿、汤色金黄、香气清香、叶底明亮，其烘制质量优于多层烘干机，但热效率较低。该机主要由箱体、烘盘、加热系统和排湿系统、电控箱等组成。

（1）箱体　外部采用优质冷轧钢板，内壁选用优质纯不锈钢材料制造而成，中间铺硅酸铝纤维等材质隔热保温层，烘箱门四周配用医用硅橡胶为密封材料，无色无味，符合食品卫生要求。箱体顶部开有排气口，并装有排湿风门；顶部还安装有风机，便于箱体内的热空气循环。烘箱底部安装有行走轮，便于移动。

（2）烘盘　主要有两种：一种是圆形盘，框架为竹或木制，采用不锈钢网作烘盘。采用旋转式，将其置于烘箱内的烘架上，底部安装有旋转电机，在加热烘干时会随设定速度进行转动，更利于均匀烘干茶叶，拿取烘筛时，需将旋转架的大口朝箱门方可取出烘筛；另一种是方形盘，用镀锌钢板制成，烘盘用冲孔板。采用抽屉式，一般用于闽北，闽西等小批量生产无需用链板式烘干机时的烘干作业，有利于节省成本。将茶盘架放在烘盘架推车上，有插销将车和架连接，装好茶叶后推到提香机门口，推车上导轨和箱内导轨对上，取出插销将架推入箱内，出茶时用专用拉钩将茶盘架拉上推车，插上连接插销，移至另处冷却。

（3）加热系统　加热元件有管状内置不锈钢加热元件或电炉丝，其分布有两种方式：一种是在箱体一侧或两侧面安装加热元件，通过顶部风机吹入冷空气经过加热元件加热后，吹入箱体内干燥茶叶，并从中间排气口排湿。另外一种是在顶部安装电炉丝，配有大风轮电机，通过将冷空气吹过加热元件加热，经侧面风道输送到箱体内，侧面管道一般安装 2~3 组导风板，使箱内温度均匀。

（4）电控箱　包括电源开关、启动开关、旋转开关（旋转式烘筛）、温控器、时间定时器、限温器、报警器等，温度、时间设定一般按"＋""－"即可，限温器采用旋钮式，一般要求比设定温度高 20℃ 左右，操作简单，方便安全，性能稳定。

三、实验原理

茶叶水分干燥过程中，首先叶表面的液态水吸收热量汽化成气态水，并且向周围空气中扩散（即蒸发）；然后叶子内部的水分向叶表扩散或渗透，再蒸发，如此循环直至干燥。这两个过程是相互关联且连续的。茶叶干燥方法很多，如按干燥设备给热量方式可分为对流加热、传导加热、其他（辐射加热、高频加热）等多种传热方式。按干燥操作压力分为常压式和真空式两类，真空干燥设备则多为传导传热和辐射传热，而常压干燥设备传热可以采用任何一种或者几种形式同时传热。在常压干燥中，以传统的热风干燥设备为代表，其依靠加热使水分蒸发达到脱水的目的的一种最普通、最常见、最简单的干燥方法。热风干燥技术本身的技术特点是：干燥的介质是空气，利用风机的动力，将已加热的空气打到干燥室内。烘干过程是热空气与茶叶进行质热交换的过程，热干空气放出热吸收水分，茶叶吸收热量而蒸发水分。被干燥物是利用常压空气供热使物料和内部的水分脱干，是依靠热空气中温度条件下不饱和蒸汽压力与饱和蒸汽压力差蒸发出水分并随着热空气排出干燥箱外。

四、实验目的

掌握茶叶的干燥设备，测定干燥设备有关技术参数，进一步提高茶叶品质。

五、材料与设备

1. 材料

待烘干茶叶、计时器等。

2. 设备

手拉百叶式烘干机、自动链板式烘干机、提香机。

六、方法与步骤

1. 手拉百叶式烘干机操作使用

（1）烘干前 30min 生火。检查鼓风机运转是否正常。用手拉动各层百叶板，看看是否灵活，并清理百叶板。百叶板拉手操作顺序要从下而上逐层拉，以避免万一机内有茶叶而发生堵塞现象。

（2）当金属炉内的热量稍有积蓄后即开启风机，对烘箱进行预热。

（3）热空气应无烟味，当温度达到要求时，方可上叶烘干。用手工在顶部第一层均匀摊叶。靠近进风口的一边，可适当厚一点，因为进风口处温度较高，且风力会吹薄叶层。发现茶叶揉捻条索不紧结、解块不充分或发酵叶发酵不当时，要及时提出。

（4）过 2~3min 把第一层的茶叶翻到第二层，再在第一层上摊叶，如此按顺序操作。应记住，操纵百叶板拉手必须从下而上，逐层拉动。

（5）当茶叶翻到第五层时，可阻在检视窗上检褪茶叶烘干程度。如果不到六成干，必须稍停 1~2min 再检查，直至符合毛火干度方可下机。

（6）烘干的温度和时间，一般烘二青时温度要高一些，大约120℃；作为复火，温度在 80℃ 左右。烘干时间取决于工艺要求的干燥程度。毛火叶应摊晾 30min 以上。将摊凉叶按先后顺序进行足火。操作方法如前所述。足火铺叶层可厚一些（30~40mm）。

（7）烘茶结束前 5min，停止向热风炉内添加燃料，利用炉内剩余的燃料及炉体积蓄的热量烘干茶叶。

（8）烘茶结束时，退尽炉灶的余火，待炉体冷却后，再关闭风机。

2. 自动链板式烘干机操作使用

（1）检查各层烘板，使之处于正确翻转方向，不得反向。检查调整各层烘板曳引链及集料器曳引链，使之松紧正常。

（2）试车中要调节传动变速装置上的调速手轮，慢速、快速均应运转。

（3）热试车时要观察有无漏烟现象，如发现漏烟则要仔细检查并用石棉加以填堵。

（4）在加工过程中，应适当提前开启烘干机预热。启动烘干机，点火生炉后当进风温度达到设定温度时，可以进行上料烘干。

（5）在烘干过程中，要特别检查第一次出料茶叶含水率是否达到工艺要求，进而条件转速或进叶厚度。

（6）烘干作业完毕，待热风温度下降到 60℃ 以下时关闭风机，出清炉中余火，让烘箱内残存茶叶出净后，停止主机运转，检查烘箱底部有无漏叶堆积，如有要清扫干净，以防起火或出现焦味。

3. 提香机操作使用

（1）开机前应检查机内有无残留物或其他物品，如有，应予以清除；检查风管，防止风管被杂物堵塞而影响通风；检查一切均正常后先关掉风机。

（2）打开烘干机电源开关，选择"自动"位置。按工艺要求调整设定好所需的时间和温度。通过" + "" – "来设定好所需的时间和温度。调节限温器温度旋钮使箭头对准所需要温度的位置，超温保护设定要比所需温度高 20℃。

（3）按下启动按钮，机器进入工作状态，温度达到要求时，将茶盘放入箱体，打开旋转电机开关（旋转式烘盘提香机），进行加热提香作业。茶叶铺放在烘盘上要求均匀，厚度适当。按下停止按钮，烘焙机进入待机状态。若温度上升比较慢，应检查电机转向是否跟顶部的电机所标方向一致。如果不一致应调换进线电源相序。

（4）自动线路工作不正常时可先备用或手动线路与限温器配合使用。

（5）烘焙完成后，系统自动停止并报警响铃，按下"关"键，断开电源。

七、结果与讨论

（1）掌握手拉百叶式烘干机、自动链板式烘干机、提香机的运行原理，熟悉它们的操作方法及安全注意事项。

（2）比较三者烘干机在工作效率上有何区别。

八、注意事项

1. 手拉百叶式烘干机

（1）手拉百叶式烘干机因传动部件少，故障率较低，但应注重茶叶的烘干质量。该设备使用劳动强度较大，需要两个人配合，特别要注意手拉百叶式烘干机因靠工人人工控制每一层烘干时间，不要有遗落或时间不定而影响茶叶品质，要保证品质稳定性。

（2）如果烘干茶叶有焦味，可能是烘干的温度过高及烘干时间过长引起的，操作时打开冷风门，降低烘干温度。如果茶叶有烟味可能是热风炉有漏烟现象，检查热风炉烟道和炉胆，消除漏烟点。

（3）茶叶干燥不匀可能是百叶板变形造成的，应将百叶板修理平直后再使用。

2. 自动链板式烘干机

（1）经常检查烘板工作位置，不得有位移、卡住和倒置情况。

（2）运行中应经常检查风机、变速装置各传动部件轴承的温度情况，电动机温度不得超过标牌上标明的规定值；滚动轴承的温度不得超过50℃，最高温度不得超过90℃；滑动轴承温度不得超过35℃，最高温度不得超过90℃，变速箱油温不得超过40℃。

（3）在调整烘板链条张紧度时，应保证左右两边张紧度一致，对电源及电热元件进行定期检查，以确保用电安全。

3. 提香机

（1）必须配备功率与烘焙机功率相当的导线和闸刀。

（2）上、下干燥程度不均匀时，可以调整烘箱侧面导风板角度。

（3）风力小时，可检查电机转向是否和箭头标识相符，如出现反转现象，则需调整相位。

（4）已达到设定温度仍继续加热，检查电炉丝接触器是否正常开、闭，如不正常则更换。

（5）加热过度或不加热，检查电炉丝是否烧断，若烧断则更换电炉丝；检查电炉丝接触器通电性是否正常，如不正常则更换接触器。

参 考 文 献

［1］金心怡，陈济斌，吉克温．茶叶加工工程［M］．北京：中国农业出版社，2003.

　　[2] 金心怡, 李尚庆, 齐桂年. 茶叶加工工程 [M]. 北京: 中国农业出版社, 2014.

　　[3] 罗学平, 赵先明. 茶叶加工机械与设备 [M]. 北京: 中国轻工业出版社, 2015.

　　[4] 邵鑫, 鲍智鸿, 吴新道. 茶叶机械 [M]. 北京: 中国农业出版社, 2011.

　　[5] 古能平, 潘龙波, 唐永宁. 茶叶标准化生产加工技术 [M]. 北京: 中国农业大学出版社, 2014.

　　[6] 安徽农业大学. 制茶学 [M]. 2 版. 北京: 中国农业出版社, 1999.

　　[7] 金心怡, 郭雅玲, 孙云. 摇青不同机械力对青叶理化变化及乌龙茶品质的影响 [J]. 福建农林大学学报: 自然科学版, 2003 (2): 201 – 204.

第十章 茶文化实验

实 验 一 绿茶茶艺实践

一、引言

绿茶是中国历史最久、产量最大、产区最广的茶叶种类,属于不发酵茶,其特征是清汤绿叶。绿茶的制作大多经过杀青、揉捻、干燥三步。根据杀青和干燥方式的不同,绿茶分为炒青、烘青、蒸青、晒青四类。由于没有经过发酵,绿茶保留了新鲜茶叶中的大部分天然物质,冲泡后茶汤清绿,味道鲜爽。绿茶中的名优品种有西湖龙井、碧螺春、黄山毛峰、太平猴魁、六安瓜片、信阳毛尖、竹叶青、庐山云雾、蒙顶甘露、都匀毛尖等。根据形状不同,绿茶可分为扁形、针形、条形、卷曲形、圆形、片形等。

二、内容说明

为了充分展现绿茶冲泡后的舒展形态,可选用透明的玻璃杯来进行茶艺展示。而选用白色瓷杯冲泡碧螺春、信阳毛尖等细嫩绿茶,则更能体现其茶汤的嫩绿鲜亮。炒青绿茶和烘青绿茶则更适合使用保温性能较好的盖碗瓷器进行冲泡。

杯泡茶艺适用于名优绿茶的冲泡,透明的玻璃杯便于欣赏名茶的外形之美和茶汤的颜色变化。根据茶条松紧不同,分上投法、中投法、下投法三种投茶方式。

杯泡上投法是泡茶时先在杯中注入足量的热水,然后投入茶叶。这种投茶方式可以避免茶叶因水温过高而被烫熟的问题。上投法通常适用于条索纤细、芽叶细嫩的茶叶,如碧螺春、信阳毛尖、蒙顶甘露等。

杯泡中投法是泡茶时先在杯中注入一部分热水,接着投入茶叶,再注入热水。这种投茶方式在一定程度上避免了水温偏高带来的弊病。中投法对茶叶的选择性不是很强,适用于黄山毛峰、庐山云雾等绿茶。

杯泡下投法是泡茶时先往杯中投入茶叶,然后注入热水。这种投茶方式冲泡出来的茶叶舒展较快,茶香散发完全,茶汤浓淡均匀。下投法适用于芽叶肥壮的绿茶,如西湖龙井、太平猴魁、六安瓜片等。

三、实验目的

熟悉绿茶茶艺程式,掌握绿茶杯泡、壶泡、盖碗茶艺。

四、材料与设备

开水壶、茶样罐、玻璃杯、开水壶、茶盘、茶样罐、茶荷、品茗杯、盖碗、公道杯、滤网、茶道六用、水盂、随手泡。

五、方法与步骤

1. 碧螺春杯泡茶艺

碧螺春茶产于江苏太湖之滨的洞庭山，以"形美、色艳、香浓、味醇"驰名海内外。碧螺春茶十分娇嫩，以清明前采摘的明前茶最为名贵。炒制出的碧螺春成茶卷曲成螺，满身暗毫，银白隐翠；冲泡之后的茶汤清亮翠绿；叶底嫩绿明亮，口感鲜醇甘厚，回味甘爽绵长。

（1）备具 准备玻璃杯、开水壶、茶盘、茶样罐、茶荷等泡茶用具。

（2）涤器 向玻璃杯中注入1/3杯的开水，转动手腕温杯。然后将玻璃杯中的水倒掉。

（3）赏茶 用茶匙取出置量茶样罐中的碧螺春茶，置于茶荷勾，双手持茶荷供鉴赏茶叶。

（4）注水 往玻璃杯中注水，以七分满为佳。水温控制在75～85℃。

（5）投茶 用茶匙将茶荷中的碧螺春茶拨入已经注水的玻璃杯中。

（6）静置 静待茶叶缓缓沉入杯底。让客人欣赏茶叶不断舒展、茶汤逐渐变绿、茶水交融变幻的过程。

（7）奉茶。

2. 太平猴魁壶泡茶艺

太平猴魁产于安徽太平湖畔的猴坑一带，是尖形烘青绿茶中的极品。太平猴魁的成茶平扁挺直，两头尖，不散不翘不卷边，冲泡时芽叶舒展，有龙飞凤舞之姿。泡好的茶汤清绿，叶底嫩绿鲜亮，口感清润甘爽。

（1）入境 寻得一处静雅之地，摒除杂念，静心入境。

（2）赏茶 观赏太平猴魁干茶。

（3）淋壶 用温水浇淋壶身，以清洁茶壶。

（4）投茶 太平猴魁叶形较大，可逐片拣入。

（5）注水 往壶中注入热水，最佳水温为85℃，茶与水的最佳比例为1∶50（质量体积比），静置片刻，使干茶得以充分浸润。

（6）分茶 将冲泡好的茶汤倒入公道杯中，再壶中，分入各茶杯。

3. 西湖龙井的盖碗茶艺

盖碗泡饮法适于泡饮中高档绿茶，如1～2级炒青、珠茶、烘青、晒青之类，重在适口、品味或解渴。茶具准备有品茗杯、盖碗、公道杯、滤网，此为主泡茶具；茶道六用、茶罐、茶荷，此为辅泡茶具；水盂、随手泡，此为助泡茶具。

（1）恭请上座 恭请客人上座，向客人行礼。

（2）回旋烫杯 向碗中注水七分满，以温润盖碗，并按顺时针方向回旋一周，然后将水倒出。

（3）初赏仙姿　用茶匙将茶叶从茶罐中取出，放入茶荷内，请客人赏茶。

西湖龙井以清明前采制的为最佳，谷雨前采制的次之，谷雨之后的最差，可谓"烹煎黄金芽，不取谷雨后"。

（4）龙入晶宫　采用中投法或下投法，用茶则将茶荷内的西湖龙井茶叶缓缓拨入碗中。

（5）有凤来仪　西湖龙井茶极其细嫩，100℃沸水冲泡易烫熟茶芽，熟汤失味，因此，冲泡时打开壶盖，水温可降至80℃，茶汤才能色绿香郁，鲜爽甘美。用"凤凰三点头"的方法冲泡，水壶高低冲水，三起三落，好似凤凰"三点头"致意，注意节奏的和谐。

（6）自有公道　将茶汤从盖碗中倒入公道杯，称为"出汤"，出汤时要遵循自然规律，让茶汤慢慢滴尽。再将茶汤均匀地分入各品茗杯中，分茶入杯，一视同仁，杯杯情浓。

（7）辨香识韵　赏色闻香，感受西湖龙井茶隐隐飘出的清香馥郁的嫩豆香。

（8）一品甘露　在细细品啜中感受西湖龙井茶甘醇鲜爽的"兰花豆香"，饮罢回味无穷。西湖龙井茶可冲泡三次，以第二泡的色、香、味为最佳。其味清淡高雅，需细细品味。

六、结果与讨论

绿茶可用杯泡、壶泡、盖碗等茶艺冲泡，利于绿茶的色、香、味的发挥。

七、注意事项

绿茶可用壶泡茶艺。冲泡绿茶不宜用紫砂壶，因紫砂壶的保温性能好，容易焖黄绿茶。相对来说，白瓷茶壶适用于冲泡一些纤维素多、耐冲泡、茶味浓的绿茶，如太平猴魁。在壶泡茶艺中，为了避免焖熟茶叶，瓷壶一般不加盖。

实 验 二　红茶茶艺实践

一、引言

红茶属于全发酵茶，其茶叶呈乌黑或偏红褐色，冲泡后的茶汤呈鲜红或橙红色，叶底红亮，滋味醇和，带有水果香气。红茶的制作分为萎凋、揉捻、发酵、干燥四步，其中发酵是最为关键的工序。红茶种类多样，中国红茶主要有小种红茶、工夫红茶和红碎茶三种。

二、内容说明

在我国生产红茶，颇有名气的有祁红、滇红、宁红、闽红等。红茶饮用有清饮法和调饮法之分。清饮，追求的是茶的真本味，即在茶汤中不加任何调料，使茶发挥本身固有的香气和滋味。调饮，则在茶汤中加入调料，以佐汤味。红茶香气高远，其冲泡的关键在于注水后茶叶能充分地跳跃回旋。一般来说，水温越高，茶叶的运动越活跃。因此，红茶茶艺以选用保温性能好的圆形茶壶为佳。

三、实验目的

熟悉红茶茶艺程式，掌握红茶壶泡、清饮盖碗茶艺。

四、材料与设备

盖碗、公道杯、滤网、品茗杯、茶叶罐、茶荷、茶匙、茶巾、煮水器、水盂、瓷壶、开水壶。

五、方法与步骤

1. 红茶清饮盖碗茶艺

（1）备具　200mL左右盖碗一个、公道杯、滤网、品茗杯、茶叶罐、茶荷、茶匙、茶巾、煮水器、水盂。

（2）赏茶　祁红工夫茶条索细秀而稍弯曲，有锋苗，色泽乌黑泛灰光，俗称"宝光"。滇红工夫茶属大叶种类型的功夫茶以外形肥硕紧实、金毫显露和香高味浓的品质著称于世。滇红工夫茶条索肥壮紧结，重实匀整，色泽乌润带红褐，茸毫特显，其毫色可分为淡黄、菊黄、金黄等类。宁红工夫茶条索紧结、圆直、有毫，略显红筋。闽红工夫茶系白琳工夫茶、坦洋工夫茶和政和工夫茶的统称，均系福建特产。白琳工夫茶条索紧结纤秀，含有大量橙黄白毫，具有鲜爽愉快的毫香。坦洋工夫茶外形细长匀整，有白毫，色泽乌黑有光。

（3）洁具　以开水沿茶杯内壁冲入，水量约总量的1/3，右手提腕断水。接着右手持杯把，左手食指、中指和无名指托杯底，右手手腕逆时针转动，双手协调使茶杯内部与开水充分接触，洗涤后将水倒入水盂，放回茶杯，以洁净茶具，并用于温杯。

（4）置茶　置茶4～5g。用茶匙将茶叶依次拨入茶杯中，茶水比条红茶为1∶（50～60），红碎茶为1∶（70～80）。

（5）温润泡　向杯中注入1/2的沸水，10s左右将温润泡的茶水倒入水盂。

（6）冲泡　将100℃开水沿碗壁高冲入碗。注意细嫩红茶水温90℃；粗老红茶水温100℃。

（7）分茶　静置30～50s后，端起盖碗轻轻摇晃，待茶汤浓度均匀后倒入公道杯中，再采用循环倾注法——倾注入杯。

（8）奉茶。

（9）品茶　清饮红茶的品饮，重在领略它的香气和滋味。端杯开饮前先闻其香，再观其色，然后才是尝味。圆熟清高的香气，红艳油润的汤色，浓强鲜爽的滋味，让人有美不胜收之感。

2. 祁门红茶壶泡茶艺（白瓷壶）

祁门红茶产于安徽祁门县，是中国传统工夫茶中的珍品，也是出口红茶的主要品种。

祁门红茶茶叶条索紧秀，色泽乌黑泛灰光。冲泡后的茶汤色泽红艳。叶底嫩软红亮。香气浓郁，有明显的甜香。有的高档祁红还蕴藏有苹果香和兰花香，被誉为"祁门香"。

（1）备具　将瓷壶、公道杯、品茗杯、茶荷、茶匙、开水壶等茶具有序地摆放整齐。

（2）赏茶　双手托茶荷，展示祁门红茶茶。

（3）烫壶　用热水浇淋白瓷茶壶内外，然后将茶壶中的水倒掉，达到清洁、温具的效果。

（4）投茶　用茶匙将适量的祁红茶叶拨入瓷壶中。

（5）洗茶　向瓷壶中注满热水，然后盖上壶盖，将壶中的水倒掉。

（6）冲泡　向瓷壶中高冲热水，使茶叶在瓷壶中翻滚跳跃。

（7）分茶　将冲泡好的茶汤倒入公道杯中，再分入各品茗杯中。

（8）奉茶　将品茗杯双手敬奉给品茶人观赏、闻香、品饮。

六、结果与讨论

红茶壶泡、清饮盖碗茶茶艺冲泡，利于红茶和绿茶的色、香、味的发挥。

七、注意事项

在冲泡前，茶壶要经过烫壶的过程。不同类别红茶的色、香、味有所差异，选择合适的茶具可以更好地展现其特点。如正山小种有一种松烟气，用紫砂壶冲泡可以使其香气更为柔和纯正；祁红具有"宝光、金晕、汤色红艳"的特点，宜用白瓷茶具冲泡，用玻璃茶具赏茶汤；滇红工夫茶冲泡后的茶汤与茶杯接触处显金圈，因此适合用玻璃茶具或盖碗赏茶汤。

实 验 三　乌龙茶茶艺实践

一、引言

乌龙茶是一种半发酵的茶，滋味和香气是其品质最主要的因子。乌龙茶有三种含义：一是茶树品种；二是用乌龙茶树品种加工成的乌龙茶；三是制法相似的一类茶类名称。按产茶省份分为福建、台湾、广东三地，其最大的差别在于发酵程度的高低。福建乌龙茶分为闽北乌龙茶和闽南乌龙茶。闽北乌龙茶以武夷岩茶（大红袍）最为著名。根据茶树品种命名，如水仙、肉桂、奇种、大红袍。闽南乌龙茶按照茶树品种有铁观音、永春佛手等，台湾乌龙茶分为包种茶和东方美人茶，广东乌龙茶分为凤凰单丛和饶平水仙等。

二、内容说明

闽北乌龙茶主要产于福建北部的武夷山，以茶王大红袍和四大名丛——铁罗汉、白鸡冠、水金龟、半天妖为代表，其中又以大红袍最为名贵。闽北乌龙茶外形呈条状，焙火足，香气高，滋味厚，适合用宜兴紫砂壶冲泡。闽南乌龙茶以产于福建安溪的铁观音为代表，冲泡后的茶汤颜色明亮，适合用白瓷茶具冲泡，也可用紫砂茶具来配合其花香高爽的香味气质。广东乌龙茶以产于广东潮安凤凰山的凤凰单丛茶为代表，此茶条形秀美，香气怡人，适合用潮汕朱泥茶壶冲泡。上等的凤凰单丛茶也可用白瓷茶具赏茶形、看汤色。台湾乌龙茶以产于台湾南投县鹿谷乡的冻顶乌龙茶为代表，多呈半球形，适合用台湾当地所产的瓷质茶具冲泡，也可用紫砂茶具组合冲泡。

三、实验目的

熟悉乌龙茶茶艺程式，掌握潮汕工夫茶、武夷岩茶盖碗茶艺。

四、材料与设备

白瓷小杯、红泥炉火、木炭、电热壶、砂铫、茶船红泥茶船、青花瓷茶船、炭夹、羽扇、水钵、茶叶罐、茶巾、盖碗、茶荷、品茗杯、随手泡。

五、方法与步骤

1. 潮汕工夫茶泡饮

茶杯最好用内白瓷、外朱泥的小杯，使杯、壶风格协调一致。红泥炉火木炭煮火，别有韵味。若求简便，也可用电热壶或电炉取代。砂铫用电炉代替红泥火炉，上置砂铫煮水，实用方便。茶船红泥茶船最佳，青花瓷茶船也可。其他茶具如用木炭煮水，则需配以炭夹、羽扇，或加水钵。此外还有茶叶罐和茶巾。

（1）泥炉生火，砂铫淘水，揽炭煮水　泡茶用水贮存在瓷制的水钵中，泡茶时用竹筒或椰瓢舀出，倾入砂铫，放置炉上煮开。火炉要放在距离泡茶者七步远的地方。

（2）开水热罐，再热茶盅　"罐"是冲罐，即茶壶。盅即茶杯。端来开水，淋罐淋杯，使罐和杯都热起来，其作用在于起香。

（3）茗倾素纸，壶纳乌龙　裁剪成四方形的白纸，称"纳茶纸"，是有过去的"茶泡"（将茶装成很多的小包，每包刚好冲泡一次）的外包装纸演化而来。

（4）纳茶　打开茶叶罐，将茶叶倾在纳茶纸上，再将纳茶纸上的茶叶倾如茶壶中，这个过程称为"纳茶"。

（5）提铫高冲　提起砂铫，揭开壶盖，将沸水环壶口、缘壶边冲入。切忌直冲壶心，不可断续，不可急迫。提铫高冲，才能避免涩滞的毛病。首次注入沸水后，立即倾出壶中茶汤，除去茶叶中的杂质，这个步骤为"洗茶"，倾出的茶汤废弃不喝。

（6）壶盖刮沫，淋盖去沫　洗茶之后，再提铫高冲，水要注满，但不能让回茶汤溢出，这时茶沫漂浮，突出壶面，用壶盖平刮壶口，是茶沫散坠，盖好，再以沸水遍淋壶上，既可冲掉剩余的茶沫，也可壶外追热，使茶香充盈壶中。

（7）烫杯、滚杯　烫杯时，最重要也最能体现工夫茶的美感——"滚杯"。淋杯之后，将一杯侧置于另一杯上，中指肚勾住杯脚，拇指抵住杯口并不断向上推拔，使杯上之杯作环状滚动，发出清脆的撞击声，声声入耳。

（8）低洒茶汤　洒茶注意低洒，防止茶香散发快，并可避免杯中起泡沫。

（9）关公巡城　均匀洒茶汤，如关公骑马来回驰骋。

（10）韩信点兵　洒茶时要做到余汁滴尽，保持茶汤均匀，手提茶壶，壶口向下，对准茶杯，回环往复，务必点滴入杯。

（11）三杯嗅底　饮毕，三杯嗅底，享受茶香的同时可以鉴别茶质的优劣，优质茶叶，杯底香味仍然十分明显。

在以上基础上，增加"茶具讲示""茶师洗手""甘泉洗茶"，便成完整的二十一式。潮州工夫茶茶艺的理念定位是：顺其自然、贴近生活，简洁节俭。

2. 武夷岩茶盖碗茶艺

（1）洗杯　白鹤沐浴　用开水洗净茶杯，提高杯温。

（2）落茶　乌龙入宫　投茶在武夷山称之为"落茶"，投茶量一般 5 ~ 7g。

（3）冲茶　高山流水　把开水壶提高向杯中注入开水，冲茶时最好能使茶叶随开水在杯中旋转。

（4）刮沫　春风拂面　用杯盖刮去浮在杯面的泡沫。武夷岩茶第一泡时泡沫较多，称为洗茶，一般不喝。

（5）巡查　关公巡城　泡茶 1 ~ 3min 后把盖碗中的茶汤依次倒进嘉宾的品茗杯。

（6）点茶　韩信点兵　将盖碗中剩余的茶汤点点滴入各个品茗杯中，使每杯茶都浓淡均匀。

（7）看茶　赏色闻香　先观茶色，再闻杯盖留香。

（8）品茶　吸啜甘露　边啜边嗅，浅尝细品，方可品味武夷岩茶的奇妙之韵。

六、结果与讨论

紫砂壶具最适用于乌龙茶的茶艺。乌龙茶通常焙火较重，而透气性能好的紫砂壶具能吸取茶中部分火气，且不失茶的原味，保留了茶的真香真味。大红袍、铁观音等乌龙茶中的代表茶品都可用紫砂壶来冲泡。

七、注意事项

纳茶量：凤凰单丛纳入占茶壶容积的 70% ~ 80%，如遇初尝之客，纳茶量酌情减少，浸泡时间也缩短；福建乌龙茶纳入占茶壶容积的 40% ~ 50%；台湾乌龙茶纳入占茶壶容积的 30%。

实 验 四　无我茶会实践

一、引言

无我茶会最早是由台湾蔡荣章先生创办，大家自备茶具，席地围成圈泡茶，喝完约定泡数，结束茶会。

二、内容说明

围成圈圈，人人泡茶，人人奉茶，人人喝茶。抽签决定座位，无尊卑之分。依同一方向奉茶，无报偿之心。自备茶具、茶叶与泡茶用水。事先约定泡茶杯数、次数、奉茶方法，并排定会程。接纳、欣赏各种茶，无好恶之心。努力把茶泡好，求精进之心。无需指挥与司仪，遵守公共约定。席间不语，培养默契，体现群体律动之美。泡茶方式不拘，无流派与地域之分。

三、实验目的

熟悉和掌握无我茶会形式、做法及精神。

四、材料与设备

坐垫、壶或碗、杯子、茶盅、茶罐、茶杓及茶筅、泡茶用水及保温瓶、计时器或手表、茶巾、茶叶。

五、方法与步骤

无我茶会一开始，大家抽签就位，把茶具摆设完毕，起身茶具观摩与联谊，联谊一段时间后，接下是回座位开始泡茶。泡完第一道，起身奉茶。奉完第一道茶，喝第一道茶。接着泡第二道，奉第二道……，这以后的动作一个接一个，不必太在意进度表上的时刻，只要与大家保持大约一致的速度即可。

喝完最后一道茶，大家静坐原位，听一段音乐，回味一下茶的滋味，回味刚才大家泡茶、奉茶、喝茶的情景，等乐声消失后，擦拭自己用过的杯子，出去收回自己的杯子，收拾茶具，结束茶会。

六、结果与讨论

无我茶会进行、推广过程，轻松愉快地享受无我茶会。

七、注意事项

做好与会者事前的准备，包括场地情况。做好茶会名称标示，了解座位标示图。就位、泡茶与奉茶。品茗后活动与整理。

实 验 五 茶席设计

一、引言

茶席是茶艺表现的场所。狭义的茶席是单指从事泡茶、品饮或者包括奉茶而设的桌椅或场地。广义的茶席则是在狭义的基础上还包括了茶席所在的房间，甚至房间外的庭院。茶席是茶人本身融入其中的装置艺术，认识、选择、铺陈、摆置茶器以呈现茶艺主题、意境。茶席的意义不仅在于诠释茶器的内涵，而且还能通过茶人对茶席的设计和演绎表达茶器隐逸的文化符号。

二、内容说明

茶空间是茶艺表演的整体环境，茶空间是为艺术的展现茶道美学而存在，茶席布置是其重要环节。茶艺表演员根据茶艺表演的主题、类型，创制茶艺程式，配以茶具、摆放茶器、背景布置来设计茶席。茶席布置的要求是符合所沏茶类的科学规律，设计布置要和谐美观，尤其是茶具组合、排列要合于茶道精神，符合表演主题，特别注意整体布局的统一和谐。

三、实验目的

熟悉茶席设计的原理，掌握茶席设计的方法，可自行设计某类茶席。

四、材料与设备

茶桌、茶巾、茶具、茶器、插花、熏香、字画、装饰品。

五、方法与步骤

设计茶席要符合茶艺表演主题，主题是茶席设计的灵魂，主题统领茶席各个部分、要素统一协调。重艺术型茶艺表演的主题依据不同的表演主体来定，如宫廷茶艺表演、文士茶艺表演、民俗茶艺表演、宗教茶艺表演。也可以不同茶类、应着不同季节来确定茶艺主题，如红茶、普洱茶等。各种名茶如碧螺春、铁观音等，应着季节的更替而成为茶艺的主题，成为茶席设计的灵魂。

茶席是将茶艺表演要表达的思想艺术内涵的外在静置艺术形式，所以茶席设计的原则是要使观赏者迅速、直接、准确地感受设计者的思想意图，那么茶席设计需要直接表现主题灵魂。茶席属于静置艺术，主要是通过视觉审美而完成，直抒胸臆的表达设计才能引起共鸣，直接中可有些许含蓄，但不可太隐晦无法解读，最好紧扣主题，有虚有实，以实为旨，以虚生实，虚实相生，尽可能以较强的视觉冲击力取胜。切忌在设计中一味求美，过多采用委婉隐讳、模棱两可的手法而忽视了主题的直接表达。

茶席设计要根植于茶性，注意实用与艺术统一。中国茶艺注重感官审评和享受，泡茶技艺必须合于茶的自然性、规律性，能将茶叶自然内质发挥到尽致，才能泡出一壶色、香、味、形俱佳的好茶。茶席设计应是泡茶技巧和品茶艺术的完美统一，呈现的是茶美、水美、器美、境美、人美的综合艺术效果，调动一切美学元素去表现、去展示、去渲染、去突出茶的色、香、味、形之美，凸显茶的历史、茶道美学、茶道思想才是根本，切不可主次不分，更不可喧宾夺主。香、花、挂轴等这些辅助元素摆放的位置，更不能抢占了"茶"的主体地位。切记不可堆砌茶道具、装饰品，懂得茶之技艺表达的是茶之道体，以此来进行茶道具的取舍择取。

茶席设计须以人为本，是人的艺术。茶席要符合茶人所体悟的茶道美学，契合茶道思想，同时要合于茶科学，符合冲泡技艺所需，如此才能泡出人们享受、满足的好茶。所以不论是茶席为冲泡绝佳茶汤供人品饮而设计，还是茶席为满足人们的视觉美感而设计，其根本目的都是为了满足人对茶之美的欣赏与体会。所以，茶席设计要将"文、艺、理"融为一体，在此基础上展示茶人独特的个性、情感、意趣。

茶人摆置茶席要契合茶道思想，遵循茶道美学，茶器艺术具体化为茶席布局的装置、造型之美。茶席布局如一首诗，纲领、章法之形决定了情境交融、形质合一之意。布局是在可控的有限空间造型、步设一个尽收眼底的视觉艺术形象，首先要符合茶艺主题所决定的茶人与茶器、茶客与茶器的关系，以茶人泡茶、茶客饮茶为物质要求，以茶人心境、茶道美学体悟、茶道思想解读为精神灵魂。茶席中壶是主、杯是副，主题之壶则必须与茶海、茶托等相互呼应、对比来求得主题表现。若茶席彰显的是壶，同时又要照顾整体茶席的统一和谐，并归纳对应关系，遵循主次呼应、虚实结合、藏漏、简繁、疏密的规律。茶席布局可当作一幅画来创作，中国画讲究整体的意境创造，当意象参差排列而造无一处痕迹之境，便有中国山水画的写意之意趣了。茶席布局之"意象"（茶席上器物）不宜太过绵密，疏朗开阔为好，或有一两处点题即可。茶席的整体色调以简单、和谐、素雅为好，底色和桌子的留白的比例要和谐，茶席的底布既要承担起收敛器物之用，又要给以整体主题表达的意趣，简易但不轻浮无力。在茶布与茶器的设计中间，可应用散点透视、随类赋形和应物象形的造境手法，让茶人、茶客能悠游在茶席摆置里玩味"收敛"之趣。

茶具组合是茶席设计的基础和茶席构成因素的主体。如在茶具的选择上，乌龙茶表演茶艺宜用紫砂壶和小瓷杯，花茶表演茶艺宜用"三才杯"（又称为盖碗），绿茶茶艺表演宜用玻璃杯或"三才杯"。除此以外，泡茶程序、水温、浸润时间等要素也各不相同。所以茶具组合的基本特征包括了科学性和艺术性两个方面。因此，茶具组合在它的质地、造茶具组合一般按两种类型确定：一是基本配置，如壶、杯、罐、则（匙）、煮水器等；二是齐全组合，如备水用具水方（清水罐）、煮水器（热水瓶）、水杓等；泡茶用具茶壶、茶杯（茶盏、盖碗）、茶则、茶叶罐、茶匙等；品茶用具茶海（公道杯、茶盅）、品茗杯、闻香杯、杯托等；辅助用具茶荷、茶针、茶夹、茶漏、茶盘、茶池（茶船）、茶滤及托架、茶碟、茶桌（茶几）等。茶具组合既可按规范样式配置，也称创意配置，而且以创意配置为主。既可齐全配置，也可基本配置。创意配置、基本配置、齐全配置在个件选择上随意性、变化性较大，而规范样式配置在个件选择上一般较为固定，主要有传统样式和少数民族样式。在茶席设计中器具配饰的选择除以上的基本规范，还应把握最重要的一点就是器具的选择一定要与所选茶品适合，符合茶性，做到这点，只要看茶具，基本就知道是什么茶类的茶席。

除了茶具之外，茶席的整体设计自然离不开其他辅助配饰的整合。我国传统文化中的"四艺"——点茶、焚香、捕花、挂画的内容，通常被普遍应用于茶席设计之中，既美化茶席给人以美感，同时也体现茶德精神。

插花可用盆花或植物枝叶，所选插花须契合茶艺表演的主题。表演绿茶茶艺可取淡雅花型，如水仙、山茶、梅、兰、茉莉等，可用吊兰、石竹等植物枝条，也可直接用茶叶芽梢枝条。在表演武夷岩茶、大红袍等乌龙茶类时，可用山水盆景带小型花卉点缀。在演示花茶时则用茉莉花作插花或盆景。无鲜花可取时，也可人造花作装饰，注意与整个表演主题意境相合。

茶空间的挂件以抒发茶情茶意的字画为主，如茶诗词、品茶图等，以一到两幅为佳。根据不同的茶艺表演主题，茶席设计风格，可悬挂有中国特色的中国结和具有乡村民间特色的饰物，如草帽、民族背包、中国结、红灯笼等。

由于熏香会影响茶香的品鉴，故熏香仅在禅茶、佛茶、宫廷茶艺表演中设计。熏香有两种规格即立香、盘香，所配搭的香架不尽相同。香架适宜置放在茶席正前方，或置于表演台上的另一张桌子上。熏香的可选取茉莉花型、檀香型、桂花香型，佛茶、禅茶可选檀香。

六、结果与讨论

茶艺表演根据表演的主题、类型，创制茶艺程式，配以茶具、摆放茶器、背景布置来设计茶席。茶席布置的要求是符合所沏茶类的科学规律，设计布置要和谐美观，尤其是茶具组合、排列要合于茶道精神，符合表演主题，特别注意整体布局的统一和谐。值得注意的是，茶空间环境窗明几净、宁静清雅、设置周全，预备座椅、奉茶处所悬挂字画、插花，布置小型花卉。

七、注意事项

茶席设计要根植于茶性，注意实用与艺术统一。茶席设计应是泡茶技巧和品茶艺术的完美统一，凸显茶的历史、茶道美学、茶道思想才是根本，切不可主次不分，更不可喧宾夺主。香、花、挂轴等这些辅助元素摆放的位置，更不能抢占了"茶"的主体地位。切记不可堆砌茶道具、装饰品，懂得茶之技艺表达的是茶之道体，以此来进行茶道具的择取。

实 验 六 茶馆设计调查

一、引言

茶馆是指提供人们喝茶、品茶的场所，在《现代汉语词典》中对茶馆的解释为"卖茶水的铺子，设有座位，供顾客喝茶"；在《汉语大字典》中的具体解释则为"供顾客饮茶的店铺，有的兼售点心等"。

二、内容说明

茶馆是一个综合体，不仅具有饮茶品茗功能与文化内涵，同时从室内设计专业的角度对茶馆的内部装饰与研究，融合了园林学、心理学、建筑学、地方文学等相关理论。现代茶馆同时也是商务洽谈、聚会、餐饮等场所。

三、实验目的

熟悉茶馆设计，从中得到茶馆在室内设计中传承中国茶文化的启示。

四、材料与设备

茶馆。录音笔、笔记本电脑、相机、随手笔记本、绘图工具、设计软件。

五、方法与步骤

茶馆研究不仅在空间设计和功能设计中的引入和应用，给人营造一种美观的视觉享受，同时也体现出茶馆室内环境中浓郁的文化内涵。茶馆室内设计的审美内容，包括艺术设计方面。并从文化角度探讨茶馆的室内设计，文化在设计中的应用原则和方法，通过现代化的设计思维模式和新技术新材料将传统的东西与现代的设计整合在一起发展，使室内设计的思想走向一个质的飞跃，将设计赋予生命，为茶产业发展服务。

茶馆设计调查具体包括背景条件、主要内容、研究的意义。通过对茶馆概念的界定和对茶馆历史的了解，来洞悉茶馆室内设计的发展和演变历程。探讨文化在茶馆设计中的表达。论述文化在茶馆室内设计中的运用原则和方法。找出设计方法的共性与个性，提出自己调查的设计观点。

六、结果与讨论

研究茶馆室内设计与应用，通过对茶文化、茶馆文化、地域文化等的深入了解，探索一条与茶馆设计相结合的路线，提炼其中的设计方法和设计原则，并且结合典型案例来分析研究茶馆与文化融合所采用的手法和表达方式。

七、注意事项

从茶馆的建筑、园林、室内设计等来研讨，了解茶馆的经营理念、经营特色、经营管理模式及茶文化价值等。

实 验 七 茶具鉴赏

一、引言

宜兴紫砂壶的历史悠久，它始于北宋，成熟于明清，鼎盛于当代。紫砂壶是紫砂陶器的代表，它色泽古朴雅致、素肌土骨、质地坚硬耐用，外观以紫红色为主色调，由于原料的不同配比，还可以产生朱砂紫、深紫、栗色、梨皮、海棠红、天青、青灰、墨绿、黛黑等不同的颜色。紫砂陶器具有优越的实用功能。紫砂壶用以泡茶不失原味，"色、香、味皆蕴"，使茶叶越发酵郁芳沁；紫砂壶使用久后，即使以空壶注入沸水，也有茶味；能经受冷热剧变，寒天冲茶，绝无爆裂之虞，又可用文火炖烧；由于传热缓慢，使用抓提不烫手。加上紫砂壶外观独特的审美功能，因此始创于北宋的紫砂陶器原本默默无闻，自从明正德、嘉靖年间江苏宜兴出产的紫砂壶面世后，随即引起轰动，声名大噪。

景德镇瓷器茶具是指景德镇历代所产瓷质茶具的总称。景德镇从东晋开始烧制瓷器，兴于唐，盛于宋，距今 1600 多年。景德镇瓷器茶具造型优美、品种繁多、装饰丰富、风格独特，以"白如玉，明如镜，薄如纸，声如磬"的独特风格蜚声海内外。青花、玲珑、粉彩、色釉，合称景德镇四大传统名瓷。唐代专用茶具有茶盏、执壶，宋代有斗笠碗、茶盏、执壶等，元代有执壶、茶碗、茶盅、茶盏等，明代有僧帽壶、压手杯、扁壶、马蹄盖碗等，清代有扁方壶、提梁壶、把壶、马蹄盖碗等，中华民国除沿用前期茶具外，另有盖茶杯、铁路盅、中山水筒等。现代茶具品种多，规格全，造型新颖，装饰精美。

二、内容说明

当今鉴定紫砂壶优劣的标准，可以用"泥、形、功、款、用"五个字来概括。许多传统作品，拿今天的眼光来看依然闪耀发光。宜兴紫砂茶壶如出自名家之手，往往体现出作者的文学素养、书画功能以及人格气质，因而更富有艺术感染力，实为价值非凡的收藏佳品。紫砂壶鉴赏体现了收藏者深厚的人文底蕴，国内近年来对传统文化的讨论和研究不断深入，关注传统文化及其相关领域和物件成为趋势，紫砂壶作为鉴赏传统文化物品的代表出现也适逢其时。一把小壶，一缕茶香，紫砂壶融书法、铭款、雕刻、绘画、诗词等诸多艺术实体为一身，更兼有修身养性、使人怡然的佛家禅意，也难怪藏家会趋之若鹜。

景瓷茶杯是景德镇产的杯式瓷质茶具，由筒、把、盖构成。古代有直口杯、压手杯。因形象和装饰不同而命名不同，品种在 70 种以上。以瓷质命名的有"高白釉茶杯""白玉茶杯""中白釉茶杯"等，以形象命名的有"竹节茶杯""金钟茶杯""金菊茶杯""大矮茶杯"等；以装饰技术命名的有"釉下蓝金钟茶杯""粉彩金钟茶杯""豆绿釉堆花竹节茶杯"等。

景瓷茶碗是指景德镇所产的碗式瓷质茶具。古代茶碗造型各有特点，五代为唇口与花口大足碗；宋代早期为鼓腹高足碗；宋代中后期为斜壁小底碗；至明代发展为莲子碗与正德碗，主要品种有荷叶碗、斗笠碗、芒口碗、高足碗、马蹄盖碗；现代瓷碗作饮茶用的主要是各种小口径碗，在农村常作茶饭两用，在少数民族地区常用作茶碗，回族为马蹄盖碗，藏族为石榴碗，壮族、蒙古族为罗汉汤碗，维吾尔族、哈萨克族为荷莲碗。

景瓷组合茶具是指景德镇所产的组合式瓷质茶具。组合茶具一般有 2～22 件不同件数的组合，由壶、盅、碟、盘组成。例如，"金地开光龙凤 6 头大茶具""花玲珑 8 头小茶具"以及"景德壶"系列产品等。

三、实验目的

懂得如何鉴赏紫砂茶具、景德镇瓷制茶具。

四、材料与设备

紫砂茶具、景德镇瓷制茶具数套。

五、方法与步骤

1. 紫砂壶的鉴赏

（1）品的鉴赏　紫砂壶品的鉴赏也包括韵的鉴赏，对紫砂壶的艺术品格和风骨的鉴赏，其中包含对艺术家人格的仰慕。手工制作的紫砂壶，每壶皆有不同，或大气、或朴实、或秀美、或富贵，作品的气度、神韵往往在这些独具匠心的设计中表现出来，藏家也会被其吸引。紫砂壶的品，从一开始就与文化紧密相联。紫砂壶天然与文学艺术形成气血相融的多方位内在结合，它以"泡茶不失原味，色、香、味皆蕴，壶经久用，涤拭日加，自发光泽，人手可鉴"获得"世间茶具称为首"的赞誉。这种特有的功能和品格，自古受到喜茶的文人学士的欢迎。他们一方面竞相争用，写诗著文，为紫砂壶大造声势；另一方面，他们的审美情趣，也在相当程度上引导和支配了紫砂壶的制作。当代也有大批优秀的文人学者与制壶名家建立良好关系并介入紫砂壶的设计制作，从而提高了紫砂壶雅的品格。紫砂壶"品"的鉴赏应从壶的形、神、气三方面着眼："形"就是外廓面相；"神"就是能使人意会体验出精神美的韵味；"气"就是气质，壶艺所体现的内涵的本质美。

（2）款的鉴赏　款，即是壶的款识，是指镌刻在紫砂壶上的诗词书画及印款，这些也包含在紫砂壶的价值之内。最好的镌刻是出自名人之手的镌刻，会大大提升紫砂壶的艺术性和收藏性。艺术家根据自己烧制紫砂壶的经验，提供了另一种鉴别的方法。基本上每个作者在烧制壶后会在壶底、壶身和壶的内壁画上自己的名号，如同画家作画完毕盖上印章一样。壶底和壶身的名号容易复制，但是内壁就很难用模具烧制。看壶的时候发现内壁刻有名号的，95% 以上是真的手工壶。欣赏一把紫砂壶，除了看泥色、造型、制作的功夫外，还有文学、书法、绘画、金石等方面，而"款"的鉴赏不仅是艺术鉴赏一方面的内容，也是鉴定真伪的重要参考依据。

选择紫砂壶时，可把壶去掉盖子倒过来放在玻璃板上，看看壶口、壶嘴是否大致在同一水平面上，壶把要拿在手上觉得舒服才好。敲敲声音，是否有碎裂声：如果是"卟、卟"的沉闷声，说明烧得不够；如果声很尖锐，又说明烧得过头。烧得"生"会大量吸水、渗水；烧得太"熟"，又很容易碎裂。再有把壶放在桌上，按按四角，是否有跷动：壶盖和壶口是否紧密。如果太松就不好，如稍微紧一点，可以用金刚砂自己磨一下，宁紧勿松。测验的方法可以在装满水后用指按在气孔上，如倒不出水，称为"禁水"，为好壶。然后检查壶嘴的流水在出水时有否溅射和打旋，在提高 30cm 左右倒水时，突然把壶持平，看壶口下有没有滴水和有水珠挂着，如果有以上现象的，都是有缺陷的壶。壶的容量不一，应该根据自己品饮的习惯及持壶力气的大小来选择。另外，打开盖子看看内壁是否干净光滑。壶身通向壶嘴的地方有单孔、多孔网状、球形网状几种。单孔太细太粗都不好，前者是流水慢，后者是倒水时茶叶要进入口腔；如是网状，看是否太密太粗，否则不易清洗。最后欣赏泥色、造型、壶纹、壶的装饰、铭刻、内容、技法及摆放之姿是否满意。

2. 景瓷茶具鉴赏

欣赏景瓷茶具，要从"造型、纹饰、胎质、釉质、款识"五个方面去欣赏。

（1）造型　欣赏造型时，主要欣赏周正的外形，光滑的表面，富有特色的造型等。

（2）纹饰　欣赏纹饰时，不仅欣赏美观大方的装饰花面、和谐的色调，精致的画工，富有层次感的画面，如栩栩如生的花卉、飞禽，翻滚的波浪，奔跃孩童等，无不具有清新活泼之美，还可以欣赏纹饰的笔法结构，远近疏密的层次布局等。

（3）胎质　欣赏胎质时，可以耳、目、手三者并用，既要用眼光欣赏其材料、色泽、厚薄，还要观其气泡，可用手摩挲以别粗细，用指扣敲以察音响。

（4）釉质　欣赏釉质时，主要欣赏釉层的色泽，釉质的粗细、缜密、疏松和浓缩，施釉的厚薄，釉面的莹润与干涩，以及气泡的大小、疏密的程度等特征。

（5）款识　欣赏款识时，看是否有"枢府""景德镇制"等款识。主要欣赏款识的内容、位置、字体、笔法、字数、结构、款色等方面。

3. 名具鉴赏

供春是紫砂壶历史上第一个留下名字的壶艺家，所制作的供春壶更是被人们尊为壶中之首。供春原是明代官吏吴颐山的书僮，他陪同主人在宜兴金沙寺读书时，寺中的一位老和尚很会做紫砂壶，他就偷偷地学。后来供春用老和尚洗手沉淀在缸底的陶泥，仿照金沙寺旁大银杏树的树瘿，也就是树瘤的形状做了一把壶，因没有工具，便用茶匙挖空壶身，然后接上与树瘿纹路相似的壶咀、壶把，用手指按平壶的表面，并留下了许多指印。烧成之后，这把壶果然与众不同，自然朴雅，非常古朴可爱，透出一股灵秀之气。于是这种仿照自然形态的紫砂壶一下子成了名。当时宜兴的紫砂壶从粗糙的手工艺品发展到工艺美术创作，应该归功于供春，历代文献也是这样记载的。古人对供春壶的赞美，最早见诸文字的是明末周高起著《阳羡茗壶系》，大意为：供春壶色泽如深秋采摘的板栗，紫中带有红褐色，深沉醇和，壶体胎薄身轻，可看起来却像古代的金属器皿那样厚重，造型端庄雅致，构思新颖精巧，显露着超凡脱俗的神韵和气质。当时和后代的许多制壶大师都争相仿制，供春壶已经名满天下了。

明代万历年间至清代初期，被公认为第一制壶大家的是时大彬。他与自己的高足李仲芳、徐友泉三人因在家排行都是老大，故称"壶家三大"。他是明朝制壶名家时朋之子，开始以仿制供春壶而得名，喜欢制作形体较大的茶壶，后受当时文人喜用小壶泡茶的影响，改作小壶，成为继供春之后影响最大的壶艺家。时大彬的作品以朴雅取胜，改进的泥片拍打、镶接的技术，至今仍在使用。传世的真品有僧帽壶、扁壶、线豆壶、提梁壶、瓜棱壶、汉方壶、六方壶等。僧帽壶的壶盖呈正五边形，盖纽为佛珠状，犹如僧帽之顶。口沿长有五瓣莲花，壶盖边缘隐现在花瓣之中。壶颈不长，紧接花瓣，正构成帽檐，如此造型，就像一顶僧帽，僧帽壶之名也由此而得。壶底为正五边形，再加上壶的嘴和柄的造型也非常奇特，整体给人以刚健挺拔，神韵清爽之感。

惠孟臣是明末清初继时大彬之后的制壶名家，以制作朱泥小壶闻名。作品浑朴精妙，器底有"孟臣"署款，被称为孟臣壶，也称"孟公壶""孟臣罐"。主要用于冲泡乌龙茶。他所创作的梨形小壶传入欧洲，著名的安尼皇后定制银质茶具时，也要仿惠孟臣的梨形壶。孟臣壶流传颇广，在闽广地区尤受好评，成为潮汕工夫茶的"茶室四宝"之一。

南瓜壶是清代康熙、雍正时期宜兴紫砂名艺人陈鸣远的一件代表作，其壶身是一只相当真实的矮圆南瓜，顶小底大，甚为敦实，壶盖恰似一只瓜蒂。壶身一侧的壶嘴上贴附着几片瓜叶，使得这实用的部件与瓜的主题过渡自然。另一侧的壶把做成一根瓜藤，围成半环状，藤上显出丝丝筋脉。造型自然，构思巧妙，刻画逼真，田园气息很浓。

鱼化龙壶是清代道光年间的制壶名家邵大亨的代表作。壶呈圆球状，通身作海水波浪纹，线条流畅明快。海浪中伸出一龙首，张口睁目，耸耳伸须，龙口吐出一颗宝珠，十分生动。壶盖上也是一片海浪，壶纽是从海浪中探首而出的龙头，立体活动，伸缩吐注，灵妙天然。壶把是一条弯曲的龙尾，颇有情趣。壶盖内钤阳文楷书瓜子形"大亨"小印。所制"鱼化龙壶"以龙头作壶上的盖纽，龙头和舌头都能活动。此传世作品，流传至今，成为紫砂壶经典传统器形之一。

掇球壶是清末最重要的紫砂艺人黄玉麟的紫砂壶作品。此壶泥质细密，紫气莹润可爱，造型简练、大方，球腹，矮颈，短流，把如肥耳，流把匀称自然，口盖直而紧缝，盖上设小球纽。掇球壶的特点是以大、中、小三个球体重叠而成，壶身为大球，壶盖为中球，壶纽为小球，似小球掇于大球上，故称掇球壶。其按黄金分割比例巧妙布局安排，三个圆球均衡、和谐、对称、匀正，利用点线面的巧妙组合，利用抛物线、圆弧曲线等各种线形的有机结合，达到形体合理，构成珠圆玉润的完美。整体壶形突出掇，素心素面，朴拙浑厚，造工精细，美妙绝伦。盖内有玉麟楷书瓜子印，把下端有"玉麟"篆书章印。掇球壶是一件几何形圆器中的杰作，深受古今鉴赏家好评。

东坡提梁壶的由来跟宋代大文学家苏东坡颇有缘，相传苏东坡赋闲宜兴时喜欢饮茶，对饮茶器具也很有讲究。由于当时各种款式的饮茶器具均不合他意，于是自己就亲自设计了一款提梁式的壶形，方便实用，后人便把这种提梁式的紫砂壶称为东坡提梁壶，又称"提苏"。

若琛杯，即品茶杯，又称"若琛瓯"，为白瓷质饮具。工夫茶"茶室四宝"之一。用于盛放工夫茶茶汤。相传为清代江西景德镇烧瓷名匠若琛所作。为白色翻口小杯，杯沿常有花纹，杯身有山水字画，杯底书"若琛珍藏"。后人把此茶杯喻为若琛瓯。清代张心泰《粤游小识》："若琛所制茶杯，高寸余，约三四器，匀斟之。"《厦门志》载："俗好啜茶，器具精小，壶必孟臣壶，杯必若琛杯。"品茶杯不薄不能起香，不洁不能衬色。若琛杯胎质细腻，薄如蝉翼，色洁如玉，又称"白玉杯"。

六、结果与讨论

紫砂茶具、景德镇瓷制茶具是在合于茶性的茶道技艺的践行中实现其实用价值和艺术价值。

七、注意事项

注意紫砂壶与朱泥壶的鉴别。朱泥壶的土质与红砖的土质一样，除了铅、硅、钙、石英为基本组成外，最大的特色是含铁量极高（这一点与紫砂相类似），可达14%～18%，这也是朱泥壶会成为红色的主要成因（一般陶土如果含铁量4%左右，呈青灰色；7%左右，呈淡灰色；10%左右，呈土黄色；13%左右则呈棕色或咖啡色）。朱泥的蕴藏几乎遍布各地。

宜兴制壶艺人在得到最基本的朱泥后，再按一定比例加入石黄（在宜兴当地称小红泥，是从嫩泥中选出的）。以提高朱泥的可塑性，使朱泥在加工拍制时延展性加强，泥片弯曲时不易断裂。所以很多朱泥老壶十分精巧细薄，泥片厚度大都在 1～1.5mm，而未见紫砂壶有此表现。

朱泥壶艺在传说的评论中有这么一句话："一无名、二思亭、三逸公、四孟臣"。陆思亭、惠逸公、惠孟臣等虽然流芳百世，然而，更有甚多的精品都未经署名，所以才会有这么一句传说，说是最好的壶往往都是没有署名的，或是没出名的陶家做的。

紫砂壶主要产于我国江苏宜兴、浙江长兴一带，其原料为天然五色陶土，即紫砂泥、朱砂泥、大红泥、墨绿泥、本山绿泥。

紫砂壶微量元素种类丰富，可塑性好，高温烧结不易变形。具有一定的吸水性和透气性，能经骤冷急热，冬天泡茶不会爆裂，抚摸不易灸手。泡茶既不夺茶真香，又无熟汤气，能较长时间保持茶叶的色、香、味。紫砂茶具还因其造型古朴别致、气质特佳，经茶水泡、手抚摸，会变为古玉色而备受人们青睐。紫砂壶的造型有仿古、光素货（无花无字）、花货（上有松、竹、梅等的自然形象）、筋囊（几何图案）。

紫砂茶具式样繁多，在紫砂壶上雕刻花鸟、山水和各种书法，始自元代而盛于清代嘉庆以后，艺人们以刀作笔，所作的书、画、印融为一体，构成一种古朴清雅的风格。《砂壶图考》曾记郑板桥自制壶，亲笔刻诗云："嘴尖肚大耳偏高，才免饥寒便自豪。量小不堪容大物，两三寸水起波涛。"

在器形方面，紫砂壶粗朴厚实，造型上大致是厚坯粗耳，憨重笨拙，器物的边缘和口唇圆实厚重，使用时手法需较为拙重，而且若是中型以上的紫砂大壶，则必须双手操动，一手全力把持，另一手稳定壶身和壶盖，以协助倒酌，方能落落大方，风云际会于茶座上，让宾客能够欣赏壶艺里的一项功能——泡茶。

朱泥壶则像秀雅甜娇的玉女，壶形大都纤秀轻巧，娇嫩薄细，器物的造型大多是坯薄、身小、耳细、口秀等灵巧清灵的造型，执拿的姿态轻巧柔美，如莲指轻弹似的拿捏斟注，举动的范围必须是缩小和圆滑，不能让人感觉到娇小的朱泥壶像受到粗鲁大汉的戏弄。

实 验 八 茶俗调查

一、引言

茶在被人们利用的过程中，已与人们生活的方方面面建立了千丝万缕的联系。由于各地的地理环境不同，历史文化各异，因而形成了各具特色、异彩纷呈的茶风茶俗。从茶类来看，有的喜爱绿茶，有的钟情于红茶，有的爱好花茶，也有的青睐青茶和黑茶；以沏茶方法而论，有烹茶、点茶、煮茶和泡茶之分；以饮茶方式而言，有清饮和调饮之别；以用茶目的来分，又有生理需要、传情联谊和精神追求的不同。茶俗是茶文化的一个极其重要的组成部分。学习了解我国各地各民族以及世界各国的饮茶风俗，对于增长见识、开阔眼界、发展创新茶艺、推动茶文化发展具有重要意义。

二、内容说明

各地的茶俗无论是内容还是形式都具有各自的特点，在喜好的茶类、沏茶方法、饮茶方式、用茶目的等方面都有很大差异，对这些茶俗的调查研究离不开对当地的历史、地理、民族、信仰、文化、经济的差异性的研究，甚至需要探究各地茶俗以真实反映当地人民饮茶文化心理。因此，茶俗的调查必须深入实地，梳理当地的自然条件、人文环境、茶史茶话等历史文化问题。

三、实验目的

掌握茶俗调查的方法。

四、材料与设备

录音笔、笔记本电脑、相机、随手笔记本、绘图工具。

五、方法与步骤

茶俗调查的基本方法为田野调查法。调查的内容包含目前尚存的茶俗文化，哪怕是其中的一些濒临消失的文化遗迹。调查茶俗文化接触和茶俗文化变迁的特殊过程。在出现差异的文化中能发现群体内部的相互影响，类似于文化接触的影响。比如，如果所在地是政治、宗教中心或者贸易中心，就很可能产生茶文化差异，这些差异通过价值观和生活方式的变迁呈现出来。调查时要注意茶文化变迁，追溯过往的结构性事件。

调查前应做好文献准备、物质准备和心理准备。在对调查目的做出评价后，尽可能全地准备与调查相关的文献资料，包括已出版书籍、发表的论文、古籍资料、当地文档资料等。

要清晰了解当地的茶经济和茶的社会生活，调查区的茶区地图、平面图（大比例地图）是必不可少的。整个茶山茶区小比例的草图、一些小的茶区域的平面图及所有的地图和平面图应当说明比例、定位和图例，标明地图上一些特定点的经纬度。大致的地形结构及主要的定居点、通讯、村落、茶文化分布等方面应当用小比例草图来标示，在整个调查区域徒步时要用三棱镜罗盘仪和圆弧测定器为向导，对所有的目的来说，这已经足够精确了。对茶区的地形以岩石、土壤性质、坡地、纬度、排水系统、水量储备等为基础进行分类，这些又是研究茶文化分布的基础。用平面图来标注村庄、房屋、家户和每栋房子的居民、他们的所属关系、社会地位以及职业，从地图中可以找到茶区茶人活动等公共场所的位置。

茶俗调查者必须根据综合条件、自身训练、性情、常识来找寻自己的住处，必须明白选择哪里作为住处将会影响自己的工作方法。调查员可以选择住在当地社区之外，也可以选择住在社区之中。调查员可以在所要调查的村庄、聚落等社区附近租一间房子或搭一顶帐篷。茶俗调查者要了解当地人感兴趣的活动的相关信息，与被调查群体的多位成员建立良好的关系，就可帮助克服调查的困难。调查员住在被调查的全体场所范围之外，有助于调查者的客观评价。调查员一般先在被调查的群体的社区或村落搭帐篷住宿，待到和当地人建立了稳定的友善关系之后，调查员再进入被调查的群体的社区或村落，有助于调查工作的展开。

田野调查法要求调查员注意观察并直接询问，并且详细记录调查结果。记录中必须说明描述观察到的茶俗事象，说明亲闻目睹了哪些茶俗，又是从哪里看到听到的。记录下被调查人对调查问题的径直回答，为茶俗事象的描述确立证据。不直接观察茶俗文化就谈不上实证研究。对茶文化现状的观察需要充分，否则就容易忽视茶俗事象的本来面目。要想获得可靠的信息，单凭一两次观察是不够的。调查员应该尽力了解他所研究的茶文化在不同情况下的表现，不仅能够获得更加丰富的资料，而且能够确定哪些茶俗文化是固定不变和模式化的，哪些习惯在不同场合下容易变化。调查员必须记录饮茶风俗在地方、家庭和个人之间的变化；同样也应该观察不同年龄、不同性别、不同阶层、不同性格的人们在饮茶风俗习惯方面的差异。调查者如果没有观察到某地某类茶俗文化自身的变化，就应去寻找相应的文字、事物，如果无法充分找到，就通过询问社区中的老年人以得到当地社会以前的茶文化的真实面目。

对于本地茶文化的历史调查和研究，必须从认真调查分析本地现存的制度开始，参照当地的实际情况，对所观察的茶俗现象进行不间断地分析。要准确地说明具体情境中的特定茶俗的文化含义，仅仅依靠给调查对象贴标签的做法是远远不够的。如果有权威的历史证据，那么调查者必须参照历史学家的标准来评估。在翻译、口述茶文化时，应特别关注历史事实。

照片是田野素材中必不可少的项目，收集相当数量的照片不仅有助于记载描述性事件，将来还会发现它的备忘录价值。有了现代化的照相机，技术发展过程的每一个阶段、仪式和经济、文化活动等都可以快速拍摄。要系统收集一些有关茶的日常活动的照片，如果有条件的话，调查员值得从影视的角度来记录，特别是记录已被废弃或不常见的饮茶习俗。

六、结果与讨论

田野调查法需要在不断的实践中总结经验，实地考察、因地制宜地计划或修正计划都是必要的。

七、注意事项

对于相似的茶俗文化，不能只观察一个地方，只观察一个地方不可能很好地理解其文化。选择最合适的切入点很重要，第一个调查点最好选择那些受外来文化影响较小的地区。

要从分析当今的饮茶风俗、物质文化、考古学和语言资料等入手，这些材料要严格选取，因为材料过于随便就不可能获得精确的记录。

实 验 九 茶与宗教调查

一、引言

全球正处于剧烈复杂变化的历史新时期，加强文化建设，谋求社会发展，促进世界和平，已成为世界各国的共识。在经济建设领域，人们正在探索可持续发展之路；在精神文化领域，茶文化已成为人类跨越世纪，迈向未来的桥梁，是人类心灵的理想家园。它的表现形式和功能尽管是多方面的，但它能使世界不同种族、不同信仰、不同宗教之间的关系得到交流。使天、地、人，你、我、他之间的距离拉得更近。中国茶与佛家、道家精神契合，佛家的参禅悟道，道家的入静清明，都被整合进了中国茶文化之中，成为文人超越世俗、追求自然、寻求解脱的文化载体。茶真正使文人消涤冲乱、浑浊的状态，使其虚静超然如道家般所追求的归顺自然，茶使文人修养德行，蓄养性情，如儒家般俭约恭仁，实现和谐理想，茶使文人俗念全消，洗去心中的尘垢，以求心灵的解放，如禅宗般顿悟道，达虚静，通空灵。他们通过茶，提升道德，净化心灵，追求宁静淡泊的自然之境，达到物我两忘的天人境界。

中国茶被伊斯兰教接受，传播至穆斯林地区，主要原因是中国茶的自然属性和社会属性被伊斯兰教文化所认识发现而后被采纳接受、并被穆斯林赋予了新的文化内涵，使茶进入了伊斯兰教文化的文化范畴，这与穆斯林的宗教信仰、精神享受和生理所需密切相关。穆斯林信仰伊斯兰教，伊斯兰教教义体现了穆斯林对真善美的追求，而茶的自然属性和社会功能与之相合相容。穆斯林常常以茶代酒、以茶养生、以茶会友、以茶联谊、以茶设宴，品茗喝茶能创造出和谐、安静、闲雅的氛围，这种风尚恰与伊斯兰教文化不谋而合，故茶的输入是符合伊斯兰教教义要求和穆斯林的精神追求的。

二、内容说明

随着饮茶成为寺院佛事活动中必不可少的组成部分，到唐宋时期，我国寺院中就逐渐形成了一整套庄严肃穆的茶礼和茶宴。在各大寺庙，不但设有专门招待上客的茶寮或茶室，甚至有些法器也用茶来命名。多数寺庙的佛殿和法堂都设有钟、鼓，一般都设在南面，左钟右鼓。若有两鼓，就将两鼓分设在北面的墙角；设在东北角的称"法鼓"，设在西北角的就称"茶鼓"。"茶鼓"是召集众僧饮茶时用的，《宋诗钞》中有陈造的诗句"茶鼓适敲灵鸶院，夕阳欲压绪矵城"，描写了茶鼓声下寺院的幽雅意境。佛教茶文化旅游资源以其特殊的、浓重的神秘感，对旅游者有较强的吸引力。在我国，佛教寺院的建筑、植茶、制茶以及佛教的茶文化仪式、节庆活动等都有很高的旅游价值。例如，拥有唐代茶具和佛骨舍利的陕西法门寺、以"宋代茶宴"闻名中外的浙江径山寺、杭州西湖灵隐寺禅茶、普陀佛茶、安徽九华山佛茶、峨眉万年寺佛茶、蒙顶山天盖寺、永兴寺禅茶等，都是我国佛教茶文化旅游的宝贵资源。

道教产生于东汉，以"道"为最高信仰。作为我国的本土宗教，道教比其他宗教更能体现中华民族尤其是汉族的思想信仰民众习性和生活习俗的特质。其创始之初尊老子《道德经》为经典，认同："人法地，地法天，天法道，道法自然"，即"道"是一切万物的根本精神所在。又曰："道之尊、德之贵、夫莫之命而常自然"。道家主张的养生、修身，可以通过饮茶实现。如西汉壶居士《食忌》中说到："苦茶，久食羽化。"南朝齐梁时道家人物，陶弘景在《杂录》中载："苦茶，轻身换骨，昔丹丘子、黄山君服之。"这些记载一则证明了茶叶具有提神醒脑的功效，二则将茶事与道教羽化成仙、长生不老的思想结合起来，对我国茶文化的形成的作用。道家不拘名教，纯任自然，茶产于山野之林，受天地之精华，承丰壤之雨露，茶之品格，蕴含着"自然""守朴""归真"的神韵；道家追求的"无己"，就是茶道中追求的"无我"，道家阔达逍遥的处世态度与中国茶道的处世之道一致，道家文化的精髓已经成为中国茶文化的重要思想理念。古时植茶、制茶、饮茶在道观寺庙风行，于是有历代名山大川、道观寺庙出名茶的现象。历代真仙高道不仅以茶养生、乐生，而且他们还将其居住之地打造成为养生之仙境乐园，道家以茶养生，以栽茶品茶为生活之乐趣。道家称仙人、真人所居住的名山为洞天福地，道家有十大洞天、三十六小洞天、七十二福地。这些洞天福地，其实都是我国一些风景十分秀丽的名川大山。岂不知，高山云雾正是产茶的好处所，道家众多的洞天福地就在中国茶区，甚至一些大山本身就是中国的名茶产地。如齐云山瓜片就产自我国著名的道家名山安徽齐云山，盛产大红袍、武夷岩茶的道家名山武夷山，出产名茶的湖北武当山、早在唐代即享盛名的秘制"洞天贡茶"产地青城山、江西龙虎山、安徽齐云山，秀丽的山川、宏伟的宫观相映成趣，是休闲旅游的胜地。道教茶文化旅游资源有着其不可比拟的开发潜力，值得进行挖掘。

《古兰经》明确规定，禁戒污秽的食物，禁止赌博、淫乱。穆斯林都会遵循伊斯兰教的规定在每年教历九月修"斋功"，期间每个成年男女不分老少贫富都必须封斋 1 个月。斋戒期间，每日从日出至日落均要禁饮食、禁房事，但唯饮茶被允许。因茶叶性温和，能轻身解乏，使人清心、安静，有抑制性欲的功能，是穆斯林公认的清心寡欲、纯净的佳美食物。穆斯林饮茶有助于其在"封斋"期间内省自悟、忍受饥饿、磨炼意志，节制欲望、戒除邪念，纯化思想，杜绝罪恶，一心向真主。因此，为穆斯林修"斋功"，唯陪以茶点，与其相辅相成。按伊斯兰教教义，穆斯林每天都必须做"礼拜"即修炼"礼功"。虔诚的穆斯林每天坚持修炼"礼功"，饮茶便成了穆斯林修炼"礼功"必不可少的一部分，饮茶与修炼"礼功"一样重要，逐渐成为一种生活习惯；每天早晨清真寺做完第一次"晨礼"后就开始饮早茶，以纯洁身心；中国穆斯林中还流传着"早茶一盅，一天威风"的生活谚语。在中国，穆斯林常常以茶待客，以茶叙友。可见，穆斯林的饮茶历史，是伊斯兰教文化与茶文化相融合的漫长的历史过程。

三、实验目的

掌握茶与宗教调查的基本方法。

四、材料与设备

录音笔、笔记本电脑、相机、随手笔记本、绘图工具。

五、方法与步骤

1. 解读宗教文化的内涵

从具体有形的宗教活动上升到抽象的宗教文化知识，这是全部调查活动的第一要务。调查员必须观察、记录宗教仪式、活动，同时要懂得解读宗教的思维、理解宗教的知识体系，牢记宗教理论，也要了解宗教实验。

2. 深刻理解茶与宗教的内在关系

调查者应该避免对宗教认识模糊不清的情况，如果调查员对茶与佛、道宗教关系等知识模糊，难以理解茶与佛、道在思想层面的深层联系，就会忽视很多茶的功能、事象特色的观察、询问、记录。

3. 收集茶与宗教的现有资料

正式文本资料包括各种文本性的作品，如保存在图书馆、档案馆、博物馆等公藏机构或私人会所里的文献、唱片、图像等，不仅有利于获得语言资料，而且给调查者提供了重要的数据资料，也许还提供了许多文化元素，或许有宗教仪式的流程、宗教化的饮茶程式，茶的宗教故事、茶与宗教事件的关联。这些文本所提供的信息，也可结合直接询问、直接观察的方法来得到印证甚至修正，以便在调查报告中能更加详细的阐述，使之成为有价值的社会人类学资料。

4. 观察与询问

通过直接或间接的观察方式收集茶与宗教的联系的资料是必要的。直接观察或间接观察，两种方法应逐渐融合。直接询问是一种比较理想的方法，可用于对直接观察的补充。从对某种带有宗教性质的茶文化事象直接观察入手，继而询问细节性的现象或相似的现象。使用引导性问题时既要小心谨慎，又要大胆求证，注意不要提出已经隐含答案的问题。

六、结果与讨论

宗教的调查需要多次侵入性的调查，调查者如此才能准确理解宗教文化的内涵，从而对茶的礼仪和思想内涵有正确的认识。

七、注意事项

对于非宗教人士的调查者来说，在调查过程中要表现得真诚、恭敬、友爱，在撰写调查报告时要谨慎，注意措辞。

实 验 ⑩ 茶文化旅游调查

一、引言

茶文化旅游是将茶业资源与旅游资源进行综合开发和深度开发的新领域，是以得到茶的物质享受和茶文化精神享受为主要目的一种休闲旅游，是现代旅游者的一种生活方式。随着我国经济的快速发展和居民消费水平的不断提升，在我国全面进入小康社会，意味着旅游体闲时代的到来。随着茶文化的蓬勃发展，茶文化旅游业必将兴旺发展，并扮演休闲时代重要的角色。茶文化旅游是茶产业由第一产业向第三产业延伸和渗透，是对传统茶业的改造和提高，是现代茶业的一种新的形式。开发茶文化旅游产品、景点景观、茶产品购物、茶食餐饮、茶会娱乐、旅游住宿等，能够带动区域经济的发展；形成以文化旅游为核心的茶旅游消费，有助于刺激茶叶消费、培育茶叶消费，激活茶市，促进中国茶产业的发展。

二、内容说明

休闲旅游自 20 世纪开始纳入人们研究的理论视野，作为一种生活方式，休闲旅游早已存在于各个民族文化发展的过程中。当我们从人类学、历史学和社会学的视角去审视休闲活动时，发现休闲总是带有明显的种族特征和民族特性。在各种不同的文化传统下，人们的休闲方式和价值取向各不相同。

运用科学的方法和手段，有目的、有系统地收集、记录、整理、分析和总结旅游资源及其相关因素的信息与资料，认清茶文化旅游资源的空间特征、时间特征、经济特征、文化特征等，以及各种特性形成环境和成因、功能价值；充实和完善旅游资源信息系统，为旅游预测、决策奠定基础。

三、实验目的

熟悉掌握茶文化旅游调查的基本方法。

四、材料与设备

录音笔、笔记本电脑、相机、随手笔记本、绘图工具。

五、方法与步骤

立体了解当地的茶文化，挖掘可旅游化的茶文化资源。调查当地的茶文化与社会结构、经济制度、信仰、语言、科技等历史之间的关系，了解当地茶人的社会生活、他们所处的环境、他们的历史及其与其他群体的交往，对任何一个茶文化主题的直接调查都不充分，必须跟踪一些茶文化的社会线索，这样才可以挖掘具有地域特征的茶文化资源。

对茶文化旅游资源进行调查，主要根据已有的茶文化旅游资源分类，对研究地区的茶文化旅游资源进行详尽的调查。一般而言，对旅游资源调查分为"旅游资源详查"和"旅游资源概查"两种方式。前者属于旅游资源综合性调查，适用于了解和掌握整个区域旅游资源全面情况；后者属于专门目的的旅游资源调查，适用于了解和掌握特定区域或专门类型的旅游资源。根据茶文化旅游的定义，可知茶文化旅游资源属于后者，因此，本研究选择概查。调查的方法主要有资料调查、实地考察、问卷调查等。

调查者先要做的就是跑遍当地的茶山茶区进行调查，茶园的文字资料包括史料、书籍、报刊，统计资料、年鉴、地方志、航片、数据库资料、其他非正式出版物，以及当前十分发达的网络资料，另外标本样本、图片数据等都需要事先准备。茶文化的资料分为两大类，一是请当地人提供其挖掘的历史文化资料，这部分资料的完善需要调查者尽可能全的查阅寻找，尤其是重要的茶书、地方志、文献档案等资料；二是口碑和生活资料，是活生生的文化呈现，这需要调查者深入当地人的生活当中，观察、询问、记录，对所收集资料梳理、分类、提炼、分析等。将调查的运作过程、活动、所调查的茶文化现象完整地记录在案，对多次记录进行归纳、总结，以便观察所记录的茶文化现象是属于常态的还是非常态的，以及这两者之间的不同。

实地调查是最常用的方法。原有的茶文化旅游文字材料积累不多，这样就要在很大程度上依赖实地考察工作，由此可以获得关于旅游资源及其存在形式、品相、数量、地理环境、开发利用条件等的第一手宝贵资料和感性认识。考虑到还有一些资源很难在实地勘察中被发现，需要通过座谈访问等形式进行调查，对所得到的数据和信息进行补充。为了有效地补充以上方法，还可以根据需要设计问卷进行辅助调查。

设计问卷调查，设置问题指明调查主题，特别是关于可旅游化的茶文化资源的问题，如饮茶习俗发展演变的历史过程、与当地自然历史地理的深切关系、不同的人群、族群的茶文化创作与传承、当地的种茶历史追溯、是否与贡茶、榷茶、茶马交易有关、是否与当地宗教发生关联等，由此形成了一定的体系框架，能显现茶旅游资源的地域特征和历史面貌。

在实地调查中，走访茶文化旅游目的地居民和游客，能够确实反映居民和游客对资源的认知状况，帮助规划人员从市场的角度来认调查茶区茶文化旅游资源的特征和形象。在调查之后对资源的品位、等级、特色和开发条件进行评价，为旅游区规划与建设提供依据。

调查者可直接观察，也可间接询问，为了准确起见，以直接观察后所获得的信息必须通过询问较为权威的当地学者、老者等。被询问人的叙述可能会存在一定的差异，如性格差异——沉默寡言或自高自大或仔细认真且有责任心，另有些社会因素限制了被询问者的知识，即他们存在着性别、年龄、阶层或其他社会差异。

调查员可直接从文化、民俗专家学者那里获得准确信息，专家是非常重要的被询问者，调查员要了解专家的处世规则、资格、性格等，调查者直接与专家建立了良好的关系后，调查员才能带着礼物去造访他们，或者邀请他来做客并询问问题。调查员询问专家问题时要非常恭敬、耐心、礼貌、真诚。

被询问者不一定是人类学家、文化学者、民俗研究者，回答提问并提供当地的日常茶生活、茶劳动、茶休闲的人是被询问者，所以当地社会中的每个人都是潜在的被询问者，必须观察记录他们的言行。可以考虑训练两三人，让他们了解调查方法并自觉地担任中介的角色，从而准确提供信息，如此有利于调查。

调查茶文化旅游，牵涉到不同地域的民风民俗，那么了解、学会使用当地的词语在调查中十分重要：一是方言的茶文化表达更能直接体现当地的茶文化风貌，方言很可能是当地茶文化中的重要组成部分；二是懂得当地方言俚语才有可能准确询问、理解其地其时的茶文化，尤其是茶俗文化。随着调查的深入，越来越有必要使用当地语，语言中的每一个名词都本土化了。特别是当调查者和口译人员发生误解的情况发生时，如果调查者能够使用本地恰当的术语，那么模棱两可的行话所带来的难堪的误解一下就烟消云散了。不了解当地的语言就不可能取得良好的进展，但调查者并不能短时间学会很陌生的语言，诸如南方方言，为了保证信息的准确性，只有通过当地口译人员的翻译的协助来完成。调查员有时可接纳当地社区有教养的人作译员或办事员，但这样的译员所受的教育会使他们疏远当地的文化，所以调查者不能把他们看作被询问者，而是让他们帮助记录日常事务以及写下被询问者口述的内容。

六、结果与讨论

茶文化旅游调查可以比较全面地掌握茶文化旅游资源开发、利用和保护的现状，有利于推动区域旅游资源的管理工作，可利用旅游资源，产生经济效益、社会效益和生态效益，对茶文化旅游资源调查的目的，在于更科学地进行相关旅游的开发、保护和利用等。

七、注意事项

如请一位在当地很熟悉文化的民间茶人一起调查，请他协助并对他培训，那么通过他的带领，就可以对茶的手工制作、茶与家庭生活、茶的工艺品、茶与民间信仰等主题展开调查，他既是向导，又是被询问者，提供准确信息。长期与同一个被询问者工作不太现实，那么除了选择的被询问者外，也要倾听其他人的谈话，调查员有时要加入到谈话中去，鼓励当地人发言，因为他们可能自愿提供补充证据，可以帮助判断被询问者提供的信息是否可靠。

实 验 ⑪ 茶艺术创作

一、引言

中国历代的茶事艺文灿若星河，举凡诗词、散文、小说、戏剧、歌舞、绘画、书法等，对茶事都有生动精彩的表现。《金瓶梅》《红楼梦》《儒林外史》《老残游记》等古典小说中有许多引人入胜的茶事描写，当代小说《茶人三部曲》则把茶事小说推到一个新的高度。歌曲《采茶舞曲》《挑担茶叶上北京》情真意长。这些茶事文学艺术作品，不仅启人智慧、增长知识，给人以美的享受，同时也是记录中国茶文化史的重要资料，具有极高的学术价值。在中国的广大茶区，流传着代表不同时代生活情景的、发自茶农茶工的民间歌舞。现在流行在江西等省的采茶戏，就是从茶区民间歌舞发展起来的。广为熟知的《采茶扑蝶舞》和《采茶舞曲》等就是深受人们喜爱的代表作。茶区山乡在采茶季节有"手采茶叶口唱歌，一筐茶叶一筐歌"之说。中华人民共和国成立后，茶农成为茶乡的主人，采茶山歌充满了新的内容，如福建茶区的民歌："手提篮儿将茶采，一颗嫩芽一颗心。采到东来采到西，采茶姑娘笑眯眯。采满一筐又一筐，山前山后歌欢唱，过去采茶为别人，如今采茶为自己。"此外还有斗茶舞、茶馆中的自娱自乐活动、瑶族青年的茶山对歌等。

二、内容说明

茶的艺术创作是以茶为载体，以艺术的形式呈现出人与茶、人与人、人与自然的关系，茶的艺术创作是以茶品问人生、解读世界、探索自然的行为。茶是艺术的表现主题，茶也是艺术虚拟的物质载体，所以茶的艺术创作不能脱离茶这个核心灵魂。对于茶所传递的传统意趣、思想精神、生活文化，创作者要谙熟于心，将其精髓部分外化为富有情感、充满想象、虚构跳动的丰富多彩的艺术形式。

三、实验目的

熟悉茶艺术创作的原理，掌握茶艺术创作的基本方法。

四、材料与设备

舞台表演的服装、道具、场景。

五、方法与步骤

1. 茶歌创作

茶歌的出现，是在我国茶叶生产和饮用日渐成为社会生产和日常生活的经常内容以后才逐渐形成和发展起来的。

茶歌的重要创作来源是由谣而歌，是茶农为了消除疲劳、调剂精神、提高效率而编制的民谣，所以茶歌的艺术创作必先了解茶农的劳动生活，体悟采摘、加工茶叶的茶事劳作。茶歌创作的内容要以茶事劳作为主，根据不同的主题来编制相应的歌辞，如春茶采摘时所唱的"摘茶歌"，拣茶时又有"拣茶歌"、采茶女唱的"茶娘歌"、茶山上采茶制茶的地域性强烈的歌曲。茶歌的创制除了自由创作以外，还可遵循旋律委婉流畅，曲调优美动听，节奏轻松活泼的"采茶调"创制。"采茶调"和山歌、盘歌、五更调、川江号子等并列，发展成为我国南方的一种传统民歌形式。当然，采茶调变成民歌的一种形式后，其歌唱的内容，就不一定限于茶事或与茶事有关的范围了。

2. 茶戏、茶剧创作

就小说、戏剧的创作中，可以茶事内容、场景，或以茶事为全剧背景和题材。戏剧中的煮水、取茶、泡茶、斟茶等场面，茶会场面的描述、有关茶事描写可使全剧更接近生活，更具真实感。还可创作专门一类以茶文化现象、茶事冲突为背景和内容的话剧与电影，可借鉴老舍《茶馆》的艺术经验，以茶馆、茶楼、茶文化场所为背景，呈现时代兴衰、人物命运，反思民族与文化。还可创造以茶道思想、茶史兴衰、茶政茶法、茶与军事战争等为主题灵魂的小说、戏剧、电影。

戏剧的创作种还可加入茶舞蹈的元素，诸如南方的流行"茶灯"或"采茶灯"，斗茶舞、茶山对歌等，在舞台表演和电影的表达里可凸显其中的核心元素。"茶灯"类歌舞一定是以茶事劳动为主题，舞者左手提茶篮、右手持扇，载歌载舞，还有些少数民族的盘舞、打歌，也以敬茶和饮茶的茶事为内容。一般音乐为民间大锣、唢呐等，手端茶盘，边舞边走，将敬茶艺术化为舞蹈动作，载歌载舞，一片热闹的生活场景。

3. 茶的微电影创作

以微电影的艺术形式呈现茶的历史文化，因其直观、生动，大众接受程度较高，对于宣传推广茶文化，打造茶文化品牌是大有裨益的。

确定微电影所要表现的地域茶文化，首要的工作就是深入挖掘当地的茶历史。以泾阳茯茶微电影为例，挖掘的便是茯茶的加工所依赖当地的地缘文化。泾阳茶人中流传着一句茯茶加工的金句：非泾水不渥；非伏天不作；非金花不成；非泾阳不宗。传统的茯茶制作，离不开泾阳的气候，离不开泾阳的水源，离不开泾阳人的工艺即"三不离"之说。泾阳南有终南山和白蟒原横亘，北有嵯峨山、北仲山耸立，中贯泾河川道，地势低洼，形成一种特殊的小地域气候，其温度、湿度等条件的组合，为茯茶的制作，提供了一个世不二出的自然环境。尤其是水，水的微生物小环境，对于高温高湿下的黑茶发酵工艺非常关键。在泾阳茯茶制作中，发花这道工艺对水质的要求很苛刻。泾阳地下水含弱碱，誉其为天然苏打水，用其浸润渥堆酸性黑茶，催生出冠突散囊菌。泾阳茯茶所以成为世界独一无二的茶种，就是因为它体内布满了"状如金花"的冠突散囊菌。微生物界认定，冠突散囊菌是一种有益物质，能催化茶叶中的蛋白质，促使多酚类化合物氧化成为有益物质，使茯茶的特性提高、优化，从而具备显著的降脂降糖功能。茯茶中的"金花"也因此成为中国茶类行业中唯一被列为国家二级保护菌种。这就是提炼出来的茯茶微电影要表达的地域性很强的泾阳茶文化的精髓。

挖掘到提炼茶文化的精髓只是电影的前期筹备工作，接下来要进行历史的再现，这个还原可以有丰富多彩的艺术形式去展现。电影可以茯茶的"金花"养生的故事来呈现，还可还原泾阳茶的保健功效如何被西北少数民族认识和接受，于是在茶马互市中丰富了古陆上丝绸之路上的故事，这些故事根源于历史现实，却高于历史，扣住主题、依托历史、注入情感，编写故事，最后以光影的形式呈现出来。

六、结果与讨论

无论以哪种艺术形式表达茶文化，正确挖掘、准确提炼茶文化的精髓都是首要的一步。

七、注意事项

茶艺术的创作一定不能偏离茶道美学、茶道思想，以茶为本，同时以人为本。茶艺术创作不是历史或者场景的客观单一的外在呈现，而是具有丰富情感、体悟思考的充满人性、人情的生命力无限的艺术行为。

实 验 十二 茶文化写作

一、引言

语言是文化的载体，文字是语言的重要体现，任何一项文明和知识的传播都离不开语言的记录，每一种语言都是历史的记录官。茶文化也不例外，语言记录了茶文化的根源，每一个词汇都构成了茶文化的脉络。因此，学习茶文化，感受茶文化带给我们的独特魅力，就需要先从描述茶文化的语言和文章入手，学会品读茶文化，同时践行茶文化写作。

二、内容说明

茶文化的写作包含应用型和文学型。对茶文化的实地调查研究要求撰写可应用的、科学的、客观的调研报告。茶文化的文学写作是作为茶文化表达情感的重要载体，需要展现出茶高雅的品格，体现出中国人的品茶之道，识茶之美，体现出国人的精神和思想，饮茶者品味天道的情怀。

三、实验目的

熟悉茶文化写作的原理，掌握茶文化写作的基本方法。

四、材料与设备

录音笔、笔记本电脑、相机、随手笔记本、绘图工具。

五、方法与步骤

1. 茶文化的应用调查报告

茶文化的应用调查报告一般是对茶俗文化的研究结果。茶俗文化是模式化了的茶行为准则和饮茶生活方式，是在长期的历史发展过程中积淀下来，成为代代相承的民众饮茶习惯。对茶俗文化的调查报告，是田野调查报告，从学术的角度要求发现茶俗文化原生态的真实情状。

茶俗文化的写作需要应用田野调查法，涉及一系列的写作问题，诸如访谈的态度、方法，记录的方式、速度，田野调查报告样式等。"访谈→记录→撰写报告"这一个田野调查的过程，就是写作的过程，是实验性很强的写作活动。那么，茶俗文化的写作就要立足于事实，不允许虚构。或可符合逻辑进行推断，做到有根有据。

采茶季、新茶季、茶文化活动、民族茶节等是最佳采写时期。梳理出茶俗活动的来龙去脉，写出民间茶人的成长过程、历史变化，呈现出规律性。收集调查基本资料，对于已有的要充实、更新，对于稀缺的资料要补足，对别人调查过的，也要重新调查。要善于用当地的文物遗存与茶俗文化相互印证。用当地的民间故事、歌谣等口传文学与茶俗文化相互印证。对一个村落或家庭的茶俗文化要追溯其渊源关系，探讨本地域与周边地域的文化联系，对其相互影响的情况要尽力考察清楚。考察和写作中，要关注茶俗事象之间的逻辑联系。不要单一去观察，要多视角地看，从不同侧面去反映。采用民间茶人或学者的作品或言论，要注意尊重其著作权、话语权，记清楚作者、作品名称、创制时间，如有合作人，同时也要记清合作人，避免张冠李戴。应朴实、素雅、口语化，文体上有口语感。

茶俗文化的田野调查报告的文本结构应包含是描述性笔记和调查记录，图形如地图、平面图、图表、草图、照片等，权威性的资料如官方文件、公藏机构的证明或鉴定等正式的文本及问卷资料。

描述性的田野笔记可以辅助调查员多次主观记忆，对已有资料进行分析思考。笔记可大体分为三种：记录观察的信息和别人提供的信息；记录长期的活动或仪式；记录日常琐碎的印象和零星感受的日志。所有的笔记都应以日期和地点开头，必须清楚地说明笔记是直接观察到的还是报道人回答提问或自愿提供的，同时应该注明报道人的姓名。可以使用双色钢笔或双色铅笔，一种颜色为普通使用，另一种颜色用来注明订正、证据或第一次笔记时未获取的补充信息。在记录持续时间较长的活动时，以提问的方式打断参与者的叙述是不明智的，然而只是一字不漏地记录他们的所见所闻同样很难写出准确的报告。在这种情况下，一般可以和消息灵通人士一起事先访问将要举行活动的场所，而此人或是将要举行活动的参与者或是对整个活动过程很了解的老手。调查员要记录所有仪式的准备工作，如描述器皿和工具的检测过程，必要时要制订计划和图表，并记录将要出场的所有主要参与者的姓名，在某些情况下，要记录他们的系谱。有了这些信息以后，调查员就容易看懂，也易于明白活动的性质是属于经济的、社会的、节庆的还是仪式的。要按照准确的时间和顺序来记录活动的整个过程，继而利用这些笔记向参与者或旁观者（最好是双方）提问，以便获得更多的细节和解释。一般情况下，有必要遵循活动过程的时间顺序；如果没按顺序讨论一些显著的特点，就不可能获得事件进展的信息。

2. 茶文化的文学写作

在中国文学的发展中，茶自然而然地被文人纳入到文学创作中，伴随茶业的发展和人们饮茶方式的演变，中国文学中的茶文化写作也在逐渐变化，并不断产生新的意义。茶文化写作作为茶文化表达情感的重要载体。茶文化的文学写作是源于茶生活，以虚构、想象、情感为主要因素对茶文化进行艺术创作的过程，这是以茶俗为主题的茶文学写作，体裁可以是茶诗、茶词、茶文、茶戏剧。

茶文化的文学写作要对茶与人关系进行深层次思考，对茶文化中蕴含的民族意识和文化心理根源进行深切体认，在文学的创作中探索茶文化的精神建构特色。

茶文化的文学写作是要将传统茶文化作为推动力，体现"茶"这一物质载体的深刻意蕴。传统观念里，茶是小物，何为小物，即人人可轻而易举地拥有并且品著，设一简单茶几，便可享受难得的精神欢愉之感。平常之茶，参与见证长久的历史，它是历史长河中智慧的评定者。茶文化的文学写作就是要茶作为中华文化精髓的传递物，在百年勾勒茶人坚贞不屈高洁文雅的品性，在史诗化的框架里，以更为耐人寻味的茶文化抒写，赋予茶人深刻的思想深邃性。

茶文化作品的主题可以茶人的生活方式和茶俗世态为视点，于多层面地关注普通人的世界观、价值观和审美观的多重交叠。茶人秉承的真善美精神就是作家在世界观上与茶文化精神取得一致的最终确认的体现。中国茶人世界中的和平精神、天人合一精神、乐生精神、刚正不阿精神，即东方独特的审美精神，都是中国茶人特有的，是中国式的真善美精神。本质上极其温和的茶，与人性的契合，是茶的文学写作的源源不断的追求精神世界的动力。

茶文化的文学写作要求一定的艺术营造技巧，在写作上的艺术性的追求，可探索茶的文学写作的独特艺术魅力。

茶史的铺陈可用小说化叙事的方式，如此有利于理清了茶的历史演变过程。在重要历史场景叙述中插入了大量的茶史的资料，可增强小说的叙事力度。诸如茶马交易的起源、发展、衰落，都可翔实地讲述。

茶事能多样化纳入写作中。茶叶从种下去、长出来、制作、保藏、冲饮的全部过程。包括茶与水、茶与健康、茶与食品、茶与药品、茶的多功效用途等，还有六大茶类的历史知识可以作为茶的文学写作中丰富的素材，如从西湖龙井、武夷岩茶到信阳毛尖、太平猴魁等，产地典故都了熟于心，这是茶知识的汇集，也可以此来塑造人物、推进情节，抒发茶情茶意。

茶文化知识的可巧妙融入茶的艺术写作当中，博大精深的茶知识能赋予作品雅俗共赏的独特色调。茶历来被赞作文雅，而生活化的茶事、茶历史的叙事世俗有生命力，这样的写作可以化雅入俗，提升了文本的层次感。以茶的平润清心来应对历史风云的变幻无常，在普及茶知识的同时，也规避了作品在叙述内容上的单一性。

茶的文学写作往往注意特有的茶的大环境和小环境的描写，注意对世相、世态的摹状。注意茶俗风物和人文景观的描写，构成民俗写作的又一特点。要使风俗写作具有上述特点，就要求写作者掌握大量的茶知识掌故。

可以用散文化的形式写茶俗的文章。茶俗文章包含茶山茶类、茶风人情、饮茶习俗、茶的传说轶事等，比较自由的"琐话"。而以茶文化历史为核心的写作，则要有宏观阔达的历史笔力、深邃厚重的语言。

在文学作品中都必须通过具象的、有形的东西表现茶的行为民俗和茶的语言民俗等，因此，讲究细节描写，甚至是精雕细刻，写茶俗事象要细，写茶人、写茶环境都要细。如茶俗来历、茶人乡风、茶俗变异，细致立体表现茶俗的历史魅力。

语言强调本色，力求平实浅易。生活中的茶俗语言本身就通俗平易，并且地域性很强的茶俗文化，都是以很有特色的方言俚语为背景的。但如果要表达茶俗中所蕴含茶道思想，语言需要长于哲理、强于思辨、充满智慧。如果茶俗文化中抒发茶情茶意，语言则长于情趣，生动调皮或忧郁婉转。

3. 解说词的写作

解说词是艺术化地呈现茶艺表演的茶文化的文学写作。解说词的内容是对茶艺表演主题的阐释，包含表演程序、动作要领、茶文化知识的教育理解，还需要引领、拓展和深化以推广茶文化。具体内容有节目的名称、主题、艺术特色及表演者单位、姓名等内容。高水准茶艺解说词要做到语言精练且通俗，准确且优美，文质互彰。解说词的称呼问候应因参加者不同而有所不同，以礼貌亲和为原则，但都要与饮茶的良好环境和雅致气氛和谐一致，同时简单介绍茶艺表演的背景、茶性等，明确表演主题、内容。如西南大学紫韵茶艺社在全国大学生茶艺比赛中所表演的《沱茶情缘》，解说词中就凝练了通俗的叙述重庆沱茶如何根植于古老产茶区的自然地缘与历史文化，如何适应重庆的码头地缘和山城民俗，成为富有浓郁地域特征的茶俗文化。解说词还配以重庆码头"棒棒"的民间舞蹈，将解说融合沱茶历史生动画面再现，可谓独具匠心。

解说词可适当运用华丽辞藻，否则寡淡无味，了无生趣。可将茶与自然天然的意象，如香草、百花、青松、落英、美人并提而论，可应用起兴、比喻、拟人、借代、铺陈排比等修辞手法，诗意化的塑造茶与自然的和美之境。还可用优美的语言和古籍典故来阐释茶道技艺和茶文化内涵。如常用"甘露润莲心"来表达茶水的亲密无间，所谓"茶滋于水，水籍于器"，好茶好水方可相得益彰，接着指出《茶经》关于泡茶用水的叙述，由此引入泡茶用水、水质特征的科学知识的介绍。再如"群鹤沐浴"是指对于茶杯、茶壶以及茶具等的清洗，比较出名的泡茶的方式"高山流水"则是在讲来描述茶在茶壶中翻动的过程。"细如粟粒柔如蕊，肥如云腴壮似笋"运用比喻的手法描述了茶叶的细小柔软和宽大壮硕之美。

六、结果与讨论

茶文化的应用写作和茶文化的文学写作具有差异性。前者以科学、客观为要，后者以思想情感抒发为主。

七、注意事项

茶俗的文学写作要注意不能虚构民俗，弄虚作假的茶俗会使茶俗文学的写作丧失生命力。既然是文学写作，不能忽视真情实感，情感才是茶俗写作震撼读者心灵的内核。如果仅仅是为了介绍茶俗知识，而忽视了茶俗文化中所内蕴的感情，茶俗写作就失去了情感激发的文学意义。

参 考 文 献

［1］贵州省作家协会. 贵州作家［M］. 贵阳：贵州人民出版社，2006.

［2］李建荣. 一个人的写作教学史［M］. 北京：新华出版社，2007.

［3］中国茶叶博物馆. 话说中国茶［M］. 北京：中国农业出版社，2010.

［4］屠幼英，乔德京. 茶学入门［M］. 杭州：浙江大学出版社，2014.

［5］王珺，宋园园. 茶艺［M］. 北京：机械工业出版社，2015.

［6］艾敏. 茶艺［M］. 合肥：黄山书社，2016.

［7］英国皇家人类学会. 田野调查技术手册［M］. 何国强，等译. 上海：复旦大学出版社，2016.

［8］夏明澄. 写给老师的中国工艺美术史［M］. 杭州：浙江人民美术出版社，2016.

［9］沈泓. 紫砂壶鉴定与选购［M］. 北京：文化发展出版社，2016.

［10］冯卫英. 茶文化旅游资源研究——以环太湖地区为例［D］. 南京：南京农业大学，2011.

［11］蔡荣章. 无我茶会180条［M］. 台北：陆羽茶艺股份有限公司，2010.

［12］张倩. 基于地域文化的茶馆室内设计研究——以苏州茶馆为例［D］. 南京：南京林业大学，2013.

第十一章　茶业经济实验

实验一　茶叶生产成本与收益分析

一、引言

茶叶生产成本与收益是企业茶叶经营管理的重要内容，是关系到茶农组织、茶叶生产企业及茶农的根本利益，是其在市场中的竞争力的体现。所以，学习和了解茶业生产成本与收益是非常有意义的。生产成本是决定不同地区茶业竞争力的主要因素之一。因此研究和了解茶叶生产成本的构成及变化，以及影响生产成本的主要因素，是降低茶叶生产成本，提高茶叶生产效益，进而提高我国茶叶竞争力的必要手段。

成本效益分析法是通过比较项目的全部成本和效益来评估项目价值的一种方法，成本－效益分析作为一种经济决策方法，将成本费用分析法运用于政府部门的计划决策之中，以寻求在投资决策上如何以最小的成本获得最大的收益。常用于评估需要量化社会效益的公共事业项目的价值。非公共行业的管理者也可采用这种方法对某一大型项目的无形收益（Soft benefits）进行分析。在该方法中，某一项目或决策的所有成本和收益都将被一一列出，并进行量化。

二、内容说明

成本效益分析法的基本原理是：针对某项支出目标，提出若干实现该目标的方案，运用一定的技术方法，计算出每种方案的成本和收益，通过比较方法，并依据一定的原则，选择出最优的决策方案。

三、实验目的

本实验要求学生掌握茶叶生产成本及收益的基本构成，以及测算方法。构建全面的茶业生产成本管理思维，寻求改善茶叶生产成本的有效方法；掌握茶叶生产成本收益分析的主要方法，为相关决策者提供科学准确的决策依据。

四、材料与设备

计算机、多媒体教室、摄影机或录音笔等视听记录设备、记录用笔记本、签字笔等。

五、方法与步骤

1. 方法

茶叶生产成本与收益调查，主要是调查茶叶生产成本的构成因素，合理确定各项调查指标，设计各种调查表格，按调查表格的要求进行调查。

2. 步骤

（1）确定调查目标　根据所在地实际情况，引导学生确定一个调查对象，可以选择某个乡、某村或者某一茶叶合作社，或者选取某公司的茶叶基地作为调查的对象，设定茶叶生产成本与收益的调查目标。

（2）收集相关资料　要求学生收集调查对象的基本情况，包括茶叶生产的历史、茶叶生产组织的结构、茶园面积、茶叶亩产值、人均年收入等相关资料。

（3）设计调查表格　根据表 11 - 1、表 11 - 2 设计相应的调查表格。

（4）预调查　在正式调查前，应选取相应第的调查对象进行预调查，确定调查表格是否合理有效，并对调查表格进行相应的修正。

（5）入户调查　在完成预调查之后，开始进行正式调查。

（6）数据整理与分析　对合格的问卷进行登记、计算、得出可供分析使用的初步计算结果，进而对调查结果做出准确描述及初步分析，为进一步的分析提供依据。

（7）撰写调研报告　根据所选取调查对象的历史资料、现在生产经营情况，以及调查问卷数据，撰写调研报告（图 11 - 1）。

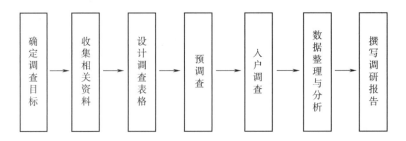

图 11 - 1　茶叶生产成本与收益调查过程

六、结果与讨论

对调查中反映出来的问题予以剖析，展开小组讨论，相互进行点评，并提出相应的解决问题的办法，给出相应的建议。

七、注意事项

学生在进行实验时，应做好前期的调查准备工作，调查目标要明确，符合实际，调查表格问卷在设计时，应结合调查对象进行适当的调整以符合当地实际情况。调查人员组成应形成合理分工，避免任务分配不均。学生成绩按照小组成绩乘以每位同学的贡献率取得。

八、参考案例

某产茶区茶叶成本收益情况调研报告

（一）调查背景

21世纪以来中国进入了经济发展的快通道，茶产业也随之高速发展，2016年中国茶园面积约为296.5万公顷，比上年增加8.8万公顷，同比增长3.05%，其中开采面积约238.5万公顷，同比增长约5.64%。全国干毛茶产量244.54万吨，一产产值（干毛茶产值）估计约为1702亿元，同比增长12.04%。从整体上来看，近年来尤其是西部地区茶园面积大幅增加，茶叶市场的供给大幅增加，预计未来每年全国茶叶产量将继续增加，而茶叶消费需求增长速度缓慢，未来大宗茶产品将会出现供大于求的市场状况，从而会导致茶叶销售的困难。面对这种趋势，调整茶产业结构，茶产业升级势在必行。因此，要摸清名优茶、大宗茶生产的基本情况，要加强对茶叶生产的成本核算以及茶叶效益的分析，更好地为地方政府和农户服务，不断完善茶叶龙头企业、茶叶专业合作社与基地、农户的联结，大力发展高效优质的茶叶产业，从而实现茶叶经济效益的优化。

（二）调查目的

某茶叶生产地区为了增强茶叶经济效益，了解茶叶生产的基本状况，摸清茶叶生产的成本构成，以及茶叶生产的效益情况，以某一乡、合作社或大户为调查对象，组织对其进行茶叶生产效益进行调查。

（三）调查内容

本次实验要求对农户进行茶叶生产效益调查，主要调查农户的茶园种植面积，名优茶、大宗茶的亩产量、亩产值以及总产量和总产值；其次，要求调查农户茶叶生产的成本构成，包括直接费用和间接费用两个部分，具体见表11-1、表11-2。

表11-1　　　　　　　　　　　　　　茶叶经济效益调查

姓名	种植面积	名优茶		大宗茶		全年		总成本	纯收入
		产量 kg/hm²	产值 kg/hm²	产量 kg/hm²	产值 kg/hm²	总产量（kg/hm²）	总产值（kg/hm²）		
合计									

表 11 – 2　　　　　　　　　　　　　　**茶叶成本费用调查**

姓名	直接费用						间接费用						总计
	化肥农药	电气费	销售费用	人工费用	其他费用	合计	机器设备折旧	茶苗茶山待摊费用	广告费	财务费	其他	合计	
合计													

注：人工费用包括师傅工时和茶园锄草、喷药、采茶等管理雇工和家人投入工时，工价按市场现行价。

（四）调查方法

采用问卷调查、人员定点访问的调查方法。

（五）结果与讨论

略。

（六）建议与措施

略。

实 验 二　茶叶企业成本核算与控制调查

一、引言

茶叶企业成本核算与控制是茶叶经营管理的重要内容，是企业提高市场竞争力的重要因素。茶叶成本核算与控制与一般企业的会计成本核算不完全一致，茶叶企业有自己的经营模式和成本核算模式。因此，学习和了解茶叶企业成本核算与控制，对提高茶叶企业经营利润，增加企业财富有很大的意义。

二、内容说明

根据茶叶企业经营过程中茶叶生产的特点以及成本管理的需要，茶叶企业成本一般包括：茶叶生产种植成本、人工成本、设备折旧与修理费用、营销费用、管理费用、财务费用及其他费用。

茶叶的生产种植成本包括：人工费用如果是自有种植园的茶叶公司，其人工成本包括种植园的茶叶种植人员的工资；初级加工或者深加工企业则为加工工人的工资，及保管人员或相关技术培训人员的工资等。

设备折旧及修理费用：包括固定设备资产，如厂房、加工设备机器等的折旧及维修费；茶叶运输工具的折旧和修理费也应计入茶叶的生产成本。

营销费用：是指茶叶公司在经营过程中为了提高茶叶销售、市场占有率等企业经营目标时，在销售过程中发生的费用。包括：广告费、客户招待费、营销人员工资等费用。营销费用是企业成本控制的关键，营销费用的投入与茶叶产品的销售数量关系很紧密，关系到企业内部的成本控制。

管理费用：是茶叶企业在经营过程中日常管理的费用。包括管理人员的工资、业务招待费、公务用车、房屋租赁费等。此外，其他一些费用，只要不属于销售费用或者财务费用的，大部分均可归结为管理费用。

财务费用：是指与财务相关的费用，如企业利息收入、贷款利息，汇兑损益，现金折扣等，另外还包括融资相关的额一些财务费用。

三、实验目的

掌握茶叶企业成本核算及控制的基本构成，以及测算方法。熟悉成本报表、成本分析等工作，能够胜任茶叶企业成本管理岗位的工作。

四、材料与设备

计算机、Excel 软件、笔记本、签字笔、录音笔等记录设备。

五、方法与步骤

茶叶企业成本的核算程序包括归集茶叶生产费用、分配茶叶生产费用和计算茶叶产品成本的全过程。在茶叶产品生产过程中所发生的各项生产费用、先计入"生产成本"账户，对归集的各项费用按照以一定的标准分配后计入"生产成本"各明细账户，期末将完工茶叶产品成本从"生产成本"账户转入"库存商品"账户。

1. 成本核算

成本核算范围主要指茶叶企业鲜叶、毛茶采购成本、茶园基地生产及管理成本，初、精制车间、包装车间生产过程中的在成品的总成本，以及已验收入库的原材料、半成品和产成品的总成本和单位成本，其他物流包装成本及辅料成本。

2. 产品成本计算方法

产品成本计算，关键是选择适当的产品成本计算方法。可根据不同茶叶企业生产经营的特点、管理方式及加工工艺等因素，结合加工流程分段化的要求，按照比例系数法进行逐步结转，成本核算系数采用上一年的公司成品散茶生产成本为基础确定相应系数。规定以三级价格作为系数"1"，其他等级价格除以三级价格得出倍数作为此产品的系数（表 11 - 3）。

表 11 - 3　　　　　　　　　　　　　系数计算表

产品等级	上年产品价格/（元/kg）	系数
三等产品	100	1
二等产品	200	2
一等产品	500	5

3. 确认成本项目

（1）直接材料　指在茶叶生产程中实际消耗的、直接用于茶业生产、构成产品实体的原材料、外购农产品、包装物等可以直接归属到产品材料成本的物料。

（2）直接人工　指生产车间直接从事产品生产人员的工资及福利费。

注：以上两项为直接费用，其根据实际发生数进行核算，并按核算对象进行归集，根据原始凭证或原始凭证汇总表直接计入成本。

（3）制造费用　指企业为生产产品和提供劳务而发生的费用和其他生产费用，如车间管理人员的工资及福利费、车间房屋建筑物和机器设备的折旧费、租赁费、修理费、机物料消耗、水电费、办公费以及停工损失、燃料动力费、辅助材料等。

4. 会计科目设置

（1）茶园成本会计科目设置　设置农业生产成本（茶园基地）科目进行归集，并设置折旧费、摊销费、人员工资、肥料、农药、机物料消耗、其他等明细科目进行核算。详见"茶叶生产成本与收益分析"。

（2）外购鲜叶成本科目设置　因外购鲜叶主要是向农户直接采购，付款大多采取现款现货的方式结算，涉及鲜叶采购的往来款比较少且期间较短，所以鲜叶采购的往来款统一设置应付账款——鲜叶采购款进行核算。因鲜叶采购回来不会进行存储，而直接进行初制加工，所以也不设置鲜叶的存货科目，直接计入农业生产成本（初制）——直接材料。

（3）外购毛茶成本科目设置　外购毛茶主要通过中间商进行采购，存在部分未结算的款项和质保金，因毛茶供应商繁多，稳定性不强，所以毛茶采购往来款统一设置应付账款——毛茶采购款进行核算，同时设置农产品（毛茶），按照等级进行项目核算。

（4）外购包装材料及辅料科目设置　设置原材料—包装材料、辅助材料进行存货核算，设置应付账款、预付账款、应付暂估款进行往来账务核算。

（5）制造费用科目设置　设置制造费用科目，并设置折旧费、职工工资、职工福利费、机物料消耗、修理费、水电费、动力费、停工损失、其他等按照初制、精制、包装、进行明细项目核算。

（6）初制科目设置　设置生产成本（初制），并设置直接材料、直接人工、制造费用进行明细核算，设置农产品（毛茶）进行产出产品核算。

①料：主要用于归集生产期间采购鲜叶、自产鲜叶转入的材料成本。

②人工：主要用于归集生产期间初制车间发生的人工工资以及发生的福利费。

③毛茶：用于归集初制结束后产出的半成品，按照等级进行项目辅助核算。

（7）精制科目设置　设置生产成本（精制），并设置直接材料、直接人工、制造费用明细科目进行生产成本核算、设置库存商品（精茶）、库存商品（沫茶）对产出产品进行核算。

①直接材料：主要用于归集生产期间精制车间投入的农产品（毛茶）。

②直接人工：主要用于归集生产期间精制车间发生的人工工资以及发生的福利费。

③库存商品（精茶）：主要用于归集精制车间产出的精制散茶，采用数量金额式进

行项目辅助核算。

④库存商品（沫茶）：主要用于归集精制车间生产过程中产出的副产品，采用数量金额式进行项目辅助核算。

（8）包装科目设置　设置生产成本（包装）并设置直接材料、直接人工和制造费用明细科目进行生产成本核算，设置库存商品（包装茶）对产出品进行核算。

①直接材料：主要用于归集包装车间投入的精制散茶和包装材料。

②直接人工：主要用于归集生产期间包装车间发生的人工工资以及发生的福利费。

③库存商品（包装茶）：主要用于归集包装车间产出的小包装茶，此项目不按照项目进行辅助核算。

5. 会计核算

（1）茶园成本科目核算　该科目主要用于茶园成本的核算，考虑到茶叶生产季节的特殊性，每年茶季结束后发生的施肥、翻土、修剪等费用都是为了下一个茶季而做的准备工作，因此上一个茶季结束至下一个茶季发生的费用包括茶叶采收过程中发的费用，在下一个茶季结束后进行一次结转。具体处理如下。

①茶园发生费用会计处理：

借：农业生产成本（××茶园）——累计折旧

　　　　　　　　　　　　　　——累计摊销

　　　　　　　　　　　　　　——肥料等

贷：生产性生物资产——累计折旧（按照地块）

　　　　　　　　　　——累计摊销（按照地块）

　　　　　　　　　　——银行存款等

②每年对茶园成本进行结转：

借：农业生产成本（初制）——直接材料

贷：农业生产成本（茶园）——累计折旧

　　　　　　　　　　　　　——累计摊销等

注：登记农业生产成本（茶园）明细汇总表见表 11 - 4。

表 11 - 4　　　　　　　　　登记农业生产成本（茶园）明细汇总表

成本项目	总成本/元	一等品		二等产品		三等产品	
		系数	分摊成本/元	系数	分摊成本/元	系数	分摊成本/元
直接材料	1000	5	625	2	250	1	125
燃料和动力	1200	5	750	2	300	1	150
直接人工	2000	5	1250	2	500	1	250
制造费用	3000	5	1875	2	750	1	375
合计	6000	5	3750	2	1500	1	750

注：产品等级成本分摊 = 总成本 ×（等级系数 ÷ 各等级系数之和）。

（2）外购鲜叶成核算　鲜叶采购成本主要包含购买鲜叶的采购款以及运输费等，具体会计处理如下：

借：生产成本（初制）——直接材料

应缴税费——应缴增值税（进项税额）

贷：银行存款、应付账款等

注：登记鲜叶收购、烘干、付款明细表见表 11 - 5。

表 11 - 5　　　　　　　　　登记鲜叶收购、烘干与付款明细表

批次：

成本项目	总成本/元	一等品			二等产品			三等产品		
		系数	数量/kg	收购成本/元	系数	数量/kg	收购成本/元	系数	数量/kg	收购成本/元
直接材料	—	—	500		—	800		—	1000	
燃料和动力	200	5			2			1		
直接人工	1000	5			2			1		
制造费用	1000	5			2			1		
合计	2200	5			2			1		

注：产品等级成本分摊＝总成本×（等级系数÷各等级系数之和）。

（3）外购毛茶成本核算　毛茶采购成本主要包括毛茶采购款以及采购过程发生的运输费等，具体会计处理如下：

借：农产品（毛茶）项目核算

应缴税费——应交增值税（进项税额）

贷：银行存款、应付账款等

注：登记毛茶采购往来明细表、毛茶收发存明细表见表 11 - 6 和表 11 - 7。

表 11 - 6　　　　　　　　　登记毛茶采购往来明细表

批次：

成本项目	总成本/元	一等品			二等产品			三等产品		
		系数	数量/kg	收购成本/元	系数	数量/kg	收购成本/元	系数	数量/kg	收购成本/元
直接材料	—	—	500		—	800		—	1000	
燃料和动力	200	5			2			1		
直接人工	1000	5			2			1		
制造费用	1000	5			2			1		
合计	2200	5			2			1		

表 11 - 7　　　　　　　　　　农产品（毛茶）收发存明细表

成本项目品种（毛茶）	期初库存		本期收入		本期支出		期末库存	
	数量/kg	金额/元	数量/kg	金额/元	数量/kg	金额/元	数量/kg	金额/元
一等品								
二等品								
三等品								

（4）外购包装材料及辅料核算　外购包装材料以及辅助材料应当按照其购入价格和为使其到达我公司仓库发生的运输费、保险费、合理损耗等能够归属于此货物成本的总金额。具体会计处理如下：

①发票随货物一同到达公司：

借：原材料——包装材料/辅助材料

　　应缴税费——应交增值税（进项税额）

贷：应付账款/预付账款/银行存款

②发票月底未到达公司，按照合同或者协议价格进行暂估处理：

借：原材料——包装材料/辅助材料

贷：应付账款——应付暂估款

③下月发票到达公司会计处理：

借：原材料——包装材料/辅助材料（红字）

贷：应付账款——应付暂估款（红字）

同时：

借：原材料——包装材料/辅助材料

　　应缴税费——应交增值税（进项税额）

贷：应付账款/预付账款/银行存款

注：登记包装材料和辅助材料收发存统计表见表 11 - 8。

（5）制造费用的核算（按照初制、精制、包装三个车间进行项目核算）　该科目用于核算车间管理人员的工资及福利费、车间房屋建筑物和机器设备的折旧费、租赁费、修理费、机物料消耗、水电费、办公费以及停工损失等，由于红茶生产季节性很强，所以本年生产结束至下一个年度生产期间发生的制造费用不应进行结转，直至下一年度生产时进行结转，具体处理如下：

①发生费用会计处理：

a. 生产期间发生时。

借：制造费用——职工工资

　　　　　　　——职工福利费

　　　　　　　——折旧等

贷：银行存款、低值易耗品摊销、累计折旧等

表 11 - 8　　　　　　**登记包装材料和辅助材料收发存统计表**

登记包装材料和辅助材料收存统计表

品种：

成本项目	凭证号	数量/件	单位成本/元	总成本/件
购入价格				
运输费				
保险费				
仓储费				
整理费				
合理损耗				
其他归属于此货物成本				
合计				

登记包装材料和辅助材料发出统计表

品种：

包装物或辅助材料品种	使用对象产品等级	数量/件	单位成本/元	总成本/元

b. 停工期间发生时。

借：制造费用——停工损失

贷：银行存款、低值易耗品摊销、累计折旧等

②结转制造费用：

a. 初制车间结转。因为毛茶加工时间每年只有两个月，因此初制车间制造费用每年一次转入初制车间生产成本，具体处理如下：

借：生产成本（初制）——制造费用

贷：制造费用——工资、停工损失等

b. 精制车间。精制车间的制造费用结转，停工期间制造费用按照今年的毛茶产出量，采用比例系数法进行分摊，按照本月生产报表消耗的毛茶分别计算出应当结转的制造费用，计入生产成本相应的成品，当月发生的制造费用全部转入生产成本。

（a）结转当月制造费用。

借：生产成本（精制）——制造费用

贷：制造费用——工资等

（b）结转停工期间制造费用。

借：生产成本（精制）——制造费用

贷：制造费用——停工损失

c. 包装车间因为是一个连续生产的车间，所以每月制造费用全部转入生产成本。

借：生产成本（包装）——制造费用

贷：制造费用——工资、折旧等

注：登记精制车间停工损失结转表见表 11 – 9。

表 11 – 9　　　　　　　　　　登记精制车间停工损失结转表

成本项目	今年毛茶产量/kg	一等品		二等产品		三等产品	
		产量/kg	分摊成本/元	产量/kg	分摊成本/元	产量/kg	分摊成本/元
制造费用							

（6）初制成本结转　因每年生产期间只有两个月左右，故成本每年一次进行结转。

①直接材料成本：初制车间的直接材料由公司的茶园生产成本和外购鲜叶发生的鲜叶采购成本直接转入，具体会计处理上面已经提供。

②直接人工成本（生产期间工资及福利费）：

借：生产成本（初制）——直接人工

贷：应付职工薪酬等

③初制结束，根据各个品种的产量和相应的系数加权平均算出单位分摊金额，具体计算：单位分摊金额×对应等级系数×对应等级的产量计算出每个等级分摊直接材料、制造费用和直接人工，每年初制结束初制车间的生产成本和制造费用科目无余额。

借：农产品（毛茶）——国礼

　　　　　　——特茗

　　　　　　——特级等进行辅助项目核算

贷：生产成本——直接材料

　　　　　　——直接人工

　　　　　　——制造费用

注：登记初制车间生产成本分配表、农产品（毛茶）收发存明细表见表 11 – 10 和表 11 – 11。

表 11 – 10　　　　　　　　　　登记初制车间生产成本分配表

成本项目	系数	一等品		二等产品		三等产品	
		产量/kg	分摊成本/元	产量/kg	分摊成本/元	产量/kg	分摊成本/元
直接材料							
燃料和动力							
直接人工							
制造费用							
合计							

表 11 -11　　　　　　　登记初制车间农产品（毛茶）收发存明细表

成本项目品种（毛茶）	期初库存		本期收入		本期支出		期末库存	
	数量/kg	金额/元	数量/kg	金额/元	数量/kg	金额/元	数量/kg	金额/元
一等品								
二等品								
三等品								

例如：投入100kg国礼鲜叶，材料成本40000元，制造费用4500元，人工费3000元，产出20kg国礼毛茶、5kg特茗毛茶，国礼系数为40，特茗系数为6，则：

单位系数分配额为：（40000 +4500 +3000）÷（20 ×40 +5 ×6）=57.23。

国礼毛茶成本总额为：57.23 ×20 ×40 =45784元。

特茗毛茶成本总额为：40000 +4500 +3000 -45784 =1716元。

（7）精制成本结转　精制散茶每年生产月份较多，因此材料成本结转按照每月投入产出的等级，从高等级往低等级茶叶采用系数比例法分摊每一等级的材料毛茶成本。

①材料成本（精制车间开具领料单）：

借：生产成本（精制）——直接材料（按照等级项目核算）

贷：农产品（毛茶）——国礼等（按照半成品等级）

②直接人工成本：

借：生产成本（精制）——直接人工

贷：应付职工薪酬等

③每月月末，根据生产部提供当月毛茶、精茶投入产出报表，确定每一等级毛茶投入量、精茶产出量、降级的等级、数量以及沫茶等级、数量，根据本年毛茶生产成本确定降级毛茶金额，转入对应等级的精制生产成本，根据沫茶的定额成本确定沫茶的生产成本，从而倒挤出产出精茶的材料成本。生产成本毛茶——直接材料科目余额为本期已经领用但未消耗部分材料金额，精制结束此科目无余额，生产成本——直接人工和生产成本——制造费用科目每月无余额，具体处理如下：

借：库存商品（精茶）——国礼等（倒挤）

　　库存商品（沫茶）——××沫茶（定额）

　　半成品（毛茶）——降级毛茶（本年毛茶生产成本）

贷：生产成本——直接材料

　　　　　　——直接人工

　　　　　　——制造费用

注：登记精制车间生产成本分配表、库存商品（散茶、沫茶）收发存明细表见表11 -12 和表11 -13。

表 11 – 12 　　　　　　　登记精制车间生产成本分配表

成本项目	系数	一等品		二等产品		三等产品	
		产量/kg	分摊成本/元	产量/kg	分摊成本/元	产量/kg	分摊成本/元
直接材料							
燃料和动力							
直接人工							
制造费用							
合计							

表 11 – 13 　　　　　　库存商品（散茶、沫茶）收发存明细表

成本项目品种	期初库存		本期收入		本期支出		期末库存	
	数量/kg	金额/元	数量/kg	金额/元	数量/kg	金额/元	数量/kg	金额/元
沫茶								
降级毛茶								
精茶								

例如：2011 年全年毛茶产量为 15000kg，其中国礼产量 1000kg，单位成本 600 元，特茗产量 4000kg，单位成本 120 元，特级产量 6000kg，单位成本 75，一级产量 4000kg，单位成本 60 元，上个茶季结束至本茶季开始发生的停工损失为 500000 元，本月实际发生人工工资和制造费用分别为 12000 元、80000 元，本月投入国礼毛茶 1000kg，产出国礼精茶 600kg，降级特茗毛茶 150kg，国礼沫茶：300kg，国礼系数为 40，特茗系数 8，特级系数 5，一级系数 4 计算本月应当转出的制造费用和人工工资（规定国礼沫茶的成本为 10 元/kg）。

结转停工期间发生的制造费用如下：

计算总分配量：$1000 \times 40 + 4000 \times 8 + 6000 \times 5 + 4000 \times 4 = 118000$。

计算停工期间单位制造费用：$500000/118000 = 4.24$。

本月应当转出停工期间的制造费用：$4.24 \times 1000 \times 40 = 169600$ 元。

计算降级毛茶金额和沫茶金额：

降级毛茶：$150 \times 120 = 18000$；

国礼沫茶：$300 \times 10 = 3000$。

本月产出国礼精茶金额：$1000 \times 600 + 12000 + 80000 + 169600 - 18000 - 3000 = 840600$ 元。

（8）包装成本结转　包装车间因为每年属于连续生产，中间几乎没有长期的停工，所以包装车间成本每月结清，月末无余额。

①材料成本（包装车间开出领料单）：

借：生产成本（包装）——直接材料

贷：库存商品（精茶）

原材料——包装材料

②直接人工成本：

借：生产成本（包装）——直接人工

贷：应付职工薪酬等

③包装结束结转成本：直接材料按照转入库存商品，制造费用和人工工资按照本月消耗不同等级的材料采用比例系数法进行分摊。生产成本（包装）——直接材料科目余额为本期已经领用但未消耗部分材料金额，生产成本——直接人工和生产成本——制造费用科目每月无余额。

借：库存商品（包装茶）

贷：生产成本（包装）——直接材料

　　　　　　　　——直接人工

　　　　　　　　——制造费用

六、结果与讨论

请对该茶叶企业生产成本与收益进行简单评述，并分析其在茶叶市场中所处的地位，该企业存在的问题，并提出相应的对策。

七、注意事项

（1）下列各项支出不得计入成本。

①资本性支出，即购置和建造固定资产和其他资产的支出。

②对外投资的支出。

③无形资产受让开发支出。

④违法经营罚款和被没收财产损失。

⑤税收滞纳金、罚金、罚款。

⑥灾害事故损失赔偿。

⑦各种捐赠支出。

⑧各种赞助支出。

⑨分配给投资者的利润。

⑩国家规定不得列入成本的其他支出。

（2）按照比例系数法进行成本费用的分摊　比例系数法指由于原料的质量和技术等客观原因导致产出的产品有不同的等级，为了保证产品有不同的毛利水平，可以按照系数比例法进行成本费用的分摊。

实 验 三　茶叶科技贡献率调查

一、引言

茶叶科技贡献率是反映茶叶科技对茶叶生产、茶叶经济、茶产业发展的贡献和作用，是推动中国茶产业发展的重要因素。

二、内容说明

经济增长理论认为茶业经济增长的总量来源于两部分，一部分来源于增加投入，另一部分来源于提高投入产出比的科技进步。以此理论为基础，可得茶业科技进步率的数学表达公式：茶业经济增长率 − 新增投入量产生的总产值增长率 = 茶业科技进步率。茶业科技进步贡献率是指茶业经济增长量中茶业科技占经济增长量的比例，即茶业科技进步对茶业总产值增长率的贡献份额，计算的是广义的茶业科技进步对农业总产值增长率的贡献额度，既包括自然科学技术进步硬技术的贡献，也包括茶业经营管理和服务等社会科学技术进步软技术的贡献，其数值可用茶业科技进步率与茶业经济增长率的比值来表示，即茶业科技进步贡献率 = 茶业科技进步率 ÷ 茶业经济增长率。值得注意的是，茶业科技进步贡献率是两个增长率之比，而不是简单的数值之比，是一个相对值概念。

三、实验目的

掌握茶叶科技贡献率的调查方法。

四、材料与设备

计算机、多媒体教室、摄影机或录音笔等视听记录设备、记录用笔记本、签字笔等。软件需要使用 Excel、Eviews 两款软件进行统计分析。

五、方法与步骤

1. 建立模型

本模型以道格拉斯 Cobb – Douglas 生产函数为基础，在不考虑技术进步的情况下，基本模型的框架为：

$$Y = F(K,L,t) \tag{11-1}$$
$$Y_t = A_0 K^\alpha L^\beta e^{\delta t}(\delta > 0, \alpha < 0, \beta < 1) \tag{11-2}$$

式 11 – 1 中 Y 代表农业产出，K 代表投入要素的资本，L 代表劳动力，t 则表示时间变量。式 11 – 2 中 A_0 是常数项。e^t 代表综合科技进步因素，δ 表示农业科技进步率，α、β 则分别代表资本净和劳动力的产出弹性。也即表示资本净和劳动力每提高 1%，产出量分别会提高 $\alpha\%$、$\beta\%$。同时有：$\alpha + \beta = 1$（$0 < \alpha，\beta < 1$）表示规模报酬不变，$\alpha + \beta > 1$（$0 < \alpha，\beta < 1$）表示规模递增，$\alpha + \beta < 1$（$0 < \alpha，\beta < 1$）表示规模报酬递减。

将上式左右两边同时取对数，因为对数数学方程为增长模型，因此可用于度量因变量的平均增长率，公式取对数可得：

$$\ln Y_t = \ln A_0 + \alpha \ln K_t + \beta \ln L_t + \delta^t \tag{11-3}$$

将上式对 t 求导变形，则：

$$\frac{1}{Y}\frac{dY}{dt} = \alpha \frac{1}{K}\frac{dK}{dt} + \beta \frac{1}{L}\frac{dL}{dt} + \delta \tag{11-4}$$

变形后可得：

$$\delta = \frac{DY}{Y} - \left(\alpha \frac{DK}{K} + \beta \frac{DL}{L} \right) \tag{11-5}$$

并以 lY 代表农业总产值增长率，lK 代表资本金投入增长率，增长率分别用 y，k，l 代表上述增长率，则：

$$\delta = ylY\alpha k + \beta ly \tag{11-6}$$

并将 l 的值与 y 的农业总增长率进行比较，即可得到茶产业科技进步贡献率：

$$\eta = \frac{\delta}{y} \times 100\% \tag{11-7}$$

2. 数据选取与整理

根据《中国农村统计年鉴》中农产品、收益与动力生产力中关于茶叶的数据，选取 1984—1995 年红毛茶的单位亩产值和单位亩物质费用投入和单位亩劳动力作价投入，以上述三种数据分别代表农业产出 Y、资本金投入 K 和劳动力投入 L。

亩产值数据取自 1986—1995 年《中国农村统计年鉴》的红毛茶茶叶亩产值统计数据。然后对数据进行前后 3 年平均值的平滑处理，以消除因自然灾害和气候等偶发因素，具体数据见表 11 – 14。

表 11 – 14 　　　　　　　　　　　红毛茶亩产值数据

年份	亩产值/元	前后 3 年平均值/元	取对数后值	年份	亩产值/元	前后 3 年平均值/元	取对数后值
1984	167.54	167.54	5.121	1990	435.57	435.57	6.077
1985	199.38	211.62	5.355	1991	324.70	400.47	5.993
1986	267.95	247.40	5.511	1992	441.15	449.96	6.109
1987	274.87	319.78	5.768	1993	584.02	536.40	6.285
1988	416.53	412.61	6.023	1994	584.02	622.97	6.434
1989	546.43	466.18	6.145	1995	700.87	642.45	6.465

数据来源：《中国农村统计年鉴》1986—2009。注：在实证分析时：第一年不计算平均值，最后一年按照最后两年进行平均计算。

单位亩物质费用投入和单位亩劳动力作价投入也采用 3 年平均数据处理。为避免因变量与自变量的单位不统一，对劳动力作价投入数据按照劳动力投入数量结合劳动力价格折算成总投入进行统计计算，见表 11 – 15。

表 11 – 15 　　　　　　　　　　　红毛茶亩产值数据处理

年度	物质费用			劳动力作价		
	投入/元	平均值/元	取对数后	投入/元	平均值/元	取对数后
1984	50.22	50.22	3.92	90.87	90.87	4.51
1985	55.16	57.10	4.04	72.59	83.31	4.42
1986	65.91	64.59	4.17	86.48	86.74	4.46

续表

年度	物质费用			劳动力作价		
	投入/元	平均值/元	取对数后	投入/元	平均值/元	取对数后
1987	72.70	89.78	4.50	101.16	105.25	4.66
1988	130.73	107.44	4.68	128.10	135.53	4.91
1989	118.90	145.53	4.98	177.32	151.04	5.02
1990	186.96	186.96	5.23	147.69	147.69	5.00
1991	255.02	203.47	5.32	118.06	152.59	5.03
1992	168.44	209.85	5.35	192.03	186.88	5.23
1993	206.10	193.55	5.27	250.56	251.52	5.53
1994	206.10	212.30	5.36	311.98	292.68	5.68
1995	224.70	215.40	5.37	315.50	313.74	5.75

3. 数据分析

通过统计软件 EViews 对上述数据中的红毛茶数据进行处理分析：

（1）步骤一　打开 EViews 分析软件，新建文件 workfile，步骤为：file—new—workfile（图 11 - 2）。

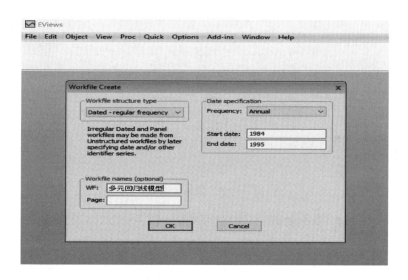

图 11 - 2　创建工作文件

（2）步骤二　在主窗口输入"data Y K L"，然后压回车键（图 11 - 3）。

（3）步骤三　数据输入，将经过处理的数据，填入到相应的变量序列。可以从 Excel 文件中直接复制处理好的数据，粘贴在相应的序列（图 11 - 4）。

（4）步骤四　数据的处理。鼠标移动到"Quick—estimate equation"选项，并且双击"estimate equation"选项，在弹出的窗口选项中选择 LS（最小二乘法估计），并且输入变量"Y C K L"（图 11 - 5、图 11 - 6）。

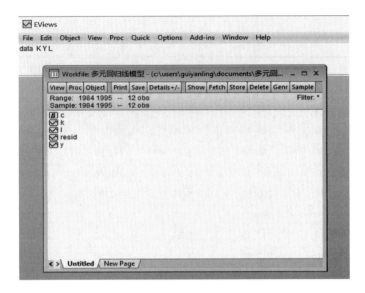

图 11-3 变量的建立

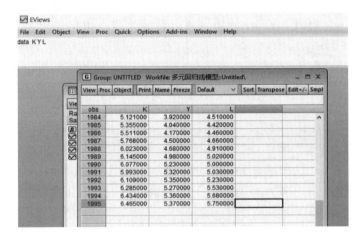

图 11-4 数据的输入

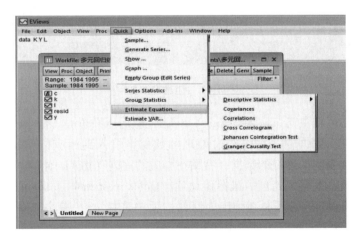

图 11-5 数据的估算方程选择

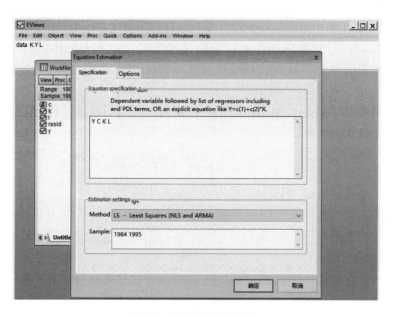

图 11 − 6　方程变量输入

（5）步骤五　结果的获得。点击上图所示窗口中的确认，即可获得方程回归结果（图 11 −7）。

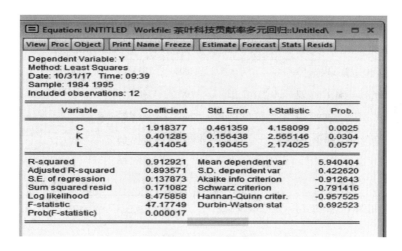

图 11 − 7　方程的回归结果

（6）步骤六　结果分析与处理。

根据红毛茶科技贡献率回归分析结果，模型拟合结果见式 11 −8。

$$Y = 1.918 + 0.4013K + 0.414L \qquad\qquad (11-8)$$
$$(4.158) \quad (2.565) \quad (2.174)$$

$R^2 = 0.893$　D. W $= 0.692$　$F = 47.17$　$T = 12$　（括号中的数字表示参数估计值对

应的 t 统计量)

从图 11-6 可看出，$a = 0.4013$、$b = 0.4141$；参数 K、L 分别通过了 t 检验，说明解释变量的选取对被解释变量的影响是显著的；R^2 和 adjusted $- R^2$ 基本上都在 0.9 附近，方程的拟合度较好。F 检验值 $= 0.000017$，说明模型总体线性关系成立显著。

其中，$a + b < 1$，说明红毛茶在 1984—1995 年处于规模递减阶段。

茶叶科技贡献率：

$$\eta = \frac{\delta}{y} \times 100\% = \frac{1.918}{1.918 + 0.4013K + 0.414L} \times 100\% \qquad (11-9)$$

将每一年对应的 K、L 的值代入式 11-9，得出结果见表 11-16。

表 11-16　　　　　　　　　1987—1995 年茶叶科技贡献率

年份	1987	1988	1989	1990	1991	1992	1993	1994	1995
科技贡献率/%	33.94	32.91	32.00	31.52	31.27	30.79	30.35	29.88	29.72

数据来源：根据统计分析结果得出。

六、结果与讨论

（1）请根据红毛茶数据处理的方法和规律，补充完整绿毛茶 2001—2007 年的茶叶亩产值数据、物质费用及劳动力作价投入数据。

表 11-17　　　　　　　　　　　　绿毛茶亩产值数据

年份	亩产值/元	前后三年平均值	取对数后值	年份	亩产值/元	前后三年平均值	取对数后值
1997	1062.07	1099.53	7.003	2003	1814.73		
1998	1604.46	1136.99	7.036	2004	1483.16		
1999	1211.91	1195.47	7.086	2005	1544.27		
2000	1237.50	1328.84	7.192	2006	1719.63		
2001	1537.10			2007	2125.66		
2002	1333.49						

数据来源：《中国农村统计年鉴》1997—2009 年。

表 11-18　　　　　　　　　　　　绿毛茶亩产值数据处理

年度	物质费用			劳动力作价		
	投入/元	平均值/元	取对数后	投入/元	平均值/元	取对数后
1997	353.46	326.94	5.79	498.00	497.67	6.21
1998	300.41	300.41	5.71	497.33	497.33	6.21
1999	247.36	270.76	5.60	496.66	490.00	6.19
2000	264.51	254.14	5.54	476	477.79	6.17

续表

年度	物质费用			劳动力作价		
	投入/元	平均值/元	取对数后	投入/元	平均值/元	取对数后
2001	250. 56			460. 72		
2002	354. 90			332. 2		
2003	326. 14			564. 34		
2004	388. 27			544. 48		
2005	555. 11			606. 87		
2006	560. 04			568. 38		
2007	536. 38			796. 37		

（2）请根据红毛茶科技贡献率回归分析的方法和步骤，运用 Eviews 统计分析软件，计算出绿毛茶的科技贡献率影响因素，对其进行多元归回分析。

①步骤一：新建文件 workfile，命名为"绿毛茶科技贡献率多元回归分析"。

②步骤二：在弹出的窗口中，输入变量 Y、K、L，按回车键。

③步骤三：数据的输入，将处理过的 2001—2007 年绿毛茶亩产值 Y、物质费用 K 及劳动力作价投入 L 三个变量数值输入到相应的位置。

④步骤四：数据的处理。鼠标移动到"Quick—estimate equation"选项，并且双击"estimate equation"选项，在弹出的窗口选项中选择 LS（最小二乘法估计），并且输入变量"Y C K L"。

⑤步骤五：结果的获得。点击确认，获得方程回归结果。

⑥步骤六：测算 2001—2007 年茶叶科技贡献率。

（3）对结果进行讨论，描述出 2001—2007 科技贡献率的变化，及其主要变化的原因。

七、注意事项

本实验变量选取为资金投入及劳动力作价投入，在实际测算中，应该考虑茶园投入这一因素，可以进行相关的模型建立和运算，可进行讨论分析。

此外，若要获得更为精确的结果，须进一步对模型进行检验，对初步结果进行归一处理，本实验不作讨论。

实 验 四 茶叶国内贸易特点调查

一、引言

茶叶国内贸易特点是茶产业发展、茶叶经济及茶叶市场运行规律的体现，是指导茶叶企业经营的重要依据。掌握茶叶国内贸易特点及调查的内容和方法，可对所在行业进行外部环境分析，准确找到企业的内部经营的要素，科学合理的运用相关理论和方法，更好地把握茶叶市场经济运行的规律，提高整个茶叶行业的效益。

二、内容说明

茶叶国内贸易是指发生在中国地域范围之内的各种茶叶贸易活动、贸易关系的总和，它既包括各种区域内茶叶贸易，也包括区际茶叶贸易；既以茶叶实物贸易为主体，同时也包含生产要素贸易、服务技术贸易、电子商务贸易等。

本实验运用市场调查方法中的定性调研法，文案调查法又称间接调查法，它是利用内部和外部现有的各种信息、情报资料，对调查内容进行分析研究的一种调查方法。

三、实验目的

通过本实验，使学生了解市场调研的全过程，掌握调研设计、调研方案的基本构成和各部分内容的具体设计与撰写。学会如何搜集路径、操作流程、注意事项，熟悉了解主要的信息数据来源，掌握常用的搜索技巧，学会利用二手资料完成某些简单的调查任务，或为正式的市场调查做一些试探性调研，以准确地进行调研设计。

四、材料与设备

计算机、多媒体教室、摄影机或录音笔等视听记录设备、记录用笔记本、签字笔。

五、方法与步骤

（1）将学生进行分组，5~8人一组，以团队为单位完成实训任务。

（2）在实验前教师应提前进行准备，要求学生收集茶叶国内贸易的相关资料，并进行整理。通过网络、学校图书馆、电子资源"中国知网"、"万方网"、资料室等途径，根据小组分配的任务，每名同学独自完成调研目标所需要的全部资料。

（3）小组成员在组内交流研讨各自收集到的资料，组长安排组员整理汇总本组材料，并提出各自负责部分的茶叶国内贸易特点，拟定调研报告文本和演讲PPT文稿。

（4）各组推荐一个汇报人完成演讲。

（5）教师点评所有调研报告文本和演讲效果，对本次实训进行总结。

六、结果与讨论

（1）中国茶叶国内贸易的特点（表11-19）是什么？

（2）形成这些特点的主要原因是什么？

七、注意事项

在实验前应做充分的准备，拟定出大致的国内贸易特点调查提纲，经过充分的讨论，确定本组调查范围和调查内容，从而制定出本组调查方案，最后形成报告。调查报告要求图表齐全，论证充分，分析合理透彻，切忌抄袭、求大求全。

表 11 – 19 茶叶国内贸易特点分类

市场竞争	替代品（咖啡、饮料、矿泉水）等的竞争状况	
	茶叶贸易市场形态状况	
	进口市场状态	
茶叶市场	茶叶交易规模	
	茶叶市场渠道	
	茶叶价格	
交易方式	实体销售	
	电子商务	
	跨境电商	
茶叶消费趋势	茶叶种类消费需求变化	
	茶叶包装消费需求变化	
	茶叶品牌化消费需求变化	
	茶叶消费健康及文化休闲需求变化	

实 验 五 茶叶国际贸易特点调查

一、引言

茶叶国际贸易特点是中国茶叶国际贸易市场规律的体现，是指导茶叶出口企业、以及相关行业协议、政府组织制定相关茶叶国际贸易政策、规则，以及国际贸易商品经济的重要依据。掌握茶叶国际贸易的特点及调查的内容和方法，便于进入茶叶出口企业从事相关的工作。

二、内容说明

茶叶国际贸易是指各自独立的国家（地区）或政府之间进行的茶叶商品、服务和技术等交换活动的总和。其是以国际分工为基础的，是国际分工的表现形式。各国从事茶叶国际贸易活动的主要目的是，通过世界市场实现茶叶商品、资本、劳动、技术和服务等生产要素的合理配置，促进本国茶叶经济的发展，并获取国际贸易利益。茶叶国际贸易的特点与茶叶国内贸易相比，有一定的相同性，如二者都是指茶叶商品和劳务的交换活动，主要是以货币作为交换媒介，价格的决定基础也是价值和市场供求关系，经营的目的都是为了获得利润或经济利益等。但二者又存在明显的区别。

本实验同样选用市场调查方法中的定性调研法，文案调查法又称间接调查法，它是利用内部和外部现有的各种信息、情报资料，对调查内容进行分析研究的一种调查方法。

三、实验目的

通过本实验，使学生进一步掌握定性调研方法中的文案调查法，让学生巩固茶叶国内贸易特点调查过程中学习到的调查方法、调查思路、调查组织，从而提高学生的认知水平和调查能力；同时，茶叶国际贸易是中国茶业的重要组成部分，对其的调研是非常有意义的，可以让学生掌握茶叶国际贸易运行的基本规律，从而能够有效提出应对中国茶叶出口的科学合理的建议。

四、材料与设备

计算机、多媒体教室、摄影机或录音笔等视听记录设备、记录用笔记本、签字笔等。

五、方法与步骤

（1）将学生进行分组，5~8人一组，以团队为单位完成实训任务。

（2）在实验前教师应提前进行准备，要求学生收集茶叶国际贸易的相关资料，并进行整理。通过网络、学校图书馆、电子资源中国知网、万方网、资料室等途径，根据小组分配的任务，每名同学独自完成调研目标所需要的全部资料。

（3）小组成员在组内交流研讨各自收集到的资料，组长安排组员整理汇总本组材料，并提出各自负责部分的茶叶国际贸易特点，拟定调研报告文本和演讲PPT文稿。

（4）各组推荐一个汇报人完成演讲。

（5）教师点评所有调研报告文本和演讲效果，对本次实训进行总结。

六、结果与讨论

（1）中国茶叶国际贸易的特点是什么？

（2）形成这些特点的主要原因是什么？

七、注意事项

在实验前应做充分的准备，提前拟定出大致的国际贸易特点调查提纲，经过充分的讨论，确定本组调查范围和内容，从而制定出本组调查方案，最后形成报告。调查报告要求图表齐全，论证充分，分析合理透彻，切忌抄袭、求大求全（报告结构示例如下）。

茶叶国际贸易特点调查

一、调查背景

二、调查意义

三、调查内容

四、调查方法

实 验 六　茶叶三产业情况调查

一、引言

　　中国是世界上最早进行茶叶商品化生产的国家，茶业的发展不仅对农业发展、农村经济改善、农民增收具有重要作用，同时，茶产业是我国传统的优势产业，是融合第一产业、第二产业和第三产业的综合性特色产业，既涉及农业范畴，又涉及工业范畴，还涉及服务业范畴。

　　茶叶三产业调研是了解中国茶产业的基础，第一、第二、第三产业的构成是中国茶产业发展的阶段所决定的，了解三个产业的构成及特点可以为茶产业未来的发展提供重要的依据。

二、内容说明

　　茶产业组织结构是指从事茶叶生产、贸易和服务的组织的特点，以及产业内各个部门、各部门内部的组成及其相互之间特有的、比较稳定的组合方式。茶产业结构是茶产业生产力各要素科学合理组合的一个基本构成，关系到我国茶产业发展的未来，具有重要的指向作用和战略意义。中国茶产业结构主要由第一产业农业、第二产业工业、第三产业服务业构成，第一产业主要涉及茶树育种、茶园栽培管理、鲜叶采摘等部门，第二产业主要是茶叶加工企业及其他类型涉茶企业，第三产业主要是茶旅游业、茶会展业、茶馆业、相关技术服务以及管理咨询等。

三、实验目的

　　通过本实验，可以使学生了解中国茶产业的整体概况，对茶产业构成有更加全面的认识，对中国茶产业的发展充满信心，增加学生对茶产业的喜爱，加深学生对所学专业的认知，对其今后的就业也具有一定的借鉴意义。

四、材料与设备

计算机、多媒体教室、摄影机或录音笔等视听记录设备、记录用笔记本、签字笔等。

五、方法与步骤

（1）本实验为个人独立完成。

（2）收集与茶产业相关的资料，并进行整理归纳（表 11 - 20）。通过网络、学校图书馆、电子资源中国知网、万方网、资料室等途径，每名同学独自完成本实验。

表 11 - 20   茶产业结构

茶产业结构		内容概况
第一产业	茶树育种	
	茶园管理	
	其他	
第二产业	茶叶初级加工	
	茶叶精制加工	
	茶食品	
	茶化妆品	
	茶健康医药	
	其他	
第三产业	茶馆业	
	茶电子商务	
	茶旅游	
	茶会展	
	技术服务	
	管理咨询	
	相关服务	
	其他	

（3）学生个人整理归纳材料，拟定调研报告文本和演讲 PPT 文稿。

（4）教师批阅调研报告，并进行书面点评。然后，选择优秀的调研报告进行 PPT 汇报。最后，教师对本次实验进行总结。

六、结果与讨论

（1）中国茶产业的构成是什么？

（2）中国茶产业的第一、第二、第三产业的特点是什么？如何实现茶产业的供给侧改革，实现茶产业转型升级的战略目标？

七、注意事项

本实验的范围比较大，在实验时可以根据实际情况对调查对象进行调整。报告结构示例如下。

茶叶三产业情况调研报告

一、调查背景及意义
二、调查内容
三、调查方法
四、调查结果与讨论
五、结论

实 验 七　茶叶经营与管理调研

一、引言

茶叶企业是茶叶经济最为活跃的市场主体，是推动茶产业发展最为有力的组成部分，对其开展研究是非常有意义的。在不同时期，茶业经营管理的特征是不一样的。在计划经济体制下，茶叶生产企业是生产型企业，实行统购统销的经营战略；改革开放以后，我国经济体制逐步实现由计划经济体制向市场经济体制转变，茶叶市场逐步放开，竞争日益加剧。茶叶企业从生产观念向市场观念转变、提高市场竞争力、加大营销的职能是其经营活动的重点内容；20 世纪 80 年代末，随着消费水平的提高，消费者对茶叶产品的需求开始向优质化、多样化方向发展，进而推动茶叶企业进行茶产品结构调整，大力发展名优绿茶，获得了市场的认同，茶叶企业效益开始增加；90 年代中期，茶叶企业普遍建立起以市场为导向的经营观念，开始向现代企业转型；进入 21 世纪，随着中国加入世界一体化的进程不断深化，茶叶企业也开始战略转型升级，茶叶产品结构更加丰富，产业链融合不断加深，经济效益显著。茶叶企业朝着品牌化、国际化方向发展。

二、内容说明

茶业经营与管理是茶业企业在生产经营活动的管理实践中形成和发展起来的管理科学知识，属企业管理学的范畴。本实验主要研究茶叶企业的构成、茶叶企业外部环境、茶叶市场营销等内容。

市场环境是影响茶叶企业经营活动的主要因素，以科特勒的观点可分为微观和宏观两部分。宏观环境主要是指影响企业经营的一般环境因素，包括政治、经济、社会文化和科学技术等因素。行业环境主要包括行业的供需关系、潜在的市场进入者、产品的替代者以及消费者等因素。微观环境包括与茶叶企业紧密相连的，包括企业活动的供应商、分销商、顾客、竞争者以及社会公众。

三、实验目的

通过本实验，可以让学生更加全面深入地了解中国茶叶企业经营管理的现状，提高学生对茶叶企业经营内外部环境的调查、研究、分析能力，以及在此基础上进行市场定位策划、产品形象策划、价格策划、促销活动策划、分销渠道策划的基本技能。

四、材料与设备

计算机、多媒体教室、摄影机或录音笔等视听记录设备、记录用笔记本、签字笔等。

五、方法与步骤

可以选用 PEST 法、波特钻石模型、SWOT 法对茶叶经营与管理外部环境进行分析。

PEST 分析模型是指宏观环境的分析，P 是政治（Politics），E 是经济（Economy），S 是社会（Society），T 是技术（Technology）。进行 PEST 分析需要掌握大量的、充分的相关研究资料，并且对所分析的对象有深刻的认识。政治方面有政治制度、政府政策、国家的产业政策、相关法律及法规等。经济方面主要研究内容有经济整体发展水平、规模、增长率等。社会方面有人口、价值观念、道德水平等。技术方面有高新技术、工艺技术和基础研究的突破性进展。

波特钻石模型（Michael Porter diamond Model）从四个方面去分析茶行业竞争力的四个因素，包括生产要素、需求条件、相关产业和支持产业、企业战略、结构和竞争对手。具体来说，生产要素包括人力资源、天然资源、知识资源、资本资源、基础设施。需求条件主要是指本国市场的需求。相关产业和支持产业主要是指产业和相关上游产业是否有国际竞争力。企业的战略、结构、竞争对手的表现。在四大要素之外还存在两大变数：政府与机会。

SWOT 分析模型，就是将研究对象密切相关的各种因素，主要是内部优势（Strength）、劣势（Weak）和外部的机会（Opportunity）和威胁（Threat）等，通过调查列举出来，并依照矩阵形式排列，然后用系统分析的思想，把各种因素相互匹配起来加以分析，从而得出一系列相应的结论，根据研究结果制定相应的发展战略、计划以及对策等。SWOT 分析法常常被用于制定茶叶产业或者企业发展战略和分析竞争对手情况，在战略分析中，它是最常用的方法之一。

本实验主要采用项目研究法进行操作，以组为单位开展研究，实验步骤如下。

1. 开展市场调研与信息收集

利用观察法，询问法收集一手资料，利用网络等途径收集二手资料，重点调查分析表 11 - 21 的内容。

表 11 – 21　　　　　　　　　　　中国茶叶经营与管理环境分析

项　目		内　容
宏观环境	政治环境	
	经济环境	
	社会文化环境	
	科学技术环境	
中观环境	生产要素	
	需求状况	
	相关及支持产业	
	企业战略、结构和同业竞争	
	政府	
	机遇	
微观环境	供应商	
	顾客	
	竞争者	
	社会公众	

2. 分析营销环境

在市场调研的基础上进行行业或产品营销环境分析，并找出内部的优势与劣势，外部的机遇与挑战（表 11 – 22）。

表 11 – 22　　　　　　　　　　　茶叶经营与管理 SWOT 分析

优势（S）	劣势（W）
机会（O）	挑战（T）

3. 制定中国茶叶经营与管理发展战略

根据上一步骤的调研结果，并结合 SWOT 法，制定中国茶叶经营与管理的发展策略（表 11 – 23）。

表 11 – 23 　　　　　　**基于 SWOT 分析的中国茶叶经营与管理对策**

外部条件 内部条件	机会（O）	挑战（T）
优势（S）	SO 策略：	WT 策略：
劣势（W）	WO 策略：	WT 策略：

4. 完成调研报告

根据调研结果，完成一份调研报告（报告结构示例如下）。

中国茶叶经营与管理现状调研

一、调研背景及意义

二、调研方法及内容

三、中国茶叶经营与管理现状

（一）总体概况

1. 中国茶叶经营与管理发展阶段

2. 中国茶叶经营与管理的特点

（二）中国茶叶企业发展的宏观环境

1. 政治

2. 经济

3. 社会文化

4. 科学技术

（三）中国茶叶行业的发展状况

1. 生产要素

2. 需求状况

3. 相关及支持产业

4. 企业战略、结构和同业竞争

5. 政府

6. 机遇

（四）中国茶叶企业经营与管理发展状况

1. 中国茶叶企业经营与管理的优势

2. 中国茶叶企业经营与管理的劣势

3. 中国茶叶企业经营与管理的机遇

4. 中国茶叶企业经营与管理的挑战

四、提升中国茶叶经营与管理的策略

（一）SO 策略

（二）WT 策略

（三）WO 策略

（四）WT 策略

六、结果与讨论

（1）中国茶叶经营与管理现阶段的特点是什么？

（2）中国茶叶行业的发展状况是什么？

（3）中国茶叶企业如何提升国际竞争力？

七、注意事项

在实验前应做充分的准备，根据给出的调查表格结合实际需要可进行调整，拟定出适合的调查内容和范围，确定本组的调查对象，制定本组的调查方案，形成报告。

实验 ⑧ 茶叶市场预测统计分析

一、引言

茶叶市场预测是茶叶企业生产和贸易决策的前提和重要依据。在经济全球化、信息一体化的当今，世界茶叶贸易面临的外部环境更加复杂多变，因此中国茶叶企业要在国际和国内竞争中取胜，取得良好的市场经济效益，必须依赖于科学的市场调查和预测，对未来茶叶生产和贸易发展趋势进行相应的预测，以便茶叶企业做出正确的经营决策。

二、内容说明

茶叶市场预测是经济预测的一个分支，是对茶叶市场经济运行，茶叶需求和供给及价格变化进行趋势预测。是依据对茶叶市场经济活动规律的认识。在调查研究已经收集掌握的资料基础上，运用科学的预测方法技术，对茶叶市场未来一段时间内的茶叶供给、需求、价格变动趋势所做出的科学判断和估算。

1. 按经济活动范围划分

按照经济活动范围划分，可以分为宏观预测和微观预测。宏观经济预测包括：商品流通总体的发展趋势预测、社会商品购买力、社会商品供应总额及其平衡状态、茶叶商品的需求总量与供应总量及其平衡状况预测。微观预测，则是从茶叶企业角度，对影响茶叶生产、经营以及市场环境、经营活动的预测。企业产品的具体种类、规格、花色等需求预测某地的市场占有率进行预测。

2. 按预测的空间层次划分

按照预测的空间层次划分，分为国际茶叶市场预测和国内市场预测。国际市场预测包括国外市场动态、进出口贸易、需求变化。国内市场预测包括国内市场动态、供求情况、价格变动、地区市场、城市及农村茶叶市场。

3. 按预测内容划分

按照预测的内容可以分为总体预测、分类预测、种类预测、重点预测。总体预测是对整个茶叶市场在一定时间内发展变化的趋势进行预测；分类预测是对茶叶分类供求结构的发展变化进行预测。种类预测是对具体茶叶类品种进行个别分析，包括流行趋势、花色、品种、规格等的预测；重点预测是对茶叶产品某方面重点进行预测，包括茶叶包装、造型、价格变化趋势等的预测。

4. 按照预测方法划分

按照预测方法可分为定性预测和定量预测。定性预测就是对研究对象的运行进行归纳和演绎、进行比较，并分析其成因及影响，最后进行概括的预测方法。定量分析法则就是通过统计调查法或实验法，建立研究假设，收集精确的数据资料，然后进行统计分析和检验的研究过程。本实验采用的是定量分析法。

三、实验目的

通过本实验的学习，使学生掌握茶叶市场运行的基本规律，能够运用科学的预测方法，预测出茶叶的生产量、茶叶需求量、茶叶出口量、茶叶出口额等茶叶市场未来发展趋势，以便日后学生进入茶叶行业后，能够根据所学预测知识，结合实际情况，对茶叶企业经营决策提供科学依据。

四、材料与设备

计算机、多媒体教室、摄影机或录音笔等视听记录设备、记录用笔记本、签字笔等。软件需要使用 Excel、Eviews 两种进行统计分析计算。

五、方法与步骤

1. 预测准备阶段

（1）确定预测目标 茶叶生产部门和贸易部门提出相应的预测目标，如预测下一年度中国茶叶生产量及金额、茶叶出口量及出口额。

（2）搜集和整理分析资料 确定资料来源，如内部资料还是外部资料，外部资料来源可以是国际、国内有关组织、各级政府的相关职能部、新闻机构、行业协会、研究机构、高校、专业杂志期刊、网络媒体；内部资料为历史资料存档，另外可以组织内部人员进行市场调查获取一手资料；确定搜集资料的范围，如国外还是国内，省外还是省内。分析整理资料，通过对搜集的资料进行归纳整理，提炼出相应的数据，供预测所用。

2. 选定预测方法

（1）项目一 加权移动平均法预测茶叶出口量。

移动平均法是利用过去若干期的实际销售量或出口量，每测一期在时间上向后移动一次，求出其平均数的预测方法。其算法可分为简单移动平均法和加权移动平均法，本实验选用加权移动平均法。

加权移动法求值：

$$M_{tw} = \frac{\sum yw}{\sum w} = \frac{w_1 y_t + w_2 y_{t-1} + \cdots + w_n y_{t-n+1}}{w_1 + w_2 + \cdots + w_n} \quad (t \geqslant N) \quad (11-10)$$

式中　M_{tw}——t 期加权移动平均数

　　w_1——y_{t-n+1} 的权数，体现了相应的 y 在加权平均数中的重要性。利用加权移动平均数来作出预测。

其预测公式如下：

$$y_{t+1} = y_t M_{tw} \quad (11-11)$$

即以第 t 期加权移动平均数作为第 $t+1$ 期的预测值。

为了预测的准确性，需对预测值进行误差检验，误差检验的方法为：

$$绝对误差 = 实际值 - 预测值 = |y - \hat{y}_t| \quad (11-12)$$

$$相对误差 = \frac{绝对误差}{实际值} \times 100\% = \frac{|y - \hat{y}_t|}{y} \quad (11-13)$$

$$平均相对误差 = \frac{\sum \left(\frac{|y - \hat{y}_t|}{y} \right)}{n} \quad (11-14)$$

$$修订值公式为：\frac{预测值}{1 - 平均相对误差} = \frac{\hat{y}_t}{1 - \dfrac{\sum \left(\dfrac{|y - \hat{y}_t|}{y} \right)}{n}} \quad (11-15)$$

例如：我国 2004—2015 年茶叶出口量如表 11-24 所示，请用加权移动平均法，预测 2016 年茶叶的出口量（注：这里 $W_1 = 3$，$W_2 = 2$，$W_3 = 1$，最后一年的相对误差值为平均误差）。

表 11-24　　　　　　　　加权移动平均法预测销售量举例

年 t	茶叶出口量 y_t/万吨	三年加权移动平均预测值/万吨	相对误差/%	年 t	茶叶出口量 y_t/万吨	三年加权移动平均预测值/万吨	相对误差/%
2004	28.02	—		2011	32.26	30.17	6.49
2005	28.7	—		2012	31.25	31.26	0.03
2006	28.7	—		2013	32.58	31.42	3.57
2007	28.95	28.59	1.26	2014	30.1	32.08	6.59
2008	29.7	28.83	2.95	2015	32.5	31.12	4.25
2009	30.29	29.28	3.32	2016		31.71	3.30
2010	30.24	29.87	1.22	...			

计算过程如下：

$$\hat{y}_{2007} = (28.7 \times 3 + 28.7 \times 2 + 28.02 \times 1) / (3 + 2 + 1) = 28.59$$

$$\hat{y}_{2008} = (28.95 \times 3 + 28.7 \times 2 + 28.7 \times 1) / (3 + 2 + 1) = 28.83$$

$$\cdots\cdots\cdots\cdots$$

$$\hat{y}_{2016} = (32.5 \times 3 + 30.1 \times 2 + 32.58 \times 1) / (3 + 2 + 1) = 31.71$$

$$\text{平均相对误差} = \frac{\sum \left(\frac{|y - \hat{y}_t|}{y} \right)}{n} = \frac{(1.26\% + 2.95\% + \cdots + 4.25\%)}{9} = 3.30\%$$

对预测值进行修正，则预测值为：

$$\frac{\text{预测值}}{1 - \text{平均相对误差}} = \frac{31.71}{1 - 3.30\%} = 32.79 \text{ 万吨}$$

（2）项目二　趋势外延法预测茶叶总产量。

趋势外延法，即以历史的时间序列数据为基础，运用一定的数学方法把过去的茶叶经营过程中的变动趋势外延到未来，从而求出茶叶市场预测值。

趋势外延法有多种方法，下面介绍常使用的直线趋势法。一般在预测时，首先在直角坐标纸上画出图形，以横坐标代表时间，纵坐标代表变量（如茶叶的产值、产量、销售量、出口量等）。由图观察各点散布情况，如果大体上形成直线趋势，就配合直线方程；如果为曲线，可配合有关曲线方程。配合方程的方法有多种，用的最多的方法是最小平方法。这是因为用最小平方法配合趋势线可使时间序列的观察值（y）对趋势值（$\hat{y}$）偏差的平方和最小，从而获得最佳配合曲线。也就是说，采用最小平方法的目的是减小偏差。最小平方的趋势方程如下：

$$\sum (y - \hat{y}) = 0 \tag{11-16}$$

$$\sum (y - \hat{y})^2 = \text{最小值} \tag{11-17}$$

应用最小平方法配合直线方程进行预测的方法和步骤如下：

当时间系列的长期趋势，表现为一条向上的或向倾斜的直线时，可用直线方程配合，此方程称为直线趋势方程。记为：

$$\hat{y} = a + bX \tag{11-18}$$

式中　$\hat{y}$——因变量，表示时间序列趋势值，如茶叶出口量、出口额等

X——自变量，表示时间，通常为年份

a——常数，是直线的截距，在此表示 $X = 0$ 时，y 的计算值的平均值

b——常数，是直线的斜率，在此表示 X 每增减变动一单位时 y 的增减量。a、b 两常数可由下列标准方程式求得：

$$na + b \sum X_i = \sum y_i \tag{11-19}$$

$$a \sum X_i + b \sum X_i^2 = \sum X_i y_i \tag{11-20}$$

如令 $\sum X = 0$，则得

$$a = \sum Y / n = Y \tag{11-21}$$

$$b = \sum XY / \sum X^2 \tag{11-22}$$

当将各项总和代入式 11 – 21 和式 11 – 22 即可得 a、b。

案例：已知 2007—2015 年的中国茶叶总产量，利用趋势外延法对 2016 年茶叶产销进行预测。

表 11 – 25				2007—2015 年我国茶叶总产量				单位：万吨
年份	2007	2008	2009	2010	2011	2012	2013	2014	2015
总产量	116. 55	125. 76	135. 86	147. 51	162. 32	178. 98	192. 45	209. 57	209. 2

本实验采用 Eviews 进行茶叶总生产量预测。

①步骤一：建立工作文件。

打开 EViews 分析软件，新建文件 workfile，步骤为：file—new—workfile。

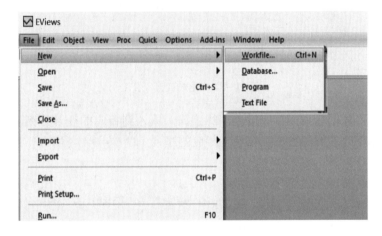

图 11 – 8　新建文件

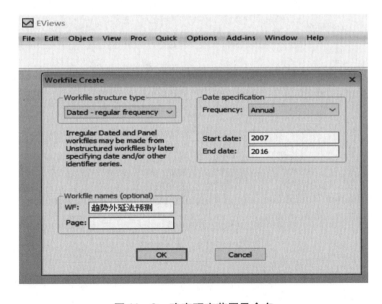

图 11 – 9　确定研究范围及命名

②步骤二：在主窗口输入"data Y X"，然后压回车键。

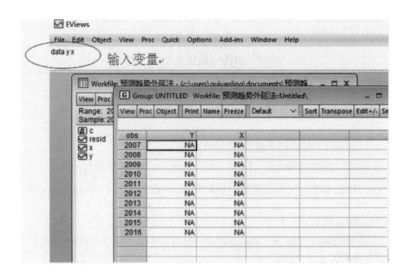

图11-10　生成变量Y、X

③步骤三：数据输入，将经过处理的数据，填入到相应的变量序列。可以从 Excel 文件中直接复制处理好的数据，粘贴在相应的序列。

图11-11　录入数据

④步骤四：作散点图，确认线性关系。在录入窗口中点击"view—Graph—Scatter"，选择散点图 scatter，点击确认。

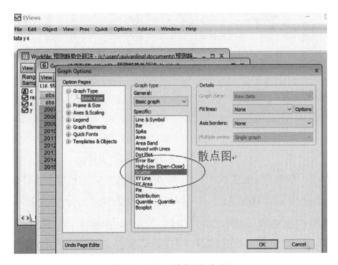

图 11－12　图形检验

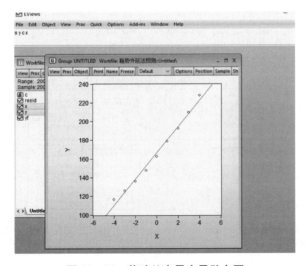

图 11－13　选择散点图

图 11－14　茶叶总产量产量散点图

⑤步骤五：进行趋势判断。选用最小二乘法，在主窗口输入"LS Y C X"，回车，获得回归结果。

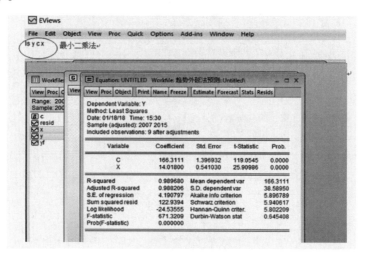

图 11 –15   回归结果输出

⑥步骤六：结果分析与处理。

根据茶叶总产量回归分析结果，模型拟合结果是：

则可得公式：
$$\hat{y} = a + bx = 166.31 + 14.02x \qquad (11-23)$$
$$(119.055)\ (25.910)$$

$R^2 = 0.988$ D. W $= 0.645$ $F = 671.321$ $T = 9$（括号中的数字表示参数估计值对应的 t 统计量）

从图 11 –15 可看出 $a = 166.31$、$b = 14.02$；参数 y、x 分别通过了 t 检验，说明解释变量的选取对被解释变量的影响是显著的；R^2 和 adjusted $- R^2$ 基本上都在 0.98 附近，方程的拟合度较好。F 检验值 $= 671.321$，说明模型总体线性关系成立显著。

⑦步骤七：预测 2016 年全国茶叶总产量，在刚才打开的回归结果窗口，点击 Forecast 选项，然后点击 OK 确认，得到预测结果。然后，点击主窗口 YF 选项，得到预测值。

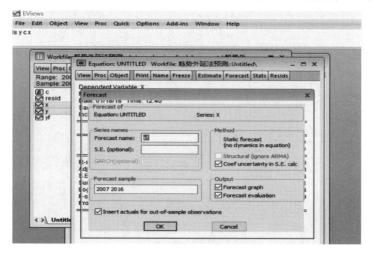

图 11 –16   预测选项

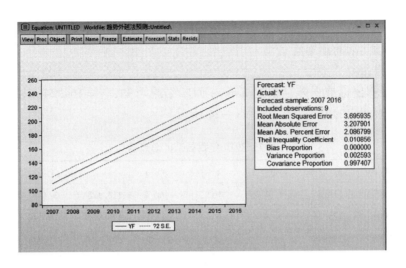

图 11 – 17　预测结果

点击主窗口 YF 选项，打开数据，得到预测结果数值。

	YF
	Last updated: 01/18/18 - 15:36
	Modified: 2007 2016 // fit(f=actual) yf
2007	110.2391
2008	124.2571
2009	138.2751
2010	152.2931
2011	166.3111
2012	180.3291
2013	194.3471
2014	208.3651
2015	222.3831
2016	236.4011

图 11 – 18　2016 年全国茶叶总产量预测值

从图 11 – 18 可以获知，2016 年全国茶叶总产量为 236.401 万吨。

⑧步骤八：计算标准误差，确定预测值空间。

由于未来一些不可知因素。产生误差是客观的，为了使预测具有客观效果，其预测值应是一区间值，又称置信区间。计算方法如下：

一般通过计算估计标准差来确定预测空间，估计标准差用 S 表示，即

$$S = \sqrt{\frac{\sum (y - \hat{y})^2}{n - 2}} \qquad (11 - 24)$$

式中　y——实际值

　　　$\hat{y}$——预测期的预测值

$n-2$——自由度

首先应计算出标准误差。根据 Eviews 回归结果可知，$\hat{y}=164.24+12.78x$，运用 Excel 计算下表相应的值，结果如表 11-26 所示。

表 11-26　　　　　　　　　　　2007—2015 年我国茶叶总产量　　　　　　　　单位：万吨

序号	年份	总产量 Y	X	X^2	XY	$\hat{y}$	$Y-\hat{y}$	$(Y-\hat{y})^2$
1	2007	116.55	-4	16	-466.2	113.128	3.422	11.710084
2	2008	125.76	-3	9	-377.28	125.906	-0.146	0.021316
3	2009	135.86	-2	4	-271.72	138.684	-2.824	7.974976
4	2010	147.51	-1	1	-147.51	151.462	-3.952	15.618304
5	2011	162.32	0	0	0	164.24	-1.92	3.6864
6	2012	178.98	1	1	178.98	177.018	1.962	3.849444
7	2013	192.45	2	4	384.9	189.796	2.654	7.043716
8	2014	209.57	3	9	628.71	202.574	6.996	48.944016
9	2015	227.8	4	16	911.2	215.352	12.448	154.9527
合计	9	1478.2	0	60	841.08	—		253.80096

注：每一单位 X 为一期，当给出的时间序列是奇数时，可以令中位数为 0，采用对称编号；如果给出的时间序列是偶数时，令中间两位数分别为对称的 -1 和 +1 编号的方法，依据此原则其他依次对称编号。上表的计算也可以通过 $a=\sum Y/n$，$b=\sum XY/\sum X^2$ 获得。

预测区间一般按标准正态分布计算，当可靠程度为 68.3% 时，预测区间为：$\hat{y}\pm S$；即预测值可能有 68.3% 的把握落在 $\hat{y}\pm S$ 的范围内；当可靠程度为 94.45% 时，预测区间为 $\hat{y}\pm 2S$；当可靠程度为 99.73% 时，预测区间为 $\hat{y}\pm 3S$。一般预测区间多取概率度为 95.45% 的预测区间。

从表 11-16 "合计" 行最后一列，可知误差平方和 $\sum(y-\hat{y})^2=136.6953$，则估计标准差为：

$$S=\sqrt{\dfrac{\sum(y-\hat{y})^2}{n-2}}=\sqrt{\dfrac{253.80096}{9-2}}=6.0214\,万吨$$

那么，在可靠程度 95.45% 的要求下，2016 年全国茶叶总产量预测区间为：

$$[(236.401-2\times6.0214)\ \sim\ (236.401+2\times6.0214)]\,万吨$$

即　　　　　　　　　　　　(224.3582～248.4438) 万吨

估计标准差越小，预测区间越窄，预测值的可靠程度越高。

3. 选择一种方法，进行相应的茶叶经济市场预测

（1）根据加权移动平均法，对 2017 年中国茶叶出口量进行预测。

①参照表 11-24，计算出 2016 年相对应的三年加权移动平均预测值（注：2016

年茶叶实际出口量为 32. 87 万吨）。

②计算出 2016 年相对应的相对误差，并计算 2017 年平均相对误差。

③计算出 2017 年茶叶出口量预测值。

（2）根据趋势外延法，预测一下 2017 年中国茶叶总产值（表 11 -27）。

表 11 -27　　　　　　　　　2008—2017 年中国茶叶总产量

年份	2008	2009	2010	2011	2012	2013	2014	2015	2016
总产量	125. 76	135. 86	147. 51	162. 32	178. 98	192. 45	209. 57	209. 2	241

六、结果与讨论

（1）科学的茶叶市场定量预测其依赖于一个完整的预测程序，请自己归纳总结。

（2）预测的准确度依赖于数据来源的可靠性及预测对象的选择，在预测时是点预测还是区间预测，区间预测的选取和时间有什么样的关系？

（3）请对中国茶叶国内和国际产销总体情况进行趋势判断，提交一份简要报告。

七、注意事项

预测目标除规定的范围和内容外，还要规定时间期限，即期、短期还是中期、长期。预测目标要比较具体、可衡量、有时间期限，能够反映出预测目的。

资料来源不同，计算尺度不同，会影响到数据统计的可靠性，因此必须对资料进行全方位的整理和核对，以确保数据的真实性，预测的准确性。

实 验 九　茶叶营销实战实例

一、引言

茶叶营销是茶叶企业经营管理的重要组成部分，是关系到企业发展的重点工作，是企业盈利的重要方法和手段。所谓茶叶营销是指茶叶企业为了满足消费者或者用户的需求而提供的相关茶叶商品或劳务的整体营销活动。本实验通过对著名茶叶企业营销实战实例的解读，学习和了解茶叶营销的基本理论和方法，以提高茶叶营销的整体水平，有利于茶叶行业今后的发展。本实验包括茶叶品牌市场定位策划、茶叶品牌形象策划。

二、内容说明

市场营销应以市场实际状况作为开展市场营销的依据，并按照茶叶企业实际目标需要开展有效的工作，关键在于解决茶叶企业面对的市场问题开展营销工作。围绕着茶叶企业营销定位、茶叶品牌形象策划完成茶叶营销关键组成要素的学习。

三、实验目的

通过茶叶营销典型案例的学习，可以培养学生的创造性思维，让学生全面了解茶叶营销的基本情况，掌握茶叶营销的基本方法和程序，能够胜任今后的工作中进行茶叶市场营销策划，产品营销、渠道设计、品牌形象策划等任务。

四、材料与设备

计算机、多媒体教室、视听记录设备、笔、纸等。

五、方法与步骤

1. 茶叶市场定位策划项目

通过本策划项目可以了解茶叶目标市场营销策划的框架构成，掌握市场定位策划的程序和方法。市场定位策划是茶叶市场营销战略的关键内容之一，是对茶叶市场进行细分、市场选择以及定位。在充分分析企业内外部环境的基础上（具体内容参见"茶叶市场预测统计分析"），对本企业的经营进行准确的定位。即找到茶叶企业发展的方向，确定服务对象，为消费者提供适合的产品和服务。

市场定位策划的主要内容包括产品定位、品牌定位和企业定位。

产品定位是在营销策划时针对目标顾客的需求特点确定目标对象的产品各种属性。具体包括产品的核心价值定位、产品的质量档次定位、产品的外观款式定位、产品的体积和包装工艺定位、产品的片中角色定位、产品的价格定位等。

品牌定位包括品牌的产品种类、目标消费者、品牌的核心价值、品牌个性及消费市场等。

企业定位包括企业的产业领域、企业在行业中的地位，经营模式、盈利模式、企业的发展战略、企业文化、企业愿景等。

成熟的企业往往是进行企业定位、品牌定位之后，进行产品定位。而对于初创期的企业和广大中小企业来说，以产品创新和产品营销推动品牌建设，建立品牌形象。

实战案例如下。

"小罐茶"异军突起的秘密

2017年7月，央视播出了一个三分钟长的茶叶广告，"小罐茶，大师作"的slogan和茶文化大师们竞相出镜，引起大量关注。与之相应的是另一组数据：今年上半年，小罐茶实现销售3亿元，预计全年将实现销售收入6亿~7亿元。小罐茶火了。

想到喝茶，很多人脑海中只有一种场景——几个人围坐在茶台旁，文火慢煮，经过少则几道、多则十几道工序后，举起茶杯，轻吹慢品。而事实上，这种场景在快节奏的现代都市中已经越来越少，中国的城市化还将持续深入、中产阶级的大量增加，中国需要再多一些茶和场景的选择，火爆的小罐茶，正迎合了这一变化趋势。

1. 小罐茶的"精品主义"

小罐茶似乎是一夜之间就火起来的。

和北京马连道上的众多茶店相比，小罐茶是个很年轻的品牌：2016 年 7 月上市，至今不过一年时间；算上此前一年的市场验证期，不过两年；再加上自 2012 年开始的调研时间，杜国楹和他的团队进入茶业市场，最多也不过五年。此前中国的茶企很少在央视这样的平台做宣传，也正是因为如此，小罐茶一宣传，很快点燃了消费热情。上市后的 5 个月，小罐茶销售突破 1 亿元，2017 年预计增幅 500% 以上。这个数字看起来不算惊人，但了解中国高度分散的茶业市场的人都知道，年销售额六七个亿，在国内茶企中，已经能够排进前列。

应该说，小罐茶很善于营销。对于如何定位市场、找到目标用户，如何激发并满足其消费需求，快消品出身的杜国楹自有一套打法。不过比起营销，杜国楹似乎更看重产品。在消费升级的浪潮下，产品质量变得尤其关键。营销做得再好，质量不过关的产品也很难持久留住用户，这已是一个普遍的共识。

杜国楹认为古老的茶品要现代化，品牌之路是必选项；复杂的产品要做减法，简单极致是王道；用户的痛点要清楚，成本、效率、体验是影响消费的三大要素。这种战略似曾相识，以小米为代表，新生的互联网企业家们，多用这种打法。但是否能成功，关键在于战略思维能否落地，能否转化为行动上的洞察力。

在产品定位上，小罐茶跳出了品类品牌的桎梏，小罐茶做出了尝试，产品偏向全品类高端原叶茶。经过三年的考察走访原产地，小罐茶选取了六大茶类里的十种茶，每一种茶只做一款高品级的产品，所有产品统一等级，统一定价。产品质量由八位顶级制茶大师把关，均为非物质文化遗产传承人，确保了小罐茶茶叶的高品质质量。成为了企业超高的产品标准。

在产品包装定位上，小罐茶依然贯穿着精品战略思维。专门邀请日本知名设计师，历时近三年，修改 13 稿，最终才设计出精致的铝制小罐包装；历时 2 年多，打造出世界第一台全自动直线型铝罐茶叶灌装封口机，解决了自动化封膜过程中充氮保鲜的问题；为了"密封性和好撕"之间的最佳平衡，进行了 3 万次人工撕膜测试。

在品牌定位上，小罐茶围绕着精品定位战略，通过央视主流权威媒体这一中国最高传播平台，将新生的小罐茶树立起了鲜明的形象，获得市场关注，高举高打，迅速在目标人群中建立起高端认知。他的宣传重点不是小罐茶的具体产品，而是茶文化大师的集体出镜。"八位大师，敬你一杯中国好茶"，行业新标准悄然植入。

2. 小罐茶对古老茶产业的创新形象

在深入行业四年后，小罐茶团队对目标消费人群做了明确定位——适应现代都市精品生活的中高端人士，画出了三大主要消费场景——买、喝、送，梳理了消费痛点——买的时候分不出好坏，喝的时候程序太复杂，作为礼品又没有明确价值。针对这一洞察，杜国楹以具象化的八位茶文化大师，建立了好茶的认知标准；用创新的小罐包装，实现了茶叶保鲜、保存的标准化，并实现了更好的冲泡体验；用全品类统一定价的方式，实现了产品价值的标签化。

本实验采用项目研究法，以组为单位开展研究，实验步骤如下。

（1）将学生进行分组，5~8 人一组，以团队为单位完成实训任务，具体任务由组长与组员一起协商分配。

（2）在实验前教师应提前进行准备，要求学生学习实验原理，对小罐茶内外部环境进行简单分析，确定小罐茶目标市场需求分析以及产品（品牌）市场定位的方法、技术进行学习和总结，掌握市场定位策划的原理和方法。

（3）小组成员在组内交流研讨各自收集整理归纳的资料，组长安排组员整理汇总本组材料，并提交各自负责部分的内容，拟定小罐茶市场定位报告文本和演讲 PPT 文稿。

（4）各组推荐一个汇报人完成演讲。

（5）教师点评所有调研报告文本和演讲效果，对本次实验进行总结。

2. 茶叶品牌形象策划项目

本项目主要训练品牌命名设计及产品包装宣传文案的编制，通过策划本项目可掌握品牌名称设计及产品包装宣传文案编制的基本技能。

（1）品牌命名策划

①设计原则：品牌命名时要符合简单易记、引发关联、巧妙构思、合理合法的原则。设计品牌名称时要符合茶叶行业的基本特征，另外一定要结合时代性，推陈出新，只有这样才能够让古老的茶文化焕发出新的生命，更具有创造性和文化价值。

②设计思路：首先，应对品牌的核心价值进行定位，凸显出品牌所带给消费者的承诺，赋予消费者更美好的生活感受，以及更多的利益。其次，消费者心理及认知定位。品牌名称要符合目标群体的心理需求及认知，并能够产生紧密的联系。使得消费者对品牌的记忆深刻，过目不忘。最后，要有独特鲜明的描述。

③常用方法：创始人名做品牌名，如"张一元""吴裕泰""卢正浩""王老吉"；地名做品牌名，如"云南滇红""福建省安溪铁观音""福建武夷山正山茶业"；动物名做品牌名，如"小天鹅""八马""猴魁"；具有美好寓意的品牌名，如"天福""大益""艺福堂""喜茶"；产品类别命名，如"东方树叶""香飘飘奶茶"；根据产品功能命名，如"天方富硒""小罐茶""美国 Goodearth"；象征地位的名称做品牌名，"龙冠""贡茶"。

（2）品牌标志设计　品牌标志要以符号、图案为标志内容。运用简单的符号、图案来表达品牌，让消费者更易于识别、记忆，可以强化品牌定位，一看到品牌标志就能立即联想到企业。

品牌设计要求简洁、独特、构思巧妙、原创，保证品牌的独创性、新颖性。

基本形式：名称标志、符号标志、图案标志。

一般而言茶叶品牌设计常常采用名称和标志的方式，以艺术化的方式创造出与众不同的品牌标志。如大益、小罐茶、竹叶青、吴裕泰等。

外国茶叶知名品牌则常常采用英文名称为主体，凸显品牌名称，其他为辅的设计方式。

（3）产品宣传文案编制要求　茶叶品牌设计部仅仅是对品牌 LOGO 进行设计，同时必须辅以品牌文案，向消费者传达品牌的理念和价值，运用于产品包装、POP 广告等，是重要的品牌设计内容，其重点为描述产品的特点、功能和客户的利益，尽可能地帮助消费者理解茶叶产品的价值，激发消费者购买欲望。

产品宣传文案编制一般要求内容、文字、音像宣传都要符合国家《广告法》有关规定，切忌夸大功效，虚假宣传；语言表达要根据客户目标而定，如高端客户语言表达适宜沉稳大气，年轻客户适宜轻松愉悦；准确、通俗、简洁、清晰；要重点彰显产品的特点、特色，提高辨识度。

（4）产品说明技巧　茶叶产品包装以及 POP 广告是对茶叶产品宣传的重要组成部分，可采用特性—功能—利益（FAB）法对产品进行描述，详尽地向消费者展示茶叶品牌的质量、功效、文化，激发购买行为。

①特性（feature）：产品独一无二的属性。

②功能（advantage）：对产品特性的描述。更加具体，更有针对性。

③利益（benefit）：产品和服务能够给客户带来的好处。即客户能够从购买品牌产品和服务过程中获得什么利益。

通常在描述产品特点、功能后，需要进一步对产品利益进行阐述。当客户知晓消费场景、可能进行消费体验时，能够联想到获得的功效、服务以及利益，以达到品牌联想的效果。

本实验采用项目研究法，以组为单位开展研究（表 11-28），实验步骤如下。

（1）将学生进行分组，5~8 人一组，以团队为单位完成实验任务，具体任务由组长与组员一起协商分配。

（2）在实验前教师应提前进行准备，要求学生学习实验原理，掌握茶叶品牌设计的基本原理和设计方法。

（3）各小组进行讨论，组建创业团队，设计本组的茶叶品牌名称，名称至少选择出 3 个以上，并且进行工商登记查询，确定是否可以使用，之后才可进行企业品牌标识（LOGO）设计。设计企业品牌理念，包括核心价值观、品牌愿景、品牌文化等。

（4）各小组品牌名称、品牌理念、LOGO 设计完成后，进一步讨论本组的企业品牌定位，即高中低端品牌定位，确定目标群体。明确经营范畴，确定本组的茶叶品类，并进行相关产品的研发。

（5）设计本组茶叶品牌的宣传文案。通过对传统文化以及现代理念的研究，设计出本组的品牌基础诉求文案，设计一个具备传播力载体的品牌核心口号。

（6）进行视觉识别系统（VI）设计。设计标识标准组合；设计品牌主视觉、终端形象及主视觉在品牌终端的表现；设计品牌主视觉的其他表现；设计产品包装；进行电视广告（TVC）创作。

（7）组长负责统一和协调本组工作任务，小组成员在完成各自负责的任务后，进行组内交流，研讨分工合作，设计出自己的茶叶企业品牌形象，最后制作演讲的 PPT 文稿。

（8）各组推荐一个汇报人完成演讲。

（9）教师点评所有品牌形象设计 PPT 演讲效果，对本次实训进行总结。

表 11-28 茶叶品牌形象设计实验内容

编号	项 目	内 容	注意事项
1	组建创业公司	选定本创业公司的董事长，由董事长进行其余人员的设置。也可以协商确认	选取时要公平公正，选出责任心强、协调能力好的同学
2	品牌名称设计	设计本公司的品牌名称，来源可从中国传统经典典籍、诗歌、传说中提炼，也可以从现代经典书籍、诗歌、文学作品、传说中提炼	至少选择3个名称，需进行工商登记查询，排除不可用的名称
3	品牌理念设计	品牌的核心价值、品牌的愿景、品牌诉求等	品牌理念要符合时代精神，简单明了，切忌牵强附会
4	品牌 LOGO 设计	对品牌名称、符号、图案等进行设计	制作时需精心制作，切忌粗制滥造
5	品牌定位设计	确定本公司品牌属于高端品牌、中端品牌，还是低端品牌	品牌定位方法主要有比附定位、功能性定位、价格定位、文化定位
6	产品定位设计	确认本公司经营的产品范畴、茶类，设计茶叶产品	应结合实际情况进行设计，可根据所在地资源情况进行
7	品牌文案设计	根据品牌理念设计出品牌宣传文案诉求，提炼出核心宣传广告语	文字简洁、大方、富有内涵，有思想高度，有时代性
8	品牌 VI 设计	设计本企业品牌的标识标准组合；设计品牌主视觉、终端形象及主视觉在品牌终端的表现；设计品牌主视觉的其他表现；设计产品包装；进行 TVC 创作	由于设计的专业性，可适当寻求老师或者专业设计人士的帮助
9	PPT 制作	将上述实验成果制作到 PPT 里，并且进行汇报	除了提交 PPT 以外，有能力的小组可录制本组的品牌宣传 TVC，教师可额外加分

六、结果与讨论

（1）茶叶市场营销的新趋势是什么？

（2）茶叶市场营销定位有哪些步骤？

（3）中国茶叶品牌存在的问题主要有哪些？给出你的改进建议。

七、注意事项

本实验难度较大，要求团队合作，并通过头脑风暴法进行广泛的讨论和设计。小组在进行实验时，应加强组织协调工作，每一个组员的工作都涉及其他成员，最好制作出品牌设计计划图（如甘特图），加强过程控制，相互协调配合完成本实验。

参 考 文 献

［1］吴永炷．茶叶生产经济效益评价［J］．现代农业科技，2009，18：381 - 382.

［2］黄韩丹，苏祝成．我国茶叶生产成本效益的比较分析［C］//中国茶叶学会2004 年学术年会论文集．杭州：中国茶业学会，2004：249 - 259.

［3］汤一，黄韩丹．我国茶叶生产成本效益之比较分析［J］．茶叶，2004，30（1）：46 - 49.

［4］卢世权．茶园优质高产高效益的榜样——茶叶生产效益调查［J］．中国茶叶，2002，24（2）：32 - 33.

［5］郭亚军，刘东南．基于技术选择视角的茶业种植户收入影响因素——来自河南信阳 284 个茶叶种植户的调查［J］．华中农业大学学报：社会科学版，2012（5）：22 - 28.

［6］夏迎峰．茶叶生产经营中的会计成本核算［J］．福建茶叶，2016，38（11）：386 - 387.

［7］吴让军．茶叶生产企业的成本核算研究［J］．福建茶叶，2016，38（8）：72 - 73.

［8］葛伟，姜含春，田闻．1984—2007 年中国茶叶科技进步贡献率研究［J］．茶世界，2014（1）：32 - 36.

［9］苏祝成．陆德彪．技术进步对我国茶叶生产贡献率的估算［J］．茶叶，2002，28（2）：67 - 69.

［10］沈思，陈泉，孙红湘．中国科技贡献率的测度和预测［J］．长安大学学报：自然科学版，2003（7）：30.

［11］杨珣．农业科技贡献率测算方法研究评析［J］．当代经济，2015，25：126 - 128.

［12］王洁，夏维力．陕西省农业科技进步贡献率测算分析——基于索罗余值法［J］．科技经济管理研究，2017，19：98 - 102.

［13］许咏梅．中国茶产品国内贸易流通的互补性和竞争性分析［J］．茶叶，2011，12（10）：237 - 241.

［14］杨江帆．茶叶经济与管理［M］．厦门：厦门大学出版社，2008.

［15］詹罗九．中国茶业经济的转型［M］．北京：中国农业出版社，2004.

［16］苏祝成．茶产业组织结构与绩效研究［D］．杭州：浙江大学，2001.

［17］胡启涛．茶产业基本经济特征及其组织结构调整的动力和目标探析［J］．茶业通报，2006，28（4）：150 - 153.

［18］李道和．中国茶叶产业发展的经济学分析［M］．北京：中国农业出版社，2009.

［19］陈宗懋．中国茶产业可持续发展战略研究［M］．杭州：浙江大学出版社，2011.

［20］詹罗九．茶叶经营管理讲座：第一讲 经营管理的概论［J］．茶叶信息，2003（6）：15.

［21］章国强．茶叶经营管理初探［J］．中国茶叶，1985（5）：1.

［22］姜爱芹．茶业经营管理［M］．杭州：浙江摄影出版社，2005.

［23］陈椽．茶叶市场学［M］．2 版．北京：农业出版社，1998.

［24］姜含春．茶叶市场营销学［M］．2 版．北京：中国农业出版社，2010：105 － 111.

［25］许咏梅．中国茶叶市场发展状况及趋势预测［J］．农业考古，2006（5）：280 － 283.

［26］邱海蓉，冯中朝．我国茶叶出口贸易的发展特征及趋势分析［J］．统计与决策，2010（3）：113 － 115.